Kohlhammer

Organisation und Führung

Herausgegeben von
Dietrich von der Oelsnitz
Jürgen Weibler

Michael W. Busch, Dietrich von der Oelsnitz

Teammanagement

Grundlagen erfolgreichen Zusammenarbeitens

Verlag W. Kohlhammer

Für den kleinen Arthur von seinem Papa Michael

1. Auflage 2018

Gesamtherstellung: W. Kohlhammer GmbH, Stuttgart

Print:
ISBN 978-3-17-031556-3

E-Book-Formate:
pdf: ISBN 978-3-17-031557-0
epub: ISBN 978-3-17-031558-7
mobi: ISBN 978-3-17-031559-4

Geleitwort der Herausgeber

Der vorliegende Band beschließt die 2003 begonnene Management-Lehrbuchreihe, die sich in ihren Einzelbänden mit ausgewählten Fragen der Organisation und Führung befasst. Die Verbindung von wissenschaftlicher Problembehandlung und praktischer Anschaulichkeit soll ihre Ausführung leiten. Darüber hinaus sind unterschiedliche Zugänge ausdrücklich erwünscht – hierdurch wird ein inhaltlich wie methodisch vielfältiges Spektrum für die Behandlung von Organisations- und Führungsfragen ermöglicht. Denn schließlich tragen auch die Probleme, denen wir im Rahmen des Nachdenkens über und des Handelns in Organisation begegnen, keine disziplinären Etiketten. Die jeweiligen Einzelbände wenden sich dabei zunächst an Dozenten und Studierende in der grundständigen wie weiterbildenden Lehre. Praktiker können von den anwendungsorientierten Ausführungen jedoch ebenfalls profitieren.

Michael W. Busch und Dietrich von der Oelsnitz ist mit dem vorliegenden Werk »Teammanagement« etwas gelungen, was Forschende, Top-Manager, Organisationsgestalter und Organisationsberaterinnen, aber auch Teamführungen wie Teammitglieder selbst, herbeigesehnt haben: Endlich eine systematisierte und einordnende Zusammenschau des Wissens zu und um Teams. »Grundlagen«, »Erfolgsfaktoren« und »Entwicklungen« der Teamarbeit sind die schlichten Bezeichnungen für eine nicht enden wollende Erkundung der Höhen und Tiefen der wissenschaftlichen Teamforschung. Dies geht einher mit einer Fülle von Praxisbeispielen und Erfahrungen heraustretender Akteure. Am Ende der Reise steht dann das, beispielhaft komprimiert im Fazit, was, warum und mit welchen Konsequenzen gegenwärtig zur Teamarbeit in Erfahrung zu bringen ist. Drei Punkte sind mir noch zur fachlichen Kennzeichnung des Werkes persönlich wichtig:

1. Es ist absolut ehrlich, da es nicht vorgibt, beständig einfache Lösungen auf grundlegende wie drängende Fragen zu präsentieren, sondern stattdessen klar aufzeigt, wo wir stehen und wo die Grenzen unseres Wissens, auch gestalterisch, liegen. Damit kann man nun theoretisch wie praktisch arbeiten.
2. Es ist bei aller Vielfalt fokussiert, da es mit dem ganzheitlich-dynamischen Teammodell einen sehr konkreten Bezugsrahmen der Teamarbeit aufzeigt. Deutlich wird im weiteren Verlauf, wie jedes Team hierdurch eine einzigartige Färbung erhält, die dann über u. a. aufsetzende Macht-, Einfluss- und Regelstrukturen zu einem charakteristischen Reifezustand des Teams mit entsprechenden Folgen führt.
3. Es ist als letztes dieser langjährigen Reihe insofern beispielhaft, als es ihr erklärtes Ziel, eine Mischung aus »wissenschaftlicher Problembehandlung und praktischer An-

schaulichkeit« zu sein, konsequent einlöst. Indem es unter Hinzunahme einer unglaublichen Fülle einschlägiger Literatur, Klassiker wie jüngster Veröffentlichungen, das Problemfeld »Team« durchleuchtet und befundet, glückt nachfolgend ein konzeptioneller Zugriff auf die Teamarbeit, dem Referenzstatus zukommt. Im Gedächtnis wird diese Referenz auch durch die anschaulichen Erfahrungs- und Fallbeispiele bleiben, die, verschiedensten Praxisbereichen entstammend, nicht nur für die Ausformulierung des eigenen Zugriffs verdienstvoll waren, sondern uns allen die Reichhaltigkeit und Relevanz des Themas – aufgelockert durch eingestreute Zitate wie kleinere Weisheitsgeschichten – näherbrachten.

Ich wünsche dem Werk eine positive Aufnahme und weite Verbreitung.

Hagen, im Februar 2018

Jürgen Weibler
FernUniversität in Hagen
Lehrstuhl für Betriebswirtschaftslehre,
insbesondere Personalführung und
Organisation

Vorwort

Die Literatur zum Teammanagement gleicht einem Dschungel. Zwar gibt es zahlreiche praxisorientierte Darstellungen über Teamarbeit, doch fehlt vielen dieser Bücher eine Gesamtkonzeption sowie auch ein theoretisches Fundament. Einzelaspekte der Teamarbeit werden hier isoliert voneinander dargestellt, ohne dass erkennbar wird, wie all diese Aspekte miteinander in Verbindung stehen. Auf der anderen Seite existieren pointiertere wissenschaftliche Darstellungen (z. B. Becker 2016; Edding/Schattenhofer 2015a; van Dick/West 2013), brauchbare Sammelbände zur Teamarbeit (z. B. Jöns 2016; Edding/Schattenhofer 2015b; Högl/Gemünden 2005; Stumpf/Thomas 2003) und Bücher mit einem speziellen Fokus (z. B. zum Teamcoaching). Zudem gibt es in wissenschaftlichen Zeitschriften unterschiedlichster Provenienz eine nicht mehr zu überschauende Zahl an erkenntnisreichen Artikeln über Teamarbeit, die in der Praxis jedoch kaum mehr wahrgenommen werden. Als Leser kann einem hier leicht der Überblick verlorengehen.

In den meisten Publikationen steht der Leistungsgedanke, die Teamperformance, im Vordergrund. Der Lerngedanke hingegen bleibt unterbelichtet (eine Ausnahme: Bornewasser/Schlick/Bouncken 2015). Unser Buch setzt seinen Schwerpunkt auf genau diese Lernperspektive und soll damit eine Lücke auf dem deutschen Buchmarkt schließen. Es ist Ergebnis zahlreicher Überlegungen, Begegnungen und Erfahrungen. Es soll keine »dünne Suppe« sein, aber auch kein allzu schwer verdaulicher Wälzer. Wir würden uns freuen, wenn wir Wissenschaftlichkeit und Praxisorientierung noch besser miteinander in Einklang bringen könnten. Dazu haben wir u. a. sogenannte Infoboxen eingeschaltet, die man als eiliger Nutzer nicht lesen muss, aber gerne lesen darf. Sie dienen der Vertiefung oder Veranschaulichung eines besonders wichtigen Aspekts.

Nachfolgend wollen wir Teams die theoretische Untermauerung geben, die ihnen aufgrund ihres hohen praktischen Stellenwerts gebührt. Dies geschieht über drei zentrale Konzepte:

- *Teaming*: Wie gelingt es einem Unternehmen, sich in Teamstrukturen immer wieder neu zu formieren und zu »erfinden«?
- *Dynamische Fähigkeiten*: Wie gelingt es Teams, die Brücke zwischen der Umwelt und den vorgefundenen organisationalen Rahmenbedingungen zu schlagen?
- *Ambidextrie*: Wie lässt sich Lernen in kleinen Schritten und Lernen in großen Sprüngen, Effizienz- und Innovationsorientierung mit Hilfe von Teams unter einen Hut bringen?

Als konzeptioneller Bezugsrahmen dient uns ein *ganzheitlich-dynamisches Teammodell*, das das klassische Input-Prozesse-Output-Modell der Teamforschung aufgreift, zugleich aber auch deutlich erweitert.

Auch auf die Grenzen des zielgerichteten *Managements* von Teams wird dezidiert eingegangen. Diese liegen in der Dynamik eines jeden Teams, die zu freudigen, aber auch zu bösen Überraschungen führen kann. Als Schlüsselkonzept dienen die beiden Begriffe »Gestalt« und »Emergenz«. Das Ganze ist stets etwas anderes als die Summe seiner Teile. Dieses Axiom der Gestalttheorie bildet einen wichtigen argumentativen Ausgangspunkt unserer Analyse. Emergente Teamphänomene repräsentieren hierbei das Andere, das im guten Fall ein Mehr, im schlechten Fall ein Weniger im Lern- und Leistungsvermögen einer Gruppe bewirkt. In ihrer Handhabung zeigt sich echte Führungskunst.

Unser Thema ist mehr als »in« – der Stellenwert effektiver Teamstrukturen ist von der Praxis längst erkannt worden. Das strahlt auch auf den härter werdenden Kampf um Fachkräfte aus. In der Wirtschaftspresse mehren sich Berichte darüber, dass sog. Headhunter sich nicht mehr damit zufriedengeben, einem Arbeitgeber einzelne Spitzenkräfte abzujagen, sondern gleich ganze Teams abwerben (vgl. Tödtmann 2017). Dies geschieht vor allem in der Kreativ- und Finanzbranche, denn Geldanlage und der Außenauftritt sind Vertrauenssache. Hier sind Teamwechsel mittlerweile die Regel. Die *Lunis Vermögensmanagement* in Frankfurt etwa warb der Schweizer Privatbank *J. Safra Sarasin* im April ein komplettes Expertenteam ab, inklusive des Generalbevollmächtigten. Dabei liegt der große Vorteil eines Teamwechsels auf der Hand: es findet eine kostenlose Qualitätskontrolle statt. Denn ein Chef nimmt zu seinem neuen Arbeitgeber nur die besten Leute mit, die er einerseits fachlich wertschätzt und mit denen er auch menschlich »kann«. Und umgekehrt: Exzellente Mitarbeiter folgen nur exzellenten Vorgesetzten. Der neue Arbeitgeber kann sich also freuen: Er bekommt eine eingespielte Mannschaft, die sofort Leistung bringen kann.

Wir hoffen dementsprechend, dass sich von unserem Buch sowohl Wissenschaftler als auch Praktiker angesprochen fühlen. Daneben kommen Masterstudenten als mögliche Nutznießer in Frage. Dadurch, dass sich die Forschung heutzutage immer mehr inter- und intradiziplinär zersplittert und in kleinteiligen Fragestellungen verliert bzw. Veröffentlichungen fast nur noch in englischer Sprache erfolgen, erscheint es uns dringend geboten, die Brücke zwischen Theorie und Praxis aufrecht zu erhalten. Verwiesen sei hier auf den zeitlosen Gedanken Immanuel Kants: »Theorie ohne Praxis ist leer; Praxis ohne Theorie ist blind«.

Wien und Braunschweig, im Winter 2017

Michael W. Busch
Dietrich von der Oelsnitz

Inhaltsverzeichnis

Abbildungsverzeichnis

Kapitel 1

Teamwork makes the dream work.

Grundlagen der Teamarbeit

In der Saison 2015/16 setzte Leicester City nicht nur die englische Premier League, sondern auch die gesamte Fußballwelt in Erstaunen. Erstmals in der Vereinsgeschichte gelang es dem kleinen Club mit großer Fangemeinschaft, die englische Meisterschaft zu holen, obwohl er Finanzgiganten wie Manchester United oder Chelsea weit unterlegen war. In der deutschen Bundesliga würde sich manch ein Fußballfan solche »Underdogerfolge« wünschen. Auch bei der Europameisterschaft 2016 in Frankreich überraschten Außenseiter wie die kämpferischen Waliser oder die coolen Isländer die Zuschauer mit ihrer Kollektivleistung, während hoch gehandelte Teams wie die englische, belgische oder österreichische Fußballmannschaft deutlich hinter den Erwartungen zurückblieben und teilweise bereits in der Vorrunde ausschieden. In all diesen Beispielen scheint der Teamgeist die Einzelklasse von Starspielern kompensiert zu haben.

Auf einer ganz anderen Ebene – nämlich der zwischenstaatlichen – stellt sich gegenwärtig ebenfalls die Teamfrage. Die Schulden- und Flüchtlingskrise konfrontieren die EU mit existenziellen Fragen der Kooperation oder Nichtkooperation: Stehen hier noch alle füreinander ein? Steht das Wir über dem Ich? Halten sich noch alle an das gemeinsam verabredete Regelwerk? Herrscht eine gerechte Lastenverteilung? Und existiert noch eine zugkräftige Zukunftsvision, die die Staaten eint – oder war die EU nur der Traum einer politisch-ökonomischen Schönwetterperiode?

Leicht zu erkennen ist also, wie sehr Teams oder Fragen der Kollektivarbeit unseren heutigen Alltag in nahezu allen Bereichen prägen. Ob im Sport, in studentischen Lerngruppen, in politischen Verhandlungssituationen oder bei der Entwicklung neuer Produkte, ob bei der Krisenbewältigung oder der Durchführung chirurgischer Eingriffe – überall treten Gruppen in Erscheinung, überall sind es zwischenmenschlich koordinierte Handlungen, in denen individuelle Stärken arbeitsteilig genutzt und auf ein gemeinsames Ziel hin ausgerichtet werden. Insofern erstaunt es nicht, dass die *Fähigkeit des Teaming* auch für Unternehmen zu einem **zentralen Wettbewerbsfaktor** wird (vgl. Edmondson 2012, S. 2 f.). Anders als noch zu Taylors und Fords Zeiten, als der einzelne Mitarbeiter eng definierte Aufgabenfelder unter strikter Fremdkontrolle zu verrichten hatte, geht es heute darum, das »Gold« aus den Köpfen der Mitarbeiter zu schürfen, ihre Ideen zu stimulieren und durch Zusammenführung zu nutzen, um so letztlich von der vielzitierten »Weisheit der Vielen« profitieren zu können. Gute Teams nutzen die persönlichen Stärken ihrer Mitglieder und kompensieren zugleich ihre Schwächen. Genau hierum soll es nachfolgend gehen: Um die Grundlagen erfolgreichen Zusammenarbeitens und um effektives Teamwork.

Ein Schwerpunkt wird auf die Frage gelegt, wie sich durch diese Prozesse das gemeinsame Lernen in Gruppen anregen lässt, um innovative Problemlösungen zu ermöglichen und sich zugleich immer schneller und geschmeidiger wechselnden Kundenwünschen oder neuen Technologien anzupassen. Das Lernen bewegt sich dabei auf einem Kontinuum zwischen **Exploitation** (= Lernen in kleinen Schritten) und **Exploration** (= Lernen in großen Sprüngen), mit denen wiederum zwei grundlegende Formen der Kompetenzsteuerung in Teams korrespondieren. Auf der einen Seite stehen Teams, die Outputs gleichbleibender Qualität und Menge erzielen sollen (z. B. in der Automobilmontage). Auf der anderen Seite befinden sich Teams, die *neue* Produkte oder Dienstleistungen erstellen sollen. Da es sich bei solchen innovationsorientierten Arbeitsformationen zumeist um fachlich heterogen zusammengesetzte Teams handelt, geht es hier primär um die kreative Vernetzung der Mitglieder.

Im konzeptionellen Zentrum steht das in Kapitel 1.4 vorgestellte **Teammodell**, das es erlaubt, Teamerfolgsfaktoren, Teamprozesse und teamdynamische Erscheinungen einzuordnen und ganzheitlich zu erfassen. Speziell die teamdynamischen Eigenheiten sind es, mit Hilfe derer man dem Geheimnis besonders erfolgreicher Teams auf die Spur kommt; denn erst sie machen aus einer Gruppe ein Team und aus einem Team ein Hochleistungsteam. Zugleich dienen sie aber auch als wirksame Erklärung kollektiver Fehlentscheidungen und Leistungsverschlechterungen bei scheiternden Teams. Sie sind letzten Endes der Schlüssel, um sowohl Erfolgs- als auch Misserfolgsspiralen in Gruppen besser zu verstehen.

1.1 Teambegriff und Teammerkmale

Nicht in jeder Verpackung, auf der heutzutage Team steht, steckt tatsächlich auch ein Team drin. Da beinahe jeder schon eigene Erfahrungen mit dieser Arbeitsformation gesammelt hat, glaubt auch jeder, darüber eine Meinung äußern zu können. Oft fallen die Urteile gemischt bis negativ aus. Nicht selten wird Team als Abkürzung für »Toll, ein Anderer macht's!« verstanden (vgl. von der Oelsnitz/Busch 2014). Daneben kursieren viele andere schöne Zitate über das Zusammenwirken von Menschen in Teams, die mal launig, mal vernichtend ausfallen, doch stets ein Körnchen Wahrheit in sich tragen. Abbildung 1 gibt einen Überblick über einige häufig verwendete, eher skeptische Zitate zur Teamarbeit.

Die Zitate lassen bereits erkennen, dass sich Teamarbeit immer in einem Spannungsverhältnis zwischen Ich und Wir bewegt. Einerseits darf die individuelle Persönlichkeit (inklusive ihrer Stärken) im Team nicht untergehen, andererseits dürfen die Egos der Teammitglieder auch nicht zu groß sein, weil sonst die Fliehkräfte überhandnehmen und der Zusammenhalt verlorengeht. Jeder muss sich ein wenig biegen lassen, darf aber nicht brechen, so dass seine Eigenart und sein freier Wille zum Erlöschen kommen. Ähnlich wie in einer Zweierbeziehung fordert Teamarbeit von allen Beteiligten also immer ein gewisses Maß an Kompromissbereitschaft und Konformität.

Was schon so alles über Teamarbeit gesagt wurde ...
Wenn du nicht mehr weiter weißt, dann gründe einen Arbeitskreis. (unbekannt)
Wenn Sie heute irgendeine Idee killen wollen, brauchen Sie nur dafür zu sorgen, dass ein Komitee darüber berät. (Charles Kettering)
Hätte man bei der Erschaffung der Welt eine Kommission eingesetzt, dann wäre sie heute noch nicht fertig. (George Bernard Shaw)
Teamwork heißt, dass alle teamen und einer wörkt. (Klaus Klages)
Schlechtes Teamwork ist, wenn aus einer To Do-Liste eine Tu-Du-Liste wird. (Stefan Orac)

Abb. 1: Ausgewählte Zitate zur Teamarbeit

Dieser Grundgedanke taucht bereits in der **Etymologie des Wortes Team** auf, das aus dem Altenglischen stammt und mit den deutschen Wörtern *ziehen* und *Zaum* verwandt ist. Eine seiner ursprünglichen Bedeutungen war »Nutzvieh unter einem Joch«, »Gespann«, »Reihe zusammengespannter Tiere«, oder auch allgemein »das, was zieht«. Auch Teams von Menschen sollten *an einem Strang* ziehen, *gemeinsam* eine Aufgabe bewältigen, weshalb das Motto der drei Musketiere »Einer für alle und alle für einen!« nicht ohne Grund oft zum Leitspruch für Teamarbeit schlechthin erhoben wird.

Die Bergsteigerlegende Reinhold Messner veranschaulicht diesen Gedanken am Beispiel einer Seilschaft. »Die Verantwortung wird nie allein von einem Kletterer getragen; sie wird am Berg immer mit allen anderen Mitgliedern einer Gruppe geteilt. Wobei die körperlich und geistig Fähigeren (…) mehr davon übernehmen. Instinktiv werden Sorgen, Verantwortung, Lasten so aufgeteilt, dass jedes Glied einer Seilschaft seinen gerechten Anteil übernimmt. Alle sind also gleichberechtigt, je nach ihrem Können selbstverpflichtet« (Messner 2014, S. 56). Dieser Aspekt des Mit- und Füreinanders – nicht des Neben- oder gar Gegeneinanders – spiegelt sich auch in gängigen Definitionen von Teams wider (▸ Abb. 2).

Aus diesen Definitionen lassen sich **grundlegende Merkmale eines Teams** ableiten, die prinzipiell auf sämtliche Arten von Teams anwendbar sind:

- Mindestens drei Personen,
- gemeinsames Ziel,
- Aufgabeninterdependenz und daraus resultierender Abstimmungsbedarf,
- Kontakt- und Kommunikationsmöglichkeiten zwischen den Teammitgliedern,
- Arbeitsteilung, d. h. eine klare Rollen- und Verantwortungsstruktur,
- formell ernannte Teamführung,
- Handlungsautonomie, d. h. weitgehende Selbststeuerung von Aktivitäten,
- Vorhandensein einer Teamgrenze und Regelungen der Teamzugehörigkeit.

Welche Definitionen über Teams im Umlauf sind …
»A distinguishable set of two or more people who interact dynamically, interdependently, and adaptively toward a common and valued goal / objective / mission, and who each have some specific roles or functions to perform.« (Tannenbaum/Beard/Salas 1992, S. 118)
»A team is a group of indivduals who work together to produce products or deliver services for which they are mutually accountable. Team members share goals and are mutually held accountable for meeting them, they are interdependent in their accomplishment, and they affect the results through their interactions with one another. Because the team is held collectively accountable, the work of integrating with one another is included among the responsibilities of each member.« (Mohrman/Cohen/Mohrman 1995, S. 39 f.)
»Ein Team ist eine kleine Gruppe von Personen, deren Fähigkeiten einander ergänzen und die sich für eine gemeinsame Sache, gemeinsame Leistungsziele und einen gemeinsamen Arbeitsansatz engagieren und gegenseitig zur Verantwortung ziehen.« (Katzenbach/Smith 1998, S. 71 f.)
»Eine Gruppe oder ein Team besteht aus mindestens zwei Mitgliedern, die gemeinsame Ziele verfolgen und dazu ein Minimum an Kooperation und sozialer Interaktion zeigen müssen.« (Hertel/Hüffmeier 2014, S. 222)
»Teams (…) entwickeln eine positive Synergie durch gemeinsame Anstrengungen und durch gemeinsames Commitment. Es ist eine kleine Gruppe mit komplementären Fähigkeiten, die einander verantwortlich halten für gemeinsame Zwecke (= Mission), Ziele und Ansätze bzw. Vorgehensweisen (…) Teams bilden durch ihr gemeinsames Commitment eine kraftvolle Einheit einer kollektiven Leistung, und die darin verrichteten individuellen Bemühungen erbringen eine Gesamtleistung, die größer ist als nur die Summe der Einzelleistungen.« (Weinert 1998, S. 396 f.)
»1. Eine soziale Einheit von drei oder mehr Personen, 2. deren Mitglieder von außen als solche erkannt werden und sich selbst als Mitglieder wahrnehmen (Identität), 3. die eingegliedert in eine Organisation (Kontext), 4. durch unmittelbare Zusammenarbeit gemeinsame Aufgaben erledigt.« (Högl 1998, S. 10)
»Work teams are groups of people embedded in organizations, performing tasks that contribute to achieving the organization's goals. They share overall work objectives. They have the necessary authority, autonomy and resources to achieve these objectives.« (West 2012, S. 27)
»Die Ordnung eines Teams entsteht aus dem Bemühen um die Bewältigung der Aufgabe, dem Bemühen um Zufriedenheit des Einzelnen, dem Bemühen um den Erhalt des Systems und den Erfahrungen, die dabei gemacht werden (seiner Geschichte).« (Edding/Schattenhofer 2015a, S. 14)

Abb. 2: Ausgewählte Teamdefinitionen

Mindestens drei Personen

Erst ein Team, das aus mindestens drei Personen besteht, wird hier als Team bezeichnet. Ab 20 Personen spricht man von einer Großgruppe. Sobald drei Personen vorhanden sind, kann sich ein Teammitglied einem anderen zuwenden und mit diesem eine

Koalition bilden, wodurch bei Uneinigkeit auf der einen Seite eine Mehrheit und auf der anderen Seite eine Minderheit entsteht (vgl. Hertel/Hüffmeier 2014, S. 222). Gruppendynamische Erscheinungen wie Konformitätsdruck, Positionskämpfe oder Leistungsvergleiche können erst ab drei Personen in stärkerem Maße auftreten. Überdies ist es ab dieser Gruppengröße möglich, unterschiedliche Perspektiven zu diskutieren und differenzierte Abwägungen zu treffen. Dieser Umstand spielte bereits im römischen Recht eine Rolle, wonach ab einer Dreier-Konstellation von einem Kollegium gesprochen wurde (»tres faciunt collegium«, Marcellus, Corpus Iuris Civilis).

Gemeinsames Ziel

Ein Team hat ein wie auch immer gelagertes Problem zu lösen, das – zumindest im unternehmerischen Kontext – aus Sicht eines Auftraggebers wie der Geschäftsführung oder eines Großkunden relevant erscheint. Diese Aufgabe bedarf i. d. R. der Bündelung unterschiedlicher Stärken und Fähigkeiten. Hierbei ähneln Teams im Kleinen einer ebenfalls arbeitsteilig funktionierenden Organisation, in der im größeren Rahmen persönliche Kompetenzen genutzt und vernetzt werden, um komplexe Herausforderungen zu meistern. Die Ziele, die durch Teams erreicht werden sollen, können eher ökonomischer oder eher sozial-humanitärer Natur sein oder auch beide Aspekte sinnvoll miteinander verbinden. Beispiele für ökonomische Ziele sind Qualitätssteigerung, Produktivitätsverbesserungen, Senkung von Fehlzeiten oder die Förderung des innerbetrieblichen Wissens- und Erfahrungstransfers. Beispiele für humanitäre Ziele sind die Erhöhung der Arbeitszufriedenheit und Motivation von Mitarbeitern, deren gesunde Persönlichkeitsentwicklung oder die allgemeine Verbesserung des Betriebsklimas (vgl. Wegge 2004, S. 18).

Nach Buchinger (2004, S. 231 ff.) kann Teamarbeit in Unternehmen als Instrument der Entscheidungsfindung, der strategischen Planung, der Verankerung von Zielen und Visionen, der Steuerung von Organisationen und ihres laufenden Umbaus, der internen überfachlichen Vernetzung, der Bewältigung notwendiger organisatorischer Konflikte, der gesteigerten Identifikation mit der Organisation, der Handhabung affektiver Prozesse oder schließlich als Instrument der organisatorischen Selbstreflexion dienen. Durch die Festlegung von Zielen lassen sich Anforderungen an die zu erbringenden Leistungen des Teams durch klare Vorgaben definieren – und anschließend auch beurteilen (vgl. Kriz/Nöbauer 2008, S. 45 f.; Stock-Homburg 2013, S. 599).

Aufgabeninterdependenz und Abstimmungsbedarf

Dem gemeinsamen Ziel vorgelagert ist die Frage der Aufgabenbeschaffenheit: Wie stark greifen Aufgaben ineinander? In welchem Ausmaß ist die Kombination individueller Inputs erforderlich, um ein kollektives Output zu erlangen? Am Anfang der Bildung von Teams steht immer die Frage nach der »Teamhaftigkeit« der Aufgabe. Wann macht es Sinn, Einzelaufgaben zu Teamaufgaben zusammenzuführen? Allein der Umstand, dass Teams in Mode sind, sollte eine Organisation aber nicht dazu verleiten, einem übertriebenen Teamwahn zu verfallen, der versucht, alles und jedes in diese Arbeitsformation zu pressen (vgl. Kieser 1996).

Zu prüfen ist also genau, was eine Team- und was eine Einzelaufgabe ist und wo Schnittstellen zwischen beiden bestehen. In seinem inzwischen zum Klassiker avancierten Werk »Group process and productivity« aus dem Jahr 1972 (S. 15 ff.) entwickelte der amerikanische Sozialpsychologe Ivan D. Steiner (1917-2001) eine bis heute gültige Unterteilung von Gruppenaufgaben (vgl. auch Hammar Chiriac 2008, S. 507 f.):

- Bei *additiven Gruppenaufgaben* ergibt sich die Gruppenleistung als Summe der Einzelleistungen der Mitglieder. Auch in der Softwareprogrammierung findet sich häufig die Vorgehensweise, dass einzelne Programmierer klar abgegrenzte Module programmieren, die erst zum Schluss in eine Gesamtlösung integriert werden. Im Grunde handelt es sich um Einzelarbeit, die durch ein gemeinsames Ziel verbunden ist.
- Bei *kompensatorischen Gruppenaufgaben* soll eine Anzahl von Menschen unabhängig voneinander die Entwicklung eines bestimmten Phänomens richtig ab- bzw. einschätzen (z. B. Börsenkursentwicklung oder Trendformulierung in einer Delphi-Expertenbefragung), wobei dann aus dem Gesamtergebnis das arithmetische Mittel, der Median oder ein sich abzeichnender Trend gebildet wird.
- *Konjunktive Gruppenaufgaben* verlangen im Gegensatz zu den zuvor genannten Aufgabentypen eine Interaktion der Beteiligten. Hierbei müssen alle Mitglieder erfolgreich sein, damit die Gruppe als Ganzes erfolgreich ist, wobei die Gruppenleistung am Ende durch das schwächste Glied in der Kette bestimmt wird. Eine Seilschaft im Gebirge bildet ein klassisches Beispiel hierfür. Von Reinhold Messner weiß man etwa, dass er bei der Zusammenstellung seines Teams strikt darauf achtete, Partner mit ähnlichem Leistungsniveau und Drive zu finden, um von vornherein Konflikte und Streitereien während einer Bergtour auszuschließen (vgl. Messner 2014, S. 302 ff.).
- Bei *disjunktiven Gruppenaufgaben* hängt die Gruppenleistung vom stärksten Gruppenmitglied ab. Die Lösung kann durch Experten oder hochbegabte Fachkräfte gefunden werden, die dann sehen, was alle sehen, dabei aber etwas denken, was noch niemand gedacht hat. Teilweise findet sich dies auch im Mannschaftssport, in dem sich Teams um einen Starspieler herum formieren. Alex Ferguson, der langjährige Erfolgstrainer von Manchester United, betont jedenfalls die Bedeutung herausragender Spieler: »Elf gute Spieler, die gut miteinander harmonieren, können eine Mannschaft bilden, die mehr ist als die Summe der einzelnen Teile. Und dennoch: Mir fällt kein Team ein, das auf dem allerhöchsten Niveau ohne einen Weltklassespieler in seinen Reihen Großartiges erreichte« (Ferguson 2016, S. 117). Es seien solche Spieler, die Partien entscheiden und einen Verein pushen könnten.
- Bei *komplementären Gruppenaufgaben* schließlich hängt die Leistung von der optimalen Nutzung der inviduellen Fähigkeiten, Fertigkeiten und Wissensbestände ab. Ein Orchester etwa benötigt exzellente Einzelmusiker, aber erst im gelungenen Zusammenspiel aller wird es zu einem unverwechselbaren Klangkörper (vgl. Scholz/Schmitt 2011; de Hoop 2012).

Allerdings bilden sehr stark ausgeprägte Interdependenzbedingungen im Alltag eher die Ausnahme. Es gibt folglich nur wenige Teams, die sich ständig abstimmen müssen. Vielmehr wechseln sich Phasen ab: Phasen intensiver Abstimmung, die das gesamte Team betreffen, mit Phasen niedrigeren Abstimmungsbedarfs, die womöglich nur Teile des Teams betreffen, und Phasen völlig isolierter und voneinander unabhängiger Einzelarbeit, in der Personen am Stück und abgeschirmt an einem Problem arbeiten (▶ Abb. 3).

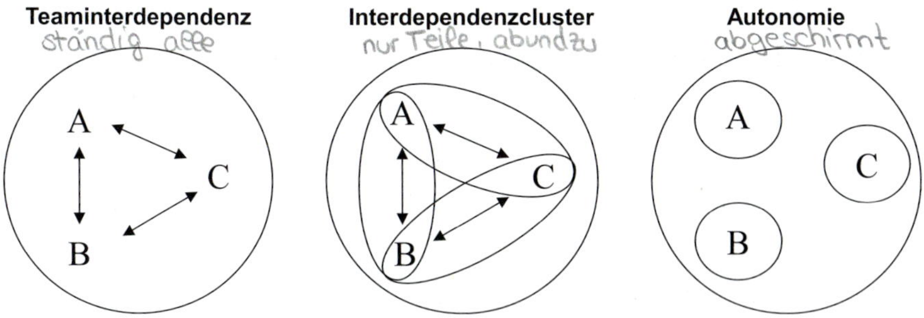

Abb. 3: Interdependenzmuster in Teams (vgl. Busch 2008, S. 63)

Selbst Rudermannschaften müssen nur unter Wettkampfbedingungen wirklich synchron funktionieren. In der sehr viel mehr Zeit beanspruchenden Trainingssituation kennzeichnen ebenso häufig Einzeltrainings die Vorbereitung. Zugleich sollten Schnittstellenprobleme ein wichtiger Gegenstand der Reflexion in Teams sein. In der Praxis kommen zudem bestimmte Vorgehensmodelle zum Einsatz (z. B. Projektstrukturplan, Scrum, Gantt-Diagramm), um Abhängigkeiten zu visualisieren und mögliche Abstimmungstermine zu fixieren. An späterer Stelle werden diese Aspekte noch ausführlicher unter dem übergeordneten Teamprozess der Koordination erörtert (▶ Kap. 2.2.3).

Kontakt- und Kommunikationsmöglichkeiten

Es ist einleuchtend, dass eine solche Abstimmung nur dann möglich ist, wenn das Team über entsprechende Kontakt- und Kommunikationsmöglichkeiten verfügt. Diese hängen sowohl von der realen als auch von der virtuellen Architektur ab. Die reale Architektur schafft die Voraussetzungen für eine physische Vernetzung der Teammitglieder, die virtuelle Architektur schafft die Voraussetzungen für die technische Vernetzung der Teammitglieder, z. B. über entsprechende Intranetlösungen (vgl. Busch 2015, S. 397 ff.). Kooperieren Teammitglieder standortübergreifend in einem virtuellen Team, so werden komplexere technologische, aber auch verhaltensbezogene Vernetzungslösungen erforderlich. Vereint an nur einem Standort richtet sich die Art der Zusammenarbeit danach, ob die Teammitglieder in einem Einzelbüro (Zellenbüro), Mehrpersonenbüro (Gruppenbüro), Großraumbüro, an einem flexiblen, non-territorialen Arbeitsplatz oder gar an einem mobilen Arbeitsplatz tätig sind (vgl. Gerhardt 2014, S. 51 ff.; Wohlers/Hertel 2017, S. 467 ff.). Bei additiven und kompensatorischen Aufgaben ist ein Verbleiben der Teammitglieder an ihren bisherigen verteilten Arbeitsstätten möglich.

Mit zunehmendem Interdependenzgrad dagegen wird eine temporäre oder gar vollständige räumliche Zusammenführung der Teammitglieder erforderlich, um ein dichtes Interagieren und Kommunizieren zu ermöglichen. Hierfür eignen sich besonders Mehrpersonenbüros. Eine Reinform der Face-to-face-Zusammenarbeit stellen dabei *Team Rooms* dar, die in einer von Olson und Kollegen geleiteten Langzeitstudie untersucht wurden, um Vor- und Nachteile sog. ko- bzw. dislozierter Zusammenarbeit herauszuarbeiten (vgl. Olson et al. 2002, S. 117 ff.; Busch 2006, S. 200 f.). In einer Art Konferenzraum, der die Arbeitsplätze der Teammitglieder, einen Tisch in der Mitte sowie Whiteboards und Flipcharts umfasst, arbeitet das Team während des gesamten Arbeitsprozesses zusammen. Nur für Phasen, die höchste individuelle Konzentration erfordern, ist die Separierung einzelner Teammitglieder vom Rest des Teams vorgesehen. Die Mitglieder stehen dabei ausschließlich dem Team zur Verfügung und besitzen keine anderen Büros.

Neben der informierenden und koordinierenden Wirkung direkter Kommunikation darf am Ende aber auch deren inspirierende Wirkung nicht vergessen werden. Die auf den MIT-Forscher Thomas J. Allen zurückgehende Beobachtung, dass 80 Prozent aller betrieblich realisierten Ideen auf direkten Kontakt von Angesicht zu Angesicht zurückzuführen sind, weist auf die essentielle Bedeutung persönlicher Gespräche hin. Wer viel miteinander spricht, kommt zwar auf viele bedeutungslose Ideen, aber auch auf manch gute und zündende Idee. Zudem konnte Allen auch eine sich wechselseitig verstärkende Beziehung zwischen direkter Kommunikation und technologievermittelter Kommunikation feststellen. Je häufiger wir uns mit jemandem persönlich unterhalten, desto häufiger werden wir mit ihm auch via Telefon, E-Mail oder sozialen Medien kommunizieren und umgekehrt (vgl. Allen/Henn 2007, S. 28 f., 51 ff.).

Daraus zog er den Schluss, dass ebenso auf Team- und Abteilungsebene eine Tendenz zur kommunikativen Abschottung besteht, die durch die Anlegung längerer, »lästiger« Wege und unausweichlicher Begegnungszonen (sog. Gravitationszentren) gezielt durchbrochen werden muss. Das effizienzgeleitete Prinzip der kurzen Wege, wie es im Fertigungsbereich üblich ist, sollte im kreativen Bereich also durch das ideenfördernde Prinzip der sich kreuzenden Wege ersetzt werden (vgl. Allen/Henn 2007, S. 91). Diese Erkenntnisse haben im Projekthaus, einem Teil des Forschungs- und Innovationszentrums der *BMW Group* in München, architektonische Gestalt angenommen (vgl. dazu ausführlicher Busch 2015, S. 403 ff.).

Arbeitsteilung

Mit Teamarbeit sind idealerweise sowohl quantitative als auch qualitative Leistungsvorteile verknüpft, wie sie etwa in den Sprichwörtern »Viele Hände schaffen der Arbeit rasch ein Ende« oder »Vier Augen sehen mehr als zwei« zum Ausdruck kommen. Als Organisation im Kleinformat sind in einem Team ähnliche Gestaltungsregeln anzuwenden wie im Unternehmen als Ganzes:

- Bilde spezialisierte Aufgabenprofile, besetze diese mit fachlich geeignetem Personal und schaffe die Voraussetzungen für deren kreative Vernetzung!
- Vermeide Doppelarbeit und unnötige Überschneidungen (Schnittstellen), um Reibungsverluste zu minimieren!

- Sorge für eindeutige, klar abgegrenzte Rollen und Verantwortlichkeiten, um Kompetenzstreitigkeiten und einen Zustand organisierter Verantwortungslosigkeit zu verhindern!
- Setze hinter jedes Ziel den Namen einer Person oder eines Personenkreises, denn nur persönliche Ziele sind wirksame Ziele (vgl. Malik 2006, S. 186)!
- Decke Schieflagen in der Arbeitsbelastung auf und sorge für gerechte Lastenteilung!

Im Zentrum steht immer die Frage, wie sich individuelle Stärken im arbeitsteiligen Teamverbund produktiv nutzen lassen, um eine hohe Schlagkraft bei der Zielerreichung zu entwickeln. Hiermit hat sich zuerst und bis heute am prägnantesten Peter F. Drucker befasst, dessen 1967 in den USA veröffentlichtes Werk »The effective executive« im Jahr 2014 in deutscher Übersetzung erneut aufgelegt wurde – nach bald 50 Jahren sicherlich ein Gütebeweis. Drucker ging davon aus, dass Organisationen – und damit auch ihre kleinen Geschwister, die Teams – unabhängig von ihrer jeweiligen Zielausrichtung einzig und allein den Zweck verfolgen, individuelle Stärken sinnvoll zu nutzen bzw. die Stärken einzelner Mitarbeiter so einzusetzen, dass sie sich vervielfachen (vgl. Drucker 2014, S. 23, 79; Malik 2006, S. 122 ff.). Werden Positionen stärken- und nicht sympathiebezogen besetzt und erfolgt eine sinnvolle Vernetzung, so können »ganz gewöhnliche Menschen außergewöhnliche Leistungen erbringen« (Drucker 2014, S. 88).

Teamführung

Natürlich hat bei der Favorisierung einer bestimmten Vorgehensweise oder der Lösung eines Problems auch die Teamführung ein gewichtiges Wort mitzureden. An dieser Stelle – bei der Darstellung der Grundmerkmale eines Teams – wird jedoch weniger auf den *prozessualen Führungsbegriff* verwiesen, d. h. *die Gruppe wird geführt*, also eine – wie auch immer geartete – Leitungsebene hat bestimmte Funktionen in einem Team zu erfüllen (z. B. die Leistungs- und Fortschrittskontrolle), als auf den *institutionellen Führungsbegriff*, d. h. ein *Team hat eine Führung*, eine formal ernannte Spitze, die das Team nach innen lenkt und nach außen vertritt. Dieser Spitze kommt Letztverantwortung zu und sie kann im Konfliktfall ein Machtwort sprechen. Dies kann ein Projektleiter, ein Teamsprecher oder auch ein externer Trainer sein (▶ Kap. 2.1.1).

Zwar gibt es heute durchaus Diskussionen, die Sinn und Zweck von Führung in Teams generell in Frage stellen, jedoch verkennt diese Sichtweise, dass es in der Praxis de facto keine machtfreien Zonen gibt. Wer Autorität in Frage stellt, bekommt sie häufig auf weniger angenehme und berechenbare Weise zurück – man denke etwa an rechtsfreie Stadtviertel, in die sich die Polizei kaum mehr hineinwagt. Und auch in vermeintlich führerlosen Teams bildet sich eine »Hackordnung« heraus. An die Stelle formeller Führungsstrukturen treten dann informelle Strukturen, die künstliche Hierarchie wird durch eine natürliche ersetzt, die gemachte durch eine gewachsene Einfluss- und Machtstruktur. »In der Wildnis entsteht immer auch eine eindeutige Leadership, instinktiv, sie folgt nicht professionellen Ausscheidungssystemen, kennt keine Führungsinstanzen« (Messner 2014, S. 302). Auf diese dynamischen Einflussmuster in Teams, die sich allerdings auch bei Existenz einer formalen Führung emergent herauskristallisieren können, wird an späterer

Stelle ausführlicher eingegangen (▶ Kap. 3.4). In diesem Sinne ist Teamführung *abzugrenzen von klassischer Personalführung*, die eher eine Vorgesetzten-Untergebenen-Beziehung – die sog. Führungsdyade – begründet.

Teamleiter müssen heutzutage in der Lage sein, mit Technik und kultureller Vielfalt umzugehen, also über eine ausreichende Medien- und interkulturelle Kompetenz verfügen. Viele moderne Führungsansätze fordern überdies ein Eingehen auf die individuellen Stärken und Eigenheiten des Mitarbeiters. In Teams kann diese ungleiche Behandlung allerdings zu Unstimmigkeiten führen, denn was von dem einen als angemessen und gerecht empfunden wird, kann für den anderen das genaue Gegenteil bedeuten. In Teams finden einerseits untereinander fortlaufend Vergleichsprozesse statt, andererseits wird aber auch genau beobachtet, wie sich der Teamleiter verhält, welche Bemerkungen er macht, was er nicht kommentiert und wem er besondere Aufmerksamkeit zuteilwerden lässt. Diese vielseitigen Anforderungen machen es für ihn oder sie nicht eben leichter.

Erschwerend kommen mögliche Beeinflussungsversuche von seiten einzelner Teammitglieder und persönliche Sympathien auf seiten des Teamleiters hinzu. Im Laufe der Zeit bilden sich deshalb oft eine »In-Group« und eine »Out-Group« heraus: »In der privilegierten Innengruppe sind jene Mitarbeiter, mit denen die Führungskraft keine Probleme hat, weil sie fähig, engagiert, loyal und sympathisch sind. Die Randgruppe dagegen ist aus den schwierigen Mitarbeitern zusammengesetzt. Die Beziehungen zur ›in-group‹ gestalten sich informell-locker, vertrauensvoll, respektierend und sind durch hohen gegenseitigen Einfluss ausgezeichnet (…), während im Kontakt zur ›out-group‹ Formalität, Misstrauen, Distanz und einseitig vorgesetztenbetonter Einfluss vorherrschen« (Neuberger 2002, S. 335. Zu der dahinterstehenden Erklärung der sog. Leader-Member Exchange Theory vgl. Graen/Uhl-Bien 1995, S. 225 ff.; Lord et al. 2017, S. 442).

Der Aufbau konstruktiver und vertrauensvoller Zusammenarbeit setzt in einem viel stärkeren Maße als früher emotionale Intelligenz, Empathie, Selbstreflexion und Achtsamkeit voraus (vgl. Sauer et al. 2011, S. 343 ff.; von Au/Seidel 2017). Der Teamführer wird zum Coach, der sein Team nicht nur zum Ziel führen muss, sondern ihm dabei auch Lern- und Wachstumschancen zu bieten hat. Insgesamt ergibt sich daraus eine *stärkere Psychologisierung des Führungsverhaltens*, das mehr auf gute Beziehungen, Umgang mit Emotionen sowie die Entwicklung von Sinnerleben ausgerichtet ist (vgl. von der Oelsnitz 2017a, S. 90 ff.).

Handlungsautonomie

Idealerweise erschafft der Teamleader ein Umfeld, in dem sich Teammitglieder am Ende selbst leiten können (vgl. Blanchard/Carew/Parisi-Carew 2015, S. 101). Die beste Führung ist demnach – auch wenn es zunächst paradox klingt – diejenige, die sich selbst mit der Zeit überflüssig macht bzw. immer mehr in den Hintergrund tritt. Dies geschieht, indem sie das Team zur Selbstführung anleitet und den Teammitgliedern das Gefühl der Freiheit und Eigenverantwortung vermittelt (vgl. Manz/Sims 1995). Es gibt Vorgesetzte, denen es gelingt, dass Mitarbeiter ihnen vertrauen, und Vorgesetzte, denen es gelingt, dass Mitarbeiter sich selbst vertrauen (vgl. Sprenger 2007, S. 49 ff.). Vor allem dieses Selbstvertrauen reduziert den Führungsbedarf in Teams – vorausgesetzt natürlich, die Teammitglieder verfügen über die notwendige fachliche und charakterliche Reife.

Die Handlungsautonomie von Teams kann sich auf **vier Kategorien** erstrecken (vgl. Gemünden/Salomo 2005, S. 64 ff.; Busch 2015, S. 462 f. sowie allgemein Sichler 2006):

- *Zielsetzungsautonomie* betrifft zum einen die Frage, wieviel Spielraum bei der Definition des gemeinsamen Ziels besteht. Ziele können präzise formuliert und vorgegeben sein (z. B. zu erfüllende Kennzahlen im Produktionsbereich), sie können sich innerhalb eines flexiblen Korridors bewegen (z. B. Erfüllung bestimmter Anforderungen eines Kunden) oder auch sehr vage und offengehalten sein (z. B. bei künstlerischen Werken). Zum anderen besitzt das Team Freiräume darin, zu bestimmen, wie es sich dem vorgegebenen Ziel durch das Setzen von Teilzielen und Meilensteinen iterativ annähert, welches Tempo es hierbei an den Tag legen will und welches Teammitglied bzw. welche Teile des Teams für die Erreichung welcher Teilziele verantwortlich sind.
- *Ressourcenautonomie* betrifft die Frage, inwiefern ein Team über ein eigenes Budget und über sonstige Ressourcen verfügt, über deren Zuweisung es selbstständig bestimmen kann. Für den Teamführer schließt dies auch Freiheiten bei der Auswahl von Personal und der Zusammensetzung des Teams mit ein. Bei Neuzugängen in bereits bestehende Teams kann auch das Team mit involviert werden (vgl. Busch/Lorenz 2009, S. 54 ff.; von der Oelsnitz/Busch 2014, S. 86 ff.).
- *Strukturelle Autonomie* betrifft die (Nicht-)Einbindung des Teams in die formale Weisungsstrukur der rahmengebenden Organisation. Ist es der »Linie« untergeordnet, muss es sich mit dieser abstimmen oder kann es sich gegen diese durchsetzen, indem es allein dem Top Management unterstellt ist? Im Zusammenhang damit steht die Frage, ob Teammitglieder sowohl in zeitlicher als auch in räumlicher Hinsicht vollumfänglich für ein Team abgestellt sind (etwa im Rahmen eines Projektvorhabens) oder ob sie weiterhin in ihrem angestammten Arbeitsbereich bleiben und nur Teile ihrer Arbeitszeit für Teamaufgaben aufwenden. Sie wären dem »Zugriff« der Teamführung dann weitgehend entzogen.
- *Soziale Autonomie* betrifft die schon angesprochene Definition von Zuständigkeiten, die Art der Aufgabenverteilung, den Partizipationsgrad des Teams, und das Wie der Zusammenarbeit, z. B. die Gestaltung von Teamprozessen, die Aufstellung von Regeln und Standards, die Wahl der Kommunikations- und Führungsstruktur, die Wahl einzusetzender Verfahren und Handlungsstrategien oder das Ausmaß der zu beachtenden Förmlichkeit. Ein Beispiel für eher begrenzte soziale Autonomie ist die teilautonome Arbeitsgruppe im Fertigungsbereich. Diese kann zwar nicht den Arbeitstakt und das zu erbringende Pensum selbst bestimmen, aber zumindest eigenständig über die Einsatzplanung während einer Schicht oder die Urlaubsplanung entscheiden (vgl. Antoni 2000, S. 52).

Je innovativer ein Vorhaben ist, desto mehr Freiräume sollte ein Team besitzen. Dessen Mitarbeiter sind keinen unnötigen bürokratischen Zwängen unterworfen, wodurch sie in der Lage sind, in besonderem Maße eine Aufbruchstimmung wie in einem gerade gegründeten Unternehmen zu entwickeln. Dieser Grundgedanke geht auf die sog. **Skunk works** zurück, ein Geheimlabor des amerikanischen Luftfahrtunternehmens Lockheed Martin, das in den 1940er Jahren eine rasche Antwort auf den von den Deutschen entwickelten Düsenjäger finden sollte. Dies geschah, indem man einen Trupp hochtalentierter Experten zusammenbrachte, diese strikt von der Außenwelt isolierte und ihnen ausreichend Autonomie gab, damit sie sich hochkonzentriert ihrer Aufgabe widmen konnten (vgl. Rich/Janos 1994; Brown 2004, S. 134 ff.). Das Skunk Work-System ist seitdem häufig kopiert worden. Der BMW i3, das Betriebssystems Android oder der Macintosh wurden in Teams entwickelt, die unter ähnlichen Bedingungen arbeiteten.

Existenz einer Teamgrenze und Regelung der Teamzugehörigkeit

Teams, die völlig losgelöst von betrieblichen Strukturen arbeiten, tendieren dazu, eine besondere Selbstwahrnehmung zu entwickeln. Sie fühlen sich oft als innovative Speerspitze, als eine mit einer bedeutsamen Mission betraute Avantgarde, die dabei hilft, die Gesamtorganisation erfolgreich in die Zukunft zu führen. Das *Macintosh-Team* etwa lebte den Slogan »It's more fun to be a pirate than to join the navy« und grenzte sich damit deutlich vom Rest der Organisation ab. »Jobs besaß die geniale Begabung, Gruppenidentität zu erzeugen. Er verteilte T-Shirts und lockte mit so kindischen Belohnungen wie einem Waggon Ananas-Pizza für alle, wenn sie bis zu einem bestimmten Termin ein besonders kniffliges Problem bewältigten. Er umgab ihre Arbeit mit der Aura des Mystischen (…) Der Macintosh war ihr geheimes Projekt von welterschütternder Wichtigkeit« (Bennis/Biederman 1998, S. 95).

Auch in seiner späteren Phase bei Apple betrieb Steve Jobs eine exzessive Grenzziehung für diejenigen Teams, die wichtige Innovationsprobleme zu lösen hatten. Er erklärte sie kurzerhand zu Sperrzonen innerhalb eines Gebäudekomplexes, ließ Fenster entfernen oder mattieren, Türen mit neuen Schlössern versehen, die nur mit entsprechender Identifikationskarte zu öffnen waren, und verlangte von Teammitgliedern uneingeschränkte Verschwiegenheit, zu der sie sich in vertraglichen Vereinbarungen unter Androhung von Strafen bei Nichtachtung zu verpflichten hatten. Niemand durfte sich »verplappern« und der kursierende Spruch »Geschwätzigkeit führt zum Untergang des Schiffs« wurde mehr als ernst genommen, so dass selbst Kollegen oft erst anlässlich von Produktpräsentationen erfuhren, woran die Geheimprojekte die ganze Zeit gearbeitet hatten (vgl. Lashinsky 2012, S. 41 f., 48 f.).

Die Abgrenzung eines Teams nach außen ist ein zentraler Mechanismus, um eine eigene Identität aufzubauen und um bei Teammitgliedern die Identifikation mit dem eigenen Tun und dem der Gruppe zu erhöhen. Dadurch steigen Engagement und Kooperationsbereitschaft (vgl. Busch 2015, S. 265). Für Teams ist die Frage der Grenze und der Zugehörigkeit somit ebenfalls ein grundlegendes Merkmal, ja erst wenn eine Grenzziehung möglich ist, kann überhaupt von einem echten Team gesprochen werden. Problematisch werden Grenzziehung und Identitätsbildung allerdings in Teams mit wechselnden Mitgliedschaften (z. B. in schichtbedingt zusammengestellten OP-Teams) sowie in Teams mit fluiden Teamgrenzen, in denen neben Kernmitgliedern auch periphere Mitglieder außerhalb der Organisation wie Freelancer oder Berater, oft nur temporär, mitarbeiten (vgl. Dineen/Noe 2003, S. 6). Zwar steigt in diesen Teams die Kreativität durch den zusätzlichen Wissenszufluss, doch geht dies häufig zu Lasten des Teamzusammenhalts (► Kap. 2.2.9).

Vor ähnlichen Herausforderungen sehen sich virtuelle, d. h. standortübergreifend kooperierende Teams gestellt. Die Verarmung der Kommunikation, die die »kalte« elektronische Kommunikation im Vergleich zum »warmen« persönlichen Kontakt mit sich bringt (vgl. Hertel/Orlikowski 2012, S. 332), erschwert den Aufbau von Vertrauen und die Entwicklung einer sich nach außen abgrenzenden Teamkohäsion. Ein Gefühl der Zughörigkeit stellt sich über Distanz nur schwer ein. Der Managementvordenker Charles Handy hat dies auf die einprägsame Formel »*Trust needs touch*« gebracht und ergänzt dies durch die Beobachtung, dass mit zunehmender Virtualisierung von Beziehungen der Bedarf an persönlichen Kontakten und vertrauensfördernden Maßnahmen nicht ab-, sondern sogar noch zunimmt (vgl. Handy 1995, S. 46; Breuer/Hüffmeier/Hertel 2016, S. 1152 ff.) (► Infobox »Virtuelle Teams«).

Infobox »Virtuelle Teams«

Angesichts der Verbreitung von Informations- und Kommunikationstechnologien stellt sich die berechtigte Frage, ob es überhaupt noch Teams gibt, die allein analog, von Angesicht zu Angesicht kommunizieren. Denn selbst Arbeitsformationen, die räumlich an einem Standort arbeiten, kommunizieren über E-Mail, greifen auf gemeinsame Datenbanken zurück und verwenden technologiegestützte Lern- und Kollaborationsformen. Im engeren Sinne kann von virtuellen Teams jedoch nur dann gesprochen werden, wenn deren Mitglieder über mehrere Standorte verteilt sind, sich also nicht zu Fuß erreichen können.

Als **Erfolgsbedingungen** virtueller Teams werden genannt (vgl. Kauffeld/Handke/Straube 2016; Cohen/Alonso 2013; Hertel/Geister/Konradt 2005; Martins/Gilson/Maynard 2004; Gibson/Cohen 2003):

- Der Vertrauensaufbau zu Beginn in einem persönlichen Treffen (Kick-off-Meeting);
- die Aufstellung klarer Kommunikations- und Verhaltensregeln (z. B. Beantwortung von E-Mails innnerhalb eines gewissen Zeitraums);
- die Einigung auf eine von allen beherrschte Geschäftssprache;
- die an der Aufgabenkomplexität, aber auch an kulturellen Usancen ausgerichtete Wahl des adäquaten Kommunikationsmediums (Stichwort: media richness; vgl. Daft/Lengel 1984, S. 195 ff. sowie ausführlicher hierzu Döring 2003, S. 127 ff.);
- die allgemeine Sensibilität gegenüber interkulturellen Unterschieden;
- die Kompatibilität der IT bzw. der verwendeten Soft- und Groupware;
- die Herstellung von Datensicherheit und die Klärung von Zugangsfragen;
- eine besonders aktive Führung, die klare Arbeitspakete definiert, auf die Einhaltung von Terminen achtet, regelmäßige Fortschrittskontrollen durchführt und typische Konflikte reguliert (z. B. Enflaming oder unerwünschte Subgruppenbildung).

In dem Zusammenhang wird auch von »E-Leadership« oder »Digital Leadership« gesprochen. Die Teammitglieder selbst sollten in besonderem Maße offen sein für Neues, überdies frustrationstolerant und fähig zur Selbststeuerung.

1.2 Spezielle Teamarten

Teamarten lassen sich auf verschiedene Weise differenzieren (vgl. hierzu etwa Antoni 2000, S. 24 ff., Kriz/Nöbauer 2008, S. 28 ff. oder Eberhardt 2013, S. 12 f.). Teams kommen in Unternehmen

- auf unterschiedlichen Hierarchieebenen (Top, Middle, Lower Management),
- in unterschiedlichen funktionalen Bereichen (z. B. Produktion, Service, Logistik, Forschung und Entwicklung, Public Relations)
- in der Verwaltung (Büroorganisation) oder der unmittelbaren Wertschöpfung (Fertigungsorganisation),
- organisationsintern oder organisationsübergreifend,
- mit dispositiven Aufgaben (Planung, Organisation, Kontrolle), mit operativen Aufgaben oder einer Mischung von beidem

zum Einsatz.

- Sie variieren in ihrer Zusammensetzung, in ihrer Handlungsautonomie und dem Grad ihrer räumlichen Zusammenführung.
- Teams können auf Dauer angelegt und in die Arbeitsorganisation integriert sein oder nur temporär – projektbasiert bzw. anlassbezogen – gebildet werden.
- Der von ihnen verfolgte Zweck kann von strategischer Bedeutung sein, aber auch taktische und operative Probleme betreffen.
- Und schließlich kann ihre Entstehung formell initiiert werden oder informell, von oben ungeplant erfolgen. Ein typisches Beispiel für *informelle Teams*, deren Grenzen sich nicht klar abstecken lassen, sind Expertengemeinschaften, sog. Communities of practice (vgl. Wenger/Snyder 2000, S. 143 ff.).

Die Vielfalt möglicher Abgrenzungskriterien lässt leicht erkennen, dass es keinen universal gültigen Schlüssel zur Kategorisierung von Teams gibt. Die Frage ist eher, wie brauchbar bestimmte Kriterien sind, um eine sinnvolle Ordnung zu schaffen. Nachfolgend wird diese Ordnung mit Hilfe der beiden Lern- und Aktivitätsmuster Exploitation und Exploration zu erreichen versucht.

Es gibt demzufolge Teams, die *Standardprobleme* zu lösen und hierbei auf vorgefertigtes Prozesswissen und Handlungsroutinen zurückgreifen, Teams, die *komplexe Probleme unter oft dynamischen Bedingungen* bearbeiten und hierzu ebenfalls einerseits auf eingespielte Handlungsroutinen angewiesen sind, andererseits aber auch arbeitsbegleitend lernen müssen, und schließlich Teams für *neuartige Probleme*, für die es keine vorgefertigten Lösungswege gibt. Entsprechend dieser lernorientierten Unterteilung werden von uns verschiedene Teamarten entlang eines **Exploitation-Exploration-Kontinuums** unterschieden. Lernprozesse als Ausgangspunkt zur Differenzierung von Teamformen heranzuziehen, erscheint deswegen besonders vielversprechend, weil ausnahmslos jeder Teamleistung ein Lernvorgang vorgelagert ist (▶ Abb. 4).

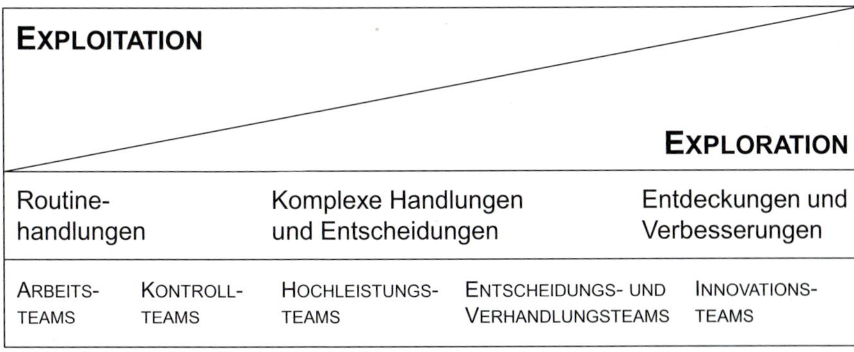

Abb. 4: Teamarten und Lernmodus

Das eine Mal müssen die **Rahmenbedingungen von Teamarbeit** also so gestaltet sein, dass ein möglichst präzises, maschinenartiges Funktionieren gewährleistet wird; das andere Mal sind sie so einzurichten, dass ein Lernen mit- und voneinander bzw. eine gegenseitige Anregung zum kreativen Denken stimuliert wird. Die Gestaltung passender Rahmenbedingungen wird durch grundlegende Fragen bestimmt, die darüber entscheiden, ob ein Team stärker exploitative oder stärker explorative Lernanteile aufweisen sollte.

- Wie neuartig (bekannt) ist die Aufgabe (= Innovationsgrad)? Wie (un-)gewiss und (wenig) vorhersehbar ist das Ergebnis?
- Geht es um die Verwertung und Anwendung bestehenden Wissens oder um den Aufbau und die Erzeugung neuen Wissens?
- Handelt es sich um einen Einzel-, Projekt-, Regel- oder Routinefall? Daraus abgeleitet: Wie hoch ist die Aufgabenkomplexität und -variabilität, die Plan- und Strukturierbarkeit, die Gleichartigkeit und der Wiederholungsgrad der Gesamtaufgabe? Gibt es ein ideales Prozessmuster?
- Wie standardisiert und repetitiv kann der Aufgabenvollzug dementsprechend gestaltet werden? Gibt es vorab definierbare Leistungs- und Bewertungskriterien der Einzel- und Teamarbeit?

Bevor in Kapitel 1.3.3 noch gründlicher auf die beiden generellen Lernmuster Exploration und Exploitation eingegangen wird, sollen zunächst die Eigenarten und Herausforderungen der hier unterschiedenen Teamarten näher betrachtet werden. Abbildung 5 gibt zunächst einen Überblick über Teams, die sich unter die abgegrenzten Teamarten subsumieren lassen.

Innovationsteams

- Produktentwicklungsteam
- Projektteam (z.B. Filmcrew, Eventmanagement)
- Change-, Reorganisationsteam
- Problemlösungsteam
- Sonderkommission
- Rationalisierungsteam, KVP-Team
- Beratungsteam (z.B. Fach- oder Prozessberatung)
- Lerngruppe
- Qualitätszirkel
- Studentische Gruppenarbeit
- Reflexionsteam (z.B. Balint-Gruppe, Action Learning-Team)

Hochleistungsteams

- Rettungsteam, Task Force
- Feuerwehrmannschaft
- Sondereinsatzkommando
- Cockpit Crew
- Militärische Einheit
- OP-Team
- Orchester, Chor, Band
- Seilschaft
- Expedition
- Sportteam (z.B. Handball, Basketball, Rudern)
- Überwachungsteam (z.B. des Luftraums, eines Kraftwerks)

Arbeitsteams

- Fertigungsteam
- Serviceteam
- Betreuungsteam (von Kunden, Patienten, Sportlern)
- Wartungs- und Instandhaltungsteam
- Teilautonome Arbeitsgruppe

Kontroll- und Untersuchungsteams

- Untersuchungsausschuss
- Aufsichtsrat, Rundfunkrat
- Betriebsrat, Personalvertretung
- Prüfungs-, Petitionsausschuss
- Compliance-Team
- Akkreditierungs-, Auditierungs- und Zertifizierungskommission
- Wahlkommission

Verhandlungsteams

- Selling Team
- Buying Center
- Vermittlungsausschuss
- Mediationsteam
- Politische Delegationen (Konfliktlösung, multilateraler Vertrag)
- Vertragsverhandlungen (mit Kunden, Lieferanten)

Entscheidungsteams

- Top Managementteam
- Regierungskabinett
- Stadt-, Gemeinde-, Kirchenrat
- Lenkungskreis (z.B. in Großprojekten)
- Strategieteam
- Krisenstab
- Parlamentsklub
- Preisrichter, Auswahlgremium, Stiftungsrat
- Richtergremium, Senat
- Schöffen bzw. Geschworene
- Jury

Sonstige Formationen

- Virtuelles Team
- Informelles Team (z.B. Community of Practice, Open Source-Team)
- Redaktionsteam
- Workshopgruppe
- Selbsthilfegruppe
- Moderatorenteam
- Prüfungskommission Historikerkommission
- Freizeitteam (z.B. Pfadfinder)
- Familie
- In der Tierwelt: Wolfsrudel

Abb. 5: Unterschiedliche Teamarten und Beispiele

1.2.1 Arbeitsteams

Vielleicht ist der Begriff Arbeitsteam etwas unglücklich gewählt, weil natürlich alle anderen Teams ebenfalls Arbeit leisten. Arbeiten ist hier im Sinne eines sich wiederholenden Vollzugs von im Grunde einander stark ähnelnden Tätigkeiten zu verstehen. Entsprechend ausgerichtete Teams haben operative Aufgaben zu erledigen, die inhaltlich über die Zeit hinweg weitgehend gleichförmig bleiben. Typische Beispiele sind Fertigungsteams, die tagein tagaus bestimmte Bauteile für ein Endprodukt zusammenfügen oder arbeitsteilig funktionierende Teams in einer Großküche.

Gerade weil die hier zu verrichtenden Tätigkeiten eher monoton sind, ist – ausgerichtet am Vorbild des *Toyota Produktionssystems* – in vielen Betrieben ein Wandel in der Fertigungsphilosophie vollzogen worden. Inzwischen ist Teamarbeit mit rotierenden Arbeitsplätzen die dominante Form der Arbeitsorganisation und hat die über Jahrzehnte vorherrschende Einzelarbeit in diesem Bereich abgelöst. Bei der *Volkswagen AG* erfolgte dieser Wechsel erstaunlicherweise erst im Jahr 2008 im Zuge der vom damaligen Vorstandsvorsitzenden Martin Winterkorn vorangetriebenen »Mach 18«-Strategie. Inwiefern mit dem Wechsel von der tayloristisch geprägten Einzelarbeit zur toyotistisch geprägten Teamarbeit tatsächlich Kostensenkungen, Produktivitätssteigerungen und Lernvorteile verknüpft sind, lässt sich kaum pauschal beantworten.

1.2.2 Kontroll- und Untersuchungsteams

Kontroll- und Untersuchungsteams weisen einen solchen auf Wiederholung ausgerichteten Arbeitscharakter nicht auf. Exploratives Lernen ist hier wichtiger. Diese Teams kommen in ganz unterschiedlichen Aufgabenfeldern zum Einsatz. Gemeinsam ist ihnen, dass sie Informationen über bestimmte Vorfälle (Problem, betriebliche Störung, Verbrechen), über eine Institution oder den Teilbereich einer Institution sammeln, die einzelnen Informationseinheiten wie in einem Puzzle zu einem Gesamtbild integrieren, korrekt untersuchen (Ist-Analyse) und darauf aufbauend zu Bewertungen und/oder Empfehlungen gelangen müssen. Im Polizeibereich sind Teams in der kriminaltechnischen Untersuchung und Spurensicherung Beispiele für das Zusammenfügen von Puzzleteilen und die Rekonstruktion eines Tathergangs oder Unfalls.

Im Gegensatz zu Überwachungsteams im Hochleistungsbereich (z. B. Luftraumüberwachung, Sicherheitsmaßnahmen bei öffentlichen Veranstaltungen) ist das zu analysierende Beobachtungsobjekt bzw. Ereignis nicht simultan, d. h. im Bewegungszustand zu erfassen, sondern es erfolgt eher eine Momentaufnahme und eine gründliche Betrachtung der bis dahin stattgefundenen Entwicklung. Entsprechend steht mehr Zeit für die Auswertung und Reflexion von Daten und Materialien zur Verfügung. Ein typisches Beispiel in der Politik ist ein parlamentarischer Untersuchungsausschuss. Mit diesem Kontrollinstrument versucht speziell die Opposition eines Parlaments zu überprüfen, ob das Handeln der Regierung oder einzelner Minister und Staatssekretäre in einer speziellen Angelegenheit korrekt und frei von persönlichen Vorteilnahmen war. Historisch einmalig und später von vielen anderen Staaten zum Vorbild genommen war die von Nelson Mandela eingesetzte Wahrheits- und Versöhnungskommission in Südafrika, die sich von 1996 bis 1998 unter der Leitung von Erzbischof Desmond Tutu mit der Aufarbeitung von Apartheidsverbrechen befasste.

Die Qualität der Leistung eines Kontrollteams hängt zum einen von der Expertise und Gründlichkeit der Kontrolleure bzw. Untersucher ab: Verstehen diese überhaupt das, was sie überprüfen sollen? Verfügen sie über ausreichend Sachkenntnis und Erfahrung? Und sind sie bereit, genügend Zeit und Mühen in die Suche nach der Wahrheit zu investieren? Entscheidend für die angestrebte Annäherung an die Wahrheit ist, wie offen und kritisch Diskurse in einem Kontrollgremium geführt werden (dürfen), wie frei und unabhängig einzelne Mitglieder in ihrer Meinungsbildung sind und wie häufig sich ein solches Gremium trifft. Der letzte Aspekt wurde speziell im Hinblick auf Aufsichtsräte im Gefolge der Finanzmarktkrise intensiv diskutiert. Und nicht zuletzt spielen auch Teamdynamiken wie plötzliche Stimmungswechsel und unsichtbare »Hackordnungen«, die einen subtilen Zwang ausüben, eine Rolle.

Als Machtquelle häufig unterschätzt wird das sog. **Agenda Setting.** König (1998, S. 32 f.) ordnet dies der »situativen Kontrolle« zu, d. h. der Strukturierung der räumlich-zeitlichen Umstände (z. B. Architektur, Sitzordnung, Verfahrenstricks). Hierbei handelt es sich um eine Macht *über* die Verhältnisse im Gegensatz zur Macht *in* den Verhältnissen. Durch »geschicktes« Setzen der Tagesordnung lassen sich Untersuchungsergebnisse, wenn schon nicht präjudizieren, so doch in eine bestimmte Richtung lenken. Die

Frage nach dem »cui bono?« (wem nützt es?) kann Aufschluss über die richtungsgebenden Interessen im Hintergrund geben:

- Welche Punkte kommen auf die Tagesordnung, welche werden weggelassen?
- In welcher Reihenfolge werden einzelne Punkte behandelt, wieviel Zeit steht zu ihrer Behandlung zur Verfügung und in welchem Licht werden sie dargestellt?
- Wie kurzfristig werden Informationen den Teilnehmern im Vorfeld zur Verfügung gestellt, d. h. wieviel Zeit bleibt diesen zu einer gründlichen Prüfung und Einschätzung?
- In welcher Art und Weise werden Diskussionen geführt? In einer eher konstruktiven oder eher einschüchternden Atmosphäre?
- Gibt es eine »hidden agenda«, d. h. steckt hinter der geäußerten Meinung eine andere, persönlichen Interessen folgende Tagesordnung, die eigentlich durchgesetzt werden soll?
- Finden die Diskussionen zu einer Tageszeit statt, in der der Biorhythmus eine entsprechende Aufmerksamkeit zulässt oder werden unliebsame Punkte kurz vor dem Mittagessen oder kurz vor Dienstschluss behandelt?

1.2.3 Hochleistungsteams

Hochleistungsteams – alternative Bezeichnungen sind High Reliability-Teams, High Responsibility-Teams oder Einsatzteams – üben zum Teil ebenfalls Kontrollaufgaben aus, allerdings im »Livezustand«. Sie nehmen eine interessante Zwischenstellung zwischen Arbeits- und Innovationsteams ein. »Einerseits greifen sie auf ein festes Handlungsrepertoire und eingespielte, zumeist hochstandardisierte Prozessabläufe zurück, andererseits müssen sie aber auch in der Lage sein, auf völlig neuartige Situationen adäquat zu reagieren, da sie unter dynamischen und komplexen Umweltbedingungen agieren« (Busch 2015, S. 21). Beispiele sind Rettungsteams, OP-Teams, Zugriffteams bei der Verbrechensbekämpfung, aber auch Teams in Sportarten mit unmittelbarem Gegnerkontakt. In solchen Einheiten bildet die hochkonzentrierte Verknüpfung von Einzelaktivitäten (»heedful interrelating«) den entscheidenden Erfolgsfaktor (vgl. Weick/Roberts 1993). Alles muss Hand in Hand gehen und das möglichst schnell und präzise. In dieser Notwendigkeit, routinierte, »im Schlaf« beherrschte Handlungsabfolgen zu entwickeln, gleichen Hochleistungsteams Arbeitsteams – allerdings sind die Handlungen oder Entscheidungen als solche zumeist wesentlich voraussetzungsreicher, vielschichtiger und in ihren Konsequenzen gravierender. Ein OP-Team kann einen Patienten verlieren, eine Geiselbefreiung eskalieren und eine militärische Einheit aufgerieben werden.

Die insgesamt sehr hohe Komplexität lässt sich nur über hochstandardisierte Handlungsabläufe (standard operating procedures) beherrschen, um die Fehleranfälligkeit so niedrig wie nur möglich zu halten. Der Fußballtrainer Jürgen Klopp etwa »ist sich nicht zu schade, mit gestandenen Profis elementare Dinge wie die richtige Ballannahme hundertfach zu üben. Training bedeute Wiederholung, sagt er; Schlagzeuger würden zum Beispiel einzelne Sequenzen 1600-mal wiederholen, bis sie sie intuitiv beherrschten. So funktioniere auch der Fußball: Wiederholung, Wiederholung, Wiederholung« (Honigstein 2016, S. 50). Auch im Umgang mit hochtechnologischen Gerätschaften (z. B. Flugzeuge, Panzer, Überwachungsanlagen) sind Standardisierung, Wiederholung und Routine essentielle Bestandteile des Handlungsvollzugs, um menschlicher Überforderung entgegenzuwirken. Exemplarisch hierfür stehen sklavisch abzuarbeitende Checklisten, die all das enthalten, was getan werden muss, damit nichts schiefgeht.

Ginnett (1990, S. 442 ff.) spricht speziell für Cockpit Crews im Luftfahrtbereich von einem festen Handlungsrahmen, dem sich die Besatzungen gegenübersehen, von einem vorgefertigten Gehäuse (preexisting shell) mit fixen Rollenerwartungen und festgelegter Instrumentenanordnung, in das die Crew steigt. Die Verhaltensweisen von Besatzungsmitgliedern sind derart standardisiert, dass es egal ist, wer diese Rollen gerade ausfüllt.

Statistische Auswertungen der US-Flugsicherheitsbehörde zeigen, dass im Luftfahrtbereich gerade dann die meisten Zwischenfälle passierten, wenn die Besatzungen das erste Mal miteinander geflogen waren (vgl. Hackman 2009, S. 95). Es scheinen also jenseits vordefinierter Erwartungen auch zusätzliche Aspekte wie wechselseitige Vertrautheit und eingespieltes Zusammenwirken sowie die darauf aufbauende Fähigkeit, auf unvorhergesehene Ereignisse richtig zu reagieren, im Team eine Rolle zu spielen (vgl. Huckman/Staats 2014, S. 6 f.). Der allgemeinen Bedeutung von Standards in hochkomplexen Situationen tut dies jedoch keinen Abbruch. Die Infobox »Hochleistung unter Lebensgefahr« geht den weiteren Erfolgsbedingungen von Hochleistungsteams genauer auf den Grund.

Infobox »Hochleistung unter Lebensgefahr«

Im Projekt »Lernen in und von Hochleistungssystemen« sind die Forscher Peter Pawlowsky, Peter Mistele und Silke Geithner an der TU Chemnitz der Frage nachgegangen, welche Erfolgsmuster Hochleistungsteams auszeichnen (vgl. Pawlowsky/Mistele/Geithner 2005; Mistele 2007; Mistele 2008; Pawlowsky/Mistele 2008). Untersucht und befragt wurden Formel 1-Boxenteams, Spezialeinheiten der deutschen Polizei (Sondereinsatzkommando, Mobiles Einsatzkommando), medizinischer Rettungsdienst und Feuerwehr – alles Einheiten, die unter Stressfaktoren wie Zeitnot, Entscheidungsdruck, Hektik, Lärm, Eigen- und Fremdgefahr und unvollständigen Informationen in Gestalt intransparenter Einsatzlagen arbeiten.

Es zeigte sich, dass sämtliche Hochleistungsteams auf ähnliche Grundvoraussetzungen zurückgreifen, die ein ruhiges und konzentriertes Arbeiten selbst unter Stress erlauben:

- *Zielorientierung*: Alle akzeptieren und identifizieren sich stark mit den Zielen (z. B. Menschen retten) und den daraus abgeleiteten Handlungsvorgaben, wobei deren Umsetzung im Einsatz ausreichend Handlungsspielraum lässt. Die Motivation ergibt sich aus dem sichtbaren Erfolg, weniger über Geld und erreichte Kennzahlen.

- *Achtsamkeit*: Einerseits meint dies eine Geisteshaltung, die die Umwelt und deren Veränderungen ganzheitlich und frühzeitig wahrnimmt. Andererseits ist damit der Blick für Details, für schwache Signale und geringfügige Abweichungen, die potenzielle Fehler signalisieren, gemeint.
- *Flexible Einsatzstruktur und Führung*: Es gibt immer einen Einsatzleiter, bei dem alle Fäden und Informationen zusammenlaufen und der koordinierend eingreift, d. h. es existiert ein hierarchisch strukturiertes Befehlsschema, doch kommt den Mitarbeitern vor Ort ein hohes Maß an dezentraler Entscheidungsbefugnis zu, um flexibel auf unterschiedliche situative Herausforderungen reagieren zu können. Eine klare Führungsstruktur wird von allen unter Einsatzbedingungen akzeptiert.
- *Klares Rollenverständnis und fachliche Redundanzen*: Jeder weiß genau, was zu tun ist und wie die eigene Tätigkeit mit den Tätigkeiten der anderen Teammitglieder zusammenhängt. Das Team funktioniert also mit klar definierten und ineinandergreifenden Rollen. Dabei besteht ein hohes Maß an fachlicher Redundanz, so dass im Falle des Ausfalls eines Teammitglieds sofort ein anderes seine Stelle nahtlos übernehmen kann.
- *Lernfähigkeit*: Gelernt wird im Einsatz, d. h. konkrete Situationen dienen als Lernauslöser und Lerngegengstand. Handlungsbegleitendes Feedback und regelmäßige Kurzreflexionen in Form einer Einsatznachbesprechung dienen dazu, Fehler offenzulegen und auszumerzen (▶ Kap. 2.3.3). Die Fehlerauswertung und die Analyse kritischer Ereignisse werden als unverzichtbare Lernquelle begriffen.

Das im Vorfeld von Einsätzen stattfindende Einüben und Lernen von Standards ist auch deshalb notwendig, weil die Ergebnisse in Hochleistungsteams im Vergleich zu den meisten herkömmlichen Teams nicht mehr rückgängig zu machen sind. Einsätze – einmal im Gange – lassen sich überdies nicht einfach abbrechen. Und Reflexionspausen sind, wenn überhaupt, nur sehr kurz möglich (vgl. Hagemann/Kluge/Ritzmann 2011, S. 24). Hochleistungsteams müssen eben Entscheidungen unter Echtzeitbedingungen treffen (»naturalistic decision making«), d. h. mit kritischen Zuspitzungen und Situationen, in denen sich Entscheidungspunkte herauskristallisieren, rechnen. An diesen Entscheidungspunkten gibt es mehrere Handlungsmöglichkeiten, und ein erfahrener Einsatzleiter muss rasch darüber entscheiden, welche darunter die richtige ist (vgl. grundsätzlich Klein 2003, S. 30 f.).

1.2.4 Verhandlungsteams

Seltsamerweise führt dieser Teamtyp innerhalb der Teamforschung ein Mauerblümchen-Dasein, obwohl ihm im Alltag eine immense Bedeutung zukommt. Im politischen Bereich etwa zählen Verhandlungen zwischen Regierung und Opposition, zwischen unterschiedlichen Staaten oder zwischen Konfliktparteien zum Alltagsgeschäft. Im wirtschaftlichen Bereich spielen Verhandlungen zwischen Ministerien und Industrieverbänden, zwischen Unternehmen und diversen Kooperationspartnern, mit denen beispielsweise eine strategische Allianz gebildet wird, eine ebenso wichtige Rolle.

Ein Beispiel für ein Verhandlungsteam im Vertrieb ist ein Selling Team. Dieses ist in der Regel interdisziplinär zusammengesetzt; sein Ziel ist es, dem Kunden ein komplexes Produkt zu verkaufen. Damit ist ein Verhandlungsteam etwas anderes als ein Entscheidungsteam, denn dieses trifft im Gegensatz zum Verhandlungsteam nicht unmittelbar auf eine Gegenpartei, d. h. Positionen müssen nur untereinander geklärt werden. In Verhandlungsteams entstehen qualitativ andere (Gruppen-)Dynamiken.

Wie solche Dynamiken im politischen Bereich aussehen können, haben die stürmischen Verhandlungen zwischen der EU und Griechenland um Finanzhilfen eindrücklich gezeigt. Dabei wurde die Öffentlichkeit von den Akteuren bewusst für die eigenen Zwecke genutzt. Und auch verhandlungstaktische Kniffe kamen zum Einsatz, um die eigene Position zu stärken. Dem (inzwischen ehemaligen) griechischen Finanzminister Yanis Varoufakis etwa wurde die unredliche Anwendung spieltheoretischer Erkenntnisse – Bluff, scheinbarer Verhandlungsabbruch, unterschwellige Drohungen – unterstellt. Ein aktuelles Beispiel für derartig zähe Aushandlungsprozesse bilden die Verhandlungen zwischen der Volkswagen AG und den US-Behörden um fällige Schadensersatzzahlungen aufgrund softwaremanipulierter Dieselkraftfahrzeuge (»Abgas-Skandal«).

In solchen Verhandlungssituationen geht es, ähnlich wie in Hochleistungsteams, um die richtige taktische Führung, unmittelbares Lernen und dynamische Entscheidungsbildung. Fragen, die sich solchen Teams stellen, sind etwa:

- Was ist unser Verhandlungsziel und bis wohin sind für uns Verhandlungsergebnisse noch akzeptabel?
- Welche Verhandlungstaktiken bieten sich uns? Welche Taktiken könnte die Gegenpartei einsetzen? Und wie reagieren wir hierauf?
- Wie sind die äußeren Rahmenbedingungen zu gestalten?
- Über welche Machtposition verfügen wir und wie riskant können wir entsprechend verhandeln?
- Beinhaltet die Gesprächsführung auch ein Timing der bereitgestellten oder bewusst zurückgehaltenen Informationen?
- Wie nutzen wir vergangene Erfahrungen und inwiefern können wir von anderen Verhandlungsteams im Unternehmen lernen?
- Welche Rollen haben die einzelnen Teammitglieder in der Verhandlung zu übernehmen?
- Welche landes- und organisationskulturellen Eigenheiten gilt es bei der Verhandlungsführung zu beachten (vgl. dazu ausführlicher Portner 2010)?

1.2.5 Entscheidungsteams

Informationen müssen auch in Entscheidungsteams verarbeitet und gewichtend diskutiert werden. Die einzige Aufgabe dieser oft auch mit Leitungsaufgaben betrauten

Teams besteht darin, einen finalen Beschluss vorzubereiten und zu treffen. Eine Jury auf der Berlinale hat darüber zu entscheiden, welcher Film einen Bären bekommen soll. Ein Stiftungsrat entscheidet darüber, an welche Stipendiaten Stiftungs- oder Preisgelder vergeben werden. Die Geschäftsführung entscheidet über den strategischen Kurs eines Unternehmens.

Sicherlich haben auch alle anderen hier betrachteten Teamarten fortlaufend Entscheidungen zu treffen, allerdings macht dieser Zweck in Entscheidungsteams den alleinigen Daseinsgrund aus. Entsprechend rückt die Art der Entscheidungsfindung in den Vordergrund: Wie kommen Entscheidungen zustande? Wie frei ist ein Entscheidungsteam von äußeren Zwängen? Gibt es formalisierte Entscheidungsregeln (z. B. vorgegebene Sprechzeiten, erforderliche Mehrheiten bei Dissens)? Wie gelangt das Team zu Informationen und zu Beurteilungen? Welche Rolle spielen Macht und Hierarchie? Welche Formen der Überzeugung werden eingesetzt? Wie wird generell mit Minderheitsmeinungen umgegangen (▶ Infobox »Die zwölf Geschworenen«)?

Infobox »Die zwölf Geschworenen«

In dem Filmklassiker »Die zwölf Geschworenen« von Sydney Lumet aus dem Jahr 1957 (nach dem Buch von Reginald Rose) soll im Anschluss an ein Gerichtsverfahren eine Jury von zwölf, bis dahin einander unbekannten Menschen in einem abgeschlossenen Raum an einem heißen Sommertag einstimmig darüber entscheiden, ob ein 18-jähriger, lateinamerikanischer Junge aus den Slums seinen Vater mit einem Messer ermordet hat.

Zunächst scheint der Fall klar. Es kommt zu einer Abstimmung, in der allerdings ein Geschworener – gespielt von Henry Fonda – für »nicht schuldig« plädiert, weil er Zweifel darüber hat, ob die Indizienbeweise – u. a. die Tatwaffe und die Aussagen zweier Zeugen – ausreichen, um den Angeschuldigten auf den elektrischen Stuhl zu schicken. Ausgehend von diesem »Ausreißer« und »Störenfried« entspannen sich dann teilweise hitzige, aber auch erkenntnisreiche Diskussionen, in deren Verlauf sich andere Geschworene seiner Einschätzung anschließen.

Allmählich wird deutlich, dass es hier nicht nur um faktenbasierte Meinungsbildung geht, sondern auch um allgemeinere Fragen. Um den Mut, nein zu sagen, um die Frage, wie die Mehrheit mit einer Minderheitsmeinung umgeht und wie die Minderheit auf den Druck der Mehrheit reagiert. Daneben werden viele andere Aspekte, die jede Entscheidungssituation kennzeichnen, berührt:

- (Un-)höflicher Umgang und (in-)effiziente Kommunikation.
- (Un-)Fähigkeit anderen zuzuhören, andere aussprechen zu lassen und Kritik anzunehmen.
- Art der Entscheidungsbildung (z. B. nacheinander einzeln oder geschlossen abstimmend, anonym oder offen abstimmend).

- Individuelle Bereitschaft, sich allgemein einzubringen oder auch die Führungsrolle zu übernehmen.
- Art der wechselseitigen Beeinflussung und Druckausübung.
- Statuskämpfe (Alte gegen Junge, Intellektuelle gegen Arbeiter, Oberschicht gegen Unterschicht, Amerikaner gegen Einwanderer).

Letztlich werden tiefer liegende menschliche Eigenheiten zu Tage gefördert, denn in allen Meinungsäußerungen und Verhaltensweisen offenbaren sich darunterliegende persönliche Einstellungen, Vorurteile und Menschenbilder der Beteiligten, ihre grundsätzliche Beziehungsfähigkeit, ihr Selbstwertgefühl und die sich daraus ableitende Art der Selbstbehauptung.

Dieser Film kann daher als Lehrstück für gruppendynamische Prozesse in Entscheidungssituationen herangezogen werden und zeigt ganz nebenbei, dass die beste Menschenkenntnis derjenige erlangt, der über eine ausreichend ehrliche Selbsterkenntnis verfügt (eine vertiefende Erörterung liefern Ant/Nimmerfroh/Reinhard 2014; sie analysieren die einzelnen Filmszenen unter dem Blickwinkel effizienter Kommunikation).

Ähnlich wie bei Kontroll- und Untersuchungsteams hängt auch bei Entscheidungsteams die Qualität einer Entscheidung von der Expertise und Erfahrung der Beteiligten, ihrem Mut und Erkenntnisdrang, ihrer Aufrichtigkeit im Vorbringen von Kritik sowie von der Qualität der eingesetzten Prozesse und formalen Verfahren ab. Ob ein Team möglichst schnell zu einer Entscheidung gelangen oder sich ausreichend Zeit nehmen sollte, um Alternativen gründlich zu prüfen und zu bewerten, wird im Wesentlichen durch die Komplexität und die strategische Relevanz des zu klärenden Sachverhalts bestimmt.

In einer empirischen **Studie von 96 Auswahlgremien für Produktideen** weltweit angesiedelter Unternehmen aus den Bereichen Finanzdienstleistung, IT und Telekommunikation gelangen Hammedi et al. zu den Gestaltungsempfehlungen, dass Leiter solcher Gremien ein »stop-and-think«-Verhalten fördern und die Gruppe explizit dazu auffordern sollten, über das Was und Wie ihres Verhaltens kritisch nachzudenken. Teammitgliedern sollte dazu ausreichend Vertrauen entgegengebracht werden. Standardisierte Verfahren und Checklisten seien zwar weiterhin wichtig, jedoch sollten sie nicht die gesamte Meetingszeit beanspruchen. Vielmehr sind Offenheit und das Vorbringen sachlicher Argumente bewusst zu stimulieren, nicht zuletzt deshalb, um einen stillschweigenden, unechten Konsens zu vermeiden (vgl. Hammedi/van Riel/Sasovova 2011, S. 676 f.).

Diverse Beispiele aus dem Horrorkabinett der Geschichte (Stalin, Mao) zeigen, dass Einzelmeinungen vermeintlich großer Politiker nicht immer Kollektivmeinungen vorzuziehen sind und dass Visionen charismatischer Unternehmensführer nicht unhinterfragt verfolgt, sondern offen auf ihre Realitätstauglichkeit hin überprüft werden müssen. Die trickreiche Aussage, dass bestimmte Vorgehensweisen alternativlos seien, ist gefährlich. Es gibt immer Alternativen! Nicht immer gibt es indes den Mut Einzelner, diese Alternativen auch zu benennen.

1.2.6 Innovationsteams

Die fortschreitende Digitalisierung zwingt die Unternehmen, tradierte Geschäftsmodelle zu überprüfen und Chancen in neuen Sparten zu suchen. Hier setzt der Zweck von Innovationsteams an, deren Ziele im weitesten Sinne Entdeckungen und Verbesserungen sind. Dazu bedarf es der kreativen Vernetzung von Ideen, der Zulassung alternativer Blickwinkel und letztlich einer gewissen Toleranz gegenüber Regelbruch und Nonkonformität. Der isländische Literaturnobelpreisträger Halldór Laxness hat dies in dem Ausspruch auf den Punkt gebracht: »Fortschritt findet man meistens dort, wo Menschen in einer bestimmten Situation beschließen, den Gehorsam zu verweigern«.

Innovationen vorgelagert sind kreative Lern- und Reflexionsprozesse, die nur in den seltensten Fällen geradlinig verlaufen. Es lassen sich zwar innovationsförderliche Rahmenbedingungen schaffen, um Erfolge wahrscheinlicher zu machen, allein: Garantien kann niemand geben (vgl. Meyer 2014, S. 22). Es gibt genügend Beispiele für gescheiterte Innovationsprojekte trotz kreativem Umfeld. Die **vier Phasen des Ideenentwicklungsprozesses** – Phase der Exploration (Erkennen und Definition des Suchfelds), Phase der Konzeption (Ideengenerierung und -sammlung), Phase der Validierung (Entwicklung von Konzeptvarianten erster Ideen), Phase der Implementierung (Ideen technisch umsetzen und zur Marktreife führen) – überleben von 100 Ideen maximal 10 Ideen (vgl. Meyer 2014, S. 42 f.). Innovationsteams müssen hierbei nicht in allen vier Phasen bereits eine Rolle spielen. Oft kommen die für die eigentliche technologische und marktorientierte Umsetzung zuständigen Entwicklungsteams erst recht spät zum Einsatz, wie die Entstehung des Antiflecken-Deos »Invisible for Black&White« durch die Beiersdorf AG zeigt (▶ Infobox »Eine Allianz gegen Flecken«).

Infobox »Eine Allianz gegen Flecken«

Anfang 2011 brachte die Beiersdorf AG das Deodorant »Invisible for Black&White« auf den Markt. Dieses Deo verursacht keine Fleckenbildung auf Textilien im Bereich der Achselhöhle, stellt also im Vergleich zu herkömmlichen Produkten einen bedeutenden Mehrwert für den Kunden dar und wurde vermutlich deshalb zu einer der erfolgreichsten Produkteinführungen in der Geschichte des Unternehmens. In Kooperation mit der Hyve AG, einer Beratungsfirma, die sich auf Netnografie spezialisiert hat, d. h. systematische Auswertungen von Internetseiten vornimmt (z. B. Foren, Communities, Social Media), zeichnen die Vertreter beider Unternehmen den Entwicklungsprozess in einem spannenden Beitrag für den Harvard Business Manager nach (vgl. Bilgram et al. 2013). Die Neuproduktentwicklung erfolgte in einer kooperativen Verflechtung unterschiedlicher Akteure und Gruppen, die real und virtuell zusammenarbeiteten. Erstmals hatte sich die Beiersdorf AG dafür entschieden, den Innovationsprozess teilweise nach außen zu öffnen (sog. Open Innovation-Ansatz).

Im Nachhinein lassen sich *drei Stufen der Produktentwicklung* identifizieren, wobei erst in der letzten Stufe, die hartes technologisches Wissen erforderte, ein Entwicklungsteam gegründet wurde.

Phase 1: Generelle Prüfung des Konsumentenbedarfs

Konsumenten wurden im Internet dazu aufgerufen, verschmutzte Kleidungsstücke einzuschicken. Die Hyve AG wertete dann, ohne dass dies die User und Konkurrenten bemerkten, einschlägige Internetseiten aus, auf denen das Thema der Fleckenbildung unter den Achseln intensiv diskutiert wurde.

Phase 2: Entwicklung und Bewertung von Ideen auf der Basis der identifizierten Bedürfnisse

Dazu wurden Workshops mit internen und externen Personen (z. B. Lead User, Medizintechniker, Nahrungsmittelchemiker) durchgeführt. Außerdem sollten im Rahmen einer Online-Befragung 2.200 Teilnehmer 30 Ideen bewerten. Die zehn besten Ideen wurden dann intern, unter Beteiligung unterschiedlicher Disziplinen diskutiert. Letztlich fiel die Wahl auf die Idee »Anti-Flecken-Deo«.

Phase 3: Technologische Umsetzung und Produktentwicklung

Da die Lösung des Problems keineswegs trivial war, bildete Beiersdorf ein »Projekthaus«, in dem unterschiedliche Experten (Textilbranche, Körper- und Waschmittelchemie) in einem Labor räumlich zusammengeführt wurden, um einen intensiven Informationsaustausch und kooperative Lernprozesse untereinander zu ermöglichen. Daneben fanden fortlaufend Abstimmungen zwischen internen und externen Teams (z. B. universitäre Grundlagenforscher, Lieferanten, Institute) statt, die parallel an den gleichen Problemen arbeiteten.

Die Gestaltung passender Innovationsdesigns sollte sich nach dem Grad der angestrebten Neuerung richten – von der nur geringfügigen Verbesserung (»inkrementelle Innovation«) über die Veränderung einzelner Produktbestandteile (»modulare Innovation«), eine grundlegend gewandelte Anordnung der Produktbestandteile (»architekturelle Innovation«) bis hin zur Hervorbringung gänzlich neuer Produkte (»disruptive Innovation«; vgl. Henderson/Clark 1990, S. 11 f. sowie Busch 2017, S. 320 ff.). Innovationen betreffen natürlich nicht nur Produkte, sondern können sich auch auf Geschäftsmodelle, Verfahren, Organisationsprinzipien oder soziale Neuerungen erstrecken. Abbildung 6 liefert eine Unterteilung von Innovationen nach dem Bezugsobjekt, dem Neuerungsgrad und der Bezugseinheit (vgl. Heinemann 2007, S. 14).

Innovationsteams stehen vor grundsätzlichen Dilemmata: Einerseits sollen sie über ausreichend Freiraum und Muße verfügen, um kreativ und ideenreich zu sein, andererseits sind aber auch Fristen einzuhalten, innerhalb derer von ihnen brauchbare Lösungen verlangt werden. In kollektiven Reflexionsprozessen hat sich das Team also immer wieder darüber Gedanken zu machen, wann der richtige Zeitpunkt für einen Wechsel zwischen der Erkundungs- und der Umsetzungsphase gekommen ist, d. h. wann die Zügel gestrafft und wann sie gelockert werden sollen. Hierbei müssen sowohl

Innovationen		
Was ist neu? (Bezugsobjekt)	**Wie neu ist etwas?** (Neuerungsgrad)	**Für wen ist etwas neu?** (Bezugseinheit)
• Produkt • Prozess • Struktur • Kultur • Technologie	• Inkrementell • Modular • Architekturell • Radikal	• Abteilung • Unternehmen • Kunde • Branche • Nation, Welt

Abb. 6: Innovationsarten

Arbeitsfortschritte innerhalb der Gruppe als auch Veränderungen im Umfeld berücksichtigt werden. Letztlich geht es um die korrekte Situationsdeutung, für die auch die Teamführung Verantwortung trägt. Häufig entsteht erst mit der »Halbzeit« der Projektarbeit ein Dringlichkeitsbewusstsein, das dazu führt, weniger vielversprechende Lösungsansätze über Bord zu werfen und effektivere Formen der Zusammenarbeit zu suchen. Dies geschieht oftmals durch verfehlte Termine oder Kostenziele (vgl. Busch/Hobus 2012, S. 33).

Ganz grundsätzlich, auf einer eher erkenntnistheoretischen Ebene, lässt sich allerdings über die Frage streiten, **inwiefern *Teams* überhaupt als kreative Einheit aktiv** sein können. Einer der frühen und vehementen Kritiker der Vorstellung kreativer Gruppen war William H. Whyte (1917-1999). In seinem zuerst 1956 erschienen Buch »The Organization Man« meinte er, dass Menschen nur höchst selten *als Gruppe* denken. Sie mögen zwar miteinander sprechen, Informationen austauschen, urteilen, entscheiden und Kompromisse bilden, »[b]ut they do not think; they do not create« (Whyte 2002, S. 51). Jede Idee entspringe einer Einzelperson – ihrer ureigenen Intuition, umherschweifenden Gedanken und unkonventionellen Fragen –, und nicht der Ordnung wohlstrukturierter Menschenformationen. Teams seien nur Ideenausführer, nicht Ideenerzeuger. Speziell unorthodoxe Ideen würden häufig durch konsensstrebende Gruppen mit schlechter Führung abgewiesen oder bis zur Unkenntlichkeit verwässert. Der schöpferische individuelle Entdeckungsdrang werde durch kollektiven Konformitätsdruck eingedämmt, was nicht zuletzt im Unterlegenheitsgefühl des nichtkreativen Verwalters gegenüber dem originellen Denker gründe. Ordnung, messbare Ziele und harmonische Übereinkunft seien die herbeigesehnten Gruppenzustände des Bürokraten (vgl. Whyte 2002, S. 51 f.). Wollen wir also hoffen, dass die Leiter zukünftiger Innovationsteams keine Krämerseelen sind.

1.3 Teaming als Motor einer lernenden Organisation

Innovationen in Form von disruptiven Umbrüchen, wie die Entwicklung des Hybridantriebs in der Automobilbranche, bilden im betrieblichen Alltag eher die Ausnahme (vgl. Christensen 2003; O'Reilly/Tushman 2016). Das »tägliche Brot« wird von herkömmlichen Arbeitsteams in Gestalt von Kernprodukten oder angestammten Prozessen erbracht. Diese Gruppen erzeugen den positiven Cashflow, die Liquidität, die benötigt wird, damit ein Unternehmen überhaupt in verheißungsvolle, aber doch unsichere Zukunftsfelder investieren kann. Radikale Veränderungen treten in etwa nur alle zehn Jahre auf (vgl. Burgelman/Christensen/Wheelwright 1994, S. 160 f.). In solchen diskontinuierlichen Wandlungsphasen können neue Technologien zur Umwälzung ganzer Branchen führen: Traditionelle Produkte werden durch leistungsfähigere Produkte ersetzt, zumindest aber deutlich verdrängt. So musste sich die Vinylplatte der CD und dann den Streamingdiensten und die analoge der digitalen Fotografie beugen. Aktuelle Verdrängungsvorgänge lassen sich zwischen PC und Tablets bzw. zwischen Büchern und E-Books beobachten.

Derzeit werden zwei integrative Konzepte im strategischen Management diskutiert, die sich mit der Frage beschäftigen, wie es Unternehmen gelingt, die Balance zwischen dem Erhalt des Bestehenden und der Weiterentwicklung zu Neuem herzustellen und damit die Sicherung der gegenwärtigen und der zukünftigen Position zu gewährleisten – dynamische Fähigkeiten (dynamic capabilities) und Ambidextrie (ambidexterity). Sie werden hier deswegen als theoretische Basis herangezogen, weil in beiden Konzepten Fragen der Teamzusammenstellung sowie der Gestaltung betrieblicher Lernprozesse als Schlüsselfaktoren für den Erhalt der Innovationskraft von Unternehmen angesehen werden.

Teaming meint dabei zweierlei: Einerseits die Fähigkeit der Unternehmensführung, immer wieder sinnvolle neue Teamkonstellationen zu kreieren, durch die Markt- und Technologieveränderungen flexibel aufgegriffen werden können. Die Organisation erscheint hier wie eine »Qualle«, die ihre Gestalt je nach Strömung und Projekten ändert und letztlich ein einziges waberndes Netzwerk von Teams darstellt (vgl. Ancona/Bresman 2007, S. 4 ff.). Man spricht hier auch vom »continuous morphing« der Organisation (vgl. Rindova/Kotha 2001, S. 1264). Andererseits meint Teaming die Fähigkeit von Mitarbeitern, sich auf die je wechselnden Teamkonstellationen einzustellen und rasch zu einer zielführenden Zusammenarbeit zu gelangen (vgl. Edmondson 2012, S. 14). Nicht zufällig taucht Teamfähigkeit als »soft skill« heutzutage in fast jeder Stellenanzeige auf.

1.3.1 Teaming in innovativen Organisationskonzepten

Im Ergebnis führt Teaming zu beweglichen und dadurch äußerst lern- und anpassungsfähigen Organisationen. Für solche Organisationen wurden bereits zahlreiche Begriffe mit einander ähnelnden Bedeutungsinhalten gebildet. Nachfolgend wird ein – zugegebenermaßen unvollständiger – Überblick gegeben. In nahezu jeder Organisationskonzeption wird die Bedeutung von Teams und die Notwendigkeit möglichst umfassender Vernetzung herausgestellt. Aber auch die Forderung, eine Balance zwischen Disziplin und Phantasie, Kontrolle und kreativer Freiheit, Stabilität und Dynamik herzustellen sowie eine Brücke zwischen der eher trägen Primärstruktur und der agilen Sekundärstruktur zu schlagen, ist immer wieder deutlich erkennbar.

- **Organische Struktur**: Diese Struktur wurde von Burns und Stalker bereits 1961 als Gegenmodell zur Weberschen Bürokratie (mechanistische Struktur) entwickelt. Sie fokussiert allerdings nur auf den anpassungsfähigen »Sprinter«. Die Leitungsspanne ist hier klein, die Anzahl der Hierarchieebenen und das Ausmaß formaler Regelungen gering. Anstelle zentralisierter Entscheidungen gibt es eine netzwerkartige Streuung des Wissens je nach Art und Erfordernissen der Aufgabe. Der Blick hochqualifizierter Mitarbeiter ist einerseits gesamtunternehmerisch-lösungsorientiert, andererseits nach außen gerichtet, d. h. auf die Entwicklung von Branchen- und Technologiewissen. Mitarbeiter vernetzen sich lateral, handeln und denken eigenverantwortlich, sind intrinsisch motiviert und passen Ziele kontinuierlich in interaktiven Prozessen an (vgl. Burns/Stalker 1995, S. 120 ff.).
- **Adhokratie:** Auch bei der Adhokratie stehen Teams im Zentrum, die sich jeweils neu formieren. Eine Stammorganisation im engeren Sinne, also einen »Langstreckenläufer« weist diese Organisation nicht auf. Hier kommt es je nach Angebot und Nachfrage zu einer flexiblen Zusammenschließung verschiedener Experten in multidisziplinären Teams. Die Bildung der Teams erfolgt jeweils nur ad hoc, für ein ganz bestimmtes Innovationsprojekt. »Koordination kann somit nur durch die Experten selbst bewirkt werden, die über das erforderliche Fachwissen verfügen und die eigentliche Projektarbeit leisten; vorrangiger Koordinationsmechanismus in der Adhokratie ist damit die gegenseitige Abstimmung« (Mintzberg 1992, S. 339).
- **Hypertextorganisation:** Nonaka und Takeuchi beschreiben damit eine ineinander verschränkte duale Betriebsstruktur, in der einerseits zentrale, hierarchisch-formale und dauerhafte, andererseits dezentrale, heterarchisch-informale und temporäre Strukturelemente eine enge Koexistenz führen. Durch die Verschränkung der Geschäftssystem-Ebene mit der Projektteam-Ebene, die beide auf eine gemeinsame Wissensbasis (Unternehmensvision und -kultur, Datenbanken, Technolgien) zurückgreifen, wird bürokratische Effizienz mit lokaler Flexibilität in Gruppen vereint. Ziel ist es, Organisationsstrukturen zu schaffen, welche sich gegenseitig ergänzen und befruchten. Das Ganze gleicht einem aus mehreren Schichten bestehenden Hypertext. Wird auf einem Computer nach einem Begriff gesucht, so durchforstet dieser sämtliche Einheiten (Schichten). Ähnlich navigieren auch Mitglieder der Hypertextorganisation durch unterschiedliche Schichten mit je eigenen Lernkontexten.
  Von der klassischen Linie werden sie in Projekte abgestellt, dokumentieren nach deren Beendigung diese Erfahrungen in der Wissensbasis und transferieren sie zugleich mit ihrer Rückkehr in die Linie wieder in das Geschäftssystem (vgl. Nonaka/Takeuchi 2012, S. 201 ff.). »Eine Hypertextorganisation vereinigt die Vorzüge von bürokratischer und Arbeitsgruppenstruktur. Die bürokratische Struktur kann neues Wissen durch Internalisierung und Kombination effizient vernetzen, ausschöpfen und zusammentragen, wohingegen die Arbeitsgruppe unverzichtbar ist für die Erzeugung von neuem Wissen mittels Sozialisation und Externalisierung. So werden in einer Hypertextorganisation die Effizienz und Stabilität der Bürokratie mit der Effektivität und Dynamik der Arbeitsgruppe verbunden« (Nonaka/Takeuchi 2012, S. 205).
- **Chaordische Organisation:** Dee Ward Hock, der Gründer und ehemalige CEO des Kreditkartenunternehmens VISA, hat mit dieser verschmelzenden Wortneuschöp-

fung versucht, den in jeder Organisation zu leistenden Spagat zwischen kreativem Chaos und berechenbarer Ordnung zu umschreiben. Demzufolge dürfen Organisationen weder zu rigide kontrolliert noch zu anarchisch und regellos werden. Sie sollen offene und geordnete Systeme zugleich sein. Als Beispiel werden hierfür Wikis genannt, die einerseits einengende Rahmenbedingungen aufweisen, andererseits aber offen für inhaltliche Inputs aus den unterschiedlichsten Quellen sind. In der chaordischen Organisation soll an die Stelle hierarchischer Kommando- und Kontrollstrukturen, die Uniformität ihrer Mitglieder erzwingen, eine dezentral strukturierte Gemeinschaft treten, die durch ein gemeinsames Ziel und Ideale zusammengehalten wird und bei der Mitarbeiter deswegen bestimmte Verhaltensweisen an den Tag legen, weil sie hiervon überzeugt wurden (vgl. Hock 2008).

- **Holacracy:** In eine ähnliche Richtung weist auch das aktuell diskutierte Konzept der Holacracy von Brian J. Robertson. An die Stelle straffer Organisationsstrukturen, die durch die Distanz zwischen Entscheidungsbedarf und Entscheidungsautorität viel zu lange Reaktionszeiten aufweisen und auch zur Silobildung neigen, treten nun sich dynamisch entwickelnde Governancestrukturen mit verteilter Autorität (natürliche Zweckhierarchien). Gestaltungsentscheidungen werden nicht mehr allein »oben« getroffen, sondern lokal verteilt in agilen Strukturen, die sich durch Echtzeit-Daten erneuern. An die Stelle statischer Jobs treten dynamische, talentbezogen besetzte Rollen. Die Organisation erscheint hier als eine einzige große und zusammenhängende Meeting-Struktur, aus der heraus anwendbare Resultate und erforderliche Verhaltenspriorisierungen hervorgehen. Spannungen dienen als kontinuierliche Veränderungsimpulse (vgl. Robertson 2016, S. 26 ff.) (▶ Kap. 2.2.3).

Die beiden nachfolgend betrachteten Konzepte – dynamische Fähigkeiten und Ambidextrie – bündeln viele der in den gerade aufgeführten innovativen Organisationskonzepten enthaltenen Gestaltungsempfehlungen. Sie setzen dabei jeweils unterschiedliche Schwerpunkte. Während dynamische Fähigkeiten die Frage klären, wie die Brücke zwischen der Umwelt und der Organisation geschlagen werden kann, wie sich also Veränderungen in der Umwelt in Veränderungen der Organisation ummünzen lassen, liegt bei Ambidextrie der Schwerpunkt auf der Frage, wie genau im Unternehmen die Balance zwischen den beiden Lernmodi Exploration und Exploitation hergestellt werden kann – ob im Sinne einer strukturellen Trennung oder im Sinne einer gleichzeitigen, in einem Arbeitskontext gebündelten Verfolgung.

1.3.2 Dynamische Fähigkeiten: Innen- und Außenorientierung verbinden

Dynamische Fähigkeiten bündeln die für die Zukunftsausrichtung einer Organisation relevanten Informationen und bilden somit die Basis fortwährender strategischer Erneuerung. Sie sind in der Regel auf der Geschäftsführungsebene angesiedelt. Diese muss in der Lage sein, eine Verknüpfung zwischen Innenorientierung (»Kompetenzbetrachtung«) und Außenorientierung (»Marktbetrachtung«), d. h. zwischen Stärken und

Schwächen des Unternehmens sowie Chancen und Risiken des Umfelds herzustellen. Strategische Reflexionen auf der Führungsebene sind mit Einschätzungen des »Bodenpersonals« anzureichern, um abgehobene Analysen zu verhindern. Auf diese Weise kann im Grunde die gesamte Organisation aktiviert werden.

Inhaltlicher Kern dynamischer Fähigkeiten ist die durch das Management initiierte Veränderung der betrieblichen Ressourcenbasis als Antwort auf geänderte Umweltbedingungen. Das Management hat demnach relevante Umweltveränderungen rechtzeitig zu registrieren (*sensing*), richtig zu bewerten (*seizing*) und in entsprechenden Ressourcenzuweisungen bzw. veränderten Ressourcenkombinationen innerhalb der Organisation umzusetzen (*reconfiguring*) (vgl. Teece 2007, S. 1319).

- **Sensing**: Dies betrifft die Fähigkeit, sowohl Markt- als auch Technologieveränderungen im Sinne einer strategischen Frühaufklärung zu erfassen und auf mögliche Chancen hin zu analysieren (»opportunity recognition«) (Frank/Mitterer 2009, S. 371), z. B. die Einschätzung der Potenziale von Big Data, Crowdsourcing oder Industrie 4.0. Dazu gehört der Blick auf die Branchenentwicklung, auf die Entwicklung von Kunden- bzw. Konsumentenbedürfnissen und das Verhalten von Stakeholdern. Die Suche sollte dabei nicht lokal beschränkt sein, sondern im Idealfall Anregungen aus der ganzen Welt aufgreifen (vgl. Katila/Ahuja 2002, S. 1184). Die Phase des Sensing bzw. der strategischen Frühaufklärung besteht wiederum aus drei Elementen (vgl. Liebl 2005, S. 122 f.). Erstens der *Erhebung von Informationen*, zweitens der *Issue-Diagnose*, bei der im Rahmen einer Tiefenanalyse Ereignisse und Entwicklungen auf ihren Bedeutungsgehalt untersucht werden, und drittens der *Strategie-Entwicklung*, im Rahmen derer strategische Optionen definiert und auf ihren Zielbeitrag bewertet werden. Insgesamt handelt es sich um einen rekursiven Interpretationsprozess, in dem zugrunde gelegte Annahmen laufend überprüft und gegebenenfalls revidiert werden (vgl. auch Steinmann/Schreyögg/Koch 2013, S. 159 ff.).
- **Seizing**: Hierbei ist zu prüfen, welche von den technologischen Änderungen oder kundenbezogenen Neuanforderungen in neu zu entwickelnde Produkte und Dienstleistungen übernommen werden können, wie sich diese in das bestehende Produktprogramm einfügen (z. B. Vermeidung von Kannibalisierungseffekten, Stimmigkeit mit dem Markenverständnis), wo es zu einer Fusion bestimmter Technologien kommen soll, wie sich Konsumentenbedürfnisse mit der betrieblichen Kostenstruktur bzw. den Gewinnerwartungen vertragen (target costing) und ob Innovationen im Alleingang oder in Kooperation, als geschlossener oder offener Prozess durchgeführt werden sollen. Die Grenzen des Seizing sind die Grenzen der eigenen Ressourcenbasis, d. h. der vorhandenen Struktur-, Human- und Beziehungskapitalausstattung eines Unternehmens.
- **Reconfiguring**: Durch konkrete Change Management-Maßnahmen erfolgt die Umsetzung, wobei natürlich der Königsweg nicht die reaktive Anpassung an den Markt, sondern dessen proaktive Formung im eigenen Sinne ist (sog. market shaping). Oder mit Peter Drucker formuliert: »Niemand kann den Wandel managen. Wir können ihm nur einen Schritt voraus sein« (Drucker 1999, S. 109). Die innovativsten

Unternehmen schaffen demnach ihren eigenen Markt und definieren selbst neue Spielregeln. Als dunkle Kehrseite können sie damit zugleich aber auch eine quasimonopolistische Stellung erlangen, die die Innovationskraft kleinerer Unternehmen zerstört und den Wettbewerb um neue Ideen einschränkt, wie es etwa im Silicon Valley häufig zu beobachten ist (vgl. Wagenknecht 2016, S. 85 ff.). Ein Beispiel ist das durch *Amazon* ausgelöste Verlags- und Buchhandlungssterben, durch das regionale und inhaltliche Vielfalt verlorengeht. Gerissenerweise geht nun Amazon seinerseits dazu über, die entstandene Lücke zu füllen: Man kann hier nun selbst verlegen – und in Berlin ist das erste Bookstore geplant.

Für das Teaming ist besonders die Phase des *Reconfiguring* interessant. Hier geht es darum, zu bestimmen, welche Teams erhalten, welche neu gebildet und welche aufgelöst werden sollen. Bei den bestehenden und den zu schaffenden Teams wiederum ist zu klären, wieviele Ressourcen diesen zufließen sollen und wo es gegenseitige Lernmöglichkeiten gibt (vgl. Schilling/Hill 1998, S. 58; Sterrer 2014, S. 23 ff.). Exemplarisch sollen in der folgenden Infobox zwei offene Diskussionsforen vorgestellt werden – das »reale« Work-out-Programm von General Electric und der »virtuelle« Innovation Jam von IBM.

Infobox »Work-out-Programm« und »Innovation Jam«

Das Work-out-Programm von General Electric

Das Work-out-Programm wurde Ende der 1980er Jahre bei General Electric durch Jack Welch eingeführt. Er wollte damit bewusst hierarchiebedingte Lernschranken durchbrechen, wobei er diese Durchbrechung auch ironisch auf sich selbst bezog. »One of the ways we'll know that work-out has been successful is that my style of leadership will no longer be tolerated in this company« (zitiert in Ulrich/Kerr/Ashkenas 2002, S. 3). Der primäre Zweck bei Einführung des Work-out-Programms bestand demnach darin, die ausgeprägte Hierarchieorientierung zu überwinden, die auch in der US-Kultur verankert ist. So ist es in den USA höchst unüblich, mit seinen Vorgesetzten gemeinsam zum Mittagessen zu gehen oder ihnen in Meetings offen zu widersprechen (vgl. Gorlick 2009, S. 13) – ein Umstand, der in Europa, das klischeehaft von einer lockeren »Duz-Kultur« in den USA ausgeht, häufig verkannt wird.

Als Folge der Abschottung der höheren Ebenen wird der Wissens- und Erfahrungstransfer von unten nach oben ernsthaft blockiert. Dies hatte Jack Welch erkannt: »Die Mehrheit der Mitarbeiter der meisten Unternehmen sagt nichts, weil sie glaubt, nichts sagen zu dürfen – und weil sie nicht gefragt wird. Dieses Problem wurde mir Ende der achtziger Jahre bei unseren Marathonsitzungen im Schulungszentrum in Crotonville immer wieder vor Augen geführt. Man bombardierte mich mit detaillierten Fragen zu lokalen Geschäftsproblemen, die man vor Ort in den Bereichen hätte klären müssen (…) Nach mehreren Fragen dieser Art unterbrach ich und fragte frustriert: »Warum stellen Sie diese Fragen nicht Ihrem Chef?« Die Antwort lautete stets: »Dem kann ich damit nicht kommen. Der bringt mich um.«

Nachdem wir das ein Jahr lang mit angesehen hatten, war uns klar, dass wir in den Geschäftsbereichen eine Atmosphäre schaffen mussten, in der Angehörige aller Hierarchieebenen ihre Meinung so offen sagen würden wie bei den Schulungen. Das war die Geburtsstunde der *Work-outs*« (Welch/Welch 2005, S. 66 f.).

Der zwei- bis dreitägige Work-out folgt dem Muster von Town Meetings in New England (= einmal im Jahr abgehaltene Treffen aller wahlberechtigten Bürger einer Stadt, in denen lokalpolitische Themen diskutiert und stadtpolitische Entscheidungen getroffen werden). Ähnlich diskutieren bei den Treffen von General Electric Gruppen von dreißig bis hundert Mitarbeitern unter der Leitung eines externen Moderators darüber, wie man Arbeitsabläufe effektiver gestalten und bürokratische Barrieren aus dem Weg räumen kann. Die Sitzungen beginnen damit, dass der Chef eine Aufgabenstellung formuliert. Außerdem verpflichtet er sich zu zwei Dingen: Erstens muss er mindestens 75 % der erarbeiteten Vorschläge sofort annehmen oder ablehnen. Und zweitens muss er über die verbleibenden Ideen innerhalb von dreißig Tagen entscheiden. Anschließend zieht er sich zurück, um einer offenen Diskussion nicht im Wege zu stehen, und kehrt erst am Ende der Veranstaltung wieder zurück (vgl. Welch/Welch 2005, S. 66 f. sowie ausführlicher Ulrich/Kerr/Ashkenas 2002).

Der Innovation Jam von IBM

Der IBM Innovation Jam findet nicht wie der Work-out an einem einzigen, physischen Ort statt, sondern stellt ein kollaboratives »Massenspektakel« im globalen Cyberspace dar. Er bildet ein weltweites Online-Diskussionsforum und läuft über zwei bis drei Tage. Inzwischen bietet IBM dieses kollektive Lernformat als Beratungsleistung auch anderen Unternehmen an. Delphi-Methode, Brainstorming, betriebliches Vorschlagswesen und Web 2.0 sind beim Innovation Jam kreativ miteinander verschmolzen. Unter Beteiligung von Senior Managern und Moderatoren, die die Diskussionen filtern und lenken, wird eine im Vorfeld bekannt gegebene Agenda (z. B. Green IT, Customers as Partners, Unternehmenswerte) erörtert. Dabei können auch mögliche Projekte und Teamzusammenstellungen zur Sprache kommen und einer interaktiven Chancen-Risiken-Bewertung unterzogen werden. Die Mitwirkung hochkarätiger Teilnehmer, aber auch die bewusst erzeugte zeitliche Dringlichkeit fördern die Bereitschaft von Mitarbeitern, sich aktiv einzubringen (vgl. Bjelland/Wood 2008). Sämtliche Beiträge werden in Datenbanken gesammelt, extrahiert und mit Hilfe halbautomatischer Textanalysen bzw. Data-Mining-Methoden (z. B. über pattern matching) ausgewertet. Die Auswertung muss möglichst rasch kommuniziert werden, denn nur umgehend veröffentlichte Ergebnisberichte finden Aufmerksamkeit. Zudem – und das ist ebenfalls ein zentraler Mobilisierungsfaktor – verpflichtet sich das Management vor dem Jam, die darin hervorgebrachten Ideen tatsächlich in Geschäftsmodelle und veränderte Organisationsstrukturen umzusetzen. Nur wenn Mitarbeiter sehen, dass mit den Ergebnissen des Jams tatsächlich etwas geschieht, fühlen sie sich ernst genommen und dazu animiert, auch in Zukunft Beiträge zu leisten (vgl. Busch/Lorenz 2010, S. 44).

1.3.3 Ambidextrie: Exploration und Exploitation gleichzeitig

Das Konzept der **Ambidextrie** fragt genauer danach, welche Lernrichtung ein Unternehmen und seine einzelnen Teams einzuschlagen haben. Soll eher in Richtung Exploitation oder eher in Richtung Exploration gearbeitet werden? Und wie kann ein Ausgleich zwischen beiden Lernmustern erfolgen? Wörtlich bedeutet Ambidextrie *Beidhändigkeit*, d. h. Organisationen müssen sowohl kontinuierliche Verbesserungen meistern als auch radikale Umbrüche. Oder anders: Sie müssen das Streben nach Dauerhaftigkeit und Standardisierung mit den Streben nach Unternehmergeist und Aufbruch unter einen Hut bringen. **Exploitation** bedeutet Ausbeutung, Verwertung, während **Exploration** die Erkundung, Entwicklung und Verankerung von Neuem meint. Viele Unternehmen neigen dazu, aus einmal erfolgreich lancierten Produkten auf angestammten Märkten den größtmöglichen Nutzen ziehen zu wollen. Das Ernten ist oft leichter – auf jeden Fall aber sicherer – als das mühsame Aussäen (vgl. Güttel/Konlechner 2017, S. 192).

Sich nur auf das einmal Erreichte zu verlassen, birgt aber die Gefahr, den Anschluss zu verpassen. Das Unternehmen kann dann wie *Polaroid* in einer *Kompetenzfalle* landen. Die ehemalige Stärke wird mit einem Mal hinfällig (vgl. Leonard-Barton 1992, S. 112 ff.). Auch ein innovatives Unternehmen wie *Apple* zehrt von seinem iPhone und tut sich schwer damit, ähnlich erfolgreiche Pionierprodukte auf den Markt zu bringen. Die Apple Watch etwa scheint nach einer ersten Anfangseuphorie nicht die erhofften Umsätze zu bringen. Dennoch muss Apple »nachlegen«, denn auf dem Smartphone-Markt werden die Unterschiede zwischen den Anbietern immer kleiner – und entsprechend hoch ist der Druck, sich durch einzigartige neue Produkte abzugrenzen. Entsprechend groß sind die Hoffnungen auf das neue Flagschiff iPhone X.

Die Bündelung beider Aktivitäten, d. h. das bisherige Geschäft so lange wie nur möglich zu betreiben und zugleich ein neues Geschäft zu entwickeln, betrachtet der Managementvordenker Fredmund Malik als entsprechend herausfordernd. »Ein guter Ansatz, aber schwierig, weil man buchstäblich in zwei Welten operieren muss. Konzerne teilen sich deshalb häufig, siedeln neue Geschäfte auf Spielwiesen außen an, wo sie nicht unter bisherige Reporting-Systeme fallen, nicht behindert werden durch die Silo-Organisation. Wo man nicht einmal ein Budget machen kann, weil alles so unplanbar ist« (O.V. 2016; vgl. auch Tushman 2015, S. 16).

James March (1991) ist es mit seinem **Begriffspaar Exploration und Exploitation** geglückt, bereits seit langem bekannte, jedoch mit unterschiedlichen Bezeichnungen versehene und in unterschiedlichen Themengebieten beschriebene Phänomene unter einem gemeinsamen Dach zu vereinen. Um die Unterschiede zwischen dem exploitativen und dem explorativen Lernmodus deutlich herauszustreichen, werden zwei Beispiele aufgeführt, die einer weitgehend monodexteren, d. h. einhändigen Logik folgen.

- Ein Beispiel für **reine Exploitation** liefern hochgradig arbeitsteilig funktionierende Teams in Schnellrestaurants: »Jede Handlung ist minutiös geplant, selbst in Bereichen persönlicher Interaktionen. Angestellte werden häufig dazu angeleitet, mit Kunden nach einem detaillierten Anweisungskatalog zu verfahren (…) Selbst das beiläufigste Lächeln, die Begrüßung oder die Bemerkungen oder Empfehlungen eines Verkäufers werden häufig durch die Firmenpolitik vorgeschrieben und eingeübt, damit das Ergebnis authentisch wirkt« (Morgan 2008, S. 25). Im Grunde ist hierbei Funktionieren wichtiger als Mitdenken. In solchen Schnellrestaurants werden vorgefertigte (tiefgefrorene) Speisen wie an einem Fließband zubereitet. Neben den gerade erwähnten präzisen Verhaltensvorgaben, die in Handbüchern in aller Ausführlichkeit dokumentiert sind, wird in Schnellrestaurants auf Kellner und Köche verzichtet. Zum Einsatz kommen also keine Spezialisten, sondern angelernte, häufig wechselnde Mitarbeiter. Dies alles ermöglicht einen schnellen Service und eine hohe Umschlaghäufigkeit. Dadurch, dass die Verfahren derart standardisiert sind, gleicht ein Restaurant dem anderen. Auch der Aufbau eines neuen Restaurants folgt demselben Schema, wodurch Kosten niedrig bzw. vorhersehbar sind. Die völlig standardisierte Geschäftspraxis muss lediglich von einem auf den anderen Standort transferiert werden, von Region zu Region, von Markt zu Markt (sog. Replikation) (vgl. Güttel/Konlechner 2011, S. 2 ff.).

- Ein Beispiel für **reine Exploration** liefern Think Tanks oder Teams im Bereich der Grundlagenforschung. Diese Teams beschäftigen sich nahezu ausschließlich damit, neue Erkenntnisse zu erlangen, an Problemen zu tüfteln und interessante Ideen auszubrüten – zunächst völlig zweckfrei, ohne dass der spätere Anwendungsnutzen bereits erkennbar ist. Lernen und Reflektieren ist hier nicht Nebensache, sondern Hauptaufgabe. Solche reinen Forschungsteams sind fast keinen Zwängen unterworfen und arbeiten ergebnisoffen. Sie leisten sozusagen ein »Denken auf Vorrat«, erkunden und skizzieren Trends, identifizieren mögliche Geschäftsfelder und sorgen für die effektive Vernetzung interner und externer Wissensquellen (vgl. Stephan/Rosteck 2010, S. 356 f.).

Exploitation ist sowohl zeitlich als auch inhaltlich weitaus häufiger anzutreffen als Exploration. Sie bildet den im Alltag dominanten Arbeitsmodus. Der zyklischen Vorstellung längerer Arbeitsphasen in ruhigeren Fahrwassern, durchbrochen von kürzeren Änderungsphasen in reißenden Stromschnellen halten Schreyögg und Noss entgegen, dass sich organisationale Probleme und Problemlösungsprozesse stark überlappen, dass neu gebildete Verhaltensweisen und Prozesse stets in alte, weiterhin bestehende Verhaltensweisen eingebettet sind und dass Wandel keinen wirklichen Abschluss kennt, die Welt der organisatorischen Wandelprozesse also weit weniger geordnet und sequentialisiert ist, als es in den üblichen Gleichgewichtsmodellen des Wandels suggeriert wird. Man hat demzufolge von der Einsicht auszugehen, dass Organisationen und Teams *inhärent ruhelos sein müssen*, um zu überleben (vgl. Schreyögg/Noss 2000, S. 40 ff.). Die Generalkompetenz sozialer Systeme besteht darin, sich selbst auf der Basis des Gelernten permanent zu erneuern.

Exploration und Exploitation stehen demnach eher in einer Sowohl-als-auch-Beziehung als in einer Entweder-oder-Beziehung. Die meisten Teams müssen simultan Exploration und Exploitation betreiben, allerdings mit unterschiedlichen Schwerpunkten. In allen Teams geht es letztlich darum zu lernen, nicht mehr, sondern intelligenter zu arbeiten (► Abb. 7).

EXPLOITATION **– Lernen in kleinen Schritten –**	**EXPLORATION** **– Lernen in großen Schritten –**
• Verfeinerung, Optimierung • Sich Festlegen, Regelanwendung • Bestehendes nutzen, konservieren • Standardisierung • Produktivität, Schlagkraft • Berechenbarkeit, Verlässlichkeit • Keine Verschwendung • Ausführung, Disziplin	• Kreativität • Risiken eingehen, Regelbruch • Neues Wagen • Improvisierung • Innovationskraft • Veränderung, Offenheit • Slack, Redundanz, Puffer • Entdeckung, spielerische Suche
WORK SMARTER, NOT HARDER	

Abb. 7: Die beiden grundlegenden Lernmuster

Wir wollen dieses ambivalente und hoch praxisrelevante Thema gern in einem größeren Rahmen zeigen. Abbildung 8 stellt bekannte Konzepte vor diesem Hintergrund zusammen.

Eher exploitative Verhaltensmuster	**Eher explorative Verhaltensmuster**
Generelle Regelung *Einengung des Ermessens- und Entscheidungsspielraums; Verlust an persönlicher Gestaltungsfreiheit (Entindividualisierung)*	**Fallweise Regelung** *Die Möglichkeit zur individuellen Anordnung nach freiem Ermessen durch mit Anweisungsbefugnissen ausgestattete Personen*
Formalisierung und Standardisierung *Entwicklung von Regeln und Routinen; wiederkehrende Verhaltensmuster; geplantes Verhalten*	**Flexibilisierung und öffnendes Verhalten** *Spielerische Suche nach Neuem; Improvisation je nach situativem Bedarf; emergentes Verhalten*
Varianzreduktion *Selektive Retention, d. h. Reproduktion eines Organismus unter Erhaltung seiner genetischen Grundausstattung*	**Varianzerhöhung** *Variation und Mutation, d. h. zufällige oder geplante Veränderungen der Fähigkeiten und Verhaltensmuster eines Organismus*
Evolutionsmodell *Entwicklung in kleinen Schritten (piecemeal engineering); dauerhafter Lernprozess; erfahrungsgestütztes, selbstregulierendes und dezentrales Vorgehen* *Wie können wir das, was wir machen, besser machen?* *Kontinuierlicher Verbesserungsprozess (KVP, Kaizen), Total Quality Management*	**Revolutionsmodell** *Tiefgreifender und umfassender Wandel bzw. Umbruch (Quantensprung); begrenzte Zeitdauer; diskontinuierliches Vorgehen; Top-down-Steuerung* *Warum machen wir überhaupt das, was wir machen?* *Business Reengineering; Unternehmenssanierung*

Abb. 8: Exploitations- und explorationsähnliche Verhaltensmuster

Eher exploitative Verhaltensmuster	Eher explorative Verhaltensmuster
Management *Perfektes Organisieren von Abläufen; präzise Planung und Kontrolle; auf Qualität und Sicherheit achtend* *Das Bestehende bestmöglich verwalten: Die Dinge richtig tun*	**Leadership** *Geführte mit Visionen inspirieren, motivieren und ihnen Sinn vermitteln; unternehmerisch denkend und Risiken eingehend* *Umbrüche erfolgreich bewältigen: Die richtigen Dinge tun*
Single-loop-learning *Adaptives Lernen, das Handlungsweisen oder Annahmen, die Strategien zugrunde liegen, so verändert, dass die Wertvorstellungen einer Handlungstheorie unverändert bleiben* *Anpassungsverhalten eines stabilen Systems*	**Double-loop-learning** *Generatives Lernen, das zu einem Wertewechsel sowohl der handlungsleitenden Theorien als auch der Strategien und Annahmen führt* *Änderung der Situation des Systems*
Systemimmanente Kritik *Kritik zur Verbesserung des bestehenden Systems; behutsame Fortentwicklung geltender Normen und Werte; Erhaltung der Tradition* *Orientierung am Wirklichen*	**Systemkritik** *Kritik zur Überwindung des bestehenden Systems; Entwicklung radikal neuer Normen und Werte; Zerstörung der Tradition* *Orientierung am Möglichen*
Normalwissenschaft *Akzeptanz eines Paradigmas durch die Scientific Community; Forschung (Definition von Problemen und Lösung von Rätseln) erfolgt innerhalb dieses Paradigmas*	**Außerordentliche Wissenschaft** *Infragestellung der Grundlagen und Grundpfeiler des bisherigen Paradigmas; Veränderung der Weltanschauung mit anschließendem Paradigmenwechsel*
Ausgewählte Quellen: Gutenberg 1983, S. 237 ff. [generelle vs. fallweise Regelung]; Weber 1972, S. 125 ff., Luhmann 1999 [Formalisierung und Standardisierung]; Mintzberg/McHugh 1985, Weick 1998 [Flexibilisierung und öffnendes Verhalten]; Weick 1995, Klimecki/Gmür 2001, S. 97 ff., Woywode/Beck 2014, S. 261 ff. [Varianzreduktion vs. Varianzerhöhung]; Hammer/Champy 1996, Imai 1997, Popper 2003, Krüger 2009, S. 24 f. [Evolutions- vs. Revolutionsmodell]; Zaleznik 2009, Kotter 2011 [Management vs. Leadership]; Argyris/Schön 2006 [Single-Loop- vs. Double-Loop-Learning]; Röttgers 1975 [systemimmanente Kritik vs. Systemkritik]; Kuhn 1967 [Normalwissenschaft vs. außerordentliche Wissenschaft].	

Abb. 8: Exploitations- und explorationsähnliche Verhaltensmuster – Fortsetzung

Zusammenfassend betrachtet braucht ein gut aufgestelltes Unternehmen einerseits (Arbeits-)Teams, die wie »geölt« funktionieren und Stück für Stück daran arbeiten, immer besser zu werden, andererseits (Innovations-)Teams, die ihrer Phantasie freien Lauf lassen, dabei aber auch die Anschlussfähigkeit der entwickelten Lösungen an die bestehende Organisation und den Markt nicht aus dem Auge verlieren. Die einen sind die solide-effizienten Ausführer, die anderen die wagemutig-effektiven Pioniere.

1.3.4 Grundformen der Kompetenz- und Lernsteuerung in Teams

Die zwei skizzierten Lernmuster der Exploitation und der Exploration haben einen großen Einfluss auf die Art und Weise, mit der die im Team vorhandenen Kompetenzen gesteuert werden. Während Exploitation eine wechselseitige Substituierung individueller Kompetenzen verlangt, geht es bei Exploration vor allem um die Koordinierung und Integrierung individueller Fähigkeiten. Die Hauptstoßrichtung ist also unterschiedlich: Erhöhung der Flexibilität hier, Erhöhung der Kreativität dort.

- ***Kompetenzen in exploitativen Teams:*** Stärker exploitativ ausgerichtete Teams, wie sie sich etwa in der Montage oder der zuvor erwähnten Systemgastronomie finden, müssen primär reibungslos funktionieren und dabei flexibel genug sein, um Belastungsspitzen oder krankheitsbedingte Ausfälle auszugleichen. Hier geht es darum, dass sich Mitarbeiter bei Bedarf wenn nicht gänzlich, so doch teilweise gegenseitig ersetzen können, um den Regelbetrieb aufrecht zu erhalten. Eine solche Flexibilisierung bzw. multiple Einsetzbarkeit von Mitarbeitern (Job Rotation) setzt ihre Mehrfachqualifizierung (Multiskilling) voraus. Dies ist natürlich nur möglich, wenn die jeweils bearbeiteten Stellenprofile nicht zu komplex, d. h. in einer überschaubaren Zeit erlernbar sind. In einem Discounter sollten die Angestellten als erstes einmal die Kasse bedienen können. Daneben müssen sie aber auch weitere Tätigkeiten beherrschen wie z. B. das Einräumen und Einscannen der Ware.
- ***Kompetenzen in explorativen Teams:*** Stärker explorativ ausgerichtete Formationen, wie z. B. Reorganisations- oder Entwicklungsteams, werden vor allem daran gemessen, wie unkonventionell oder markttauglich die durch sie hervorgebrachten Lösungen sind. Hierzu bedarf es der Verbindung höchst unterschiedlicher Fachbereiche. Die Teammitglieder weisen also ein jeweils vertieftes Spezialwissen auf, das sich nicht einfach von heute auf morgen aufbauen oder ersetzen lässt. Trotzdem muss es ihnen gelingen, eine allgemeine Verständigungsbasis herzustellen. Dies ist oft mit Reibungen und Konflikten verbunden, da unterschiedliche Sicht- und Herangehensweisen mit je eigenen Schwerpunktsetzungen, aber auch unterschiedliche Begriffswelten aufeinanderstoßen (vgl. Bornewasser/Bläsing/Frenzel 2015, S. 154 ff.). Ein klassisches Schnittstellenproblem sind die oft konträren Zielvorstellungen zwischen Marketingvertretern und Vertretern aus der Forschungs- und Entwicklungsabteilung.

a) Flexibilisierung durch Multiskilling: Kompetenzen ersetzen

Die Ursprünge des Multiskilling liegen in der Humanisierung des Arbeitslebens, im Volvoismus, dem Total Quality Management und dem Lean Management (vgl. Mikl-Horke 2007, S. 149 ff.; Weiß/Strubl/Goschy 2015, S. 28 ff.). Als maßstabgebend und viele Konzepte gesamthaft in sich vereinend wird besonders das sog. **Toyota Production System** betrachtet, das als operatives Managementsystem im Kern die Ausrichtung aller Mitarbeiter auf die Erreichung dreier Ziele umfasst: Höchste Qualität zu niedrigsten

Kosten bei kürzestmöglichen Durchlaufzeiten (vgl. Liker 2007, S. 254; Dombrowski/Ebentreich 2015, S. 7 ff.).

In Erweiterung zum Taylorismus und Fordismus, die sehr enge Aufgabenfelder für Mitarbeiter ohne die Möglichkeit eines Stellenwechsels vorsahen (wodurch Mitarbeiter zwischenbetrieblich leicht ersetzbar waren), strebte Toyota von Anfang an eine größere Aufgabenvielfalt durch systematische Job Rotation an. Mitarbeiter sollten in Teamstrukturen möglichst breit einsetzbar sein, um einerseits gesundheitlichem Verschleiß und Monotonie entgegenzuwirken und andererseits einen ganzheitlichen Blick auf die Fertigung zu ermöglichen. Dadurch steigt die Wahrscheinlichkeit, dass Fehler und Verschwendungen entdeckt und allgemein das Lernen von- und miteinander gefördert werden (vgl. Liker/Meier 2007, S. 84 ff.).

Multiskilling – teilweise wird auch von Polyvalenz bzw. polyvalenter Qualifikation gesprochen – *bezeichnet somit den Qualifikationszustand eines Mitarbeiters, der ihn aufgrund von kompetenzerweiternden Entwicklungsmaßnahmen in Arbeitsfeldern einsetzbar macht, die über sein bisheriges Arbeitsfeld hinausgehen* (vgl. Busch 2008, S. 24; Alioth 1995, Sp. 1897). Die Ausdehnung der individuellen Kompetenzen kann sowohl operative als auch dispositive Aspekte umfassen (Job Enlargement bzw. Job Enrichment). Beispielsweise tritt eine vor- oder nachgelagerte Tätigkeit innerhalb der Wertschöpfungskette hinzu oder es werden Managementaufgaben wie die Planung der Schichteinteilung, der Materialbeschaffung oder die Stellvertretungsregelung in Urlaubszeiten übernommen. Dabei hängt das Ausmaß der Qualifikationsbreite auch von der Gruppengröße ab. »Bei größeren Gruppen und komplexen Aufgaben kann eine *Überlappung von Qualifikationen* durchaus genügen, bei kleineren Gruppen und einfacheren Aufgaben dagegen ist eine *vollständige Polyvalenz* häufig sinnvoll« (Frei et al. 1996, S. 163).

Effektiv wird dieses System erst dann, wenn Mitarbeiter langfristig an das Unternehmen gebunden werden, denn durch ihre multiple Einsetzbarkeit stellen sie einen zentralen Baustein innerbetrieblicher Flexibilität dar. Zudem kann nur eine dauerhafte Bindung an das Unternehmen sicherstellen, dass Mitarbeiter die jeweilige Kultur des Unternehmens – in dem Fall des Toyota-Wegs – vollauf verinnerlichen (z. B. Werte, Prinzipien, Standards, Routinen). Mitarbeiter werden damit zur eigentlichen Lernquelle und zum größten Vermögenswert des Unternehmens. Ihre geistigen Potenziale gilt es gezielt zu nutzen (vgl. Weiß/Strubl/Goschy 2015, S. 75). Nicht umsonst existiert bei Toyota der Spruch: »Before we build cars, we build people« (vgl. Becker 2006, S. 217). Dieser Aspekt wird oft vergessen, wenn westliche Firmen Lean Production-Tools übernehmen und sich dann wundern, nicht genauso erfolgreich wie Toyota zu sein (vgl. dazu auch Liker 2007, S. 214 f.).

Die Einführung von Teamstrukturen in Verbindung mit Mehrfachqualifizierung ist in vielen operativen Bereichen realisierbar, muss sich aber erst im Mindset der Mitarbeiter durch Einübung dauerhaft verankern, um erfolgreich zu sein. Teamstrukturen können im Pflegebereich bei der Patientenversorgung (vgl. Maw/Sleezer 1995, S. 43 ff.; Drotz/Poksinska 2014, S. 180 f.), in der Gastronomie und Hotellerie, im Bankensektor (vgl. Døving/Martín-Rubio 2013, S. 286 f.), im Einzel- und Großhandel, aber auch im Bereich karitativer Tätigkeiten eingesetzt werden. Teambasiertes Multiskilling erfolgt nicht nur in westlichen Industrieländern, sondern ist auch in den sog. BRIC-Staaten auf dem Vormarsch (einen umfassenden Überblick hierüber liefern Jürgens/Krzywdzinski 2016, S. 312 ff.). Zu beachten dabei ist, dass die Anlernzeit bzw. der intellektuell-motorische Aufwand zum Erwerb der neu hinzukommenden Tätigkeiten nicht zu hoch angesetzt wird (vgl. Olivella/Cuatrecasas/Gavilan 2008, S. 805).

Vor der Einführung von Multiskilling sind jedoch **drei grundsätzliche Fragen** zu beantworten:

1. *Wer soll wen ersetzen?* Diese strategische Frage der Bedarfsanalyse ist von seiten der Unternehmensführung zu klären. Im Vergleich zur Einfachqualifizierung ist Mehrfachqualifizierung kostenintensiver, da Personalentwicklungsmaßnahmen zum Aufbau und Erhalt der entsprechenden Qualifizierung zu ergreifen sind. Aber auch der Bindung des Personals an das Unternehmen ist mehr Aufmerksamkeit zu schenken, d. h. es müssen ausgefeiltere, verstärkt individualisierte Anreize angeboten werden. Hier besteht ein Trade-off zwischen den erwarteten Kosten und der erhofften Verbesserung der Leistungs- und Lernfähigkeit von Teams, der sich sowohl auf teaminterne als auch auf teamübergreifende Flexibilisierungsmaßnahmen bezieht (vgl. Bokhorst/Slomp 2007, S. 23). Die Frage beinhaltet schließlich ebenso die Klärung der jeweiligen Bedeutung einer Stelle. Nicht jede Stelle ist so wichtig, dass jeweils Stellvertreter im Hintergrund existieren müssen.
2. *Wer kann wen ersetzen?* Diese Frage setzt eine klassische Fähigkeits- bzw. Potenzialanalyse voraus. Zu überprüfen ist also, welche Mitarbeiter innerhalb der Belegschaft zur Übernahme von Stellen, die außerhalb ihres bisherigen Tätigkeitsbereichs liegen, als in der Lage eingestuft werden. Dabei können sowohl Leistungen aus der Vergangenheit berücksichtigt als auch persönliche Stärken bzw. tieferliegende Neigungen ermittelt werden, die Mitarbeiter für die Übernahme bestimmter Tätigkeiten prädestinieren (z. B. kommunikatives Geschick, motorisches Geschick, Umgang mit Zahlen; vgl. Gardner 2008; Buckingham/Clifton 2016).
3. *Wer will wen ersetzen?* Schließlich ist in einer Motivationsanalyse zu klären, welche Mitarbeiter überhaupt dazu bereit sind, neue Fähigkeiten aufzubauen bzw. andere Tätigkeitsfelder als ihr bisheriges Aufgabengebiet einzunehmen (nicht selten inklusive eines Wechsels des angestammten Einsatzortes). Nicht jeder Mitarbeiter wünscht solche Unsicherheit und Unruhe erzeugenden sowie Bequemlichkeit aufbrechenden Veränderungen – und in der Tat geht die Einführung von Multiskilling-Maßnahmen oft mit erheblichen Konflikten einher. Als beispielsweise 2008 die *Volkswagen AG* im Zuge der Mach 18-Strategie auf Rotation im Fertigungsbereich umstellte, führte dies bei vielen Mitarbeitern zunächst zu großem Unmut. Ein Gabelstaplerführer etwa fühlte sich in seinem Stolz verletzt, nun auch an der Maschine stehen und zudem auch noch an Teambesprechungen teilnehmen zu müssen. Allein die Vorstellung, in anderen Abteilungen eingesetzt zu werden, führt oft zu Widerständen, da gewachsene Sozialstrukturen zerstört werden und aufgrund persönlicher Antipathien auch einfach nicht jeder mit jedem zusammenarbeiten möchte. Häufig wechselnde Arbeitsformationen sind daher nicht

jedermanns Sache (vgl. Bokhorst/Slomp 2007, S. 58). Die Einführung flexibilisierter Teamstrukturen erfordert in diesem Sinne ein professionelles Change Management (vgl. Doppler 2017, S. 31 f.).

Nach Klärung des generellen unternehmerischen Bedarfs, des mitarbeiterbezogenen Potenzials und der jeweiligen individuellen Bereitschaft zur Flexibilisierung geht es im Anschluss darum, konkret zu bestimmen, welche Option des Multiskilling im Einzelfall gewählt werden soll. Abbildung 9 gibt einen Überblick über die **unterschiedlichen Varianten des Multiskilling**. Die Kästchen stehen hierbei für stellenbezogene Anforderungen bzw. spiegelbildlich für die erforderlichen personenbezogenen Kompetenzen der Stellenträger. Die Pfeile weisen vom bisherigen Stellenträger in Richtung der gänzlich oder teilweise zu ersetzenden Stelle(n). Der graue Balken zeigt ein tiefverwurzeltes Expertenwissen in einem speziellen Themenfeld. Die gestrichelten Kästchen bedeuten, dass hier kein stellenersetzendes Objektwissen, sondern lediglich ein stellenübergreifendes Metawissen vorliegt.

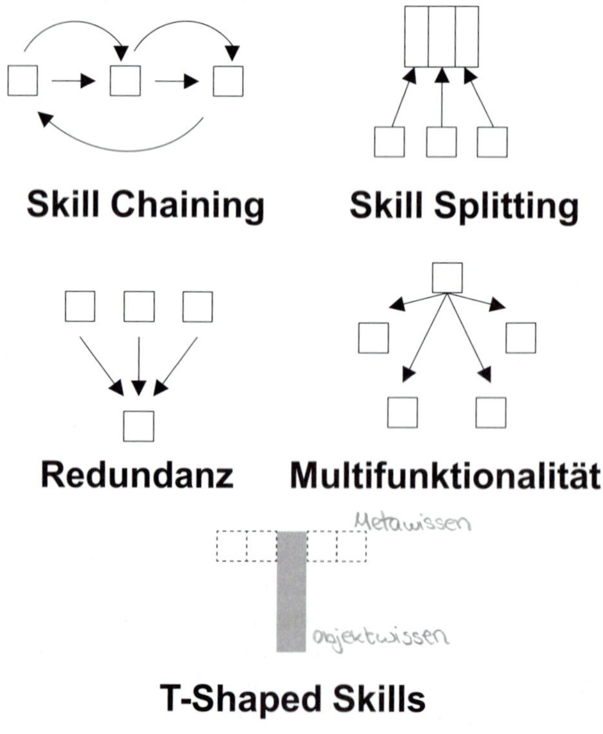

Abb. 9: Varianten des Multiskilling (vgl. Busch 2008, S. 33)

Voraussetzung für die Umsetzung von Multiskilling ist die präzise Beschreibung und Abgrenzung einzelner Stellen. Hierdurch werden Zuständigkeitswirrwarr, Doppelarbeit und unzureichende Selbtverpflichtung vermieden. Bei der *Volkswagen AG* geschieht dies mit Hilfe des »Standardarbeitsblattes Methode«, auf dem sämtliche Arbeitsschritte und Arbeitsinhalte mit ihren jeweiligen Schlüsselpunkten dokumentiert sind. Dabei wird besonderes Augenmerk auf das Thema Ergonomie gelegt, um bei einzulernenden Mitarbeitern Gesundheitsschäden durch falsche Bewegungsabläufe von vornherein so gering wie möglich zu halten (vgl. O.V. 2011). Ähnliche Dokumente verwendet auch *Toyota*, nämlich z. B. das Standardized Work Chart oder den Production Capacity Sheet (vgl. Liker/Meier 2007, S. 98 ff., 174 ff.).

Skill Chaining

Beim Skill Chaining – der Kompetenzkette – hat jeder Mitarbeiter jeweils einen anderen Mitarbeiter als potenziellen Stellvertreter, der ihn ersetzen kann. In der Regel handelt es sich hierbei um Mitarbeiter abgegrenzter Teams in räumlicher Nähe z. B. in Fertigungszellen oder Verwaltungseinheiten, die eigenverantwortlich für die Abwicklung eines Teilbereichs zuständig sind. Diese eher ökonomische Variante kann auch zum Einsatz kommen, wenn in einzelnen Arbeitsbereichen (z. B. bei der Bedienung von Maschinen) unterschiedliche Auslastungen existieren, die einen Wechsel erforderlich machen, um zu einer gerechteren Arbeitsbelastung unter Teammitgliedern zu gelangen (vgl. Bokhorst/Slomp 2007, S. 10 f.).

Skill Splitting

Skill Splitting – Kompetenzspaltung – setzt die Möglichkeit der Aufgliederung einer komplexeren Gesamtaufgabe in Teilaufgaben voraus, die dann jeweils auf unterschiedliche Teammitglieder übertragen werden. Bei kurzfristiger Verhinderung des Teamleiters kann etwa ein Teammitglied die Repräsentation des Teams nach außen übernehmen, ein anderes Budgetbewilligungen vornehmen und wiederum ein anderes Teambesprechungen durchführen.

Redundanz

Redundanz, d. h. mehrere Mitarbeiter, die ein und dieselbe Stelle ersetzen können, wird speziell bei erfolgskritischen Stellen oder solchen, bei denen erfahrungsgemäß Belastungsspitzen auftreten, erforderlich. Es kann sich aber auch um Stellen mit besonders hohen Anforderungen handeln, die Personalwechsel während einer Schicht geboten erscheinen lassen. Auch in den schon erwähnten Hochleistungsteams ist fachliche Redundanz wichtig, um im Ernstfall Sicherheit und Verlässlichkeit zu gewährleisten. Das gemeinsame Rollen- und Situationsverständnis hilft den Einsatzkräften, »das Handeln der Kollegen besser zu antizipieren und einzuschätzen. Sie wissen genau, wie sie selbst in einer Situation zu handeln hätten. Damit verringert sich die Gefahr von Handlungsfehlern, die in einem unterschiedlichen Situationsverständnis begründet liegen« (Mistele 2007, S. 165). Im Fertigungsbereich verursacht allerdings ein Zuviel an Redundanz nicht nur hohe Kosten, sondern führt oft auch zu brachliegenden Kompetenzen.

Multifunktionalität

Multifunktionalität beschreibt dasjenige Kompetenzprofil, über das ein sog. Springer verfügt, d. h. es handelt sich hierbei um jemanden, der je nach Bedarf in der Lage ist, ein großes Spektrum an Tätigkeiten auszufüllen. Seine Einsatzgebiete können dabei sowohl innerhalb eines bestimmten Teams als auch teamübergreifend sein. In Ausnahmefällen bzw. bei Ausnahmetalenten gibt es auch Mitarbeiter, die den gesamten Fertigungsbereich zu überblicken und zu bearbeiten in der Lage sind und daher bei Bedarf Hilfestellung leisten, aber auch allgemeine Ratschläge geben können. Der ehemalige CEO von Toyota, Katsuaki Watanabe, bezifferte 2007 die Zahl solcher »Alleskönner« auf 2.000 Personen, etwa fünf Prozent der Gesamtbelegschaft, wobei er von einer »Anlernzeit« von 20 Jahren ausging. Diese »Koordinatoren« nehmen durch ihr fundiertes Detailwissen und ihren gleichzeitig vorhandenen Rundumblick eine Schlüsselstellung ein, um Anpassungen in der Fertigungsorganisation vorzunehmen. Zugleich sind sie als weltweite Trainer und Mentoren (sensei) gefragt, um Wissen und Erfahrungen auf andere Mitarbeiter zu transferieren. Angesichts der weltweiten Expansion von Toyota wären allerdings zum damaligen Zeitpunkt bereits dreimal so viele Koordindatoren wie vorhanden notwendig gewesen (vgl. Stewart/Raman 2007, S. 81).

T-Shaped Skills

Eine Sonderform im Rahmen des Multiskilling bilden sog. T-Shaped Skills, also Fähigkeitsprofile, die neben einer hohen Spezialisierung auf einem bestimmten Fachgebiet auch die Entwicklung von Überblickswissen oder Teilkompetenzen in anderen, zumeist angrenzenden Fachgebieten vorsieht (Iansiti 1993, S. 139; Leonard 1998, S. 75 ff.). Einfach ausgedrückt lernt der Mitarbeiter das eine Mal viel über wenig (Zoomfunktion) – repräsentiert durch den vertikalen Strich des T – und das andere Mal wenig über viel (Weitwinkelobjektiv) – repräsentiert durch den horizontalen Strich des T. Dieses horizontale Wissen kann in Teilkompetenzen bestehen, in vereinfachten Abbildern (z. B. Grundzüge der Kostenrechnung ohne Kenntnis präziser Methoden der Gemeinkostenzuweisung) oder in Gestalt von Metawissen (Wissen, welches Wissen in angrenzenden Fachgebieten existiert oder wo sonst dieses Wissen zu finden ist) (vgl. Busch 2010, S. 399). T-Shaped Skills erfüllen sowohl für den Routine- als auch für den Innovationsbereich wertvolle Funktionen.

Bei der Entwicklung t-förmiger Fähigkeitsprofile ist *Toyota* führend, wobei das T gleichsam auf den Kopf gestellt wird. Nach einem rigiden Auswahlprozess unter Kandidaten der besten Universitäten werden Ingenieure vor der Zuordnung zu einer Spezialabteilung im ersten Jahr zunächst für allgemeine Aufgaben eingestellt. Dieses Einführungsjahr beinhaltet eine einmonatige allgemeine Unternehmensorientierung, drei bis vier Monate manuelle Arbeit in einem Toyota-Werk (vorzugsweise in der Herstellung des später zu entwickelnden Fahrzeugteils), eine zwei- bis dreimonatige Tätigkeit als Verkäufer bei einem Toyota-Händler, um ein Gespür für die Kundenperspektive zu entwickeln, und schließlich die Durchführung eines Anfänger-Projekts zur Gewinnung praktischer technischer Erfahrung in einem zugewiesenen Arbeitsbereich. In dieser Phase wird die Grundlage für das horizontal-vernetzende Wissen gelegt.

Dem folgt die **intensive Vertiefung von Spezialwissen**. Dazu zählen zwei Jahre überwachtes Training on the Job in der Spezialsierung (z. B. Entwicklung von Fahrzeugtüren), inklusive der Erstellung eigener Daten im Computer Aided Design. Ein weiteres Jahr ist erforderlich, um in der Teilspezialisierung zum Ingenieur aufzusteigen, und fünf weitere Jahre Praxiserfahrungen sind vonnöten, um Senior-Ingenieur mit Mitarbeiterverantwortung zu werden. An diesem Punkt angelangt kann die Übertragung der Verantwortung für ein zusätzliches, zumeist verwandtes Spezialgebiet (z. B. Stoßdämpfer) erfolgen und erst nach ungefähr zehn bis zwölf Jahren besteht die Chance, die Position eines Abteilungsleiters einzunehmen (vgl. Liker/Meier 2007, S. 342 f.). Der Fokus liegt bei Toyota also auf der Fach- bzw. Spezialistenlaufbahn, die die schon erwähnte hohe Firmentreue von Mitarbeitern voraussetzt, um sich langfristig bezahlt zu machen.

In vielen westlichen Ländern läuft es oft andersherum: Wirtschaftsingenieure etwa benötigen zunächst Spezialwissen für den Einstieg, bekommen dann aber rasch Führungsverantwortung übertragen, die von ihnen stärker wirtschaftswissenschaftliches Wissen abverlangt und zu einer Vernachlässigung der Vertiefung und Aktualisierung des Fachwissens führt (vgl. Kordova/Frank 2014, S. 1078 ff.; Ebentreich/Möhring/Schimmelpfennig 2015, S. 79 ff.). Auch häufigere Jobwechsel bzw. eine sinkende Arbeitgeberloyalität sind bei den jüngeren Generationen beobachtbar, so dass sich speziell westliche Unternehmen genau überlegen müssen, inwiefern sie dem japanischen Vorbild folgen wollen bzw. können.

b) Koordinierung durch transaktives Wissen: Kompetenzen vernetzen

Transaktives Wissen umfasst neben den gerade genannten fach- und stellenübergreifenden Kenntnissen insbesondere das wechselseitige personenbezogene Wissen. Dieses **Metawissen** stellt für die Teamebene kooperationsermöglichende Verbindungen her, die auch in anderen Anwendungsfeldern relevant sind, hierbei aber unter eigenen Begriffen diskutiert werden – z. B. »Orientierungskompetenz« (Arno Rolf), »strukturelle Kopplung« und »Anschlussfähigkeit« (Niklas Luhmann), »transfachliches Verständnis« (Steven Postrel), »Integrationsvermögen« (Janice A. Klein), »Inter- und Transdisziplinarität« (Jürgen Mittelstraß), »Schnittstellenmanagement« (Klaus Brockhoff) oder »vernetztes Denken« (Frederic Vester). Stets geht es darum, unterschiedliche Fachvertreter ins Gespräch zu bringen und ihr distinktes Wissen in Richtung auf eine gemeinsame Zielstellung zusammenzuführen.

In Teams erschließt sich der Wert eines solchen Überwissens unmittelbar. Indem Teammitglieder hier eine Vorstellung darüber entwickeln, was ihre Teamkollegen wissen und können, was ihre persönlichen Eigenheiten sind, wie sie sozusagen »ticken«, gelangen sie mit der Zeit in den Zustand des Eingespieltseins und des wechselseitig verlässlichen Handelns. Bekannte Aussprüche wie »Never change a winning team«, »Never stop a running system« oder »If it ain't broke don't fix it« verweisen auf eben diese Grundeinsicht. Grundsätzlich ist transaktives Wissen für sämtliche Teams von Bedeutung, auch für die zuvor geschilderten Arbeitsteams. Bei der Erbringung kreativer

Leistungen spielt es aber eine noch größere Rolle, da hier jeder auf jeden in besonderer Weise angewiesen ist, damit das Team am Ende erfolgreich sein kann. Im Zentrum steht dabei der *Aufbau präziser Erwartungen* übereinander: Bei wem kann ich mit was rechnen? Mit was für Menschentypen habe ich es zu tun? In welchen Bereichen sind meine Teamkollegen besonders sattelfest? Womit können sie mir helfen, womit nicht?

Ein gutes Beispiel für stabile Beziehungsnetzwerke mit dichtem transaktiven Wissen liefert die vermeintlich schnelllebige **Filmindustrie**. Die Durchführung von Filmprojekten wird grob in drei Phasen unterteilt: Planungsphase (pre-production) – Realisationsphase (production) – Aufbereitungs- und Vermarktungsphase (post-production). Im Grunde greifen Regisseure in allen drei Phasen auf ihnen vertraute Prozessbeteiligte zurück, seien es Produzenten, Drehbuchautoren, Kameraleute, Maskenbildner, Komponisten oder Cutter. Ein Blick auf wiederkehrende Namen im Abspann unterschiedlicher Filme oder in die IMDb-Filmdatenbank dürfte rasch Aufschluss über diese »Connections« geben. Die gleichbleibenden Prozessbeteiligten sorgen für Stabilität, Berechenbarkeit und Effizienz. Sie bilden sozusagen den exploitativen Rahmen der Filmproduktion. Der Regisseur weiß, auf wen er sich einlässt und erspart sich damit langwierige Kennenlernprozesse. Der 2008 verstorbene Sydney Pollack – Regisseur u. a. des Politthrillers »Die drei Tage des Condor« und des Grisham-Klassikers »Die Firma« – hat dies einmal so auf den Punkt gebracht: »Wenn du Leute findest, mit denen du gut zusammenarbeiten kannst, willst du diese im Grunde nie mehr aufgeben« (zitiert in Ferriani/Corrado/Boschetti 2005, S. 274).

Dennoch gibt es neben diesen dauerhaften Partnerschaften bei Filmproduktionen immer noch ausreichend viele kreative Inputs in Form von wechselnden Schauspielern und neu hinzukommenden Projektmitarbeitern. Diese wirken belebend und liefern wichtige explorative Impulse (vgl. von der Oelsnitz/Busch 2009a, S. 487 f.). Filmprojekte weisen somit einen stabilen Kern an Stammpersonal auf, der in der Regel über mehrere Projekte hinweg erhalten bleibt, und einen sich von Projekt zu Projekt erneuernden Gürtel. Selbst die hochdynamischen und wechselhaften Bedingungen, unter denen die Filmindustrie operiert, verlangen also nach Ruhepolen und Gegengewichten, nach Elementen der Stabilität und Kontinuität.

Ein weiteres Beispiel für die Bedeutung von transaktivem Wissen gibt die **Musikbranche**. Bands – Musterfälle hochkreativer und dynamischer Teams –, die es schaffen bzw. geschafft haben, über Jahrzehnte erfolgreich zu sein, weisen bei genauer Betrachtung dieselben stabilen Kernstrukturen in ihrer Zusammensetzung auf – angefangen bei den Beatles oder den Rolling Stones bis hin zu deutschsprachigen Künstlern wie James Last oder Udo Jürgens. Ihr Erfolg basiert(e) im Wesentlichen auf im wörtlichen Sinne eingespielten Musikern. Der Leadsänger der Spider Murphy Gang, Günther Sigl, hat dies in einem Interview so zusammengefasst: »Mir ist eine gewisse Beständigkeit in der Band schon wichtig. Ich fühle mich wohl, wenn ich das Umfeld kenne. Unsere Road-Crew begleitet uns seit 1978. Mit dem Management und der Konzertagentur arbeiten wir ebenfalls schon sehr lange zusammen. Da weiß man, wie jeder Einzelne tickt (…) Es gibt natürlich Auseinandersetzungen, gerade zwischen mir und Barny als Gründungsmitglieder. Da kracht's mal, aber dann verträgt man sich wieder. Das gute Zusammenspiel in der Band ist sehr wichtig und prägt die Identität. *Es kommt nicht darauf an, dass man die* *besten Musiker hat, sondern dass das Zusammenspiel zwischen den Bandmitgliedern passt.* Den reinen Studiobands fehlt es häufig an genau dieser Identität« (Sigl/Winkler 2016, S. 34).

Daniel Wegner, der das **Konzept des Transactive Memory** entwickelt hat, beschrieb damit ursprünglich die Funktionsweise von Paarbeziehungen (vgl. Wegner 1987). Zwischen zwei Partnern entwickelt sich im Verlauf des Zusammenlebens eine zumeist unausgesprochene, aber trotzdem sehr wirksame Form der Arbeitsteilung. Wer von beiden den Müll herunterträgt, den Rasen mäht, sich um Geburtstagsfeiern kümmert oder die Wäsche wäscht, sei einmal der Fantasie des Lesers anheimgestellt. Worauf es ankommt ist, dass jeder weiß, was seine Aufgabe ist und worum er sich nicht zu kümmern hat. Anders ausgedrückt: Er oder sie hat konkretes Wissen im eigenen Bereich zu entwickeln, um diesen kompetent ausfüllen zu können; in dem durch den Partner bearbeiteten Bereich reicht es hingegen aus, zu wissen, dass der andere über die entsprechenden Kompetenzen verfügt. Dadurch kommt es zu einer sowohl körperlichen als auch geistigen Entlastung.

Während sich in Partnerschaften dieses Wissen gleichsam auf natürliche Weise bildet, macht es in Teams Sinn, von Anfang an klar zu definieren, wer welche Rollen und Zuständigkeiten hat. Hier ist maximale Transparenz gefragt. Demzufolge bezeichnet *transaktives Wissen in Teams das Wissen der Teammitglieder über das Wissen und die Eigenheiten ihrer Teamkollegen (knowing who knows what) sowie das Wissen über deren externe Kontakte (knowing who knows whom).* Dieses Metawissen bildet eine wichtige Stütze funktionierender Teamarbeit. Es schafft die Voraussetzung für ein effizientes Schnittstellenmanagement (vgl. von der Oelsnitz/Busch 2008a, S. 371) und sorgt dafür, dass Informationen punktgenau zugewiesen, abgefragt und integriert werden können, Koordinationsprozesse reibungslos vonstattengehen und Synergien sowie kreative Problemlösungen entstehen. Zugleich lassen sich über die genaue Kenntnis der menschlichen Wesenszüge der Teamkollegen auftretende Konflikte konstruktiver bewältigen und auch Feedbackprozesse effizienter gestalten. Abbildung 10 gibt einen Überblick über die wesentlichen Bestandteile transaktiven Wissens.

- **Fachliches Wissen**
  Die Kenntnis der fachlichen Expertise von Teamkollegen bildet den Dreh- und Angelpunkt für die zielführende Zusammenarbeit. Hierzu zählen ihre Arbeitserfahrungen, thematischen Schwerpunkte und natürlich die von ihnen in das Team eingebrachten Kompetenzen (z. B. Vertriebswissen, Wissen über Werkstoffe oder Design, IT-Kenntnisse). Durch dieses Wissen werden die teaminternen Informationsverarbeitungsprozesse gesteuert, also Angebot und Nachfrage nach Informationen auf sinnvolle Weise zusammengebracht. Je nach fachlicher Nähe, Vertrautheitsgrad und Verständigungsgrundlage (common ground) werden Informationen zudem besser auf den Rezipienten zugeschnitten (vgl. Clark/Brennan 1991, S. 134 ff.). Das ist der Grund, weshalb sich Eheleute nach Jahrzehnten oft mit wenigen Worten oder Gesten verständigen können. Die wechselseitige Kenntnis wirkt dann wie ein impliziter Koordindationsmechanismus. Auch in Teams sinkt mit wachsender Reife der Kommunikationsbedarf (vgl. Freimuth/Hauck/Asbahr 2002, S. 25 f.).

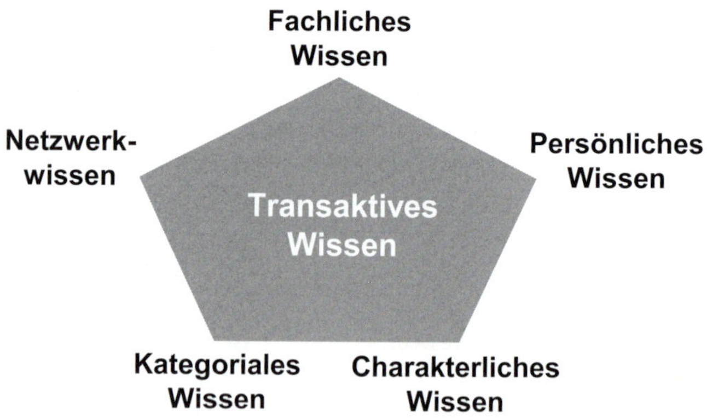

Vgl. Busch 2008, S. 45

Abb. 10: Bestandteile transaktiven Wissens

- **Persönliches Wissen**
  Neben fachlichen Kenntnissen spielen aber auch stärker personenbezogene Aspekte eine Rolle. Gegenseitiges persönliches Wissen über den familiären Hintergrund, Interessen und Hobbies sowie über allgemeine Befindlichkeiten hilft dabei, einander näher zu kommen und Vertrauen aufzubauen, auch wenn es für den Arbeitsvollzug keine unmittelbare Relevanz besitzt. Im Alltag braucht es aber solcher sozialer »Schmiermittel« (Smalltalk, informelle Gespräche). Herzliche Umgangsformen sind nicht nur Ausdruck guter Manieren, sondern auch als Ergänzung der reinen, »kalten« Sachlogik zu sehen. Schließlich arbeiten in Teams Menschen und nicht gefühllose Roboter zusammen. Fragen etwa nach dem vergangenen Wochenende oder den Urlaubserlebnissen helfen dabei, miteinander ins Gespräch zu kommen.
- **Charakterliches Wissen**
  Noch wichtiger für ein gelingendes soziales Miteinander ist das Wissen um die charakterlichen Eigenheiten des Gegenübers; das ist die sich im Zeitverlauf entwickelnde Menschenkenntnis übereinander: Wie reagiert ein Teamkollege auf Kritik oder einen Spaß? Wie offen oder verschlossen verhält sich jemand? Möchte jemand lieber unverblümte Ansagen oder lange Begründungen für Arbeitsvorgaben? Sucht er Kompromisse oder ist sein Verhalten eher konfrontativ? Welche Rolle möchte jemand im Team einnehmen (vgl. Belbin 2001, S. 21 ff.) (▶ Kap. 2.1.3)? Ist jemand eher ein Zuhörer oder eher ein Leser, d. h. bevorzugt er oder sie Informationen in mündlicher oder schriftlicher Form? Welchen Lern- und Arbeitsstil pflegt er? Kann er gut mit Wandel und Stress umgehen? Also: Welche Persönlichkeiten begegnen uns in unseren Teamkollegen? Die Kenntnis all dieser Aspekte trägt dazu bei, die Zusammenarbeit im Team reibungsfreier zu gestalten und eine produktive Arbeitskultur aufzubauen. Ein solch feinkörniges Wissen übereinander erschließt sich erst allmählich. Kategoriales Wissen hingegen bauen wir gleich bei der ersten Begegnung übereinander auf.

- **Kategoriales Wissen**
  Hierzu gehören alle äußerlich wahrnehmbaren Merkmale einer Person (z. B. Alter, Größe, Geschlecht, Hautfarbe, Frisur, Kleidung etc.). In virtuellen Teams, deren Mitglieder sich nie begegnet sind oder die bisher nur via Skype in Kontakt standen, liefert dieses Wissen erste Ansatzpunkte, um unser Gegenüber einzuschätzen. Stützt sich unsere Einschätzung jedoch allein auf diese Informationsquelle, so können leicht falsche Charakterzuschreibungen, Vorurteile oder sonstige Stereotype entstehen. Auch virtuelle Teams brauchen daher »eigentlich« den direkten Kontakt, damit realistische Vorstellungen übereinander entwickelt werden können (vgl. Yoo/Kanawattanachai 2001).
- **Netzwerkwissen**
  Der letzte Bestandteil transaktiven Wissens ist im Grunde eine Sonderform personenbezogenen Metawissens. Hier weiß ein Teammitglied nicht, was das andere weiß, sondern was es über die Kontakte zu Dritten wissen könnte, d. h. man kennt jemanden, der jemanden kennt. Dieses Netzwerkwissen vereint das Sozialkapital der Teammitglieder, ihre Kontakte nach außen, durch die dem Team unter Umständen wertvolle Informationen zufließen oder Hilfestellungen zuteilwerden können (vgl. Bourdieu 1983, S. 191 ff.). Selbst schwache Kontakte können speziell für Innovationsteams zu einer Stärke werden, wenn sie eine entsprechend große Zahl bilden, indem diese mit ihren zur Verfügung gestellten Kompetenzen wie fehlende Puzzleteile einen vorhandenen Wissensbedarf schließen (vgl. Rosenthal 1997, S. 288 f.). Nach dem 1967 von Stanley Milgram benannten »Kleine-Welt-Phänomen« kennt jeder jeden um sechs Ecken. Durch heutige soziale Netzwerke wie LinkedIn, XING oder Facebook dürfte sich die Anzahl der Ecken nochmals verringert haben. Netzwerkwissen liefert zugleich eine wichtige Erklärung für die Vorteilhaftigkeit funktionaler Vielfalt in Teams. Je heterogener ein Team ist, desto größer ist sein Vermögen, Wissen von außen »aufzusaugen« und Chancen in seinem Umfeld zu erkennen (vgl. Edmondson/Nembhard 2009, S. 126).

In der **Netzwerkanalyse** (als historische Weiterentwicklung der Soziometrie, die die qualitativen und quantitativen Kontakte innerhalb eines Teams messen) wird dieses Wissen, d. h. die Einbindung eines Akteurs in teamexterne Netzwerke, systematisch erfasst und visualisiert (vgl. allgemein Wassermann/Faust 1994). Wesentliche Messgrößen sind dabei (vgl. Katz et al. 2005, S. 280 f.; Wolfson/Mathieu 2017, S. 139 ff.):

- Der *Zentralitätsgrad* eines Akteurs: Wieviele Verbindungen gehen von einem Akteur aus bzw. laufen bei ihm zusammen?
- Die *Zwischenzentralität*: Über wen laufen die meisten Informationen?
- Die *Nähezentralität*: Wie stark sind Akteure direkt und indirekt mit dem Rest des Netzwerks verbunden?
- Die *Reziprozität*: Inwiefern herrschen Beziehungen auf Gegenseitigkeit?
- Die *Transitivität*: Inwiefern sind Akteure, die miteinander verbunden sind, in gleicher Weise mit anderen verbunden? Im Facebook-Jargon: Ist der Freund eines Freundes auch mein Freund?

Im Alltag bilden solche systematischen Offenlegungen eher die Ausnahme, da die wenigsten dazu bereit oder überhaupt in der Lage sind, völlige Transparenz über ihre Außenkontakte herzustellen. Netzwerkwissen erschließt sich auch in der Arbeit zumeist eher zufällig, z. B. bei auftretenden Problemen, für die das Team keine Lösung findet. Andererseits bieten soziale Netzwerke heutzutage sehr viel leichter als früher die Möglichkeit, Einblick in die Freundeslisten von Kollegen zu bekommen oder auch ihre Kontaktnetzwerke in einem sozialen Graph zu visualisieren – was nebenbei bemerkt ein Standardvorgehen der NSA im Zuge der Observierung und Beeinflussung von »Zielpersonen« darstellt (vgl. Rosenbach/Stark 2015, S. 162 f.). Nachfolgend werden die gerade erörterten Grundformen der kollektiven Kompetenz- und Lernsteuerung in einem Erklärungsmodell der Teamarbeit zusammengeführt.

1.4 Ganzheitlich-dynamisches Erklärungsmodell der Teamarbeit

Unser ganzheitlich angelegtes und somit auch Teamdynamiken berücksichtigendes Modell erfüllt zwei Funktionen: Zum einen dient es als Bezugs- und Erklärungsrahmen für das allgemeine Verständnis von Teamarbeit und der in Teams ablaufenden (Lern-) Prozesse; zum anderen bildet es den Ausgangspunkt für gestaltungsbezogene Maßnahmen, indem es verdeutlicht, an welchen Stellschrauben im Team gedreht werden kann, um Veränderungen vorzunehmen, und wie die einzelnen Stellschrauben miteinander verzahnt sind. Dahinter steht die Überlegung, dass es **nicht singuläre Faktoren sind**, die über den Erfolg oder Misserfolg eines Teams entscheiden, sondern dass hierfür eher eine Vielzahl ineinandergreifender Mechanismen, kleinteiliger Prozesse und dynamischer Entwicklungen verantwortlich ist, die es in einem gesamthaften Sinne nachzuvollziehen gilt.

Wir knüpfen hierbei an die **gestaltpsychologischen Erkenntnisse** Kurt Lewins an, der bereits vor über 80 Jahren die damals vorherrschende »elementaristische« Vorgehensweise der Psychologie kritisierte. Deren Ansatz war es, komplexe psychische Prozesse in Einzelelemente zu zerlegen (z. B. Wahrnehmung, Willensstärke, Lust-Unlust-Empfinden) und diese dann unter Labor- bzw. Versuchsbedingungen isoliert zu überprüfen. Nach Lewin gerate dadurch der Gesamtzusammenhang aus dem Blick (vgl. Wellhöfer 2007, S. 3). Diesen Gesamtzusammenhang sollte der Begriff der *Gestalt* auffangen, der eine Übersummativität bedeutet: Das Ganze (eines Teams) ist etwas anderes – manchmal auch mehr – als die Summe seiner Teile (der Teammitglieder). Eine Gestalt ist demnach »mit Eigenschaften versehen, die von den Elementen nicht abgeleitet werden können« (Lück/Antons/Stützle-Hebel 2015, S. 337).

Die Systemtheorie verwendet hierfür den Begriff der *Emergenz*. Diese meint »das plötzliche Auftreten einer neuen Qualität [eines Systems, d. Verf.], die jeweils nicht erklärt werden kann durch die Eigenschaften oder Relationen der beteiligten Elemente, sondern durch eine jeweils besondere selbstorganisierende Prozessdynamik« (Küppers/Krohn 1992, S. 7 f.). Das Verständnis eines Teams in diesem ganzheitlichen Sinn ergibt sich demzufolge nicht allein aus der Analyse der einzelnen Teammitglieder, sondern muss auch die dynamischen Beziehungsstrukturen und Umweltinteraktionen des Teams einbeziehen. Aus all dem zusammen entsteht etwas, das jedes Team einzigartig macht.

Seit den 1970er Jahren ist der ganzheitliche Forschungsansatz wieder durch stärker elementaristisch angelegte Untersuchungen verdrängt worden. Zwar gibt es weiterhin systemisch und gruppendynamisch geprägte sowie der qualitativen Sozialforschung verpflichtete Forscher, doch orientiert sich der Mainstream an der anglo-amerikanischen Teamforschung, die einem vorwiegend quantitativ-empiriegeleiteten Ansatz folgt. Hierbei wird versucht, den Einfluss bestimmter Erfolgsfaktoren im Rahmen der Teamarbeit zu klären. Diese können im Team selbst liegen oder in der Umwelt (z. B. organisationale Einbindung, Zeitdruck). Das übliche Forschungsdesign sieht so aus, dass ein bestimmter Teilaspekt der Teamarbeit herausgegriffen (z. B. ein Teamprozess) und hinsichtlich seiner Wirkung auf die Teamleistung untersucht wird. Auf statistischem Wege werden also Korrelationen zwischen abhängigen und unabhängigen Variablen hergestellt.

Diese grundlegenden Einflussgrößen, die sowohl durch das Unternehmen selbst gestaltet als auch durch dessen Umwelt bestimmt werden können, bezeichnet man als Erfolgsfaktoren. Auch wenn sich die Teamforschung nicht unmittelbar an unternehmensbezogenen Erfolgsgrößen wie Return on Investment oder Cashflow orientieren kann, so wie dies etwa die PIMS-Studie tut, die branchenübergreifend Erfolgsfaktoren strategischer Geschäftseinheiten aufzudecken versucht, folgen doch die meisten Beiträge zur Teamforschung in hochgerankten Zeitschriften einem ähnlichen Muster (vgl. Stock 2004 zu einem ausgewählten Überblick). Den konzeptionellen Hintergrund bildet dabei das Input-Prozesse-Output (IPO)-Modell der Teamarbeit (► Abb. 11).

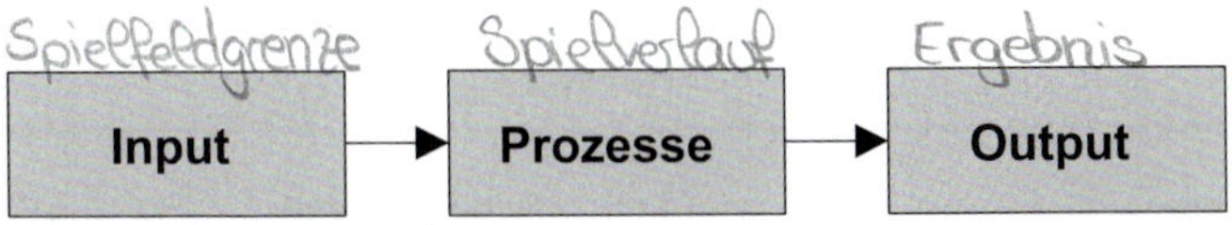

Abb. 11: Das Input-Prozesse-Output-Modell der Teamarbeit

Dieses Modell geht davon aus, dass es zunächst Bedingungen gibt, die der Teamarbeit vorgelagert sind. Diese können als Inputfaktoren, als Teamdesign oder als Rahmenbedingungen der Teamarbeit bezeichnet werden. Sie liefern sozusagen die Spielfeldgrenze. Prozesse beschreiben die Art und Weise, wie Teams die Inputgrößen in Outputs transformieren, d. h. hier treten Teammitglieder in Kontakt und nähern sich über diverse Interaktionen dem Teamziel. Das ist der Spielverlauf. Outputs sind die Ergebnisse der Teamarbeit, die für einen oder mehrere Auftraggeber von Relevanz sind (vgl. Högl 1998, S. 22 ff.; Mathieu et al. 2000, S. 273). Abbildung 12 gibt einen Überblick über die wichtigsten Faktoren.

Input	**Individuelle Faktoren** – Persönlichkeitsmerkmale, Motivation – Fähigkeiten und Fertigkeiten, Intelligenz – (Zusammen-)Arbeitserfahrungen **Gruppenbezogene Faktoren** – Teamzusammensetzung – Teamgröße, Teamrollen – Vorgegebene Normen und Verhaltensstandards – Formale Kommunikations- und Machtstruktur **Organisationale Faktoren** – Aufgabenstellung – Dauer der Zusammenarbeit – Standorte der Teammitglieder – Teamvergütung (Anreizsystem) – Ressourcenausstattung (z.B. IuK-Technologien) – Einbindung in die Organisation – Grad der Autonomie **Umweltbezogene Faktoren** – Anspruchsgruppen (z.B. Auftraggeber oder Geldgeber) – Politische Interventionen – Zeitdruck
Prozesse	Teamführung Reflektieren Kommunizieren Koordinieren Feedback geben Probleme lösen Konflikte bewältigen Sich gegenseitig unterstützen Entscheiden Die Kontakte zur Außenwelt steuern (team boundary spanning)
Output	**Ökonomische Faktoren** – Kundenzufriedenheit – Innovativität der Problemlösung – Zeit- und Kosteneffizienz – Anzahl der Abschlüsse **Soziale Faktoren** – Arbeitszufriedenheit – Bereitschaft zur erneuten Zusammenarbeit – Social Skills

Abb. 12: Überblick über die wichtigsten Input-, Prozess- und Outputgrößen

Die empirisch ausgerichtete Teamforschung ist in den letzten Jahren selbstkritischer geworden (vgl. zum Folgenden Busch/von der Oelsnitz 2016, S. 348). Sie erkennt in wachsendem Maße die Erklärungsgrenzen des an einzelnen Erfolgsfaktoren ausgerichteten Vorgehens, speziell wenn es darum geht, der Dynamik, die sich in Teams entfaltet und der ganzheitlichen Verortung von Teamarbeit als Mehrebenen-Phänomen in unterschiedlichen Systemen gerecht zu werden (vgl. Kozlowski/Klein 2000, S. 3 f.; Cronin/Weingart/Todorova 2011, S. 572; Busch 2015, S. 225).

Eine zentrale **Schwäche des IPO-Modells** besteht darin, dass die durch innere und äußere Prozesse ausgelösten Eigendynamiken in Teams zu wenig repräsentiert werden (vgl. Kozlowski 2015, S. 273). Oft werden etwa dynamische Phänomene wie Teamkohäsion, Teamklima oder Selbstvertrauen schlicht unter die Prozesse gefasst (vgl. etwa Högl 1998, S. 77 f. oder van Dick/West 2013, S. 34), obwohl sie *eigentlich etwas genuin Neues* darstellen. Es sind aber letztlich genau diese vermeintlichen »Nebenprodukte« von Prozessen, die während und durch das Zusammenwirken der Teammitglieder entstehen, die jeder Teamarbeit die ganz spezifische Färbung geben und am Ende dazu führen, dass in einem Team die »Chemie« stimmt und in einem anderen nicht.

Auch wenn dynamische Teameigenheiten zunächst aus Prozessen emergent hervorgehen, verselbstständigen sie sich im Anschluss und wirken belebend oder hemmend auf eben diese Prozesse (etwa moderierend oder mediierend in der wissenschaftlichen Diktion, vgl. Kneisel 2015, S. 17 f.; Ilgen et al. 2005, S. 520). Beispielsweise kann aus Prozessen wertschätzender Kommunikation Vertrauen untereinander erwachsen. Dieses wirkt dann wiederum zurück auf die Zusammenarbeit und lässt qualitativ hochwertigere Teambeziehungen entstehen.

Es ist ein großes Verdienst von Marks, Mathieu und Zaccaro, erstmals eine *deutliche Trennung zwischen Prozessen und emergenten Zuständen* vorgenommen zu haben. Insofern dürfen emergente Zustände eben nicht mit Teamprozessen gleichgesetzt werden; vielmehr repräsentieren sie spezifische Eigenheiten oder »Zustände« eines Teams, die ihrer Natur nach sehr dynamisch sind und sich gegebenenfalls fortwährend verändern. Sie spiegeln dabei Einstellungen, Werte, Kognitionen, Emotionen und Motivationen von Teammitgliedern wider und beeinflussen auf direkte Weise die Qualität der Teaminteraktionen (vgl. Marks/Mathieu/Zaccaro 2001, S. 357 f.). Natürlich stehen Teamprozesse und emergente Zustände in enger Verbindung zueinander: Einerseits gehen emergente Zustände aus Teamprozessen hervor, andererseits wirken diese auf die Qualität der Teamprozesse zurück. Emergent bezeichnet hier genau das, was die Gestaltpsychologie unter dem »Anderen« bzw. »Neuen« versteht, das erst aus dem Zusammenwirken einzelner Teile hervorgeht.

Erweitertes ganzheitlich-dynamisches Teammodell

Abbildung 13 bündelt diese Erkenntnisse in einem Teammodell. Dieses **ganzheitlich-dynamische Modell** integriert das IPO-Modell und erweitert es durch emergente Teamphänomene. Es greift die Komplexität von Teamarbeit auf, soll dabei aber noch überschaubar bleiben. Organisationsmitgliedern, Projektmanagern und Teamleitern, Coaches, Unternehmensberatern, Dozenten und Studierenden kann es als Kompass dienen, Teamphänomene richtig ein- und zuzuordnen. Darüber hinaus soll es dafür sensibilisieren, dass Teams keine leicht bedienbaren Maschinen sind, sondern komplizierte Organismen, bei denen Eingriffe zu unerwarteten Ergebnissen führen können. Die Vorstellung etwa eines Teamleiters, »durch Prozessverbesserungen (turnarounds) Probleme der Zusammenarbeit dauerhaft zu lösen, setzt zu oberflächlich an, denn darunter können unzureichend entwickelte Teamemotionen und Teamkognitionen liegen (z. B. fehlendes Vertrauen zueinander, mangelnder Zusammenhalt oder unterschiedliche Zielauffassungen), die der Verankerung der eingeleiteten Veränderungen entgegenstehen« (Busch 2015, S. 69).

Ganz klar: **Emergente Phänomenen lassen sich nur bedingt »managen«**. Ihre Entwicklung erfordert ein Denken in längeren Zyklen und ein hohes Maß an sozialem Gespür. Zugleich legt allein die Existenz emergenter, d. h. nur schwer planbarer Erscheinungen in Teams nahe, nicht einem übertriebenen Machbarkeitsglauben zu verfallen. Teams sind fragile Gebilde, was sich am Beispiel des Vertrauens leicht zeigen lässt. Es braucht oft Jahre, um es aufzubauen, aber nur einen Augenblick, um es – vielleicht für immer – zu zerstören. Teams sind also eine ernst zu nehmende, wenn nicht gar die größte Managementherausforderung. Nach einem treffenden Ausspruch von Edward Lawler sind sie die »Ferraris der Arbeitsorganisation«. Sie können Hochleistung hervorbringen, benötigen dazu aber eine intensive und teure Wartung (vgl. Dumaine 1994).

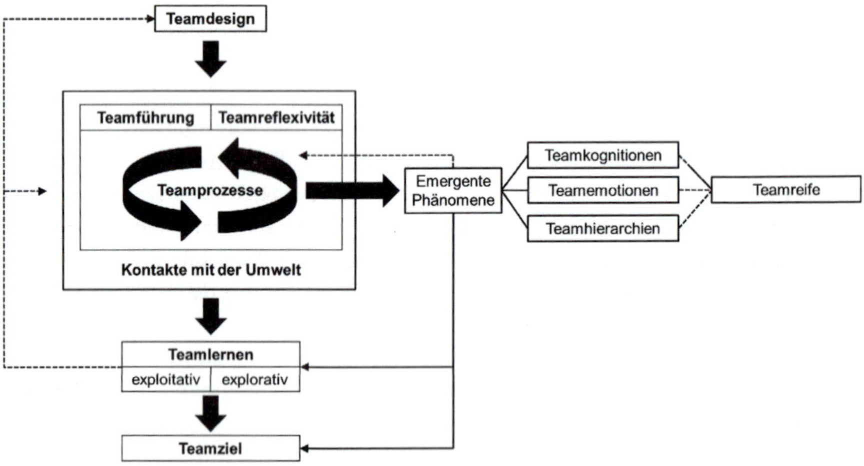

Abb. 13: Ganzheitlich-dynamisches Teammodell (in Anlehnung an Busch 2015, S. 43)

Das **Teamdesign** umfasst in diesem Modell die Rahmenbedingungen der Teamarbeit (Inputgrößen). Durch Teamprozesse lernt das Team, einerseits in kleinen Schritten im Sinne der Exploitation, andererseits in großen Sprüngen im Sinne der Exploration. Das Lernen wiederum bildet die Voraussetzung dafür, das übergeordnete Teamziel zu erreichen. **Herausgehobene Prozesse** sind einerseits die Teamführung, die Einfluss auf sämtliche Abläufe im Team, aber auch auf die Inputgrößen nehmen kann, andererseits die Teamreflexivität, die als Metaprozess zu verstehen ist. In diesem Prozess reflektiert das Team, wie gut oder schlecht die praktizierten Teamprozesse funktionieren. Das Team wechselt also aus der operativen Froschperspektive in die strategisch-planende Vogelperspektive und leitet aus den identifizierten Prozessstärken und -schwächen direkte Handlungskorrekturen ab.

Aus der Dynamik teamintern und teamextern ablaufender Prozesse entsteht etwas Neues, eine ganz spezifische Teamfärbung, die hier – den obigen Ausführungen folgend – als **emergente Phänomene** bezeichnet werden. Sie beflügeln Teams in ihrer Arbeit oder ziehen sie herunter. Wir unterscheiden hierbei drei zentrale emergente Erscheinungen (vgl. Grossman/Friedman/Kalra 2017, S. 248 ff.; Decuyper/Dochy/van den Bossche 2010, S. 115; Allen/O'Neill 2015, S. 353; Busch 2015, S. 231 ff.). Wir behandeln in Kapitel 3:

- *Teamkognitionen* als dynamische Denkmuster, d. h. kollektive Wissensstrukturen über die teaminterne Zusammenarbeit (shared mental models) und über Veränderungen in der Umwelt (shared situation awareness). Diese stabilisieren sich mit der Zeit und bilden gleichsam *das informationsverarbeitende Gehirn des Teams*. Auch das schon erläuterte transaktive Gedächtnis gehört zu den Teamkognitionen.
- *Teamemotionen* als dynamische Gefühlsmuster. Einerseits umfassen sie kollektive Stimmungen, die äußerst wechselhaft sind, andererseits vereinen sie das, was gemeinhin mit dem Begriff »Teamgeist« erfasst wird. Dieser stellt eine etwas robustere Gefühlsbasis dar, aus der sich letztlich auch Vertrauen, Motivation, Lösungsorientierung und Erfolgswille speisen. Teamemotionen bilden demnach *das pulsierende Herz des Teams*.
- *Teamhierarchien* als sich im Team informell herausbildenden Macht-, Einfluss- und Rangstrukturen. Diese bilden sozusagen die informellen »Hackordnungen«: Wer hat (wirklich) das Sagen? Wem wird welche Position bzw. Rolle zugewiesen? Daneben zählen hierzu aber auch die sich aufgrund von Sympathien und Antipathien herausbildenden Beziehungsgefüge: Wer kann mit wem? Wer will mit wem? Welche Blöcke oder Cliquen bilden sich? Teamhierarchien erzeugen *die gelebte Governancestruktur des Teams, das tatsächliche Führungssystem*.

Besitzt ein Team stabile und auf konstruktive Zusammenarbeit ausgerichtete Teamkognitionen, Teamemotionen und Teamhierarchien, so ensteht als Resultante daraus **Teamreife** – ein Zustand des Eingespieltseins. Dieser zeigt sich u. a. in effizienten Teamprozessen, in akzeptierten und verinnerlichten Regeln sowie einem hohen Maß an Selbststeuerungsfähigkeit. Reife Teams verstehen sich nahezu blind, weisen überdurchschnittliche Leistungen auf und kennzeichnen sich durch Stolz unter den Mitgliedern, Teil des Teams zu sein. Klar ist aber auch, dass gerade durch die Dynamik emergenter Phänomene der Erfolg eines Teams nicht zwangsläufig den Erfolg in der darauf folgenden Periode vorhersagt: »Well-functioning teams are powerful, but rarely static. They are as hard to create as to sustain« (Emondson 2012, S. 62). Wir kommen darauf im dritten Kapitel zurück.

Kapitel 2

Menschen, die miteinander arbeiten, addieren ihre Potenziale.
Menschen, die füreinander arbeiten, multiplizieren ihre Potenziale.
(Steffen Kirchner)

Jede Zusammenarbeit ist schwierig, solange den Menschen
das Glück ihrer Mitmenschen gleichgültig ist.
(Dalai Lama)

Erfolgsfaktoren der Teamarbeit

Der 2013 verstorbene Teamforscher Richard Hackman ging davon aus, dass es für die Teamforschung wichtiger sei, über die *Bedingungen* statt über die *Ursachen* des Erfolgs nachzudenken (vgl. Hackman 2005, S. 123). Dadurch werden Teams nicht nur von einem anderen, weniger mechanistischen Blickwinkel aus betrachtet, sondern es kommt zu einer Änderung des Denkens über Teams, das zwangsläufig bescheidener werden muss und der Einmaligkeit spezifischer Teamkonstellationen Rechnung zu tragen hat. Es geht demnach nicht – wie es die Erfolgsfaktorenforschung in den letzten Jahrzehnten vorrangig betrieben hat – darum, diverse singuläre Kausalitäten aufzudecken; sondern darum, teamübergreifend wirksame Bedingungen zu identifizieren, die Erfolge wahrscheinlicher werden lassen. Hackmans grundlegende Idee war, dass sich in jedem Team auf dynamische Weise spezielle Arbeitsbedingungen herauskristallisieren, die ihm seinen Stempel aufdrücken und es auf seine Art einmalig machen. Das Verhalten und die Leistung der Beteiligten werden durch diese Bedingungen in starkem Maße geprägt – auch ohne dass dies den Teammitgliedern immer voll bewusst wäre (vgl. Hackman 2012, S. 435).

Somit zeigt sich, dass es **keine universale Erfolgsformel für Teamarbeit** gibt, auch wenn natürlich immer wieder Versuche unternommen werden, Teams auf einige zentrale Erfolgsfaktoren zu reduzieren. Ein Beispiel liefert die ohne Zweifel inspirierende Studie von Google (▶ Infobox »Googles Aristoteles-Projekt«).

Infobox »Googles Aristoteles-Projekt: Die Suche nach dem perfekten Team«

2012 begann Google mit dem internen Forschungsprojekt namens Aristoteles (in Anlehnung an dessen Ausspruch »Das Ganze ist mehr als die Summe seiner Teile«). Mit diesem Projekt sollte herausgefunden werden, was wirklich gut funktionierende und erfolgreiche Teams ausmacht (vgl. zum Folgenden Duhigg 2016; O.V. 2017). Zunächst wurden Teamstudien der letzten 50 Jahre eingehend analysiert, die Google über die ideale Zusammensetzung von Teams nachdenken ließ, und es wurde gefragt: Sollten Teammitglieder eher extravertiert oder schüchtern sein? Sollten sie ähnliche Ausbildungen und Hobbies haben? Wie lange sollten sie zusammenarbeiten? Was ist das ideale Geschlechterverhältnis? Sorgen überlappende Mitgliedschaften in unterschiedlichen Teams für herausragende Ergebnisse?

Daneben wurden 180 unternehmens- bzw. weltweit eingesetzte Teams untersucht (115 Projektteams im Softwareentwicklungs- und 65 Teams im Vertriebsbereich) – sowohl erfolgreiche als auch weniger erfolgreiche Teams. Außerdem wurden hunderte anonymisierte Interviews mit Teamleitern geführt und Ergebnisse jährlicher Mitarbeiterbefragungen ausgewertet, um ein besseres Verständnis für Faktoren und Bedingungen zu erlangen, die ausschlaggebend für Teameffektivität sind (z. B. Wie hierarchisch sollte ein Team sein? Sollten Konflikte vermieden oder offen ausdiskutiert werden?).

Die Überzeugung im Management war zunächst die, dass die Teams mit den besten Mitarbeitern auch immer die leistungsfähigsten Teams sein müssten. Diese These konnte jedoch nicht bestätigt werden, wobei – das sollte hier einschränkend ergänzt werden – davon auszugehen ist, dass bei Google aufgrund der ausgefeilten Auswahlverfahren und der hohen Arbeitgeberattraktivität ohnedies kaum Minderleister anzutreffen sein dürften.

Das Ergebnis all dieser intensiven Datensammlungen und -auswertungen war zunächst eher frustrierend: Es konnten keine eindeutigen Muster identifiziert werden bzw. – was noch schlimmer war – es wurden viel zu viele Erfolgsmuster entdeckt. Einige der erfolgreichsten Teams bestanden aus Freunden, andere aus einander völlig fremden Personen. Einige Teams besaßen eine starke Führung, andere waren wenig hierarchisch aufgestellt. Einige Teams arbeiteten auf engem Raum zusammen, andere operierten über mehrere Standorte hinweg. Und umgekehrt: Selbst nahezu identische Grundbedingungen führten oft zu höchst unterschiedlichen Ergebnissen.

Den Schlüssel fand man schließlich in *sozialpsychologischen Erklärungen*, die vor allem die Bedeutung informell geltender Gruppennormen ins Zentrum rücken. Es war hierbei vor allem der teamkulturelle Wert der psychologischen Sicherheit, der darüber entschied, ob Teams erfolgreich oder weniger erfolgreich waren. Das zahlen- und datengetriebene Unternehmen Google kam also zu einer paradoxen, für Managementforscher aber durchaus bekannten Einsicht: »*In the best teams, members listen to one another and show sensitivity to feelings and needs (…) Google, in other words, in its race to build the perfect team, has perhaps unintentionally demonstrated the usefulness of imperfection*« (Duhigg 2016).

Das Aristoteles-Projekt kam im Ergebnis zu folgenden Erfolgsbedingungen (vgl. O.V. 2017):

- *Psychologische Sicherheit* (psychological safety): Teammitglieder fühlen sich sicher, Risiken einzugehen und anderen gegenüber auch ihre verletzliche Seite zu zeigen.
- *Zuverlässigkeit* (dependability): Teammitglieder erledigen Aufgaben fristgerecht und entsprechen Googles Erwartungen an Leistungsexzellenz.
- *Struktur und Klarheit* (structure and clarity): Teammitglieder haben eindeutige Rollen, Pläne und Ziele. Individuelle und teambezogene Ziele sind spezifiziert, herausfordernd, aber erreichbar. Jeder akzeptiert die hohen Erwartungen in seinem jeweiligen Arbeitsbereich.
- *Sinn* (meaning): Die Bedeutung der eigenen Aufgabe bzw. des Teamergebnisses ist jedem Mitarbeiter klar, wobei sich der persönliche Sinn in der Arbeit aus unterschiedlichen Quellen speisen kann.

- *Einfluss* (impact): Teammitglieder sind davon überzeugt, dass ihre Arbeit wichtig ist und zu Veränderungen führt, d. h. letztlich zur organisationalen Zielerreichung beiträgt.

Als weniger bedeutsam wurden in dieser Studie die räumliche Zusammenführung der Mitarbeiter an einem Ort, konsensgetriebene Diskussionen, individuelle Leistungsfähigkeit der Teammitglieder, Alter, Teamgröße und Dauer der Zusammenarbeit erkannt. Hierbei ist allerdings nochmals kritisch einzuwenden, dass wir bei Google allgemein von einem Leistungsniveau sprechen, das weit über der Norm liegt. Die von Google als vernachlässigbar bezeichneten Faktoren können unter anderen Bedingungen sehr wohl von Bedeutung sein.

Für Forscher und Praktiker bleibt die *Suche nach dem jeweiligen Erfolgsgeheimnis effektiver Teams eine nie endende*, dadurch aber auch spannend bleibende Herausforderung. Zwar existiert in jedem Team eine überschaubare Anzahl an Grundbedingungen, die letztlich für den Erfolg verantwortlich zeichnen, doch wie genau diese Grundbedingungen mit Leben gefüllt und dadurch wirksam werden, ist von Einzelfall zu Einzelfall verschieden. Dies herauszufinden ist sowohl eine Aufgabe der Teamführung als auch des gesamten Teams.

Nachfolgend geht es um diese wichtigen Faktoren erfolgreicher Teamarbeit. Dazu zählen zuvorderst die operative Steuerung eines Teams sowie dessen Versorgung mit wichtigen Informationen. Man könnte hier von Teammanagement im engeren Sinne sprechen. »Führung« findet aber auch bereits im Vorfeld statt, wenn es z. B. um Fragen der zweckmäßigen Teamzusammenstellung oder der optimalen Teamgröße geht (das sog. Teamdesign). Man könnte hier von Teammanagement im weiten Sinne sprechen. Diese Fragen werden in den meisten Unternehmen »von außen« entschieden, also als Führung *von* Teams verstanden. Die Führung *in* Teams, also die interne Steuerung der in Gruppen ablaufenden Aktivitäten schauen wir uns aber zuerst an. Die Prozesse selbst sind dann Gegenstand von Kapitel 2.2.

2.1 Teamführung

2.1.1 Inhaltliche Grundsätze und Verankerungsoptionen

Teamführung hat in jeder arbeitenden Gruppe eine Leitfunktion zu übernehmen – oder sollte dies zumindest. In diesem klassischen Sinne meint **Führung** die *zielorientierte Beeinflussung des Mitarbeiterverhaltens durch einen Vorgesetzten*. Als Folge davon ergeben sich mittelbare oder unmittelbare Verhaltensänderungen (vgl. Weibler 2016, S. 20 ff.). Führung hat einerseits die kontextuellen Voraussetzungen für individuelle und wechselseitige Leistungen zu schaffen, andererseits Lernen und Motivation des Teams durch Interventionen, d. h. den Einsatz geeigneter Führungs- und Motivationsinstrumente, direkt zu fördern. Dies geschieht auch durch Anerkennung und Kritik, Belohnung und Bestrafung, variable Vergütung, Symbole und Rituale, den Einsatz von Kreativitätstechniken oder die Übertragung attraktiver Aufgaben- und Verantwortungsbereiche.

Moderne Vorstellungen von Führung – und hierzu zählt besonders die Teamführung in Abgrenzung zur klassischen Vorgesetzten-Untergebenen-Beziehung – folgen einer funktionalistischen Grundlogik. Es wird nicht mehr davon ausgegangen, dass es ideale Eigenschaften einer Führungskraft oder ideale Verhaltensstile gibt, sondern *Führung hat schlicht bestimmte Grundfunktionen zu erfüllen.* Die zu erbringenden Funktionen können dabei je nach situativen Erfordernissen wechseln. Sieht sich die Führungskraft außerstande, bestimmte Funktionen zu leisten (z. B. Herstellen von Zielklarheit oder emotionale Unterstützung), so bleibt der Bedarf nach ihnen dennoch weiterhin bestehen. Die Leerstellen sind dann von anderen Teammitgliedern im Sinne einer Führungssubstitution auszufüllen, damit das Team insgesamt funktionsfähig bleibt. Hier kommen die von uns behandelten Rollen der einzelnen Teammitglieder zum Tragen (► Kap. 2.1.3).

Die Betrachtung der speziellen **Herausforderungen der Teamführung** gilt als ein vergleichsweise junges Forschungsfeld (vgl. Zaccaro/Rittman/Marks 2001, S. 452). Zaccaro, Rittman und Marks haben in ihrem grundlegenden Beitrag Führungshandlungen in Teamstrukturen genauer zu systematisieren versucht. Auch sie folgen einem funktionalen Verständnis, das Führung ganz pragmatisch als Problemlösung auffasst, d. h. Teamführer sind dafür verantwortlich

- Probleme zu identifizieren, die der Erreichung der Organisations- bzw. Teamziele im Wege stehen,
- angemessene Lösungen zu deren Behebung zu entwickeln und
- diese im Rahmen der gegebenen Situation erfolgreich umzusetzen (vgl. Zaccaro/Rittman/Marks 2001, S. 453 f.).

Als Kernelemente dieser Problemlösung werden dabei *die Informationssuche und -strukturierung, die Nutzung von Informationen bei der Problemlösung*, das *Personalmanagement* und die *Materialwirtschaft* betrachtet (vgl. Zaccaro/Rittman/Marks 2001, S. 455 f.). Die kontinuierliche Bearbeitung dieser Problemfelder bildet das Fundament, auf dem die vier von ihnen identifizierten **Schlüsselprozesse der Teamführung** stehen. Sie liefern sozusagen den handlungsgebenden Rahmen, in dem sämtliche führungsbezogenen Aktivitäten in Teams stattfinden. Die vier Schlüsselprozesse der Teamführung sind

- kognitive Teamprozesse,
- motivationale Teamprozesse,
- affektive Teamprozesse und
- koordinative Teamprozesse.

Abbildung 14 fasst die im betreffenden Beitrag ausführlicher beschriebenen Einzelprozesse zusammen, wobei hier zusätzlich zu den jeweiligen Grundfunktionen der Teamführung auch die konkreten Führungsmaßnahmen benannt werden (vgl. Zaccaro/Rittman/Marks 2001, S. 458-476 sowie zu ähnlichen Konzeptionen Wurst/Högl 2001, S. 163, 169, Morgeson/DeRue/Karam 2010, S. 10).

Schlüsselprozesse der Teamführung	
Kognitive Teamprozesse	**Motivationale Teamprozesse**
Grundfunktionen • Aufbau geteilter mentaler Modelle • Etablierung eines Informationsverarbeitungssystems • Aufbau metakognitiver Fähigkeiten, d. h. Bewusstmachung kognitiver (Lern-) Prozesse	*Grundfunktionen* • Den Zusammenhalt stärken (»wir wollen etwas erreichen«) • Erfolgsglauben einflößen (»wir können etwas erreichen«) • Hohe Leistungserwartungen setzen
Konkrete Führungsmaßnahmen • Sinnvermittlung • Partizipative Problemlösung • Feedback- und Reflexionsgelegenheiten schaffen • Teammitglieder coachen, d. h. Hilfe zur Selbsthilfe geben	*Konkrete Führungsmaßnahmen* • Herausfordernde Ziele aufstellen • Effektive Handlungsstrategien entwickeln • Teammitglieder durch Feedback motivieren und entwickeln
Affektive Teamprozesse	**Koordinative Teamprozesse**
Grundfunktionen • Konflikte kontrollieren • Stimmungen erfassen • Emotionale Vergiftungserscheinungen rechtzeitig erkennen • Auf emotionale Stimmigkeit in der Teamzusammensetzung achten	*Grundfunktionen* • Orientierung und Motivierung • Ressourcenverteilung • Zeitliche und inhaltliche Abstimmung • Systemüberwachung (Koordinationsprobleme aufdecken) • Prozessüberwachung (Einhaltung von Leistungsstandards)
Konkrete Führungsmaßnahmen • Für Struktur sorgen (klare Leistungsziele, Rollenzuweisungen und Handlungsstrategien) • Normen und Verfahren entwickeln, wie mit Konflikten umzugehen ist (collective coping mechanisms)	*Konkrete Führungsmaßnahmen* • Eine Passung zwischen Mitgliederfähigkeiten und Aufgabenanforderungen herstellen • Klare Handlungsstrategien vorgeben • Umweltveränderungen registrieren • Feedback geben • Feinjustierung des Einzelverhaltens von Teammitgliedern unter Berücksichtigung von Umweltveränderungen

Abb. 14: Schlüsselprozesse der Teamführung

Die gegenwärtige Führungsforschung erkennt zunehmend die grundlegende Bedeutung einer auf wechselseitiges Lernen und Unterstützung ausgerichteten Führungsbeziehung. Hierfür stehen etwa Ansätze wie Servant Leadership, Transformational Leadership, Supportive Leadership oder Complexity Leadership (vgl. Weibler 2016, S. 339 ff., 471 ff.). Dabei werden auch verstärkt neurobiologische Erkenntnisse der Hirnforschung aufgegriffen, die ein solches entwicklungsorientiertes Verständnis quasi naturwissenschaftlich begründen (vgl. Hüther 2014; Purps-Pardigol 2015). Die Wurzeln lern- und serviceorientierter Mitarbeiterführung reichen bis in die 1950er Jahre zurück. Der aufgabenorientierte Führungsstil, der oft herrische Züge besaß, wurde damals durch eine beziehungsorientierte Komponente mit partizipativ-kooperativen Elementen erweitert (vgl. Tannenbaum/Schmidt 1973, S. 163 ff.; Blake/Mouton 1990, S. 58 f., 78 f.).

Das Vernetzen von Experten in Teamstrukturen wird heute stimuliert durch das Internet und die sozialen Medien, die zu einer Beschleunigung und erhöhten Informationstransparenz geführt und kritischere, anspruchsvollere Konsumenten hervorgebracht haben. Sie wird ferner gefördert durch die allgemeine Zunahme an Wissensarbeit, den steigenden Wettbewerbsdruck und den daraus resultierenden wachsenden Innovationsbedarf. Die Führungsforschung hat dies zu der Einsicht kommen lassen, dass sich das Führungsverhalten *wesentlich stärker an den Bedürfnissen und Wünschen der »kreativen Klasse« zu orientieren* hat. Wissensarbeiter (und eben nicht nur die »neue Generation«) verlangen nach anderen organisationalen Rahmenbedingungen (vgl. North/Güldenberg 2008, S. 65 ff.). »What all of these [creative] people have in common is a strong desire for organizations and environments that let them be creative – that value their input, challenge them, have mechanisms for mobilizing resources around ideas and are receptive to both small changes and the occasional big idea« (Florida 2004, S. 40).

Hier ist auch das **Konzept der ambidexteren Führung** einzuordnen. Es versucht erstmals explizit, die beiden Lernmuster Exploitation und Exploration im Führungsprozess miteinander in Einklang zu bringen. Hinter dieser Konzipierung von Führung steht die Annahme, dass es nur selten reine Lernorientierung gibt. In explorativen Tätigkeiten (z. B. der Produktentwicklung) gibt es exploitative Anteile, d. h. neben der Ideengenerierung darf hier auch die effiziente Ideenumsetzung nicht zu kurz kommen. Und in exploitativen Tätigkeiten (z. B. der Montage) gibt es explorative Anteile, etwa dann, wenn bei auftretenden Problemen und Fehlern kreativ nach einer Lösung gesucht werden muss. So gesehen muss jede Führungskraft, ob sie nun mehr mit der Durchführung von Routine- oder mehr mit der Durchführung von Innovationsaufgaben betraut ist, ein gewisses Maß an Flexibilität an den Tag legen.

Ambidextere Führung bedeutet im Rahmen der Teamarbeit also die Fähigkeit, sowohl exploratives als auch exploitatives Verhalten bei den Teammitgliedern zu fördern. Dies geschieht dadurch, dass je nach situativem Bedarf der Verhaltensspielraum vergrößert oder verkleinert wird (vgl. Rosing/Frese/Bausch 2011, S. 957). Ein Teamleiter kann also das eine Mal von seinem Team verlangen, all seine Bemühungen hochkoordiniert auf ein detailliert formuliertes Ziel hin auszurichten. Das andere Mal kann er aber auch sein Team dazu ermuntern, den Blick zu weiten und Ausschau nach neuen Ideen zu halten (vgl. Bledow/Frese/Mueller 2011, S. 46). Effektive Führung greift demnach **nicht mehr auf ein festgelegtes Repertoire an Verhaltensweisen zurück**, das zeitüberdauernd Anwendung findet. In diesem Sinne lässt sich der Ansatz ambidexterer Führung insgesamt der situativen Führungstheorie (contingency approach) zuordnen, die letztlich von der Grundannahme ausgeht, dass der Führungserfolg von der flexiblen Anpassung des Vorgesetztenverhaltens an sich ändernde Rahmenbedingungen abhängt. Die bis heute am häufigsten diskutierten Führungsstile können nur bedingt mit eindeutigen Lernmustern in Verbindung gebracht werden.

Zwar liegt es nahe, transformationale Führung stärker mit Exploration und transaktionale Führung stärker mit Exploitation in Verbindung zu bringen (▶ Abb. 15) und in der Tat wird bis heute transformationale Führung häufig in einem Atemzug mit Innovationsorientierung und Umbruch genannt (vgl. Bass 2008, S. 618 ff.; Weibler 2016, S. 339 ff.), doch steckt der Teufel hier im Detail. Einerseits kann ein hohes Maß an effizienzgeleiteter Führung in Gestalt der transaktionalen Führung (Detailbezogenheit, Qualitätsorientierung, Perfektionsstreben) durchaus auch zu plötzlichen »Innovationssprüngen« führen, andererseits kann eine öffnend-visionäre Führung in Gestalt der transformationalen Führung den Blick zu sehr auf die Vision einengen und damit alternative Handlungsoptionen ausblenden. Die an sich hilfreiche Begeisterung aller Beteiligten für die gemeinsame Sache führt dann zur Ausschaltung von (Selbst-)Zweifeln, mit der Folge, dass Handlungskorrekturen, die vielleicht dringend notwendig gewesen wären, ausbleiben (vgl. Rosing/Frese/Bausch 2011, S. 957). *Transformationale Führung besitzt also ebenso ein exploitatives und transaktionale Führung ebenso ein exploratives Gesicht*, auch wenn dies nicht immer leicht zu erkennen ist (vgl. Busch 2015, S. 95 f.; Yukl 2009, S. 51).

Transaktionale Führung (»Manager«)	**Transformationale Führung (»Leader«)**
• Geht von bestehenden Bedürfnissen aus und versucht, aus diesen das Beste zu machen • Setzt auf Belohnungen und Bestrafungen • Zweck- und Arbeitsgemeinschaft • Austauschbeziehung: Belohnungen gegen Leistung • Klärt das Wie • Stärkt die Fähigkeiten der Mitarbeiter • Sorgt für Verlässlichkeit und Sachlichkeit • Stützt sich vor allem auf Positionsmacht	• Versucht, Bedürfnisse, Werte und Ziele von Mitarbeitern auf eine höhere Stufe zu bringen • Setzt auf hohe (Leistungs-)Erwartungen • Pflicht- und Lerngemeinschaft • Sinnbeziehung: Selbstvertrauen, Motivation und Zusammenhalt durch zugkräftige Visionen • Klärt das Warum • Entfaltet die Potenziale der Mitarbeiter • Sorgt für Begeisterung und Sehnsucht • Stützt sich vor allem auf Identifikationsmacht
→ Eher bei schrittweisen Verbesserungen bzw. gewöhnlichen Zielerreichungen (»Verwaltung«), Exploitation	→ Eher bei radikalen Umbrüchen bzw. ungewöhnlichen Zielerreichungen (»Innovation«), Exploration

Abb. 15: Transaktionale vs. transformationale Führung

Statt sich zu sehr in schwer zu klärenden Zuordnungsfragen zu verlieren (Welcher Führungsstil fördert welchen Lernmodus? Ist der tranformationale oder beziehungsorientierte Führungsstil besser für Exploration und der aufgabenorientierte oder transaktionale Führungsstil besser für Exploitation geeignet?) plädiert die aktuelle Forschung dafür, lieber von **öffnenden und schließenden**, varianzerhöhenden und varianzreduzierenden **Handlungsweisen der Führung** zu sprechen.

Beispiele öffnenden Führungsverhaltens sind die Erlaubnis, eine Aufgabe durch unterschiedliche Lösungswege anzugehen, die Ermutigung, mit unterschiedlichen Ideen zu experimentieren und Risiken einzugehen, die Ermöglichung unabhängigen Denkens und Handelns inklusive der Ermunterung, auch ausgefallene Ideen vorbringen zu dürfen, die Praktizierung von Fehlertoleranz und allgemein die Betrachtung von Fehlern als wichtige Lernquelle.

Beispiele schließenden Führungsverhaltens sind regelmäßige Kontrollen bzw. Reportings des Arbeitsfortschritts und der allgemeinen Zielerreichung, die Etablierung von Routinen, Handlungskorrekturen, das Achten auf die Einhaltung von Regeln und die Erfüllung von Leistungsstandards, die Sanktionierung von Fehlern und Fehlverhalten sowie das Insistieren auf Planvorgaben (vgl. Rosing/Frese/Bausch 2011, S. 967). Prinzipiell lässt sich öffnendes und schließendes Führungsverhalten auf sämtliche nachfolgend betrachteten Teamprozesse anwenden, entsprechend vielfältig sind die Einwirkungsmöglichkeiten der Teamführung.

Im Einzelfall ist dann zu prüfen, inwiefern die in den einzelnen Führungsansätzen aufgezeigten Handlungsempfehlungen eher dem einen oder eher dem anderen Lernmuster entsprechen. Zacher und Rosing haben die Wirkungsweise dieser beiden Verhaltensmuster in 33 australischen Teams im Bereich der Architektur und Innenausstattung analysiert – Bereiche, in denen sowohl ökonomisches Kalkül als auch kreatives Denken zusammenkommen. Sie konnten nachweisen, dass sich öffnendes Führungsverhalten (aus Sicht der Mitarbeiter) positiv auf die Innovationskraft eines Teams auswirkte (aus Sicht der Führung). Die wichtigste Erkenntnis jedoch bestand darin, dass die Innovationskraft dann am höchsten war, wenn beide Verhaltensmuster praktiziert wurden. Die Innovationskraft sank hingegen, wenn nur eines der Verhaltensmuster den Schwerpunkt bildete oder wenn beide Verhaltensmuster schwach ausgeprägt waren (vgl. Zacher/Rosing 2015, S. 62).

Aus der Lernperspektive gilt, dass ein Teamführer zwar hohe Leistungserwartungen setzen, doch nur noch in Ausnahmefällen Druck und Zwang ausüben sollte (also im Sinne eines Management by Exception agiert). Ansonsten hat er für eine offene und ideenförderliche Arbeitsatmosphäre zu sorgen.

Gebert und Kearney (2011, S. 76 ff.) haben ein eigenes Modell ambidexterer Führung entwickelt, das diese Handlungshinweise auf einer höheren Ebene zusammenführt. Hierzu identifizieren sie *vier Führungsdimensionen*, die sich auch als Spannungs- bzw. Konfliktlinien interpretieren lassen: Vollmachtenteilung, Zeitvorgaben, Wissensinterpretation und Kommunikationsausrichtung. Abbildung 16 fasst die Erkenntnisse der Autoren zusammen.

Exploration und Exploitation werden in diesem Modell über die jeweilige »Feinkalibrierung« dieser Dimensionen erreicht:

- Wieviel Handlungsautonomie wird Mitarbeitern gewährt?
- Wie schmal ist das Zeitfenster zur Realisierung bestimmter Aufgaben?
- Wie sehr wird auf altbekannte Lösungen und Wissensbestände gesetzt?
- Wie kontrovers sollen/dürfen Diskussionen geführt werden?

Unerwünschte Nebenwirkung	Exploitative Ausrichtung (geschlossene Führung)	Führungsdimensionen	Explorative Ausrichtung (offene Führung)	Unerwünschte Nebenwirkung
Rigidisierung	Zentral: freiraumbegrenzend, direktiv mit dem Ziel effizienter Koordination	**Vollmachtenteilung**	Dezentral: freiraumgewährend, delegativ mit dem Ziel, Neues zu erkunden	Unkoordiniertheit
Aktionismus	Geschwindigkeit: zeitbegrenzend, effizienzorientiert mit dem Ziel, rasch Ergebnisse zu erzielen	**Zeitvorgaben**	Qualität: zeitgewährend, qualitätsorientiert mit dem Ziel der gründlichen und abwägenden Analyse	Paralyse
Dogmatismus	Gesichert/definitiv: Betonung vorhandenen Wissens mit dem Ziel, gemeinsame Maßstäbe zu haben	**Wissensinterpretation**	Ungesichert/vorläufig: Betonung externen, neuen Wissens mit dem Ziel, viele Standpunkte zu integrieren (»absorptive capacity«)	Verwirrung
Stagnation, Redundanzen	Konsens/Uniformität: Homogenisierung mit dem Ziel der Kohäsion und Einmütigkeit	**Kommunikationsausrichtung**	Dissens/Diversity: Heterogenisierung mit dem Ziel, ein breites Spektrum an Ressourcen und Erfahrungen zu nutzen	Dysfunktionale Konflikte

Abb. 16: Ambidextere Führungsmuster

Ziel ambidexterer Führung ist es dabei, die **Gegensätze offener und geschlossener Führung gleichzeitig zu implementieren**, in gewisser Weise also den Umgang mit Paradoxien zu beherrschen (vgl. hierzu allgemeiner auch Neuberger 2002, S. 362 ff.; Link 2016, S. 343 f.). Hülsheger, Anderson und Salgado (2009, S. 1139) haben in einer herausragenden Metaanalyse die teambezogenen »Innovationstreiber« in Veröffentlichungen der letzten 30 Jahre untersucht. Sie konnten zeigen, dass die exploitativ wie explorativ wirkenden Prozesse der Visionsbildung bzw. Zielsetzung, der aktiven Innovationsunterstützung, des persönlichen Exzellenzstrebens sowie der internen und der externen Kommunikation die mächtigsten Innovationstreiber waren – allesamt auch wichtiger als die vorgeschalteten Inputfaktoren.

Fraglich ist allerdings, ob eine Person allein dies tatsächlich meistern kann. »Rarely are people good at paying attention to detail, conforming to organizational rules, and also engaging in innovative behavior« (Bledow/Frese/Mueller 2011, S. 45). Unternehmerisch veranlagte Mitarbeiter – sog. **Intrapreneure** – mögen seltene Beispiele für solche Alleskönner sein. Nicht zufällig werden Mitarbeiter dieses Formats als paradoxe Erscheinungen beschrieben: »dienende Herren, angestellte Unternehmer, konforme Regelverletzer, stabilisierende Revolutionäre« (Neuberger 2002, S. 215; ähnlich von der Oelsnitz/Eickhölter 2014).

Organisatorische Verankerung der Teamführung

Muss die Führung von bzw. in Teams am Ende zwischen verschiedenen Personen bewusst und geplant aufgeteilt werden, wenn die sich widerstreitenden Anforderungen die einzelne Führungsperson überstrapazieren? Nicht von ungefähr sind Konzepte wie *Shared leadership* für die Teamebene entwickelt worden. Eine weitere Frage ist, ob das Kollektiv von außen oder eher von innen, also durch einen direkten Teamkollegen, geführt wird.

Unterschiedliche Führungsformen in und von Teams finden sich graphisch in Abbildung 17 veranschaulicht (das F steht hier für Führung).

Exkurs: Shared Leadership als mögliche Lösung?

Bei **Shared Leadership** kann sich die Führungsfunktion auf mehrere Teammitglieder verteilen oder es übernehmen – je nach situativ nachgefragten Kompetenzen – einzelne Teammitglieder temporär die Führungsrolle (vgl. Seers/Keller/Wilkerson 2003, S. 81 f.; Weibler 2016, S. 578 ff.; Werther 2016, S. 172 ff.). Es findet also ein Wechsel von »statischen und hierarchischen Führungsstrukturen in Richtung einer dynamischen, kollektiven Form der Führung statt« (Kauffeld/Sauer/Handke 2017, S. 235).

Inwiefern sich dies mit unserer hierarchisch geprägten Kultur verträgt und ob sich Führung hier nur auf fachliche, nicht aber auf disziplinarische Befugnisse bezieht, ist innerhalb dieses Konzepts noch weitgehend ungeklärt. Das Hauptunterscheidungsmerkmal zu traditionellen Führungskonzeptionen besteht darin, dass der Einfluss nicht nur von oben nach unten, sondern ebenso in umgekehrter Richtung wirksam ist (vgl. Pearce/Conger 2003, S. 1; Cox/Pearce/Perry 2003, S. 53; Piecha et al. 2012, S. 560 ff.). Diesen Aspekt thematisiert die sog. *Führung von unten* (vgl. Wunderer 2009, S. 254 ff.). Mit der Verteilung von Führung geht jedoch auch ein erhebliches Maß an Unsicherheit einher. Wer trägt am Ende die Letztverantwortung, wenn etwas schiefgeht? Wessen Anweisungen ist im Zweifelsfall Folge zu leisten? Wie ist mit Konflikten bei sich

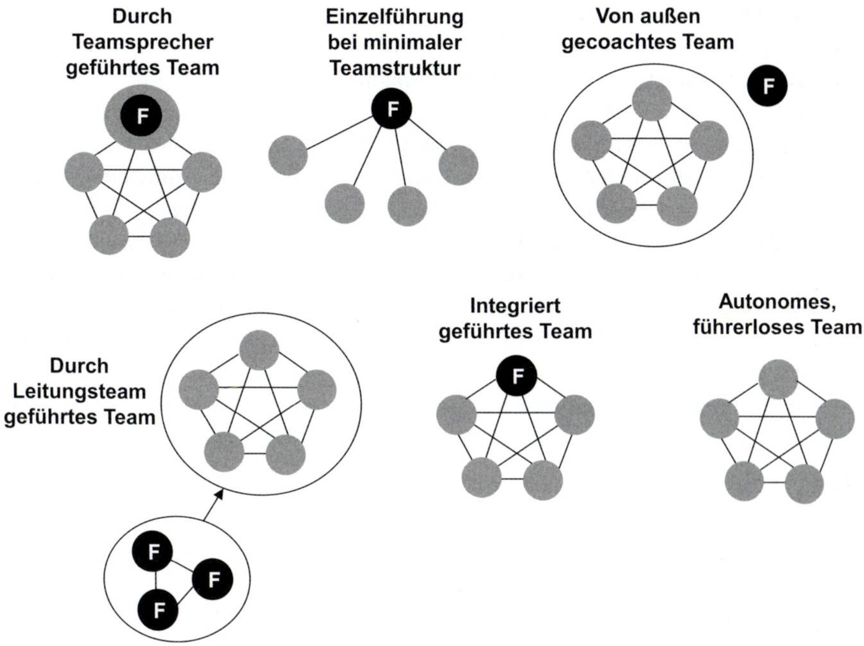

Abb. 17: Führungsformen in Teams (in Anlehnung an Thomas 2009, S. 468)

widersprechenden Weisungen umzugehen? Schon Whyte kritisierte den seiner Meinung nach in der antiautoritären Ideologie gründenden und bereits in den 1950er Jahren grassierenden Hang zur »führungslosen« Gruppe. Jede starke Persönlichkeit erscheine in dieser Doktrin von vornherein verdächtig (vgl. Whyte 2002, S. 53). Die vielen, bis zum heutigen Tag nicht geklärten Ungereimtheiten verteilter Führung sprechen wohl weiterhin für die monokratische Führungsform – mit all den hierarchischen »Abmilderungen« und zeitweisen Rollenübertragungen, die zuvor erläutert wurden.

2.1.2 Teamgröße

Die Bestimmung der zweckmäßigen Teamgröße ist eine zentrale Frage des *Teamdesigns*. Dessen Inhalte gehen aber noch wesentlich weiter: Die Antwort auf die Fragen,

- wieviele Mitarbeiter, mit welchen Qualifikationen, Persönlichkeiten und Einstellungen,
- in welcher Intensität (vollständige oder nur teilweise zeitlich eingebunden),
- wo (an einem Standort oder gar in einem Raum vereint oder auf unterschiedliche Standorte verteilt),

- unter Bereitstellung welcher Ressourcen (z. B. Büroausstattung, kollaborative Software) und
- in welchem Zeitraum (dauerhaft oder temporär)

zusammenarbeiten, hat letztlich einen maßgeblichen Einfluss auf den Gesamterfolg eines Teams. Nachfolgend betrachten wir die Teamgröße und die fachliche wie rollenbezogene Teamzusammensetzung als die wichtigsten Designfaktoren.

Mit dem Teamdesign werden auch Weichen gestellt, die das Lernen einer Gruppe fördern oder hemmen können. Intensives Lernen setzt häufige persönliche Kommunikation voraus, wobei die Qualität der Kommunikation nicht nur vom Wer, sondern auch vom Wieviel abhängt. Insofern spielt die Teamgröße eine zentrale, wenngleich oft unterschätzte Rolle. Das nach Robert Metcalfe benannte *Metcalfesche Gesetz* besagt, dass die Anzahl N möglicher Zweierbeziehungen innerhalb eines sozialen Systems sich nach der Formel $N = n \cdot (n - 1) / 2$ berechnet, wobei n für die Anzahl der Kommunikationspartner steht (▸ Abb. 18).

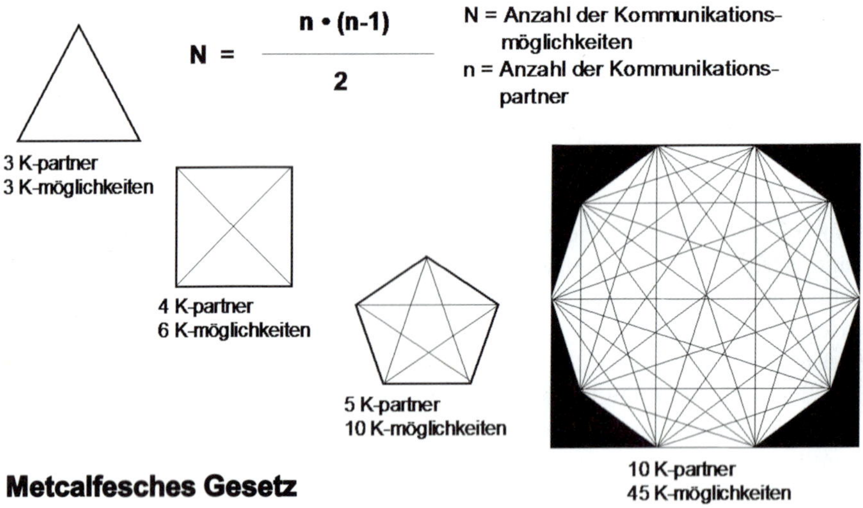

Abb. 18: Anzahl der Kommunikationspartner und Kommunikationsmöglichkeiten (in Anlehnung an von der Oelsnitz/Busch 2014, S. 68)

Bei zehn Teammitgliedern existieren somit bereits 45 dyadische Kommunikationsmöglichkeiten. Damit sind der Gruppengröße schon natürliche Grenzen gesetzt, sofern eine reichhaltige (»close«) Kommunikation angestrebt wird. Im Hinblick auf die Zielerreichung erfüllt Kommunikation mehrere Funktionen. Sie dient

- der *Koordination* – die rechte Hand muss wissen, was die linke tut,
- der *Information* – Wissen ist fortlaufend zu aktualisieren und durch neueste Entwicklungen zu ergänzen und

- der *Inspiration* – durch Kommunikation entsteht neues Wissen, speziell durch den Kontakt zu fachfremden Mitarbeitern (vgl. Allen/Henn 2007, S. 28).

Daneben sind natürlich auch zwischenmenschliche, kohäsionsfördernde Aspekte der Kommunikation von Bedeutung. All diese Funktionen können mit steigender Teamgröße nicht mehr ausreichend bedient werden, was sich dann auch negativ auf das Lernen und die Kreativität des Teams auswirkt. Diesen Umstand hatte Google bereits vor Durchführung seiner Teamstudie erkannt. »Etwa die Hälfte der 10.000 Angestellten von Google, das heißt all jene, die an der Produktentwicklung beteiligt sind, arbeitet in kleinen Teams zusammen, denen durchschnittlich drei Softwareingenieure angehören. Selbst ein großes Projekt wie Gmail, das dreißig Mitarbeiter beschäftigt, ist in Teams von drei oder vier Personen untergliedert, die jeweils an einer spezifischen Verbesserung des Dienstes arbeiten, etwa an Spam-Filtern oder an der Verbesserung der Weiterleitungsfunktion (…) In den kleinen Teams haben die Mitarbeiter von Google das Gefühl, Teil einer verschworenen Gemeinschaft zu sein. Es herrscht eine Atmosphäre wie in einem gerade entstehenden Unternehmen« (Hamel/Breen 2008, S. 163 f.).

Bei zu großen Teams besteht die Gefahr, dass einzelne Teammitglieder weniger zu Wort kommen und es ihnen schwerfällt, sich Gehör zu verschaffen. Die Möglichkeit, dass alle mit allen kommunizieren, um gemeinsam zu Lösungen zu gelangen, ist nicht mehr gegeben (vgl. Gebert 2004, S. 112 ff.). Außerdem treffen zu viele Köpfe und Meinungen aufeinander, so dass sich Teambesprechungen ins Unendliche ausdehnen können und die Entscheidungsfindung erschwert wird. Mit steigender Teamgröße sinken somit die Kontakthäufigkeit im Arbeitsalltag und die individuellen Einflussmöglichkeiten. Darüber hinaus verringert sich der Konformitätsdruck (peer pressure), z. B. im Hinblick auf die Einhaltung von Leistungs- oder Kooperationsnormen, und es erhöht sich die Neigung zur Leistungszurückhaltung (social loafing). Letzteres geschieht, weil der einzelne Beitrag weniger sichtbar und bedeutungsvoll wird. Schließlich wächst auch die Gefahr der Subgruppenbildung und gestaltet sich die Teamentwicklung letztlich schwieriger. Übergroße Teams bringen also einige Nachteile mit sich.

Große Teams sind tendenziell auch schwieriger zu führen. In der Organisationsforschung ist die **Bestimmung der optimalen Leitungsspanne** ein klassisches Problem. Die Leitungsspanne fragt danach, wieviele Mitarbeiter ein Vorgesetzter ohne Kontroll-, Koordinations- und Kreativitätsverlust zu führen imstande ist. Einfacher ausgedrückt: Inwiefern kann ein Teamleiter bei einer bestimmten Anzahl an Mitarbeitern seine Führungsaufgaben für die Teammitglieder noch zufriedenstellend erfüllen, ohne dass er selbst überfordert wird und sich bei Teammitgliedern aufgrund zu geringer Zuwendung Frustration breitmacht? Eine optimale Leitungsspanne zu bestimmen, ist deswegen schwierig, weil hierbei zahlreiche situative Faktoren Einfluss nehmen (z. B. Belastbarkeit und Einsatzbereitschaft des Teamleiters, fachliche und menschliche Reife der Teammitglieder, deren Wille und Befähigung zur Selbstführung sowie die Komplexität oder Neuartigkeit der Aufgabe).

Der litauische Managementtheoretiker Vytautas Graiciunas hatte bereits in den 1930er-Jahren versucht, eine Formel zur Berechnung der optimalen Leitungsspanne zu entwickeln, wobei er hierbei drei Aspekte berücksichtigte (Beziehung Teamleiter – Teammitglied, Beziehung Teamleiter – Teilgruppen des Teams, Aufmerksamkeit gegenüber den wechselseitigen Beziehungen zwischen den Teammitgliedern), doch scheitert das Ganze an der exakten Gewichtung der drei Aspekte, die eben je nach Kontextbedingungen Schwankungen unterliegen (vgl. Schreyögg 2008, S. 134 f.). Tendenziell lässt sich nur so viel sagen: Je explorativer Teamaufgaben sind, desto kleiner sollten Gruppen sein (z. B. drei oder fünf Mitglieder). In exploitativen Zusammenhängen hingegen kann die Leitungsspanne erhöht werden, aber auch hier machen kleinere Einheiten Sinn, um die Teilnahmebereitschaft und den Verpflichtungsgrad bei den Teammitgliedern aufrecht zu erhalten. Moderne Konzepte der Arbeitsorganisation wie Scrum oder Holacracy setzen diese Einsicht längst in die Praxis um (▶ Kap. 2.2.3).

Aus Lernperspektive ist speziell der **Aufbau eines Wissensmanagements** interessant. Die US Army ist ein Beispiel für ein zentral gesteuertes Wissens- und Erfahrungsmanagement (vgl. zum Folgenden von der Oelsnitz/Busch 2008b, S. 9). Das 1973 gegründete *Training and Doctrine Command* (TRADOC), welches seinen Sitz in Fort Monroe/Virginia hat, liefert die Basis für einen truppenübergreifenden Erfahrungstransfer und die Entwicklung realitätsnaher Trainingseinheiten. Weitere Felder sind die Personalentwicklung sowie das Talentmanagement und Leadership Development. In Verbindung mit dem *Center for Army Lessons Learned* (CALL) werden Best Practices, d. h. bewährte Verfahren und kampferprobte Verhaltensweisen aus einzelnen Truppenteilen identifiziert und nach dem Push-Prinzip in die gesamte Armee gestreut (»knowledge dissemination«). Hierzu ist es erforderlich, dass Informationen gefiltert, also von unnötigem Kontextballast befreit werden (»knowledge distillation«). Eine reine Übertragung von Erfahrungen aus einem Bereich in den anderen garantiert keineswegs deren erfolgreiche Wiederverwendung, schließlich weist jeder Bereich eigene Besonderheiten auf. Aus truppenspezifischen Erfahrungen sind also zunächst allgemeinere Erkenntnisse abzuleiten (z. B. typische Situationsmuster), die danach mit den speziellen Anforderungen vor Ort effektiv verknüpft werden können.

Es ist wichtig, dass ein Zentralbereich diese Aufgabe aktiv und alleinverantwortlich übernimmt, da einzelne Truppenteile eigene Erfahrungen aus Zeitgründen, Bequemlichkeit oder auch Unwissen darüber, was an anderer Stelle benötigt wird, selten selber weiterleiten – und spiegelbildlich auch andere Truppenteile die Erfahrungen anderer zumeist nicht aus eigenem Antrieb nachfragen. TRADOC bzw. CALL sammeln daher nicht nur eingehende Informationen, sondern entsenden selbst Expertenteams in die Einsatzgebiete, um Informationen aus erster Hand zu erlangen und eigenständige Beobachtungen durchzuführen. Aus dem Abgleich mit allen übrigen erfassten Informationen und im kontinuierlichen Austausch mit der operativen wie der steuernden Ebene werden dann entscheidungsrelevante Wissensbestände und verdichtete Erfahrungen (sog. Lessons Learned) herausgearbeitet. So gesehen ist TRADOC nicht nur Ausbildungszentrum und Denkfabrik der US Army, sondern auch Schlüsselinstanz im Knowledge Brokering der weltweit operierenden US-Militäreinheiten. Während der After Action Review den Motor des Erfahrungslernens an der Basis bildet (▶ Kap. 2.3.3), sorgt TRADOC als Informationsmakler dafür, dass diese Erfahrungen nicht dort kleben bleiben.

Diese Notwendigkeit hatte der **Flugzeughersteller Boeing** bereits Anfang der 1990er Jahre bei der Entwicklung der Boeing 777 erkannt. Das Großprojekt bestand aus drei Teamschichten. Auf der operativen Ebene wurden 200 multifunktional zusammengesetzte Teams zwischen fünf und 15 Mitgliedern gebildet, die für die Entwicklung von Einzelteilen (z. B. Tragfläche, Fahrwerk, Rumpfende, Cockpit) zuständig waren. An der Spitze der Projektpyramide stand ein Lenkungsgremium von fünf Topmanagern, das als Gesamtgruppe für die korrekte und fristgerechte Fertigstellung des Flugzeugs verantwortlich war und sich wöchentlich traf. Als Bindeglied zwischen diesen beiden Ebenen fungierte ein Führungsteam aus 50 leitenden Ingenieuren und Prozessverantwortlichen, das sich etwa um Terminverzögerungen und Qualitätsprobleme bei Zulieferteilen kümmerte und das die operativen Teams mit Lösungen für größere Probleme versorgte. Gegen Ende dieses Großprojekts wurde festgestellt, dass das Führungsteam letztlich zu groß war und Kommunikation fast nur in die vertikale Richtung gut funktionierte. Als Antwort darauf zog man eine weitere integrative Teamebene ein (*airplane integration teams*). Es handelte sich dabei um fünf Gruppen zwischen zwölf und 15 Mitgliedern, die die teamübergreifende, horizontale Zusammenarbeit auf operativer Ebene vorantrieben und hierzu Zugang zu sämtlichen Informationen besaßen (vgl. zum Vorhergehenden Dumaine 1994). Abbildung 19 zeigt eine ähnliche Governancestruktur in der Fahrzeugentwicklung.

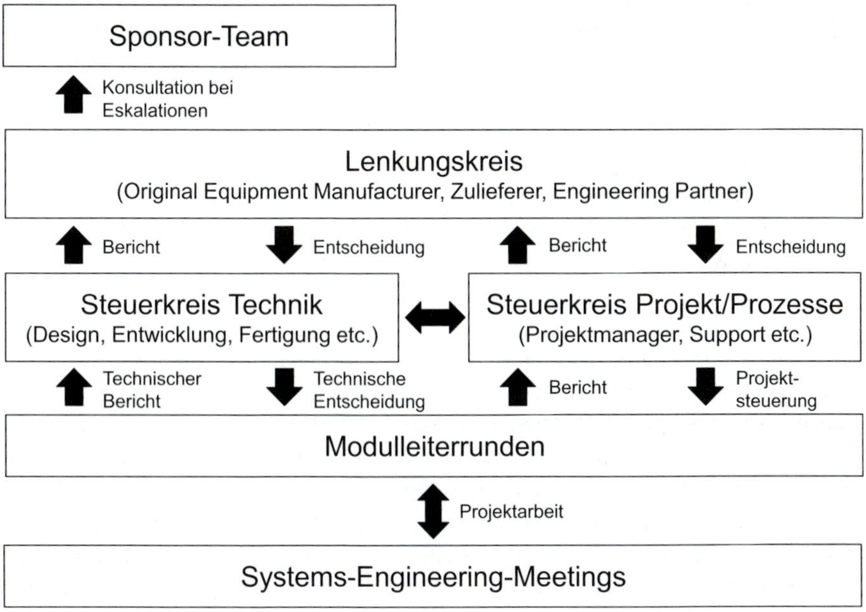

Abb. 19: Governancestruktur in der Großprojektsteuerung (in Anlehnung an Hab/Wagner 2013, S. 264)

Die Aufteilung größerer Teams in Subgruppen kann auch aus der Lernperspektive eine wichtige Funktion erfüllen, indem dadurch unterschiedliche Lerngeschwindigkeiten in den Teilteams ermöglicht werden, die einen Ausgleich zwischen explorativen und exploitativen Aktivitäten zulassen. Dies ist ein speziell für Entwicklungsteams vielversprechender, aber noch zu wenig erforschter Ansatz. Danach kann es auf der einen Seite einen Teil des Teams geben, der sich mit Fragen der effizienten Umsetzung auf der Prozessebene – z. B. mit Fragen der marktlichen Verwertbarkeit oder der kontinuierlichen Verbesserung vorläufig entwickelter Lösungen – beschäftigt, und auf der anderen Seite einen Teil, der bewusst den Blick weitet und eine offene Suche nach neuen Prozessen und Lösungen betreibt, also gleichsam die innovative Speerspitze des Teams bildet (vgl. Gibson/Vermeulen 2003, S. 209 f.; Carton/Cummings 2012, S. 457 ff.). Für die einzelnen Subgruppen können dann Teammitglieder abgestellt werden, die aufgrund ihrer Befähigung bzw. ihrer präferierten Rolle (z. B. Perfektionist, Macher, Visionär – siehe unten, Punkt c) dafür besonders geeignet sind. Auch große Teams können also von Nutzen sein, sofern man aus der schwerfälligen Masse kleinere, schlagkräftige Einheiten formt, sozusagen eine Teamorganisation innerhalb des Teams schafft.

2.1.3 Teamzusammensetzung

Während die Teamgröße den quantitativen Aspekt der Personalplanung betrifft, fragt die Teamzusammensetzung (team composition, team diversity) nach der optimalen qualitativen Personalstruktur. Der Zusammensetzung zeitlich vorgelagert ist die Teamzusammenstellung, die aber auch während der Teamarbeit in Form von personellen Veränderungen wieder auf die Tagesordnung kommen kann. Die personellen Turbulenzen im Weißen Haus nach der Amtsübernahme durch US-Präsident Donald Trump haben eindrücklich gezeigt, wie wichtig es ist, ausreichend Zeit für die Teamzusammenstellung und den Teamaufbau eines neu formierten Teams zu verwenden. Die nur zehntägige Amtszeit des Kommunikationschefs Anthony Scaramucci – er kam, schimpfte und ging bzw. wurde gegangen – war hierfür ein fast kaberettreifer Beleg (allerdings auch konsequent, indem umgehend die Notbremse gezogen wurde, bevor am Ende noch größerer Schaden entstanden wäre). »Eine Stelle mit dem am besten geeigneten Mitarbeiter zu besetzen ist eine entscheidende und schwierige Aufgabe, die viele Führungskräfte vernachlässigen (…) Das systematische Überprüfen von Entscheidungen zeigt Führungskräften aber auch ihre eigenen Schwächen auf« (Drucker 2014, S. 6).

Der Wunsch ist jeweils groß, ein Super-Team, das »über alle Arbeitsphasen hinweg gleichbleibende Ergebnisse erzielt« (Gellert/Nowak 2010, S. 70), zusammenzustellen. Es mag sein, dass dies in seltenen Ausnahmefällen möglich ist (▸ Infobox »Dream Team: Das Segelteam Alinghi«). Den Normalfall stellt dies jedoch nicht dar: Es gibt weder perfekte Menschen noch die perfekte Teamzusammenstellung. Der optimalen Teamzusammensetzung stehen aber noch weitere triftige Gründe entgegen. Einerseits sind nicht immer alle Mitarbeiter, die man benötigt, zum jeweiligen Zeitpunkt verfügbar oder sie können wegen Mehrfachbelastungen nur teilweise ihre Energien in das Team einbringen. Andererseits müssen Kompetenzen und Persönlichkeitsstrukturen stets in Abhängigkeit von der jeweiligen Arbeitsphase gesehen werden. Zudem lassen sich Teams nie gänzlich konfliktfrei führen, weil der »menschliche Faktor« nicht im Voraus für alle Situationen planbar ist. Hinzu kommt schließlich, dass es im betrieblichen Alltag nur selten die Gelegenheit gibt, »ein eigenes Team von Null an aufzubauen. Es ist üblicher, als Leiter in eine bestehende Abteilung zu kommen oder ein Projektteam zu übernehmen, das aufgrund sachlicher Zwänge mit einem vorgegebenen Personenstamm auskommen muss« (Jenewein/Heidbrink 2008, S. 80). Nicht selten tritt der neue Teamleiter ein schweres Erbe an, d. h. er trifft auf das Team seines Vorgängers, das die Situation hervorgebracht hat, die er nun lösen soll (vgl. auch Watkins 2016, S. 23).

Unabhängig von dieser Grundproblematik sollten dennoch im Vorfeld die personellen Weichen so gestellt werden, dass der Erfolg eines Teams begünstigt wird. Dazu hat die Personalauswahl nicht nur die rein fachliche, sondern auch die zwischenmenschliche bzw. sozio-emotionale Eignung – die »menschliche Passung« – der potenziellen Teammitglieder zu berücksichtigen. Nachfolgend wird in dem Zusammenhang vom richtigen Know-how- und Persönlichkeitsmix gesprochen. Der eine bezieht sich auf die Arbeitsfähigkeit (= Taskwork), der andere auf die Teamfähigkeit (= Teamwork). Beides ist wichtig. Ein Team ohne fachlich kompetente Mitarbeiter ist genauso wirkungslos wie ein Team ohne die Fähigkeit zur Zusammenarbeit. Die einprägsame Formel des 2012 verstorbenen US-Generals Norman Schwarzkopf für gutes Leadership lässt sich analog auch auf Teamarbeit anwenden: *Teamarbeit = Kompetenz + Charakter.*

Ein weiteres Schlüsselelement ist der richtige Rollenmix, der sich aus der fachlichen und menschlichen Eignung der Teammitglieder ableitet. Abbildung 20 fasst diese Grundlogik der Teamzusammenstellung grafisch zusammen.

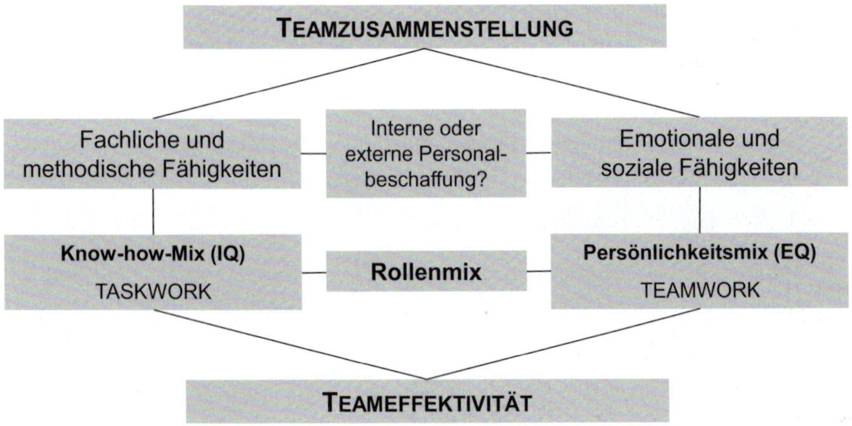

Abb. 20: Auswahlkriterien bei der Teamzusammenstellung

Bei der Teamzusammenstellung ist sicherlich eine gewisse personelle Kontinuität von Vorteil, weil dadurch u. a. auf bereits vorhandenes transaktives Wissen und gemeinsame

Arbeitserfahrungen zurückgegriffen werden kann. Entsprechend wird empfohlen, dass sich 20 bis 40 Prozent der Mitglieder neu zusammengestellter Teams bereits gut kennen sollten, um einerseit den Prozess des Sich-aufeinander-Einstellens zu verkürzen und rasch Arbeitsfähigkeit herzustellen, andererseits aber auch ein Entwicklungspotenzial für neue Ideen und kreative Lernprozesse zu eröffnen (vgl. Gratton/Erickson 2008, S. 36; Huckman/Staats 2014, S. 7 f.).

Infobox »Dream Team: Das Segelteam Alinghi«

Das Schweizer Segelteam Alinghi gewann 2003 und 2007 den America's Cup und wurde in seinem Heimatland jeweils zum Team des Jahres gekürt. In ihrem spannenden Beitrag zum Erfolg dieses vom schweizerisch-italienischen Unternehmer und Milliardär Ernesto Bertarelli gegründeten Teams – Bertarelli selbst war Navigator an Bord der Alinghi – schildern die Autoren Wolfgang Jenewein und Felicitas Morhart die genaueren Hintergründe dieses keinesfalls zufälligen Erfolgs. Hierzu wurden Schlüsselpersonen des Teams ausführlich interviewt, Videoanalysen und direkte Beobachtungen des Segelteams durchgeführt sowie Workshops mit Teammitgliedern und Experten abgehalten (vgl. Jenewein/Morhart 2006, S. 51 ff.). Neben der ohne Zweifel herausragenden Technik und gewisser Materialvorteile – verwendet wurde z. B. ein besonders leichter Spinnakerstoff – machen die Autoren vor allem das Personalmanagement, die Teamführung und die Teamkultur für den Erfolg verantwortlich.

Insgesamt identifizierten die Autoren sieben »Manöver« des Teamerfolgs:

- *Manöver 1: Keine Kompromisse bei der Personalauswahl – Leistung vor Titel*
  Gesucht wurden nicht nur Personen, die exzellent segeln konnten, sondern passionierte und humorvolle Persönlichkeiten, die unternehmerisch und ganzheitlich dachten und denen das Voranbringen der Kampagne am Herzen lag. Das Team entschied selbst darüber, ob neue Mitglieder zum Team und den gemeinsam entwickelten Werten sowohl in fachlicher als auch in menschlicher Hinsicht passten. Interne Trainingswettbewerbe sorgten im Anschluss dafür, dass am Ende im Wettkampf nur die jeweils Besten auf ihrer Position zum Einsatz kamen, d. h. die gegenwärtige Leistung hatte in der Beurteilung Vorrang vor Titeln aus der Vergangenheit.
- *Manöver 2: Vertrauensbasierte und auf Selbstverantwortung setzende Führung*
  Es wurde ausreichend Freiraum in der Zusammenarbeit gewährt (»the freedom to act«), schließlich wissen fachlich exzellente und selbstverantwortliche Mitarbeiter besser als ihr Chef, was sie an ihrem Job zu tun haben. Die Führung war kein »Schlüssellochmanagement«, bei dem der Chef zu jeder Zeit über alles informiert sein wollte. Vielmehr gab es viel Vertrauen und viel Vergebung.
- *Manöver 3: Produktiver Wettbewerb im Team – Problemverantwortung als Aufgabe einzelner Temmitglieder*
  In der zweijährigen Vorbereitungszeit gab es regelmäßige Wettbewerbe zwischen der A- und B-Mannschaft, die in etwa gleich stark waren, wobei es weniger um

Sieg oder Niederlage, sondern um den Ehrgeiz ging, gemeinsam besser zu werden. Dabei auftretende Probleme und Konflikte waren keine Chefsache, sondern sollten konsequent und eigenständig im Team gelöst werden.

- *Manöver 4: Probleme lösen, statt sie zu beklagen*
  Fehler und Probleme sind im Arbeitsalltag nicht die Ausnahme, sondern die Regel. Was den Unterschied macht, ist, wie man mit ihnen umgeht. Fängt man in Endlosspiralen zu lamentieren an oder macht man sich daran, die Missstände zu beheben. Im Team Alinghi wurde der zweite Weg gewählt und eine zukunftsorientierte Lösungskultur, keine nach Schuldigen Ausschau haltende Problemkultur praktiziert.
- *Manöver 5: Motivation durch Vorbild und Vision – Führungskräfte leben vor, was sie von ihren Mitarbeitern fordern*
  Es herrschte ein authentischer Führungsstil, d. h. Taten deckten sich mit Worten, Versprechen wurden gehalten und die Führung tat genau dasselbe, was sie auch von den Mitarbeitern erwartete. Außerdem gab es eine zugkräftige Vision (»Wir wollen ein Team aufbauen, auf das man stolz ist, das in der Lage ist, den America's Cup zu gewinnen, und das andere Leute begeistert, selbst höhere Ziele zu erreichen«). Daraus leitete sich die Teamphilosophie ab, dass neben dem Was (Titelgewinn) das Wie der Zusammenarbeit – begeistertes und sportlich faires Verhalten – genauso wichtig sein sollte.
- *Manöver 6: Auf natürliche Teambildung vertrauen*
  Es gab keine großen Teambuilding-Events, Pep Talks und Outdoortrainings, vielmehr wurde auf die ganz natürliche Annäherung der Teammitglieder in räumlicher Nähe geachtet. An einem gemeinsamen Standort in Neuseeland lebte, trainierte und arbeitete das Team zusammen. Im Fitnessstudio, auf dem Gang oder beim Essen wurden Informationen eher beiläufig und formlos ausgetauscht, wodurch sich von ganz alleine bestimmte Rollen und ein starkes Wir-Gefühl herausbildeten. Es gab zwar regelmäßig Meetings, doch nahmen diese nicht überhand.
- *Manöver 7: Interne Kommunikation fördern.*
  Im Zentrum stand eine konstruktive Feedbackkultur, in der Klartext geredet wurde. Hierzu gab es das »Gebot des offenen Wortes« und die Devise, dass Wissen teilen Wissen verdoppeln heißt. Am Ende jeder Trainingseinheit fand – ähnlich dem After Action Review – eine Nachbesprechung statt, in der jedes einzelne Teammitglied aufgefordert wurde, Kritik zu üben.

a) Know-how-Mix

Der Know-how-Mix orientiert sich an klassischen, rein aufgabenbezogenen Auswahlkriterien und ist in Teams Voraussetzung für ein gutes Taskwork. Hier wird also danach gefragt, inwiefern künftige Teammitglieder aufgrund ihrer fachlichen und methodischen Eignung in der Lage sind, die ihnen zugewiesenen Aufgaben effektiv auszufüllen. Prinzipiell ist davon auszugehen, dass Teams, deren Positionen mit herausragenden

Experten ihres Fachs besetzt sind, erfolgreicher abschneiden (auch wenn es immer wieder mal Gegenbeispiele gibt). Zum einen verfügen Experten über mehr Außenkontakte, zum anderen sind sie schneller in der Bearbeitung von Aufgaben und der Erfassung von Problemen (vgl. Mathieu et al. 2014, S. 136). Bleibt die interne Suche nach Experten erfolglos, so müssen externe Personen für das Team rekrutiert werden. Die Methoden zur Bestimmung und Beurteilung organisationsinterner Experten sind allerdings treffsicherer, weil auf umfangreichere Datenbestände und einen größeren Zeitraum zurückgegriffen werden kann. Aber wie findet man innerhalb eines Unternehmens heraus, wer auf einem bestimmten Gebiet Experte ist?

Identifikation von Experten

In Domänen (d. h. Fachgebieten), in denen eindeutige Ratingskalen bzw. Produktivitätsmaße existieren oder gute Vergleichsmöglichkeiten gegeben sind (z. B. im Einzelsport oder allgemein in eher exploitativen Arbeitszusammenhängen), ist das Erkennen von Expertise verhältnismäßig einfach. Experten liegen hier in ihrer Leistung mindestens zwei Standardabweichungen über dem Mittelwert erfasster Leistungswerte (vgl. Ericsson/Charness 1994, S. 731). Wie aber kann Könnerschaft in *schlecht definierten Domänen*, also in eher explorativen Feldern, identifiziert werden? Nicht immer sind objektiv messbare Leistungskriterien bzw. Kennzahlen wie Patentanmeldungen, Verkaufsabschlüsse oder die Anzahl gefertigter Einheiten verfügbar (vgl. Weiss/Shanteau 2003, S. 105). In stärker kreativ geprägten Aufgabenfeldern erschöpft sich Expertise nicht allein in der Produktion exakter Outputs oder in der Fähigkeit, auf bestimmte Fragen eindeutige Antworten geben zu können. Wenn nur korrekte Antworten gefragt sind, bräuchte man im Grunde intelligente Maschinen und keine Experten (vgl. Shanteau et al. 2002, S. 253). Was macht einen guten Verkäufer, Manager oder Erfinder wirklich aus? An Erklärungen hierüber mangelt es in Büchern wahrlich nicht, allein die präzise Abschätzung seines jeweiligen Könnens anhand eines allgemeingültigen »Goldstandards« oder »Urmeters« ist nicht möglich, sonst hätte es die Personalauswahl leicht. Die Identifikation muss also Umwege gehen und nach indirekten Messgrößen Ausschau halten.

Einfache, jedoch nicht zwingend aussagekräftige Kriterien zur Identifikation von Expertise sind die *Erfahrung* eines Mitarbeiters (gemessen nach der Anzahl seiner Berufsjahre oder den bisher bearbeiteten Aufgaben), seine hierarchische *Position* bzw. sein Fachlaufbahn-Status, seine akademischen oder anderweitig erworbenen *Qualifikationen, Titel und Publikationen* sowie verliehene *Auszeichnungen* auf Basis bedeutender Leistungen (vgl. Farrington-Darby/Wilson 2006, S. 26 f.; Simonton 2006, S. 323 f.). Differenziertere Urteile lassen *Selbsteinschätzungen* erwarten, wobei diese mit der Wahrnehmung Dritter abzugleichen sind. Die Ermittlung des *Ansehens* von Mitarbeitern unter Kollegen und anderen Kontaktpersonen (peer selection), etwa im Rahmen soziometrischer Erhebungen (z. B. Wen würden Sie bei einem bestimmten Problem kontaktieren? Welche Reihung unterschiedlicher Personen desselben Expertenfelds würden Sie vornehmen? Vgl. Hoffman/Lintern 2006, S. 208), ist ein deutlicher Hinweis für Expertise. »In most domains it is easier to identify individuals who are socially recognized as experts than it is to specify observable performance at which these individuals excel« (Ericsson/Charness 1994, S. 731). Auch das Segelteam Alinghi nutzte das Wissen und die Einschätzung der bereits rekrutierten Teammitglieder, aber auch Referenzen und informelle Rückfragen bei ehemaligen Arbeitgebern, um an fachlich und menschlich interessante Neuzugänge zu gelangen (vgl. Jenewein/Morhart 2006, S. 52).

Um die Auffindung von Experten in praktischer Hinsicht zu erleichtern, setzt die NASA automatische Suchmaschinen ein. Diese analysieren Mitarbeiterprofile (nach Berufserfahrung und Ausbildung), Dokumente von Mitarbeitern (nach Relevanz und Abruffrequenz) und Datenbankeneinträge (vgl. Becerra-Fernandez 2000). Daneben lässt sich, wenngleich dies sehr aufwendig und datenschutzrechtlich kaum möglich ist, der E-Mail-Verkehr von Mitarbeitern themenspezifisch auswerten, denn Experten werden häufiger um Rat gefragt und sollten dementsprechend auch häufiger in fachspezifischen E-Mail-Wechseln auftauchen.

Schließlich stellt die in Personalakten über mehrere Perioden *dokumentierte Arbeitsleistung* eines Mitarbeiters eine wichtige Informationsquelle dar. Diese ist geeignet »to trace the course of expert performance across time« (Simonton 2006, S. 324). Aus Zielvereinbarungen gewonnene Leistungsbeurteilungen aus der Vergangenheit können mit Potenzialeinschätzungen verbunden und in Mitarbeiterklassifizierungen – sog. Humanressourcen-Portfolios – visualisiert werden (vgl. Odiorne 1984, S. 65 ff.). Expertise ist in interdependente Arbeitskontexte eingebettet, die zu entschlüsseln ebenso wichtig sein kann. Ein *erweiterter Expertenbegriff* hat damit kontextuelle Verflechtungen und auch Experten jenseits fachlicher Grenzen zu berücksichtigen; das sind insbesondere Macht-, Prozess- und Beziehungspromotoren (vgl. Rost/Hölzle/Gemünden 2007, S. 342 ff.). Diese »Experten« können für Teams wertvolle Funktionen erfüllen, speziell wenn es darum geht, Unterstützung und Ressourcen von außen zu bekommen.

Bei der Identifikation von Experten in schlecht strukturierten Domänen gibt es letztlich keinen Königsweg. Allgemein ist nur zu sagen, dass retrospektive, einen mehrjährigen Zeitraum umfassende Leistungsanalysen gegenüber punktuellen Einzel-Assessments oder Potenzialanalysen vorzuziehen sind, und dass die Kombination verschiedener Identifikationsansätze gegenüber dem Einsatz einzelner Verfahren validere Ergebnisse erzielt.

Möglichst ebenbürtiges Intelligenz- und Leistungsniveau!

Der Know-how-Mix hat darüber hinaus auf ein möglichst ebenbürtiges Intelligenz- und Leistungsniveau zwischen den Teammitgliedern zu achten. In dieser Hinsicht verstand vor allem der ehemalige Apple-Chef Steve Jobs kein Pardon. Entsprechend einschüchternd war der Auswahlprozess, doch besaß Jobs einen untrüglichen Blick für talentierte Leistungsträger. Die Erfahrung mit dem Macintosh-Team hatte ihm die aus seiner Sicht wichtigste Management-Lektion vermittelt, nämlich dass Topspieler es bevorzugen, mit anderen Topspielern zusammenzuarbeiten, dass es genialer Teammitglieder bedürfe, um geniale Leistungen hervorzubringen (► Infobox »Geniale Teams führen«). Bei der Teamzusammenstellung sei es daher entscheidend, zu verhindern, dass sich zweit- oder gar drittklassige Mitarbeiter im Team einfinden. Sein erklärtes Ziel war es daher, einer »Deppen-Epidemie« bei Apple entgegenzuwirken. Entsprechend vergräzte er jeden Mitarbeiter, der nicht seinen hohen Ansprüchen gerecht wurde (vgl. Isaacson 2011, S. 218, 234, 426 f.).

Infobox »Geniale Teams führen«

Es ist sicherlich eine der spannendsten Fragen, wie es gelingt, einen »Sack voller Flöhe« – vermeintlich teamunfähige Spitzenkräfte (Hochbegabte, Koryphäen, Künstler, Eigenbrötler, Querdenker und allgemein schwierige Caraktere) – dazu zu bringen, an einer gemeinsamen Aufgabe zu arbeiten (vgl. Aron 2017; Hensel 2016; Bennis/Biederman 1998, S. 189 ff.). Der Tänzer und Choreograf Mark Morris beschreibt hochkreative Menschen als leicht reizbar und ungeduldig, mit einem oft erstaunlich fragilen Innenleben. Diese Verletzlichkeit erkläre, weshalb außergewöhnlich begabte Menschen eine bisweilen »monströse« Ader besäßen. Der Umgang mit ihnen erfordere ausgesprochenes Fingerspitzengefühl. Außerdem müsse man als Vorgesetzter für klare Ansagen sorgen. »Parfümiertes« Gerede oder oberflächliches Lob werde geradezu verabscheut. »Only honest recognition of their real accomplishment means anything to them at all « (Morris 2001, S. 66; zum Vorhergehenden vgl. S. 63, 66).

Virtuose Menschen wollen Risiken eingehen und gefordert werden, sie sind extrem wissbegierig und ehrgeizig, besitzen eine genaue Beobachtungsgabe und unterliegen spätestens dann dem Hang zur Selbstausbeutung, wenn sie einmal »Blut geleckt« haben. Daneben sind sie aber auch äußerst kritisch, streitlustig, spitzzüngig, verletzend ehrlich und alles andere als autoritätshörig. Ihr ausgeprägtes Ego und ihr oft spezieller Humor lässt sie aus Sicht »normaler« Menschen mitunter als arrogant und gehässig erscheinen. Dabei besitzen sie selbst mehr Austeiler- als Nehmerqualitäten, d. h. sie sind »Kritiker und Mimose in Personalunion« (Lackner 2014, S. 375).

Gruppenkonsens ist Schwergewichten ihres Fachs damit eher ein Fremdwort. Sie halten nichts von politisch korrekten Monokulturen. Am Ende sollte der Teamleiter dieses »vielstimmigen Chors« durch individuelle Zuwendung und aufrichtige Anerkennung der Leistung, durch Achten auf alle nur erdenklichen Details, aber auch durch Zeitdruck und das Setzen ambitionierter Meilensteine jedoch eine Disziplin zu entwickeln imstande sein, die dafür sorgt, dass das gemeinsame Ziel erreicht wird (vgl. Fischer/Boynton 2005, S. 80 ff.). Was High Performer besonders auszeichnet und für kreative Teamarbeit so wertvoll macht, ist ihre hohe Achtsamkeit und die daraus resultierende Originalität. Sie finden ungewöhnliche Lösungen für scheinbar klare Aufgabenstellungen oder finden für alltägliche Ereignisse außeralltägliche Erklärungen (vgl. Lackner 2014, S. 223 f., 325).

Sicherlich ist die Personalstrategie von *Apple* extrem und nur die wenigsten Unternehmen können es sich leisten, so vorzugehen. Auch besteht die Gefahr des in Europa eher verpönten »Forced Ranking«, d. h. der scharfen Beurteilung von Minderleistern, die am Ende einer Leistungsperiode entlassen oder »rausgemobbt« werden (vgl. Buchhorn 2012, S. 95 f.; Römer 2013). Gesichert ist hingegen die Beobachtung, dass gravierende individuelle Intelligenz- und Leistungsunterschiede zu einer Demotivation von Teammitgliedern – und zwar in beide Richtungen – führen können. Geringqualifizierte fühlen sich in Gegenwart Hochqualifizierter unwohl, während leistungsorientierte Mitarbeiter nicht durch »Bremser« aufgehalten werden wollen. Abbildung 21 zeigt die Verhaltenskonsequenzen vier denkbarer Konstellationen von Leistungsunterschieden.

Ich bin umgeben von …	**Nichtskönnern**	**Gleichrangigen**	**Leicht Überlegenen**	**Überfliegern**
Empfindung	Langeweile, Frust	Gleichgültigkeit	Schaffensdrang, Ehrgeiz	Ohnmacht, Neid, Entmutigung
Verhaltenskonsequenz	Leistungszurückhaltung	Durschnittsleistung	Leistungssteigerung	Leistungssenkung
Motto	Fahr nur mit halber Kraft!	Mach weiter wie bisher! Du brauchst dich nicht übermäßig anzustrengen!	Reiß dich am Riemen! Wachs über dich hinaus!	Lass es sein, du schaffst es sowieso nicht!

Abb. 21: Verhaltensmuster bei Leistungsunterschieden (in Anlehnung an von der Oelsnitz/Busch 2014, S. 79)

Ein weiterer Einwand gegen Jobs' Vorgehensweise ist, dass ja nun nicht jedes Team außergewöhnliche Leistungen zu vollbringen hat. Die meisten betrieblichen Teams müssen saubere Arbeit leisten – nicht mehr und nicht weniger. Was jedoch in allen Teams wichtig ist, sind gemeinsame Leistungsstandards, eine alle einende Anstrengungsbereitschaft. Ein brauchbares Verfahren zur Messung dieser Leistungsmotivation ist das **Multi-Motiv-Gitter,** das auch das Anschluss- und Machtmotiv misst (vgl. Schmalt/Sokolowski/Langens 2000). Probanden bekommen hier Bilder vorgelegt, die bestimmte Emotionen hervorrufen und in Items abgefragt werden. Dieses den projektiven Tests zuzuordnende Verfahren geht davon aus, dass Leistungsmotivierte durch Situationen angeregt werden, die einen Wettbewerbscharakter aufweisen, in denen also ein Gütemaßstab einen Vergleich zulässt. Leistungsmotivierte sind besonders dann aktiviert, wenn sie etwas besser machen und ihre Überlegenheit demonstrieren können. Stimmen die Rahmenbedingungen, so sind sie bereit, Opfer zu bringen und die berühmte Extrameile zu gehen (vgl. Ready/Conger/Hill 2010, S. 82).

Die Messung des Leistungsmotivs geht auf den amerikanischen Motivationsforscher *David McClelland* zurück. Nach McClelland lässt sich allerdings erst dann mit Fug und Recht von einem leistungsmotivierten Menschen sprechen, wenn dieser die Leistung um ihrer selbst willen erbringt, nicht aber deswegen, um Anerkennung von außen zu erlangen oder um disziplinarischen Vergeltungsmaßnahmen aus dem Weg zu gehen (vgl. McClelland 1987, S. 228; Goleman 1998, S. 88; Martens/Kuhl 2013, S. 117 ff.). Die Antwort der Star-Geigerin Anne-Sophie Mutter auf die Frage, ob sie als Kind jemand zum Geigenspielen habe antreiben müssen, zeigt wohl am besten, was dies meint: »Ich treibe mich selber, ich bin mein eigenes Perpetuum mobile, auch heute noch« (O.V. 2005). Nebenbei bemerkt war es bereits mit fünf Jahren ihr eigener Wunsch, Geigenunterricht zu bekommen.

Ein noch ausgefeilteres, inzwischen international eingesetztes Verfahren zur Messung des Leistungsmotivs ist das **Leistungsmotivationsinventar**, das nahezu sämtliche Dimensionen integriert, die je in leistungsbezogenen Motivationstheorien angesprochen wurden (vgl. Schuler/Prochaska 2001). Hierbei werden den Probanden allerdings keine Bilder vorgelegt, sondern es werden 17 Dimensionen mit Hilfe von jeweils zehn Items erfragt (z. B. Zielsetzung, Beharrlichkeit, Flow, Selbstständigkeit, Selbstkontrolle, Leistungsstolz, Erfolgszuversicht, Lernbereitschaft, Engagement, Schwierigkeitspräferenz, Wettbewerbsorientierung) (vgl. Schuler/Prochaska 2001, S. 13 ff.). Daraus lässt sich ein sehr viel umfassenderes Leistungsprofil ableiten, das Teilnehmern auch individuelle Stärken und Schwächen aufzeigt. Zum Beispiel zeigen niedrige Werte bei der Selbstkontrolle an, dass man stärker daran arbeiten sollte, Aufgaben nicht aufzuschieben, sich besser zu organisieren und zu versuchen, Herausforderungen konzentrierter anzugehen.

b) Persönlichkeitsmix

Der Know-how-Mix ist die notwendige, der Persönlichkeitsmix die hinreichende Bedingung für den Teamerfolg. Erst wenn in Teams die richtigen Personen aufeinandertreffen und sich dazu durchringen, an einem Strang zu ziehen, kann gutes Teamwork entstehen. Während der Know-how-Mix auf das individuelle Können abstellt, verweist der Persönlichkeitsmix auf das zwischenmenschliche Können. Einmal geht es um den IQ – die fachliche Fähigkeit, das andere Mal um den EQ – die emotionale Intelligenz, die Teamfähigkeit – der Beteiligten. Doch nicht jeder verfügt über diese. Hochtalentierte Mitarbeiter, einsame Wölfe, Nerds, kreative Freaks, hochsensitive Menschen oder inselbegabte Savants, die es aufgrund ihrer komplexen Persönlichkeit nicht schaffen, sich in ein Team zu integrieren, sollten auch nicht in ein kollektives Korsett eingeschnürt werden.

Beziehungsfähigkeit und Teamfähigkeit dürften zwar eng miteinander verbunden sein, doch sollte dies nicht dazu führen, teamunwillige Mitarbeiter gleich zum »Sozialzombie« abzustempeln. Ihre Talente können an anderer Stelle im Unternehmen sehr gefragt sein. Die Kunst der Organisation ist die Kunst des passenden personenbezogenen Stellenzuschnitts, der sachgerechten Nutzung und des Einsatzes individueller Stärken (vgl. Malik 2006, S. 298).

Teamfähigkeit

Was aber genau heißt Teamfähigkeit? In den letzten zehn Jahren haben wir diese Frage im Rahmen von Lehrveranstaltungen an der TU Braunschweig und der FH Wiener

Neustadt Masterstudenten immer wieder vorgelegt, schließlich rangiert Teamfähigkeit bei den geforderten Soft Skills weit oben in der Skala der meisten Unternehmen. Die Infobox »Was verstehen Sie unter Teamfähigkeit?« gibt einen Überblick über die wichtigsten Antworten. Auch wenn diese nicht repräsentativ sind, so benennen sie doch wesentliche Aspekte.

Infobox »Was verstehen Sie unter Teamfähigkeit?«

- Kooperative Orientierung; Wille und Motivation zur Zusammenarbeit; Fähigkeit zum sozialen Austausch; ein gemeinsames Ziel vor Augen haben und fokussiert verfolgen; ganzheitliche Perspektive; Zusammenhalt; egoistische Interessen dem Team unterordnen; kein Trittbrettfahrerverhalten; keine versteckten Machtspiele; kein manipulatives oder intrigantes Verhalten; Anpassungsfähigkeit, d. h. eigene Bedürfnisse teilweise zurückstellen und auf die Interessen anderer eingehen, ohne dabei sein Selbst aufzugeben; auch einmal zurückstecken können; sich nicht immer in den Vordergrund drängen; gewisse Kompromissbereitschaft; über den eigenen Schatten springen können; Konsensstreben; Mehrheitsentscheidungen akzeptieren; sich gegenseitg unterstützen und helfen; für andere »einspringen«
- Sozialkompetenz; emotionale Intelligenz (Empathie, Achtsamkeit gegenüber anderen, Sichtweisen anderer aufgreifen); Menschenkenntnis; Kritik(äußerungs) fähigkeit; Kommunikationsfähigkeit (Zuhören können, andere ausreden bzw. zu Wort kommen lassen, Dinge mit Abstand betrachten, sich verständlich ausdrücken und offen aussprechen können); Streit- und Konfliktfähigkeit; generelle Konfliktbereitschaft; Feedback geben und nehmen können; Dialog
- Soziale Grundregeln beachten; ein Verständnis dafür entwickeln, wie man im Team miteinander umgeht; Kollegialität; sich an gemeinsam vereinbarte Spielregeln und Prozesse halten (z. B. Termintreue, Formen der Entscheidungsfindung, wertschätzende Kommunikation, konstruktives Feedback, rücksichtsvoller Umgang); andere keinem Risiko aussetzen; Begegnung auf Augenhöhe
- Koordiniertes Zusammenwirken (z. B. ähnliches Zeitmanagement und Leistungsverständnis); sich abstimmen können; Zuverlässigkeit; Gewissenhaftigkeit; sachliche Herangehensweise (Objektivität wahren); aktiver Informationsfluss; Kommunikation aufrechterhalten; ergebnisorientierte Zusammenarbeit; Wissen austauschen und gegenseitig ergänzen
- Sich fachlich und emotional einlassen können; Neugier für/auf Andere(s); im Mindset kein Einzelkämpfer sein; jeden miteinbeziehen und wertschätzen; inkludierendes Verhalten
- Mentale Offenheit und Unvoreingenommenheit gegenüber anderen; Aufgeschlossenheit; Flexibilität; Toleranz; Umgang mit Unterschieden; Vielfalt schätzen; Grundvertrauen ineinander; Vertrauen entgegenbringen und entwickeln können; Bereitschaft von anderen zu lernen; Respekt vor anderen Meinungen, d. h. diese gelten lassen und ins eigene Kalkül ziehen; Anerkennung von Individualleistungen; neue Sichtweisen zulassen

- Sich trauen können, etwas zu sagen und Vorschläge einzubringen; Fehler zulassen, zugeben und aus Fehlern lernen können; ab und zu Durchsetzungsvermögen; Missstände benennen können
- Klare Rollendefinition und Rollenakzeptanz; keine unnötigen Rollenstreitigkeiten; Transparenz
- Identifikation mit dem Team bzw. Projekt; Freude an der Zusammenarbeit; sein Bestes für das Team geben wollen; mit der eigenen Leistung zum großen Ganzen beitragen wollen; ein allgemeines Wohlbefinden anstreben; sich gegenseitig motivieren können
- Verantwortung für den eigenen Aufgabenbereich übernehmen; Pflichtbewusstsein; selbstständig Teile ausarbeiten und anschließend mit dem Ganzen verknüpfen können; Inputs liefern; Selbstmanagement, um zuverlässig zu sein; Initiative ergreifen; Probleme erkennen; lösungsorientiert handeln
- Reflexionsfähigkeit (als Einzelperson und als Team); die eigenen Kompetenzen und Grenzen und die der Teamkollegen kennen; eigenes Verhalten hinterfragen
- Sich persönlich abgrenzen können; auch mal Nein sagen können

Der pathologische Gegenpol zur Teamfähigkeit ist vermutlich die sog. **Antisoziale Persönlichkeitsstörung**, die all jene Verhaltensweisen in sich vereint, welche man sich in der Begegnung mit anderen nicht wünscht. Ihr Hauptmerkmal ist ein tiefgreifendes Muster von Missachtung und Verletzung der Rechte anderer. Man bezeichnet dieses Verhaltensmuster mitunter auch als Psychopathie, Soziopathie oder dissoziale Persönlichkeitsstörung.

Mindestens drei der folgenden diagnostischen Kriterien müssen vorliegen, um von einer Antisozialen Persönlichkeitsstörung sprechen zu können (vgl. Saß et al. 2003, S. 772):

- Versagen, sich an gesellschaftliche Normen anzupassen (häufige Gesetzesverstöße);
- Falschheit in Form von Lügen und Betrügen;
- Impulsivität oder Versagen, vorausschauend zu planen;
- Reizbarkeit und Aggressivität;
- rücksichtslose Missachtung der eigenen Sicherheit bzw. der Sicherheit anderer;
- durchgängige Verantwortungslosigkeit (z. B. wiederholtes Versagen, eine dauerhafte Tätigkeit auszuüben, oder wiederholte Nichterfüllung finanzieller Verpflichtungen);
- fehlende Reue in Form von Gleichgültigkeit oder Rationalisierung im Falle der Kränkung, Misshandlung oder Bestehlung anderer Menschen.

Die Anlagen für Teamfähigkeit werden in der Herkunftsfamilie gelegt, in der jeder Mensch erste Erfahrungen (nicht-)funktionierender Teamstrukturen sammelt. Als primärer Ort der Gruppensozialisation wird hier der Grundstock gelegt, wie wir anderen, aber auch uns selbst im späteren Leben begegnen, welches grundsätzliche Ver- oder Misstrauen wir aufbauen, welche individuelle Einstellung wir gegenüber Teamarbeit entwickeln und welches Verhalten wir in kooperativen Zusammenhängen an den Tag legen (vgl. Blum 2010 in ihrer bemerkenswerten Biografie über Harry Harlow und die Anfänge der Bindungsforschung oder auch Santer 2008). In ihren Familien »gehen Kinder emotionale Bindungen ein, bekommen Unterstützung, werden mit Erwartungen und Anforderungen konfrontiert und lernen Handlungs- und Problemlösungsstrategien kennen. Sie erleben soziale Rollen und erproben sich in einer eigenen, fügen sich in bestehende Kommunikationsmuster ein und gestalten diese zunehmend aktiv mit« (Balz/Spieß 2009, S. 93). Teamarbeit kann in gewisser Weise als Wiederholung – Verstärkung oder Modifizierung – des »Vater-Mutter-Kind-Rollenspiels« gesehen werden, als Spiegelung der in der eigenen Familie erworbenen, tief verankerten und weitgehend unbewussten Lern-, Kommunikations- und Verhaltensmuster (vgl. Rosenkranz 2001).

Völlig kooperationsfeindliche und beziehungsunfähige Menschen sind vermutlich eher die Ausnahme. Teilweise wird auch die These vertreten, dass es keine teamunfähigen Mitarbeiter gibt, sondern nur führungsunfähige Teamleiter. Inwiefern dies tatsächlich stimmt, sei dahingestellt. Fest steht nur, dass es ein Mindestmaß an Kooperationswilligkeit unter allen Beteiligten braucht. Finden sich zu (viele) egoistisch agierende Mitglieder in einem Team, so ist abzuwägen, ob man sich nicht besser von dem einen oder anderen trennt. *Joachim Löw* gab in einem Interview auf die Frage, wieviele Egoisten ein Team vertrage, einmal folgende erhellende Antwort: »Ich sage es mal so: Der Teamgedanke schlägt im Zweifel den Individualismus. Letztendlich ist immer wichtiger, dass das Team funktioniert. Wenn jemand außergewöhnlich gut ist, aber alle anderen in irgendeiner Form blockiert und behindert, dann ist es schwierig. Da muss man als Trainer abwägen, inwieweit man auf einen solchen Spieler baut« (Löw 2012).

Diversity – Allgemeine Herausforderung der Teamzusammensetzung

Eine andere Führungsherausforderung bildet die Diversität eines Teams, die nicht nur Quelle für vielfältige Ideen und Sichtweisen ist, sondern auch ein immer schwelender Konfliktherd. Diversität kann einerseits rein ökonomisch gesehen werden – als Möglichkeit zur Steigerung der Teamkreativität und -effektivität, andererseits rein ideologisch – als moralische Verpflichtung von Unternehmen, allen Teil- und auch Randgruppen einer Gesellschaft die gleichen Chancen einzuräumen (vgl. Meyer 2017, S. 152). Zunächst einmal muss aber betont werden, dass Teams, selbst wenn sie fachlich homogen zusammengesetzt sind, allein schon aufgrund der Persönlichkeitsunterschiede zwischen den Teammitgliedern, der unterschiedlichen Einstellungen und sozialisationsbedingten Milieuprägungen »Diversity« aufweisen, womit oft mehr als nur »feine Unterschiede« (vgl. Bourdieu 1987) einhergehen. Diversität ist also nicht, wie uns heute oft weisgemacht werden soll, erst ein Thema zunehmender Interkulturalität und gesellschaftlicher Pluralität. All dies kommt nur noch verstärkend, besser gesagt verschärfend hinzu.

Vielfalt in einem Team ist ambivalent zu bewerten (vgl. Schneid et al. 2014, S. 184). Sie kann multiperspektivisches Denken fördern und so kreativere Problemlösungen zustande bringen. Sie kann zudem übertriebenem Konsensstreben entgegenwirken – d. h. letztlich eine Verbesserung der Informations- und Entscheidungsprozesse bewirken. Falsche oder übergroße Vielfalt kann aber auch extrem anstrengend sein, Unsicherheit erzeugen und zur Subgruppenbildung beitragen. Mit Letzterem sind Prozesse sozialer Kategorisierungen aufgrund von Anziehungen durch Ähnlichkeit und Abgrenzungen durch Unähnlichkeit gemeint (vgl. Roberson/Ryan/Ragins 2017, S. 490). Im Endeffekt schwächt Untergruppenbildung den Zusammenhalt eines Teams, erzeugt Kommunikationsprobleme, zieht stereotype Zuschreibungen und Ausgrenzungen nach sich, verzögert die Entscheidungsfindung oder führt gar zu offenen Feindseligkeiten und aggressivem Verhalten. Am Ende dreht sich das Team nur noch um sich selbst, bewegt sich aber nicht mehr vorwärts in Richtung Ziel. Genauer gesagt findet Zusammenarbeit und Kommunikation nur noch in der bevorzugten In-Group statt, während ein negatives Verhalten und Bewerten gegenüber der Out-Group erfolgt (vgl. Schneid et al. 2014, S. 187).

Diversitätsmerkmale zeigen sich in zwei Kategorien (vgl. Harrison/Price/Bell 1998, S. 97 f.):

- *Oberflächliche bzw. demografische Unterschiede* (surface-level diversity): Hierzu zählen leicht wahrnehmbare Unterschiede im Geschlecht, in der Hautfarbe, im Alter, in der hierarchischen Stellung und den (Arbeits-)Erfahrungen – bei weitgehend ähnlichem (landes-)kulturellen Hintergrund.
- *Tiefgründige bzw. psychologische Unterschiede* (deep-level diversity): Das sind zunächst charakterliche bzw. persönlichkeitsbedingte Unterschiede und Unterschiede in der Herkunft (sozialer Status). Noch virulenter ist jedoch die Verschiedenartigkeit in der Einstellung, in der Motivation, in religiösen bzw. weltanschaulichen Überzeugungen und im Wertesystem. Diese ergeben sich aus tief verankerten kulturellen Prägungen und äußern sich im als selbstverständlich betrachteten verbalen und nonverbalen Alltagsverhalten sowie in der emotionalen Bewertung von Ereignissen (z. B. in die Augen sehen in Gesprächen, Umgang mit Zeit, Menschenbild).

Eine Zwischenstellung nimmt der funktionale Hintergrund bzw. die fachlich-berufliche Zugehörigkeit ein. In ihrer Metaanalyse konnten Schneid et al. nur bei funktionaler Diversität und bei Bildungsdiversität einen positiven Effekt in Form von erzielten Synergieeffekten im Team nachweisen (vgl. Schneid et al. 2014, S. 204). Zwar weiß jeder aus eigener Erfahrung, dass es einen Unterschied macht, ob man es mit einem Informatiker, Juristen, Künstler, Psychologen oder Polizisten zu tun hat, oder ob man – bezogen auf funktionale Bereiche einer Organisation – mit einem Buchhalter, Manager, Entwickler, Vertriebler oder Personaler zusammenarbeitet. Jeder Bereich hat seine persönlichkeitsprägende Wirkung (»deformation professionelle«). Zugleich zieht jeder Bereich auch ganz bestimmte Persönlichkeitstypen an. Hier existieren zum Teil durchaus gravierende Unterschiede, die sich in voneinander abweichenden Fachsprachen, Problemlösungsstilen und Sichtweisen manifestieren. Doch all dies sind überbrückbare Gegensätze, sofern die wechselseitige Bereitschaft besteht, sich auf fachfremde Sprach- und Vorstellungswelten einzulassen. Eine professionelle Orientierung oder ein ähnliches Arbeitsethos einen. In letzter Konsequenz ist die Einstellungswelt, die ein Team entwickelt, ausschlaggebend.

Altersgemischte Teams

Dasselbe gilt für den Umgang mit verschiedenen Altersgruppen in Teams, d. h. die Herausforderungen intergenerativer Zusammenarbeit. Auch hier sollte es nicht um die gegenseitige Abkanzelung gehen, sondern um den gemeinsamen Willen, voneinander zu profitieren, um die Wertschätzung der von den einzelnen Altersgruppen jeweils eingebrachten besonderen Kompetenzen – nach dem Motto: »Neue Besen kehren gut, aber die alten kennen die Ecken« (vgl. Jungmann/Wegge 2016, S. 199 ff.). Dennoch können natürlich Konflikte auftreten. Durch unterschiedliche Denk- und Arbeitsweisen aufgrund der individuell variierenden Sozialisationen und des »Erfahrungsgefälles«, durch unterschiedliche Präferenzen bei der Technologie- und Medienwahl, durch Vorurteile, durch Differenzen in Belastbarkeit, Leistungsfähigkeit und -wille, aber auch allgemein durch voneinander abweichende (im-)materielle Erwartungen an die Arbeit, die stark vom jeweiligen Lebensabschnitt und den Work-Life-Balance-Vorstellungen abhängen (vgl. Wegge et al. 2011, S. 434 f.).

Auch wenn derzeit Unmengen an Büchern über generative Unterschiede veröffentlicht werden, über digitale Einwanderer und digitale Eingeborene, über die Generationen X, Y und Z (vgl. etwa Bruch/Kunze/Böhm 2010; Eberhardt 2016; Tavolato 2016) – am Ende kommt es, gesetzt die Grundhaltung eines Teams stimmt, auf die ausgewogene Mischung an, auf die auch Alex Ferguson als Trainer von Manchester United in seiner Vereinszeit besonders geachtet hatte: »Wir haben viel über die Alterszusammensetzung unserer Mannschaft nachgedacht und immer sehr genau darauf geachtet, wie viele Spieler über 30 sind, wie viele zwischen 23 und 30 und wie viele zwischen 20 und 23 Jahre alt. Meine Mannschaften sollten niemals zu alt sein, weil den Spielern dann vielleicht der entscheidende Meter an Geschwindigkeit fehlt oder sie zu lange benötigen, um sich von Verletzungen zu erholen. Zu jung sollten sie aber auch nicht sein, dann lief man Gefahr, dass es dem Team an Reife mangelte und an Abgebrühtheit« (Ferguson 2016, S. 91). Und an anderer Stelle heißt es: »Junge Menschen können einen fantastischen Spirit in eine Organisation einbringen (…) [Sie] kennen kein »Unmöglich« und laufen notfalls auch durch einen Stacheldrahtzaun, während die älteren Spieler lieber nach einem Durchgang suchen« (Ferguson 2016, S. 83).

Zwar zeigen empirische Befunde derzeit mehr Nachteile als Vorteile altersgemischter Teams (vgl. Wegge et al. 2011, S. 434), doch dürfte der Teamerfolg auch hier wiederum davon abhängen, was ein Team schlussendlich mit den Unterschieden anzufangen weiß.

Ligaturen: Eine ähnliche Grundeinstellung ist entscheidend

John Doerr, einflussreicher Risikokapitalgeber im Silicon Valley, achtet daher nicht allein auf die Brillanz einer Idee oder technologischen Neuerung, sondern in besonderem Maße auf das Team, das ihm diese präsentiert. »»Ein Team glaubt, es könnte uns für die Technologie und das Produkt oder den Service begeistern. In Wirklichkeit machen wir uns aber Gedanken über *sie*, die Teammitglieder. Wir möchten wissen, wer sie sind, wie sie zusammenarbeiten werden.« Bei seinen Besprechungen mit angehenden Gründerfirmen sondiert er die Dynamik der Gruppe: wie sie mit sich selbst umgehen werden, wie sie sich über Prioritäten verständigen werden, wie sie messen werden, ob sie ihre Sache gut machen, wie sie mit einem verfahren werden, bei dem es nicht so richtig klappt. »Ich checke ihre Instinkte, ihr Navigationssystem, ihre Werte«« (Goleman 2000, S. 242).

Der intelligente Umgang mit Vielfalt in Teams spiegelt die Problematik des Umgangs mit Vielfalt auf gesellschaftlicher Ebene wider. Der Soziologe Lord Ralf Dahrendorf ging davon aus, dass nur »Ligaturen«, kulturelle Verbindungslinien dauerhaft die Stabilität, den Zusammenhalt und das Überleben einer Gesellschaft gewährleisten können (z. B. Zugehörigkeit zu Familie und Gemeinde, Traditionen, religiöse Werte). Sie verleihen Sinn und erlauben angesichts multipler Optionen ein Zurechtfinden. Ligaturen bilden quasi den Grundkonsens einer Gesellschaft, den Wertekompass, das Koordinatensystem und sorgen dafür, dass Verhalten verlässlich und berechenbar wird. Sie sind der Kitt, der alles zusammenhält und durch den Verschiedenartigkeit nicht nur erträglich, sondern zu einem deutlichen Leistungsvorsprung und kreativitätssteigernden Wettbewerbsvorteil werden kann. Dahrendorf präzisiert Ligaturen wie folgt: »Vielleicht kann man von einer Tiefenkultur sprechen, die Menschen hält und leitet. Alle Erwägungen dieser Art führen zurück zu »Bindungen«, die eine gewisse »Verbindlichkeit« haben: Re*lig*ion, Ob*lig*ation, die lateinische Vokabel *ligare* kehrt wieder, weshalb ich vorgeschlagen habe, hier von *Ligaturen* zu sprechen. Ligaturen sind also tiefe kulturelle Bindungen, die Menschen in die Lage versetzen, ihren Weg durch die Welt der Optionen zu finden« (Dahrendorf 1992, S. 41).

Vor diesem Hintergrund wird verständlich, was mit oberflächlichen und was mit tiefgründigen Unterschieden gemeint ist. Oberflächliche Unterschiede betreffen Dinge wie Hautfarbe, Kleidungsstil, Geschlecht, Alter. Sie sind naturgemäß weit weniger entscheidend als die tiefgründigen Unterschiede, zum Beispiel grundsätzlich voneinander abweichende Einstellungen im Hinblick auf die Arbeitsdisziplin und Arbeitsleistung oder sich kulturell diametral unterscheidende Vorstellungen über die Rolle des Chefs im Team, den Umgang mit Frauen oder das Äußern von Kritik (▶ Infobox »Herausforderungen internationaler Teams«). Bei unüberbrückbaren Differenzen entstehen leicht subkulturelle Parallelwelten, dann dürften sich zunehmend Frust und Sprachlosigkeit im Team ausbreiten.

Infobox »Herausforderungen internationaler Teams«

Der Umgang mit Vielfalt zeigt sich auf besonders deutliche Weise im Zusammenprall unterschiedlicher, landeskulturell geprägter Vorstellungen. Erst durch die Begegnung mit fremden Kulturen werden wir uns der eigenen (unhinterfragten und als sebstverständlich erachteten) kulturellen Prägung bewusst. International zusammengesetzte Teams sind durch die Globalisierung und die weltweit vernetzte Geschäftstätigkeit, die zu zahlreichen Fusionen, Aufkäufen und Kooperationen von Unternehmen geführt hat, keine Seltenheit. Solche Teams kommen etwa in der Softwareentwicklung, der Entwicklung von Beratungslösungen, dem Kundenservice oder im Engineering zum Einsatz. Oft kooperieren international zusammengesetzte Teams virtuell, d. h. standortübergreifend und über Ländergrenzen hinweg.

Eine Sensibilisierung der Teammitglieder für kulturelle Unterschiede, der Aufbau sog. interkultureller Kompetenz bildet in internationalen Teams daher eine wichtige Erfolgsgrundlage, die möglichst bereits zu Beginn der Zusammenarbeit thematisiert werden sollte und nicht erst als Reaktion auf eingetretene Konflikte und Missverständnisse. Flankiert werden muss dies durch konkrete Maßnahmen der Führung. Diese hat für Zielklarheit, eindeutige Rollenzuweisungen, angemessene und von allen eingehaltene Interaktionsregeln und ein konstruktives Monitoring zu sorgen (vgl. Earley/Gardner 2005, S. 23).

Im Rahmen der allgemeinen kulturellen Sensibilisierung kann auf die **sechs Dimensionen von Geert Hofstede** (vgl. Hofstede/Hofstede 2011, S. 49 ff.) zurückgegriffen werden:

- *Machtdistanz*: Inwiefern wird akzeptiert, dass Macht ungleich verteilt ist? Wie groß ist der emotionale Abstand zwischen Vorgesetzten und Mitarbeitern? Darf Vorgesetzten widersprochen werden? Ist eine Gesellschaft hierarchisch oder egalitär ausgerichtet?
- *Unsicherheitsvermeidung*: Fühlt sich eine Gesellschaft durch unsichere, zweideutige und unstrukturierte Situationen bedroht und versucht diese zu vermeiden (Status-quo-Denken) oder ist man Veränderungen gegenüber sehr offen? Unsichere Kulturen achten auf Details und Standardisierung. Sie besitzen eine hohe Regelungsdichte und streben mehr nach Konsens und Konformität als nach Risiko und Planabweichung.
- *Individualismus vs. Kollektivismus*: Sie beschreiben das Ausmaß, in dem in einer Gesellschaft Eigeninitiative und Selbstversorgung oder staatliche Fürsorge und familiäre Anbindung bevorzugt werden. Kollektivistische Gesellschaften verfügen über enge und klar definierte Beziehungssysteme. Die Einbindung und Geborgenheit in einer Gruppe oder Organisation (das chinesische »Danwei«) stehen über Einzelkämpfertum, freiem Willen und Selbstverwirklichungsstreben.
- *Maskulinität vs. Femininität*: Maskuline Orientierung umfasst das Streben nach materiellem Erfolg, Leistung, Status und Karriere. Feminine Orientierung strebt nach Lebensqualität, Bescheidenheit und intakten zwischenmenschlichen Beziehungen. Ein gutes Arbeitsklima und Work-Life-Balance sind wichtiger als rein karrieristische Erwägungen. Die Führung ist hier kooperativer und empathischer.
- *Langfristorientierung* (»konfuzianische Dimension«): In Gesellschaften mit kurzfristiger Orientierung agieren Menschen flexibel und egoistisch; sie leben im Hier und Jetzt. Im Mittelpunkt langfristig orientierter Gesellschaften stehen Ausdauer, Beharrlichkeit beim Verfolgen von Zielen. Sparsamkeit und eine hohe Investitionsquote sind weitere Merkmale des Konfuzianismus.
- *Nachgiebigkeit vs. Beherrschung*: Sind Menschen genussorientiert oder sind sie zu Verzicht bereit, zügeln sie ihre Vergügungssucht? Inwiefern nehmen Menschen

Arbeit und Entbehrungen ohne Murren in Kauf? Wie wichtig ist ihnen das eigene Glück, das lustvolle Auskosten des Augenblicks?

Ergänzende Einsichten über kulturelle Prägungen haben die Studien des Anthropologen **Edward T. Hall** geliefert. Dieser unterschied folgende Kulturmuster (vgl. Kutschker/Schmid 2011, S. 710 ff.):

- *Kontextorientierung*: In Low-context-Kulturen werden Dinge direkt und unverblümt angesprochen, Gesprächspartner fallen quasi »mit der Tür ins Haus« und sprechen ihre Gefühle offen aus (z. B. Deutsche). In High-context-Kulturen dagegen wird viel atmosphärisch angedeutet und zwischen den Zeilen gesagt (z. B. Asiaten). Man geht der direkten Konfrontation aus dem Weg. Während Europäer Asiaten als undurchsichtig betrachten, betrachten Asiaten Europäer meist als zu direkt und aufdringlich. Ein typisch asiatischer Ausspruch ist: Der Frosch zeigt all seine Innereien, wenn er das Maul aufreißt.
- *Raumorientierung* (Proxemik): Wieviel »Territorium« (= der unsichtbare Kreis der Privatsphäre) benötigen Menschen um sich herum? Wie nahe darf man jemandem »auf die Pelle« rücken, ohne dass er sich bedrängt fühlt und einen Schritt zurückweicht? In manchen Kulturen sind selbst flüchtige Berührungen tabu und bedürfen einer Entschuldigung, in anderen rückt man sich so nahe, dass man den anderen riechen kann.
- *Zeitorientierung*: Dabei wird zwischen monochroner und polychroner Zeitauffassung unterschieden. »In Kulturen mit monochroner Zeitauffassung wird Zeit linear betrachtet, d. h. Aktivitäten werden so angeordnet, dass sie nacheinander und sequentiell bewältigt werden können (»one-thing-at-a-time«). In Kulturen mit polychroner Zeitauffassung verschwimmen unterschiedliche Zeitfenster. Zeit ist (…) ein zirkuläres Konzept. Zeit wird zu einem Raum, in dem gleichzeitig mehrere Aktivitäten durchgeführt werden (»different-things-at-a-time«)« (Kutschker/Schmid 2011, S. 714).
- *Informationsgeschwindigkeit*: Kulturen mit Vorlieben für eine hohe Informationsgeschwindigkeit wollen alles kurz und bündig präsentiert bekommen. In Wort und Schrift dominiert ein Stil, der auf den Punkt kommt. Informationen sollen schnell verarbeitet werden können. Kulturen mit niedriger Informationsgeschwindigkeit bevorzugen längere und aussagekräftigere Informationen. Das Plakative wird eher geringgeschätzt.
- *Förmlichkeit*: Wie wichtig ist die Beachtung äußerer Formen und Manieren? Welche Rolle spielen Titel und Anreden? Wie höflich und rücksichtsvoll wird miteinander umgegangen?

Die Vermittlung dieser Kenntnisse zur Steigerung der interkulturellen Kompetenz erfolgt im Rahmen informationsbasierter Trainings. Diese Trainings umfassen zudem Erfahrungsberichte, Filme und Vorträge. Außerdem werden demonstrations- und praxisorientierte Seminare eingesetzt (z. B. Fallstudienbearbeitung, Besprechung von Critical Incidents, Orientierungsreisen, Rollenspiele und Simulationen wie das BaFá-BaFá-Spiel, bei dem sich zwei Gruppen mit konträren kulturellen Verhaltensmustern gegenüberstehen). Aus Sicht der Teamführung stellt sich – ähnlich wie auf Unternehmensebene – die Grundsatzfrage, wie mit kultureller Vielfalt umzugehen ist (vgl. hierzu von der Oelsnitz 2006, S. 155 ff.).

Exkurs: Das Big Five-Modell der Persönlichkeitserfassung

Einstellungen aufzudecken ist schwierig – sie verändern zu wollen wegen ihrer tiefen Verwurzelung, wenn überhaupt, nur langfristig oder durch seelische Erschütterungen möglich (vgl. Martens 2009, S. 61 ff.). Dennoch existieren viele moderne Führungsansätze (z. B. Transformational Leadership, Supportive Leadership), die genau dies fordern. Im Alltag im Vergleich zu Einstellungen leichter zu erkennen ist die **Persönlichkeit** von Teammitgliedern, schließlich dringt uns diese – wie der österreichische Profiler Thomas Müller, Sigmund Freud zitierend, immer wieder betont – »jeden Tag aus allen Poren« (vgl. Müller 2004). In eine ähnliche Richtung weist ein Ausspruch von Oswald Bumke: »Wer Menschen kennenlernen will, muss nur abwarten und zuhören können. Schließlich enthüllt jeder sich selbst.«

In der »Persönlichkeit« sind **überdauernde Eigenschaften (Traits)** und grundlegende Wesenszüge eines Menschen gebündelt. Diese sind nach Gordon Allport (1897-1967) die Quelle der persönlichen Individualität. Inwiefern Teammitglieder von ihren Persönlichkeiten her zueinander passen, ergibt sich im Verlauf der Zeit ebenfalls von selbst. Ihre Bedeutung für den Teamerfolg sollte nicht unterschätzt werden: »Great teams are about personalities, not just skills« (Winsborough/Chamorro-Premuzic 2017). Sie bestimmen über die Rolle, die jemand im Team einnimmt und die Art und Weise, wie er mit dem Rest des Teams interagiert, wie er auf andere eingeht und wie er mit ihnen umgeht. »The crunch question in the long run is not (…) what a prospective employee knows, or what specialist skills are possessed: what matters most, given a fair field of adequately qualified candidates, is *how the chosen person is going to behave*« (Belbin 2001, S. 19). Auf den Rollenbegriff wird im Anschluss und in Kapitel 3.4 noch eingegangen. Hier sollen zunächst zentrale Persönlichkeitsmerkmale und Aspekte der emotionalen Intelligenz, die speziell für Teamarbeit entscheidend sind, herausgegriffen werden.

Die differentielle Psychologie hat bereits ein **umfangreiches Set an Persönlichkeitstests** entwickelt, von denen auch viele – speziell in größeren Betrieben – als teamdiagnostisches Instrument (vgl. Kauffeld 2001, S. 61 ff.) eingesetzt werden (z. B. Myers-Briggs-Typenindikator, DISG-Modell, Herrmann Brain Dominance Instrument, Freiburger Persönlichkeitsinventar, Bochumer Inventar zur berufsbezogenen Persönlichkeitsbeschreibung). Einen umfassenden Überblick liefert die Testzentrale des Hogrefe-Verlags im Internet. Empirisch nicht belegt, aber praktisch wegen seiner, dem Sternzeichen ähnelnden Anziehungskraft immer wieder vorgebracht ist das auf Carl Huter zurückgehende Verfahren der Psychophysiognomik, das vom Körperbau, der Gesichtsform, der Gestalt der Nase, des Ohrs usw. auf grundlegende Charaktereigenschaften eines Menschen und die Passung zwischen Menschen schließt (vgl. Aerni 2003; aber auch Sheldon/Stevens/Tucker 1940; Kretschmer 1955). Dieses Konzept wird von vielen Wissenschaftlern als ethisch fragwürdig eingestuft. Das Gleiche gilt für sämtliche, teilweise esoterisch angehauchte Versuche, menschliche Typologien zu entwickeln (zurückgehend auf Hippokrates' Lehre vom melancholischen, sanguinischen, cholerischen und phlegmatischen Temperament). Am populärsten ist gegenwärtig das *Enneagramm*, das Menschen nach der Dominanz von Kopf, Herz oder Bauch in neun Typen unterteilt (vgl. Palmer 2000; Rohr/Ebert 2013).

Von Typologien hat sich die gegenwärtige differentielle Psychologie verabschiedet, registriert diese bestenfalls noch mit einem abschätzenden Lächeln (vgl. Kanning 2010), schlimmstenfalls mit völliger Ignoranz (auch wenn sich in breiten Teilen der Bevölkerung solche Herangehensweisen weiterhin großer Beliebtheit erfreuen). Die moderne Persönlichkeitsforschung konzentriert sich mehr auf das *tatsächlich gezeigte Verhalten* von Personen, auf die unterschiedlichen menschlichen Verhaltensweisen (einen fundierten Überblick über Persönlichkeitstheorien liefern Maltby/Day/Macaskill 2011; Stemmler et al 2016; Rammsayer/Weber 2016). Gerade weil diese Verhaltensweisen unglaublich viele Schattierungen aufweisen, erscheine es nicht redlich, vereinfachte Typen zu bilden. Zudem verleite dies dazu, Menschen vorschnell in Schubladen zu stecken. Dennoch können auch Typologien, wenn sie nicht verabsolutiert werden, zu einer Erhöhung der Selbsterkenntnis und -entwicklung beitragen.

Die Anfänge der heute dominanten Persönlichkeitstheorien gehen auf Raymond Cattell zurück, der insgesamt 16 Persönlichkeitsdimensionen unterschied (vgl. Cattell/Saunders/Stice 1953, S. 337 ff.). Allein diese Zahl lässt erahnen, welche Dynamiken unterschiedliche Persönlichkeiten in Teams entfachen können. Die diversen Persönlichkeitsdimensionen wurden im Verlauf der letzten 50 Jahre immer weiter verdichtet und mündeten schließlich in das sog. **Big Five-Modell,** das die wichtigsten Verhaltensdimensionen bündelt und einen Gutteil des menschlichen Verhaltens erklärbar macht. Abbildung 22 fasst diese überblickartig zusammen (vgl. Howard/Howard 2002, S. 24 f.; Barrick/Mount 1991).

Fokussierung ist wichtig, um in seinem Aufgabenfeld gute Leistung zu erbringen. Das *Sozialverhalten* ist speziell für die Teamfähigkeit von Bedeutung und ein hoher bzw. niedriger Wert bei der Neugier kann Mitarbeiter besser für eher exploitative (qualitäts- und detailorientierte) oder besser für eher explorative (visionäre, das Bestehende hinterfragende) Aufgaben im Team qualifizieren. *Neurotizistische Menschen* sind allgemein nervös und ängstlich. Unter Stress neigen sie zu Überreaktionen (weshalb diese Eigenschaft neben der mangelnden Impulskontrolle auch der häufigste Grund für gescheiterte Beziehungen ist, vgl. Kelly/Conley 1987). Sie sind aber auch sehr besorgt um andere, erfassen frühzeitig negative Entwicklungen und können einer übertriebenen Risikoneigung im Team entgegenwirken. Das bedeutet: Es *gibt nicht nur kein ideales Team, sondern auch keine ideale »Teampersönlichkeit«*. Je nach Situation können bestimmte Eigenschaften von größerem oder geringerem Nutzen sein, d. h. manchmal sind selbst vermeintliche Schwächen Stärken (und Stärken Schwächen).

Die fünf großen Persönlichkeitsdimensionen (»Big Five«)

Stressverhalten: Emotionale Labilität/ Neurotizismus (Gegenpol: Emotionale Stabilität)
Menschen mit einem hohen Labilitätswert sind sehr nervös und bevorzugen eine stressfreie Arbeitsumgebung. Dagegen bleiben Menschen mit einem niedrigen Wert selbst bei Stress, der andere förmlich lähmt, sehr gelassen und relativ unbeeindruckt.

niedriger Wert	mittlerer Wert	hoher Wert
belastbar (zufrieden, beherrscht, sicher, stressfrei)	*besonnen (in Stresssituationen gelegentlich besorgt)*	*nervös (angespannt, wachsam, ängstlich)*

Soziabilität: Extraversion (Gegenpol: Introversion)
Stark extravertierte Menschen lieben es, mitten im Geschehen zu stehen, während sich introvertierte Menschen gern abseits von Lärm und Tumult aufhalten.

niedriger Wert	mittlerer Wert	hoher Wert
introvertiert (zurückgezogen, zurückhaltend, gehemmt)	*ambivertiert (schätzt eine Ausgewogenheit von Einsamkeit und Geselligkeit)*	*extravertiert (gesellig, enthusiastisch, aktiv)*

Neugier: Kreativität / Offenheit für neue Erfahrungen
Sehr offene Menschen haben einen unerschöpflichen Appetit auf neue Ideen und Aktivitäten und sind schnell gelangweilt. Personen mit geringer Offenheit bevorzugen Vertrautes und neigen zu einer praxisnahen Lösung.

niedriger Wert	mittlerer Wert	hoher Wert
bewahrend (konservativ, praxisnah orientiert, tüchtig)	*moderat (meistert die Spanne zwischen Effizienz und Innovation)*	*erneuernd (neugierig, träumerisch, visionär)*

Sozialverhalten: Anpassung/ Verträglichkeit
Hoch verträgliche Menschen passen sich den Wünschen und Bedürfnissen anderer an, während Menschen mit niedriger Verträglichkeit sich mehr um ihre eigenen Prioritäten kümmern.

niedriger Wert	mittlerer Wert	hoher Wert
herausfordernd (fragend, rivalisierend, stolz)	*vermittelnd (findet es angenehm, eine Win-Win-Situation herbeizuführen)*	*anpassend (konform, guter Mannschaftsspieler, unterstützend, hilfsbereit)*

Fokussierung: Festigung/ Gewissenhaftigkeit/ Leistungsstreben
Sehr gewissenhafte Menschen konzentrieren ihre Energie und Ressourcen auf einzelne oder wenige Ziele, während weniger gewissenhafte Menschen einen eher spontanen Arbeitsstil bevorzugen und häufig zwischen Aufgaben hin- und herspringen.

niedriger Wert	mittlerer Wert	hoher Wert
flexibel (spontan, spielerisch, fühlt sich wohl im Chaos, kann gut mehrere Dinge gleichzeitig tun)	*ausbalanciert (hält berufliche und private Anforderungen in der Balance)*	*fokussiert (organisiert, perfektionistisch, ehrgeizig)*

Abb. 22: Die fünf großen Persönlichkeitsdimensionen (»Big Five«)

Die Teamführung ist durch das Wissen um persönliche Eigenheiten der Teammitglieder besser in der Lage, auf individuelle Bedürfnisse einzugehen, und darüber zu entscheiden, wer für welche Rolle im Team besonders geeignet ist. »Das Big Five-Modell kann uns helfen, potenzielle Schwierigkeiten innerhalb der Gruppendynamik, Konfrontationen während der Meetings oder subtile Spitzfindigkeiten zu erkennen, und durch dieses Wissen unsere tägliche Zusammenarbeit und Kommunikation angenehmer und verständlicher machen. Die Profile helfen uns, Stärken und Schwächen nicht persönlich zu nehmen, und halten uns davon ab, sie als falsch oder richtig zu bezeichnen« (Howard/ Howard 2002, S. 171; Barrick et al. 1998).

Was dieses Modell jedoch nicht leisten kann, ist die *Identifikation pathologischer Ausreißer*. Extrem hohe oder niedrige Werte sagen also noch nichts über die komplette Persönlichkeit eines Menschen aus. Außerdem – um nochmals den Gedanken von weiter oben aufzugreifen – lässt sich allein durch dieses Modell kein ideales Team formen. Die ideale Passung zwischen Menschen wird es vermutlich nur höchst selten geben. Es mögen magische Momente aufblitzen, doch sind diese zumeist nicht von Dauer. So gibt es im Jazz etwa den Ausdruck, »»in the groove«, der sich darauf bezieht, dass ein Ensemble wie »ein Mann spielt«« (Senge 2011, S. 256). Der Normalfall wird damit jedoch nicht abgebildet.

Wie wichtig ist emotionale Intelligenz?

Emotionale Intelligenz bestimmt letztendlich darüber, wie und ob ein Team mit unterschiedlichen Persönlichkeiten gewinnbringend umgehen kann (vgl. Jumpertz 2016, S. 20 ff.). Auch *Soft* Skills sind demnach *harte* Erfolgsfaktoren. »Wenn die Leute sich ehrlich darüber äußern würden, was hervorragende Teams in einer Firma auszeichnet, dann würden sie sagen, dass es auch an den emotionalen Beziehungen liegt, die sowohl Offenheit als auch Fürsorglichkeit ermöglichen« (Goleman 2000, S. 277). Rindermann (2009, S. 24, 30 ff.) grenzt vier emotionale Grundkompetenzen und zwei weitere Zusatzfähigkeiten bei der Messung emotionaler Intelligenz ab:

- *Erkennen und Verstehen eigener Emotionen*: Können Personen eigene Gefühle, positive wie negative, erkennen und registrieren sie in ausreichendem Maße Stimmungsschwankungen bei sich selbst? Oder werden diese am Ende früher von Menschen aus der Umgebung bemerkt? Goleman bezeichnet die Selbstwahrnehmung bzw. das Erkennen eines Gefühls, während es auftritt, als Grundlage der emotionalen Intelligenz: »Wer die eigenen Gefühle nicht zu erkennen vermag, ist ihnen ausgeliefert« (Goleman 2007, S. 65). Ein Beispiel hierfür ist der Zorn.
- *Erkennen von Emotionen bei anderen*: Werden Gefühle und Stimmungen bei anderen – über deren verbales und nonverbales Verhalten – rechtzeitig erkannt und korrekt gedeutet? Diese Fähigkeit der interpersonalen Intelligenz, früher wurde häufiger von Sozialkompetenz gesprochen, ist essentiell, um Kontakte zu knüpfen und tragfähige soziale Beziehungen aufrechtzuerhalten. Das Gespür für die Gefühle anderer ist

zugleich eine Voraussetzung dafür, »Meinungsverschiedenheiten zu klären und erfolgreich zu kommunizieren« (Goleman 2000, S. 250).

- *Regulation und Kontrolle eigener Emotionen*: Die Fähigkeit, mit eigenen Gefühlen umzugehen, hängt stark vom Erkennen derselben ab, was speziell bei extremen Ausschlägen wichtig ist, um etwa verbale Verletzungen anderer im Zuge von »Ausrastern« zu vermeiden. Hier geht es letztlich darum, ob sich jemand im Griff hat und sich auch unter Stress nicht gehen bzw. aus der Fassung bringen lässt.
- *Emotionale Expressivität*: Ist jemand in der Lage, adäquat auszudrücken und zu beschreiben, was er fühlt? Hat er es überhaupt gelernt, über seine Gefühle offen zu sprechen oder fällt ihm dies in Gegenwart anderer prinzipiell schwer?
- *Regulation der Gefühle anderer*: Wie geht man mit Gefühlen anderer um? Hat man ein empathisches Gespür für ihren Zustand? Lässt man sich von diesen anstecken (vgl. Paulsen/Kauffeld 2016, S. 358 f.) oder ist man in der Lage, die anderen aus ihrem Stimmungstief herauszuholen, zu trösten oder zu beruhigen? Speziell in Teams ist diese motivationale Fähigkeit sehr wichtig, um bei Rückschlägen keine kollektive emotionale Abwärtsspirale entstehen zu lassen. Teammitglieder, die ein mitreißendes Temperament haben, können dem Team in wenig hoffnungsvollen Lagen wertvolle Dienste erweisen.
- *Einstellungen zu Gefühlen*: Sind Gefühle Menschen in ihrem Leben wichtig? Wollen sie sich ihrer überhaupt bewusst werden? Ist ihnen Selbst- und Fremderkenntnis wichtig? Schätzen sie einen positiven Umgang mit Gefühlen?

Interpersonale Intelligenz und **Empathie** als zentrale Elemente emotionaler Intelligenz sorgen in Teams dafür, dass Hilfe ohne Bloßstellung möglich ist und Kooperation letztlich zu einem Mehrwert führt. Während interpersonale Intelligenz auf die Fähigkeit verweist, »andere Menschen zu verstehen: was sie motiviert, wie sie arbeiten, wie man kooperativ mit ihnen zusammenarbeiten kann« (Howard Gardner, zitiert in Goleman 2007, S. 60), beschreibt Empathie die »Fähigkeit, zu erkennen, was ein anderer empfindet« (Goleman 2007, S. 127). Sie gilt als Basiskompetenz für die Kommunikationsfähigkeit (vgl. Balz/Spieß 2009, S. 35). Empathisch handeln kann nur derjenige, der in der Lage ist, sich in andere hineinzuversetzen. Der amerikanische Zukunfts- und Trendforscher Jeremy Rifkin glaubt in Empathie gar die Grundbedingung für die Entwicklungs- und Überlebensfähigkeit der menschlichen Zivilisation zu erkennen. »Man stelle sich einmal eine Gesellschaft vor, die nur aus Narzissten, Soziopathen und Menschen mit autistischen Störungen bestünde! Eine Gemeinschaft setzt soziales Verhalten ihrer Mitglieder voraus und soziales Verhalten erfordert die Fähigkeit zur Empathie« (vgl. Rifkin 2010, S. 44).

Ähnlich sieht auch Arno Gruen in Empathie die eigentliche Wurzel guten Handelns: »Moral kommt nicht aus abstrakten Begriffen. Sie entwickelt sich aus der Fähigkeit, empathisch auf Schmerz und Leid im anderen zu reagieren. Wenn wir merken, dass es uns schmerzt, wenn unsere Taten anderen Schmerzen und Leiden zufügen, dann fängt wirkliche Moral an (…) Wenn aber nur äußere Schranken Einhalt gebieten, dann werden Heuchelei, Falschheit und Betrug jede Ebene einer Gesellschaft durchdringen« (Gruen 2006, S. 178 f.).

Hierbei ist allerdings eine wichtige Ergänzung nötig: *Empathie ist keineswegs ein homogenes Phänomen.* Es gibt zwei unterschiedliche Arten: warm und kalt (vgl. Dutton 2013, S. 33). Warme Empathie bedeutet echtes Einfühlungsvermögen, wirkliches *Mit*fühlen, bedeutet, selbst zu spüren, was man im Gegenüber emotional anrichtet. Kalte Empathie hingegen weisen Menschen mit psychopathischen Zügen auf, d. h. solche, die eine hohe Punktzahl auf der Self-Report Psychopathy Scale erzielen (z. B. destruktive Narzissten oder enthemmte, rein auf Eigennutzmaximierung ausgerichtete charismatische Machtmenschen, vgl. Howell 1988, S. 217). Diese haben ein geradezu untrügliches Gespür für die Schwächen und die Verletzlichkeit ihrer Mitmenschen. Sie wissen instinktiv, an genau welchen schwachen Punkten des Gegenübers sie drücken müssen, um es – oft über sein schlechtes Gewissen – zu beeinflussen bzw. in ihrem Sinne gefügig zu machen. Dabei gehen sie weitgehend empfindungs- und skrupellos vor. Das gute Einfühlungsvermögen in die Gedanken seiner Mitmenschen dient dem Psychopathen dazu, diese auszunutzen, zu verletzen oder von sich abhängig zu machen (vgl. Dutton 2013, S. 28 f.; Moreno 1996, S. 394). Bei aller Euphorie gegenüber dem Begriff der Empathie sollte seine dunkle Seite daher nicht unterschlagen werden. Selbiges kann der Grund für so manches persönliche Leid in Teams sein.

Emotionale Intelligenz lässt sich allerdings **nicht von heute auf morgen entwickeln**. Erforderlich dafür sind der aufrichtige Veränderungswille, sich Reifungsprozessen (»Häutungen«) zu unterziehen und eine kontinuierliche Bereitschaft zur Selbstreflexion (vgl. Goleman 1998, S. 87 f.). Dies ist bei Führungskräften, die rasche Resultate sehen wollen, kein einfaches Unterfangen (vgl. Ludeman/Erlandson 2004). Gerade erfolgsorientierte Manager reagieren in der Regel defensiv und verweisen auf äußere Umstände, wenn sie Fehler und Unzulänglichkeiten eingestehen sollen (vgl. Argyris 1991, S. 101 ff.). Abbildung 23 fasst den nach Goleman idealen, emotional intelligenten Leader zusammen.

Emotionale Intelligenz bei Führungskräften		
Komponenten	**Defintion**	**Merkmale**
Selbstbewusstheit	Fähigkeit, die eigenen Stimmungen, Gefühle und Antriebe wahrzunehmen und zu verstehen sowie deren Wirkung auf andere richtig einschätzen zu können	• Ehrliche, d. h. weder übertrieben kritische noch unrealistische Selbsteinschätzung (speziell im Hinblick auf die Übernahme von Aufgaben und Herausforderungen) • Die eigenen Werte und Ziele sowie Stärken und Schwächen sind bewusst • Offenheit gegenüber konstruktiver Kritik • Selbstvertrauen, Humor und Selbstironie

Abb. 23: Emotionale Intelligenz bei Führungskräften (in Anlehnung an Goleman 1998, S. 88, 84-90)

Emotionale Intelligenz bei Führungskräften		
Komponenten	**Defintion**	**Merkmale**
Selbststeuerung	Impulskontrolle, d. h. aufsteigende Emotionen bleiben zwar nicht aus, können aber kontrolliert und konstruktiv umgelenkt werden Kein entgleistes, impulsives Verhalten in Stresssituationen, d. h. Urteile werden überdacht, bevor sie geäußert werden	• Zuverlässigkeit und Integrität • Reflexionsfähigkeit und Bedachtsamkeit • Ambiguitätstoleranz • Offenheit gegenüber Veränderungen
Motivation	Leidenschaft für die Arbeit (unabhängig von äußeren Anreizen wie Geld oder Status) Fähigkeit, sich selbst herausfordernde Ziele zu setzen und an deren Erreichung beharrlich zu arbeiten	• Hohe Leistungsmotivation • Optimismus, speziell im Umgang mit Niederlagen und Schwierigkeiten (nicht zum Selbstmitleid oder Jammern neigend) • Lösungsorientiertes Denken • Identifikation mit der Organisation
Empathie	Fähigkeit, die emotionale Befindlichkeit anderer Menschen zu verstehen und angemessen auf ihren Zustand zu reagieren	• Nicht alle zufriedenstellen wollen, sondern intelligente Entscheidungen unter Berücksichtigung von Mitarbeitergefühlen treffen • Talente aufbauen und halten können • Wissen darüber, wann und wem gegenüber welches Feedback angemessen ist • Gespür für Zwischentöne, Antennen für atmosphärische Schwingungen • Standpunkte anderer richtig deuten und in Teams einen Konsens erzielen können • Interkulturelle Kompetenz und Sensibilität gegenüber Kundenbedürfnissen
Sozialkompetenz	Fähigkeit, Netzwerke zu knüpfen und tragfähige Beziehungen aufzubauen Fähigkeit, mit anderen rasch eine verbindliche und produktive Gesprächsbasis (Rapport) herzustellen	• Erfolgreiche Bewältigung von Wandel, d. h. gekonnter Umgang mit Konflikten und Widerständen • Überzeugungskraft, d. h. Gespür dafür, wann eher emotional und wann eher sachlich argumentiert werden sollte • Teams aufbauen und führen können

Abb. 23: Emotionale Intelligenz bei Führungskräften (in Anlehnung an Goleman 1998, S. 88, 84-90) – Fortsetzung

Doch stellt die emotional reife und integre Führungsperson nicht lediglich eine Wunschvorstellung dar? Genau davon geht der amerikanische Organisationsforscher Jeffrey Pfeffer im Rahmen eines aktuellen Interviews aus. Pfeffer selbst orientiert sich in seiner sozialwissenschaftlichen Forschung rein an Fakten (evidence-based management), nicht an Idealen. »Sehen Sie Empathie von Seiten der Führungskräfte? Kümmern die sich um die Belange ihrer Mitarbeiter? Nein. Wächst nicht die Lücke zwischen den Gehältern von CEOs und einfachen Angestellten überall auf der Welt (...)? Und wer ist in der Finanzkrise entlassen worden – die CEOs oder die Mitarbeiter auf den unteren Ebenen? Sie kennen die Antworten auf diese Fragen. Ich sehe keine Empathie. Die Manager kümmern sich um sich selbst. Aus diesem Grund müssen auch die Mitarbeiter sich um sich selbst kümmern. Das ist eine harte Botschaft. Wahrscheinlich suchen wir alle nach dem Vater oder der Mutter, die sich um uns kümmert, wie damals, als wir kleine Kinder waren. Bei Ihrem Arbeitgeber werden Sie diese Personen nicht finden« (Pfeffer 2017, S. 54). Ohne Zweifel eine provokante Gegenthese.

c) Rollenmix

Eine weitere wichtige Klammer, die dafür sorgt, dass in Teams nicht koagiert, sondern interagiert, nicht neben-, sondern miteinander gearbeitet und gelernt wird, bildet die Rollenstruktur. Die Teamrolle soll nun als letzter Aspekt im Rahmen der bestmöglichen Teamzusammensetzung analysiert werden. Sie nimmt eine Zwischenstellung ein, indem sie sich sowohl aus fachlichen als auch aus persönlichen Elementen speist und entwickelt. Der Begriff der Rolle umschreibt einen *Komplex von Verhaltenserwartungen* (vgl. Dahrendorf 2010, S. 33), die ihren Ursprung in der Umwelt oder in einem selbst haben können. Der funktionalistische Rollenansatz geht davon aus, dass in jedem sozialen Beziehungsgeflecht, wie es etwa auch ein Team darstellt, bestimmte Grundfunktionen erfüllt werden müssen. Es handelt sich hierbei um »Systemerfordernisse«, d. h. Voraussetzungen für den Systemerhalt und den Systemerfolg (vgl. Neuberger 1995, Sp. 982). Dabei ist es »weitgehend egal, *wer* eine bestimmte Funktion wahrnimmt, Hauptsache ist, *dass* sie erfüllt wird« (Neuberger 2002, S. 327). Demnach müssen in jedem Team bestimmte Rollen besetzt sein, damit es effektiv arbeitet. Typische Rollen sind etwa die des blitzableitenden Sündenbocks, des unterhaltenden Spaßvogels (der »Klassenkasper« in Schulklassen), des Streitschlichters oder des Regelüberwachers. In jedem Team existiert prinzipiell ein kooperativer Grundbedarf, der über das rein Fachliche hinausgeht und abgedeckt werden muss, damit »der Laden läuft«.

Im Idealfall *sind in einem Team sämtliche Rollen besetzt* und die Rollenfunktionen decken sich mit den Fähigkeiten der Rolleninhaber. Die Rolle, die jemand im Team einnimmt, ist dabei nicht dasselbe wie der Aufgabenbereich, den er wahrzunehmen hat (vgl. Belbin 2001, S. 24), auch wenn etwa ein Controller im Team vermutlich überdurchschnittlich häufig die Überprüfung von Zahlen zugewiesen bekommen dürfte. Beispielsweise kann ein Informatiker – auch das soll es geben – ein hohes kommunikatives und diplomatische Geschick besitzen, das ihn zur Vertrauensperson im Team macht – zum »Kummerkasten« und Konfliktlöser.

August-Wilhelm Scheer, einer der ganz wenigen deutschen Hochschulprofessoren, dem es mit der IDS Scheer AG gelungen ist, aus einem Spin-off der Universität ein weltweit erfolgreiches Unternehmen zu machen, hat diesen Gedanken einmal plastisch auf die ideale Zusammensetzung eines Managementteams bezogen. »Das richtige Führungs-Team ist das Wichtigste, was ein Unternehmen haben muss. Alle anderen Probleme lassen sich damit lösen. Und so sieht das ideale Vierer-Team aus: Ich brauche einen Albert Einstein, der analytisch und kritisch ist. Ich brauche einen James Bond, der mobil und handlungsstark ist. Ich brauche einen Willy Brandt, der nach innen wie nach außen sozial integrativ ist. Und ich brauche einen Daniel Düsentrieb, der ständig neue Ideen produziert. Lediglich mit einer Anfangsidee lässt sich kein Unternehmen großmachen. Immer wieder müssen weitere Ideen aus dem Unternehmen herauskommen. Mit einem derartigen Team lassen sich alle Probleme lösen« (Scheer, zitiert in Holzknecht 2006, S. 22).

Das Rollenmodell von Belbin

Systematischer mit der Frage der in Teams benötigten Teamrollen hat sich der britische Managementforscher Meredith Belbin beschäftigt. Er definiert die Teamrolle als »a tendency to behave, contribute and interrelate with others at work in certain distinctive ways« (Belbin 2001, S. 24). Die Rolle umschließt also ganz bestimmte und wiederkehrende Verhaltensmuster einer Person in einem Team. Die Bereitschaft zur Übernahme einer Rolle wird besonders durch die Persönlichkeit, in geringerem Maße durch den fachlichen Hintergrund bestimmt, d. h. Motivation, Wertvorstellungen, Stärken und Neigungen üben einen großen Einfluss aus, welche Rolle jemand spielen möchte (vgl. Belbin 2001, S. 27). »Es kommt (…) also, kurz gesagt, eher auf unseren Charakter als auf unsere Ausbildung und unseren Werdegang an« (de Hoop 2014, S. 52). Die grundlegende Erkenntnis von Belbin lautet, dass für den Erfolg eines Teams die richtige Mischung an Teamrollen ein entscheidender Faktor ist. »Belbin konnte nachweisen, dass sogar ein Team aus mittelmäßig Begabten, bei dem die Rollen sehr gut besetzt sind, erfolgreicher ist als ein Team aus Hochbegabten« (de Hoop 2014, S. 54). Er spricht bei den Hochbegabtenteams vom »Apollosyndrom«. In Apolloteams geht unendlich viel Zeit damit verloren, nach der richtigen Lösung zu suchen. In langwierigen Debatten versuchen die einzelnen Teammitglieder, die anderen von ihrem jeweils wohlbegründeten Standpunkt zu überzeugen und die schwachen Punkte in der Argumentation des Gegenübers aufzudecken (vgl. Belbin 2010, S. 15).

Belbin fordert daher die Schaffung hybrider bzw. ausgeglichener Teams und warnt vor der Schaffung einseitig besetzter Teams. So wie ein Mischwald im Vergleich zu einer Monokultur weniger anfällig für Schädlingsbefall sei, sei auch ein gemischtes Team leistungsfähiger und kreativer. Zu viele »Führernaturen« – nur »Häuptlinge« und keine »Indianer« – seien für die Teameffektivität genauso abträglich wie zu viele konsensorientierte Teamworker (vgl. Belbin 2001, S. 88 f.; Driskell et al. 2017, S. 504).

Insgesamt hat Belbin **neun Rollen** identifiziert, die sich **drei Clustern** zuordnen lassen (vgl. Belbin 2001, S. 22). *Handlungsorientierte Rollen* treiben das Team voran und drängen darauf, zügig Ergebnisse zu erzielen. Hierbei geht es um Resultatorientierung. Ist die formale Teamführung zu schwach, so müssen andere Teammitglieder diese Grundfunktion ausfüllen. Handlungsorientierte Rollen bilden den eher exploitativ ausgerichteten Part des Teams. *Kommunikationsorientierte Rollen* stellen die notwendigen Verbindungen im Team und zwischen dem Team und seiner Umwelt her. Sie bilden sozusagen die Informationszentrale des Teams, suchen und vermitteln nachgefragte Informationen. Damit werden sowohl exploitative als auch explorative Funktionen erfüllt. *Wissensorientierte Rollen* stehen für die Qualität der zu erbringenden Leistung ein. Sie bilden den eher explorativ ausgerichteten Part des Teams und sorgen für kreative Problemlösungen.

Wegen ihrer hohen Verbreitung in der Praxis sollen Belbins Rollen an dieser Stelle noch etwas gründlicher vorgestellt werden. Hinter Belbins Rollen als komplexe, relativ beständige Verhaltensbündel stecken wissenschaftliche, speziell personalpsychologische Erkenntnisse, die er als einer der wenigen Forscher auf diesem Gebiet aber auch verstanden hat, »mundgerecht« zu vermarkten (vgl. zum Folgenden Belbin 2001, S. 22, 51, 80 f.).

a) Handlungsorientierte Rollen

Der Macher (Shaper)

- Erzeugt den notwendigen Druck, damit das Team auf Kurs bleibt. Ist sehr dynamisch und herausfordernd. Hat den Drive und den Mut, Hindernisse aus dem Weg zu räumen. »Er will führen. Er bringt offensiv seine Meinungen und Argumente ein, fordert andere heraus, scheut nicht vor Kontroversen zurück. Er wetteifert, entfacht Konkurrenzkämpfe und will das Team zu Handlungen treiben, die den Prozess in die von ihm favorisierte Richtung führen« (Schmitz 2015, S. 40).
- Metapher: Peitsche
- Schwächen: Provoziert, verletzt Gefühle anderer, kann aggressiv und übellaunig werden, wenn nicht alles nach seinen Vorstellungen läuft.
- Typische Aussagen: Just do it! Erst wenn‘s hart auf hart kommt, sieht man, was in jemandem steckt. Sich bemühen ist nicht genug. Wenn du ja sagst, dann erwarte ich im Anschluss auch, dass du lieferst. Bei mir müssen die Dinge in Bewegung sein.

Der Umsetzer (Implementer)

- Setzt Ideen in die Tat um. Entwickelt machbare Strategien und führt diese so effizient wie möglich aus. Arbeitet diszipliniert und zuverlässig. Ist sehr organisiert.
- Metapher: Zahnrad
- Schwächen: Hält zu sehr am Althergebrachten fest. Es besteht eine gewisse Inflexibilität, auf plötzliche Veränderungen einzugehen und einen Plan B zu entwickeln.
- Typische Aussagen: Ein Gramm Handeln ist mehr Wert als eine Tonne Predigt. Was schwierig ist, wird sofort erledigt; was unmöglich ist, braucht etwas länger. Wenn es

machbar ist, werden wir es auch schaffen. Arbeit hat noch nie jemandem geschadet. Packen wir's an!

Der Perfektionist (Completer)

- Sucht nach kleinsten Fehlern und Unzulänglichkeiten. Ist äußerst gewissenhaft und sorgfältig. Handelt vorsichtig, aber hält Termine stets pünktlich ein. Besonders am Ende eines Projekts gefragt, um der Arbeit den letzten Schliff zu geben und höchste Qualitätsstandards zu gewährleisten.
- Metapher: Schraubenzieher
- Schwächen: Übertrieben besorgt, geradezu besessen, delegiert ungern, »Korinthenkacker«.
- Typische Aussagen: Dieser Punkt verlangt unsere ungeteilte Aufmerksamkeit. Man muss das Kleingedruckte lesen. Murphys Gesetz beachten, d. h. wenn etwas schiefgehen kann, dann geht es auch schief (wobei Murphy ein Optimist war). Haben wir das ausreichend überprüft?

b) Kommunikationsorientierte Rollen

Der Wegbereiter bzw. Weichensteller (Resource Investigator)

- Ist äußerst wissbegierig und sucht unermüdlich nach Ideen und Möglichkeiten im Umfeld, die dem Team nützen könnten. Ist extravertiert, enthusiastisch, kommunikativ und aufgeschlossen. Baut Kontakte auf.
- Metapher: Telefonhörer
- Schwächen: Übertrieben optimistisch, verliert nach anfänglicher Euphorie rasch Interesse an den Dingen. Kann die Pflege von (Kunden-)Kontakten vernachlässigen.
- Typische Aussagen: Daraus lässt sich ein Vermögen machen. Man braucht das Rad nicht neu erfinden. Man sollte die Ideen anderer mit Eleganz stehlen. Chancen ergeben sich aus Fehlern, die anderen passieren. Eine gute Aufklärung ist selten verschwendete Zeit.

Der Teamarbeiter bzw. Mitspieler (Teamworker)

- Trägt dazu bei, dass sich die Teammitglieder verstehen. Ist flexibel einsetzbar und hilft aus, wenn Not am Mann ist. Ist kooperativ, einfühlsam und diplomatisch. Ein guter Zuhörer und Streitschlichter. Kann Leute zusammenbringen und wirkt unter Stress beruhigend. Solche Teammitglieder sind der Leim, der alles zusammenhält. Sie fungieren als Vertrauenspersonen und emotionale Stütze. Sie sind gesuchte Zuhörer, bei denen man sich gerne ausspricht – sozusagen die »Mutter der Kompanie« (vgl. Goleman 2000, S. 269 f.).
- Metapher: Händchenhalter
- Schwächen: Unentschlossen in brenzligen Lagen. Geht Konfrontationen und unliebsamen Entscheidungen aus dem Weg. Lässt sich leicht beeinflussen und will es allen recht machen. Erträgt keinen zu hohen Leistungsdruck.

- Typische Aussagen: Höflichkeit kostet nichts. Deine Sichtweise interessiert mich sehr. Ich bin in Ordnung und du bist es auch. Jeder hat etwas Besonderes zu bieten. Wenn die Menschen sich besser zuhören würden, müssten sie weniger reden. Eine gute Arbeitsatmosphäre spürt man sofort.

Der Koordinator bzw. Integrator (Co-ordinator)

- Sorgt im Team dafür, dass das Ziel im Auge behalten wird und treibt die Entscheidungsfindung voran. Erkennt Talente von Teammitgliedern und weist Aufgaben richtig zu. Wirkt reif, überzeugend und zuversichtlich. Ein guter Vorsitzender.
- Metapher: Dirigent
- Schwächen: Hat etwas leicht Manipulatives an sich und neigt dazu, Aufgaben an andere »abzudrücken«. Gehört nicht zu den Ideenreichsten im Team.
- Typische Aussagen: Wir müssen das Ganze im Blick behalten. Hat dem jemand noch etwas zuzufügen? Schweigen heißt noch lange nicht Zustimmung. Bevor wir weitermachen, sollten wir uns einig werden. Wir sollten ihm eine Chance geben. Management heißt, alle anderen die Arbeit machen zu lassen.

c) Wissensorientierte Rollen

Der Spezialist (Specialist)

- Versorgt das Team mit wertvollem Wissen aus seinem Spezialgebiet. Ist einzelkämpferisch veranlagt, zielstrebig und höchst interessiert an Fachfragen.
- Metapher: Mikroskop
- Schwächen: Enges Blickfeld, verheddert sich in technischen Details und überfrachtet andere damit. Lässt nur seine Sicht der Dinge gelten. Ihm fehlt oft der Blick für das große Ganze.
- Typische Aussagen: Man hört nie auf zu lernen. Such dir einen Job aus, den du liebst, und du wirst in deinem Leben keinen Tag arbeiten müssen. Professionalität ist sich selbst Belohnung genug. Je mehr man weiß, desto mehr entdeckt man. Besser viel über wenig, als wenig über viel wissen.

Der Beobachter (Monitor Evaluator)

- Ist scharfsinnig und hat einen logisch-nüchternen Blick auf die Dinge. Erkennt die verschiedenen Optionen und kann diese nüchtern und unparteiisch beurteilen.
- Metapher: Auge
- Schwächen: Überkritisch, bisweilen zynisch. Ihm fehlt die Gabe, andere zu begeistern. Wirkt manchmal auch etwas antriebslos. Es dauert, bis er sich entscheidet.
- Typische Aussagen: Ich denk darüber nach und geb dir morgen Bescheid. Haben wir wirklich alles berücksichtigt? Von allem, was nicht logisch erscheint, sollte Abstand genommen werden. Lieber langsam die richtige als schnell die falsche Entscheidung

treffen. Wir sollten die Alternativen prüfen. Entscheidungen sollte man nüchtern treffen.

Der Neuerer bzw. Erfinder (Plant)

- Ist in hohem Maße kreativ, phantasievoll und findet ungewöhnliche Lösungen auch für schwierige Probleme. Ist mehr an den Ideen als an deren praktischer Umsetzung interessiert. »Allerdings gleiten die Kreativen auch schnell in die Rolle von Störenfrieden ab, weil sie mit neuen Ideen die geltenden Abläufe infrage stellen und für Unruhe sorgen, besonders wenn sie neue Ideen in großer Zahl vorlegen« (Schmitz 2015, S. 40).
- Metapher: Glühbirne
- Schwächen: Ignoriert Nebensächlichkeiten. Kann seine Ideen oft nicht wirksam genug kommunizieren. Neigt dazu, Ideen für sich zu beanspruchen, d. h. geht Kooperationen aus dem Weg. Wirkt manchmal zerstreut und vergesslich.
- Typische Aussagen: Bei verwirrenden Problemen sollte man über den Tellerrand schauen. Wenn's ein Problem gibt, gibt's auch eine Lösung. Gute Ideen klingen am Anfang immer seltsam. Ideen beginnen mit Träumen. Wenn wir nicht innovativ bleiben, dann können wir nicht überleben.

Die einzelnen Rollen weisen jeweils spezifische Stärken und Schwächen auf und sind deswegen komplementär zu sehen. Jeder Rollenträger erbringt eine notwendige, für den Gesamterfolg aber nicht ausreichende (Teil-)Leistung, wobei je nach Projektphase bestimmte Rollen in den Vordergrund zu treten haben. Belbin geht davon aus, dass größerer Erfolg von Personen zu erwarten ist, die die Stärken und Schwächen einer einzigen Rolle in sich bündeln und die sich dieses kohärenten Rollenprofils als Teil ihres Selbstbildes auch vollauf bewusst sind (vgl. Belbin 2001, S. 44 f.). Solche in sich gefestigten Personen lassen sich leichter für Aufgaben abstellen als »Von-allem-ein-wenig-Typen«. Neun Rollen heißt in diesem Modell allerdings nicht, dass das Team aus neun Mitgliedern bestehen muss; die Übernahme mehrerer Rollen durch eine Person ist durchaus vorstellbar. Widersprüchliche Verhaltenstendenzen finden sich jedoch eher selten in einer einzelnen Person vereint, wobei Ausnahmen die Regel bestätigen. Zum Beispiel ging dem Unternehmer Walt Disney Qualität über alles, dennoch besaß er ebenso einen ausgeprägten Sinn für Innovationen (vgl. von der Oelsnitz 2011, S. 580).

Die Abgrenzung der einzelnen von Belbin beschriebenen Rollen, aber auch die Auswirkungen auf den Teamerfolg konnten in verschiedenen Studien nachgewiesen werden (vgl. Aritzeta/Swailes/Senoir 2007; van Dierendonck/Groen 2013). Eine empirische Studie, die 24 Studententeams in einem Planspiel untersuchte, konnte jedoch keinen Zusammenhang zwischen ausbalancierter Teamdiversität bzw. Rollenkomplementarität und Teamerfolg nachweisen (vgl. Batenburg/van Walbeek/in der Maur 2013). Die gemischten Ergebnisse weisen darauf hin, dass man die Erkenntnisse von Belbin zwar ernst nehmen, aber nicht als »alleinseligmachendes« Mittel für den Teamerfolg betrachten sollte. Jeder Mensch ist ein Mix aus Neigungen und Fähigkeiten. Wird jemandem »eine hohe Verhaltenspräferenz bescheinigt, heißt das noch lange nicht, dass er die Rolle tatsächlich gut ausfüllt und optimal in ein bestimmtes Teamgefüge passt« (Schmitz 2015, S. 42). Außerdem gibt die Identifizierung allgemeiner Verhaltenspräferenzen noch »keinen Aufschluss darüber, wie Menschen sich in konkreten Situationen verhalten. Das hängt sehr von den Umständen, den anderen Personen und deren Verhalten ab, wie man sie wahrnimmt und wie man selbst wahrgenommen wird, wie die Abfolge von Kommunikation interpretiert wird und wie Beziehungen verhandelt werden« (Schmitz 2015, S. 42).

Integrativer Rollenansatz von Driskell et al.

Eine umfassende aktuelle Analyse der Bedeutung von Teamrollen haben Driskell et al. (2017) vorgelegt. Sie untersuchten zu diesem Zweck nahezu sämtliche bis zum heutigen Tag entwickelten Rollentypologien in Teams bzw. sozialen Systemen. Driskell und Kollegen greifen dabei auf Erkenntnisse des amerikanischen Sozialpsychologen Robert Freed Bales (1916-2004) zurück.

An Kurt Lewins Feldtheorie anknüpfend, aber auch durch Talcott Parsons geprägt, ging Bales von einem ganzheitlichen Verständnis der Gruppe aus: »One needs to understand the larger context – personal, interpersonal, group, and external situation – in order to understand the patterns of behavior and to influence them successfully« (Bales 2012, S. 5 f.). Hierzu verwendete er ein Felddiagramm, das – aufbauend auf Einzelbewertungen von Teammitgliedern – die Beziehungen der Teammitglieder untereinander und ihre Einstellung gegenüber der Situation bzw. dem rahmengebenden Kontext grafisch abbildet. Als Ordnungsraster hatte Bales insgesamt **drei allgemeine Dimensionen** unterschieden, denen er eine universelle Gültigkeit in sozialen Gruppen zuschrieb (vgl. Bales 2012, S. 7 ff.):

1. *Dominanz vs. Unterwürfigkeit*: Nach oben oder unten gerichtetes Verhalten in Gruppen (upward/downward). Inwiefern wird einzelnen Teammitgliedern von anderen Bedeutung, Status, Macht und persönlicher Einfluss zugeschrieben oder auch nicht? Nehmen sie aktiv Einfluss auf andere oder fügen sie sich diesen, sind sie selbst die Beeinflussten (vgl. Bauer-Jelinek 2007, S. 79 ff. zu eingesetzten Beeinflussungstechniken)? In dieser komplementären Beziehung gibt es verschiedene Positionen. Ein Partner nimmt die superiore, primäre Stellung ein, der andere die inferiore, sekundäre (wie in einer Mutter-Kind-, Arzt-Patient-, Lehrer-Schüler-Beziehung). Das heißt jedoch nicht, dass die eine Seite stark und gut und die andere schwach und schlecht ist (vgl. Watzlawick/Beavin/Jackson 2011, S. 80).
2. *Freundlichkeit vs. Unfreundlichkeit*: Negatives oder positives Verhalten in Grupen (friendly/unfriendly). Wird ein Teammitglied als egoistisch, auf sich selbst bedacht und rivalisierend oder als kooperativ, hilfsbereit, an anderen interessiert und ausgleichend wahrgenommen?
3. *Akzeptanz vs. Nichtakzeptanz formaler Autorität*: Verhalten, das die Aufgabenausrichtung der formalen Führung anerkennt oder nicht (forward/backward). Werden die durch die Führung (und die rahmengebende Organisation) aufgestellten Ziele, Regeln und Verfahren, Bewertungsmaßstäbe, Effizienzkriterien und Leistungsvor-

gaben akzeptiert oder nicht? Fügen sich Teammitglieder klaglos äußeren Zwängen oder gehen sie dagegen vor (sei es im Verborgenen, sei es im direkten Widerspruch)?

Bales argumentierte, dass Regelmäßigkeiten in Gruppen, d. h. Rollen-, Affekt-, Norm- und Machtstrukturen im Wesentlichen aus dem dynamischen Wechselspiel dieser drei »Spannungslinien« hervorgehen. Die Dimensionen stellen somit grundlegende teamformende Kräfte dar. Sie erzeugen die teamspezifische »Gestalt«. Diesen Grundgedanken aufgreifend und mit weiteren Rollenmodellen verbindend gelangen Driskell et al. zu einer stärker auf Arbeitsteams ausgerichteten Klassifizierung des teaminternen Rollenverhaltens, das ihrer Meinung nach in drei Grundtendenzen zum Ausdruck kommt: Dominanzstreben, soziales Streben und Aufgabenorientierung (▶ Abb. 24).

Die drei wichtigsten Rollendimensionen in der Teamarbeit	
hoch — **Dominanzstreben**	**niedrig**
dominant, kontrollierend, direkt beeinflussend, sich Geltung verschaffend, Verantwortung übernehmend, führend, anweisend, aktiv	zurückhaltend, einwilligend, folgend, unterwürfig, unterstützend, ausführend, passiv
hoch — **Soziales Streben**	**niedrig**
freundlich, an anderen interessiert, herzlich, harmoniebedürftig, gesellig, unterstützend	verschlossen, introvertiert, distanziert, abweisend, kontaktscheu, eigenständiges Arbeiten bevorzugend, einzelgängerisch
hoch — **Aufgabenorientierung**	**niedrig**
leistungsorientiert, organisiert, zuverlässig, pflichtbewusst, gewissenhaft, planvoll vorgehend, sich verantwortlich fühlend, ernsthaft	nachlässig, pflichtvergessen, unstrukturiert, impulsiv, wenig vertrauenswürdig, wenig Eigeninitiative zeigend, arbeitsscheu, sich vor Verantwortung und Aufgaben drückend

Abb. 24: Die drei wichtigsten Rollendimensionen in der Teamarbeit (in Anlehnung an Driskell et al. 2017, S. 488)

Die Dimensionen finden sich in unterschiedlicher Ausprägung in jedem Mitarbeiter, wobei sich Rollenprofile einzelner Teammitglieder grafisch in einem dreidimensionalen Würfel abtragen lassen. Aus den individuellen Abweichungen oder Übereinstimmungen ergibt sich die zwischenmenschliche Dynamik eines Teams. Eine inhaltliche Nähe der Dimensionen zu den Big Five-Persönlichkeitsdimensionen – speziell zu den Dimensionen Extraversion, Sozialverhalten und Gewissenhaftigkeit – ist unverkennbar. Auch das Macht-, Anschluss- und Leistungsmotiv treten hier erneut in etwas anderem Gewand auf. Die ureigenen menschlichen Wesenszüge kommen eben in unterschiedlichen Bereichen immer wieder zum Vorschein.

Entlang dieser drei Dimensionen lassen sich also einzelne Verhaltensweisen verorten. Aus der Forschungsliteratur konnten Driskell et al. insgesamt 154 abgrenzbare Verhaltensweisen extrahieren, die sich aufgrund ihrer Ähnlichkeit zu Teilmengen zusammenführen lassen. Zwei Doktoranden ihres Instituts sollten dazu unabhängig voneinander die 154 Rollenbeschreibungen auf einer siebenstufigen Messskala entlang der drei Dimensionen bewerten.

Daraus ergaben sich insgesamt **13 Rollencluster**, die ähnliche Verhaltensmuster in sich vereinen (vgl. Driskell et al. 2017, S. 496 ff.).

- *Teamführer* (team leader = hohes Aufgaben- und Dominanzstreben, mittleres Sozialstreben): Gibt Anweisungen und kontrolliert, regt Aktivitäten an, schafft Ordnung, führt die Gruppe zusammen und agiert als Richtungsgeber bei der Aufgabenerreichung, d. h. er strukturiert, leitet, organisiert und koordiniert Aufgaben.
- *Aufgabenbezogener Antreiber* (task motivator = durchschnittliches Aufgaben- und Sozialstreben, hohes Dominanzstreben): Energetisiert die Gruppe, fordert heraus, motiviert, ermutigt, überzeugt und beeinflusst. Er ist sozusagen der erste Steuermann nach dem Kapitän, den er unterstützt. Er drängt die Gruppe zum Handeln und Weitermachen.
- *Rebell* (power seeker = durchschnittliches Aufgabenstreben, niedriges Sozial- und hohes Dominanzstreben): Dominantes, selbstherrliches, aggressives und aufsässiges Auftreten. Hierbei handelt es sich um eine trotzige Rolle mit eher negativen Konsequenzen für das Team. Der Rebell versucht sich Geltung zu verschaffen, unterbricht andere, kritisiert oder belächelt deren Beiträge, versucht die Kontrolle zu übernehmen, fordert die Teamführung heraus und zeigt aggressives Verhalten gegenüber Teamkollegen.
- *Kritiker* (critic = eher niedriges Aufgaben- und Sozialstreben, durchschnittliches Dominanzstreben): Der Kritiker stimmt selten mit anderen überein, widerspricht häufig, sucht das Haar in der Suppe und kann die Gruppe blockieren. Es handelt sich um eine Art advocatus diaboli, der eher negativ gesinnt und dickköpfig ist. Er neigt zur Opposition, be- und verurteilt andere, zwingt diese in die Abwehrhaltung, ist oft zynisch und kann die ganze Gruppe gegen sich aufbringen. Seine Präsenz wird in Entscheidungssituationen zwar positiv gesehen, unter normalen Umständen wird er aber eher weniger gemocht.
- *Aufmerksamkeitssucher* (attention seeker = niedriges Aufgabenstreben, durchschnittliches Sozial- und Dominanzstreben): Hängt sich überall dran, drängt sich in den Vordergrund und mischt sich ständig ein. Eine Art Möchtegerntyp, Aufschneider, Blender, Prahler, der immer im Zentrum stehen möchte. Dabei drückt er sich selbst lieber vor Aufgaben, weshalb diese Rolle eher negativ gesehen wird. Er zwingt anderen seine Meinung auf, heischt nach Aufmerksamkeit und Anerkennung in der Gruppe und erwartet, dass andere für ihn arbeiten. Dabei gibt er eigene Informationen nur dann preis, wenn es für ihn von Vorteil ist.
- *Negativist* (negative = niedriges Aufgaben-, Sozial- und Dominanzstreben): Wirkt angespannt, gelangweilt, zurückgezogen und schweigsam. Neigt eher zum Pessimis-

mus und zu negativen Gefühlen. Hat nichts wirklich beizutragen und und verweigert sich (eine Art Kann-ich-nicht-Haltung). Jammert, meckert und beklagt sich häufig. Will sich nicht ins Zeug legen. Kann das Team mit seiner destruktiven Grundeinstellung herunterziehen und das Wir-Gefühl zerstören.

- *Sozialer Typ* (social = durchschnittliches Aufgaben- und Dominanzstreben, hohes Sozialstreben): Achtet auf Harmonie in der Gruppe, hilft anderen, unterstützt und ermutigt. Verfügt über eine hohe emotionale Intelligenz. Sorgt durch sein soziales Verhalten für Zusammenhalt, gute Stimmung und hohe Arbeitsmoral im Team. Kann Spannungen reduzieren, macht Witze und ist allgemein humorvoll, vermittelt bei Streitfällen, lobt andere und anerkennt deren Leistung, zeigt Wärme und Solidarität.
- *Koordinator* (coordinator = etwas höheres Aufgabenstreben, hohes Sozial- und durchschnittliches Dominanzstreben): Koordiniert nach innen und außen. Ist ein Informations- und Ideenvermittler, Teamworker und Schlichter. Vertritt die Interessen des Teams und pflegt Beziehungen. Fördert das Funktionieren des Teams, koordiniert Mitgliederaktivitäten und Subgruppen im Team, erkennt Schnittstellen zwischen den Aufgaben, hält die Kommunikationskanäle offen und fördert die Teilnahmebereitschaft der Teammitglieder.
- *Mitläufer* (follower = durchschnittliches Aufgaben-, mittleres Sozial- und niedriges Dominanzstreben): Schwimmt mit der Masse mit, kooperiert, stimmt zu und hört gut zu. Erledigt seine Aufgaben im Sinne der Teamführung. Beteiligt sich an Gruppendiskussionen und Entscheidungen, greift auf die Ideen anderer zurück, hält sich an Absprachen, wünscht die Zusammenarbeit und vermeidet Auseinandersetzungen.
- *Teamunterstützer* (teamwork support = hohes Aufgaben-, durchschnittliches Sozial- und niedriges Dominanzstreben): Er unterstützt vor allem, fasst Erkenntnisse zusammen und dokumentiert sie, beobachtet genau die Prozesse, ist loyal und am erfolgreichen Abschluss der Teamarbeit interessiert. Sorgt für die Umsetzung von Plänen, arbeitet für das Team und seinen Fortschritt, bereitet Treffen vor und bündelt Informationen.
- *Beurteiler* (evaluator = hohes Aufgaben-, niedriges Sozial- und durchschnittliches Dominanzstreben): Er überwacht und evaluiert, kontrolliert und inspiziert. Er übernimmt die gründliche Analyse und Bewertung von Vorschlägen, arbeitet sorgfältig und akkurat und konzentriert sich auf Zahlen und Fakten.
- *Problemlöser* (problem solver = etwas höheres Aufgabenstreben, durchschnittliches Sozial- und Dominanzstreben): Der Problemlöser übernimmt Rollenaufgaben wie die Meinungsäußerung und -sammlung, die Informationssuche und -verbreitung. Erkenntnisse werden kritisch geprüft. Ihm geht es primär um das Hervorbringen und Bewerten von Ideen, um die Lösung komplexer Aufgaben und das Treffen von Entscheidungen, um die Klärung von Sachverhalten, die Aufdeckung von Schwachstellen und die Synthese neuer Ideen.
- *Aufgabenvollender* (task completer = hohes Aufgabenstreben, durchschnittliches Sozial- und Dominanzstreben): Achtet auf Prozesse und Routinen, auf Logik, Präzision und Produktion. Will Aufgaben erfolgreich beenden. Ihm sind daher Details und Deadlines sehr wichtig, er geht entsprechend gewissenhaft und strukturiert vor, nimmt seine Verantwortung wahr, hält an Verhaltens- und Leistungsvorgaben fest.

Driskell und seine Koautoren haben ohne Zweifel eine für die künftige Teamforschung maßstabgebende Analyse von Teamrollen vorgelegt. Über die Hintertür bipolarer Grundtendenzen gelangen sie am Ende aber doch wieder zu einer Typologisierung des Verhaltens von Teammitgliedern, die den Rollen von Belbin in vielen Punkten recht nahekommen (damit aber auch die gleichen Grenzen haben).

Exkurs: Die Lernwirkung rollentypischer Verhaltensweisen

Was in den bisherigen Teamrollenansätzen noch nicht ausreichend geklärt ist, ist die Frage, welche Lernwirkung von einzelnen Rollen ausgeht und welcher Rollenmix besonders kreativitätsförderlich ist. In eher exploitativ geprägten Arbeitszusammenhängen sollte das Gewicht sicher stärker auf handlungs- bzw. aufgabenorientierten Rollen liegen, während explorative Zusammenhänge zusätzlich auch kreative Rollen benötigen, speziell in der Anfangsphase von Entwicklungsprojekten. Dies konnte etwa in einer Studie der israelischen Rüstungsindustrie nachgewiesen werden. Untersucht wurden hierbei 20 F&E-Teams und 21 Fertigungsteams, die beide an langfristigen Projekten (Produkt- bzw. Prozessverbesserungen) arbeiteten (vgl. Miron-Spektor/Erez/Naveh 2011, S. 746). Ähnlich dem Rollenverhalten wurden hier unterschiedliche Verhaltenstendenzen von Teammitgliedern – sog. kognitive Stile – berücksichtigt. Dabei handelt es sich um individuell stabile und bevorzugte Denkmethoden bei der Problemlösung. Kognitive Stile beantworten also die Frage, wie aufgabenrelevante Informationen durch Menschen angeeignet, verarbeitet und genutzt werden (vgl. Miron-Spektor/Erez/Naveh 2011, S. 741 f.).

Der *kreative Typ* identifiziert Probleme, betrachtet sie aus möglichst unterschiedlichen Blickwinkeln (»reframing«), wählt unübliche Zugänge (»out-of-the-box thinking«) und gelangt so zu originellen Lösungen. Dabei geht er Risiken ein, sucht die Auseinandersetzung, nimmt Fehler in Kauf und schert sich nur wenig um bürokratische Zwänge und bestehende Teamstrukturen. Seine Schwäche besteht darin, dass er Fragen der kleinteiligen Umsetzung in der Organisation aus dem Weg geht und auch die anschließende Verwertung auf dem Markt vernachlässigt.

Der *regelkonforme Typ* hält sich an Regeln und Standards, versucht konfliktschlichtend auf das Team einzuwirken, stärkt den Erfolgsglauben im Team und sorgt aufgrund seines organisationalen Wissens für die erfolgreiche Umsetzung der Innovation im Rahmen der betrieblichen Bedingungen. Der *detailorientierte Typ* schließlich ist systematisch, präzise und effizient. Er geht methodisch vor, testet, ob Ideen verlässlich sind und technischen Voraussetzungen standhalten, und überprüft die Erfüllung kundenspezifischer Anforderungen.

Das **ideale Team** bestand in dieser Untersuchung aus 22 Prozent Kreativen, 16 Prozent Regelkonformen und 11 Prozent Detailorientierten (über die Persönlichkeiten der anderen Hälfte des Teams werden keine Aussagen getroffen). Teams, die durch Kreative dominiert wurden, waren nicht überdurchschnittlich innovativ. Fehlten jedoch kreative Teammitglieder bzw. dominierten regelkonforme und detailorientierte Mitarbeiter die Teams, so führte dies zu der niedrigsten Innovationsleistung (vgl. Miron-Spektor/Erez/Naveh 2011, S. 752 f.).

Auch wenn diese Studie sicherlich einige Denkanstöße liefert, dürften die bisherigen Ausführungen klargemacht haben, dass es am Ende keine allgemeingültig ideale Teambesetzung gibt. Weder die sich abzeichnenden Teamdynamiken durch unterschiedliche Persönlichkeiten und Verhaltensweisen sind exakt vorhersehbar, noch ist eine Übertragung aus höchst spezifischen betrieblichen Umständen – hier einem israelischen Rüstungsunternehmen – auf andere Organisationen möglich. Es gibt keine Zauberformel zum sicheren Innovationserfolg.

Dass die Innovationsleistung aber durch die **rahmengebende Organisation** in nicht unerheblichem Maße beeinflusst wird, zeigt eine Analyse von Mattes. Sie konnte im Rahmen von hundert Experteninterviews in fünf großen deutschen Unternehmen aus Schlüsselbranchen erstmals den Nachweis erbringen, dass sich die teaminterne Herstellung eines Ausgleichs zwischen Exploitation und Exploration – sie spricht von »Formalisierung« und »Flexibilisierung« – in jedem Unternehmen anders gestaltet. Innerhalb dieser Untersuchung gab es Unternehmen, die bereits bei der Forschung auf den Einsatz standardisierter Verfahren setzten (z. B. Meilensteinüberprüfungen, Regelkommunikation, regelmäßiges Reporting), während andere Unternehmen den Forschungsteams völlig freie Hand ließen und erst zu einem späteren Zeitpunkt auf die Einhaltung betriebswirtschaftlicher Kriterien pochten (vgl. Mattes 2014, S. 479 ff.). Beide Wege führten am Ende zum Ziel. Das Rollensetting war allerdings je nach Kontextvorgabe unterschiedlich auszugestalten.

2.2 Basisprozesse in Teams

Mit den unterschiedlichen Rollen in Gruppen sind eigentlich bereits auch teamrelevante Aktivitäten angesprochen worden. Reibungslos funktionierende Prozesse sind eine Grundvoraussetzung für den Teamerfolg, betreffen sie doch auch sämtliche Vorgänge, die zur Zielerreichung des Teams beitragen. Sie bilden insofern das *Herzstück jeder Teamarbeit*. Durch sie werden die Inputfaktoren sozusagen in Bewegung gesetzt, damit aus dem geplanten Soll-Zustand ein Ist-Zustand wird, d. h. aus der Aufgabenstellung eine Aufgabenerreichung.

Seit den Anfängen der Teamforschung haben sich Forscher mit der Frage der **Klassifizierung von Teamprozessen bzw. Teaminteraktionen** beschäftigt. Eine klassische Unterteilung stammt von Joseph E. McGrath, der Prozesse von Grundaufgaben ableitet (vgl. McGrath 1984, S. 161). Unter Prozessen versteht er sämtliche Verhaltensweisen von Teammitgliedern – einerseits im Verhältnis zueinander, andererseits im Verhältnis zur Aufgabe und Umwelt des Teams (ebenda, S. 139). Hierbei hat er zwischen Planung bzw. Entwicklung (generating), Auswahl (choose), Verhandlung (negotiate) und Ausführung (execute) unterschieden. Abbildung 25 fasst in vereinfachter Form sein Grundmodell zusammen.

Eine deutlich umfassendere Prozesstypologie haben später Cannon-Bowers et al. (1995, S. 344 ff.) entwickelt, wobei die Autoren von »teamwork skill dimensions« sprechen, eine nicht unzutreffende Bezeichnung, stellt doch jeder Teamprozess zugleich

Abb. 25: Aufgaben- und Beziehungsprozesse nach McGrath (in Anlehnung an McGrath 1984, S. 161)

eine (zu entwickelnde) Teamfähigkeit dar. An ihrer Differenzierung von Basisfähigkeiten bzw. -prozessen orientieren wir uns im Folgenden weitgehend.

Nötig ist allerdings die gedankliche Trennung von Teamprozessen und emergenten Teamphänomenen. Eine zweckmäßige Unterscheidung hierzu wurde, wie bereits erwähnt, erstmals von Marks, Mathieu und Zaccaro vorgenommen. Die Autoren identifizierten **drei grundlegende Prozessformen** (vgl. Marks/Mathieu/Zaccaro 2001, S. 364 ff.):

- *Übergangsprozesse* (transition processes) sind Episoden, in denen sich das Team darauf konzentriert, zu planen und zu beurteilen, wie die Erreichung von Zwischenzielen und die Erreichung des Gesamtziels am besten durchgeführt werden sollte. Diese Prozesse treten immer wieder auf, speziell, wenn Soll-Vorgaben nicht erreicht wurden.
- *Handlungsprozesse* (action processes) sind unmittelbar auf die Zielerreichung ausgerichtete Teamaktivitäten. Hier geht es um diszipliniertes Arbeiten.
- *Beziehungsprozesse* (interpersonal processes) thematisieren zwischenmenschliche Vorgänge, die sowohl in Übergangs- als auch in Handlungsprozessen auftreten.

Durch diese wird die Grundlage für die Effektivität der anderen Prozesse gelegt. Auch resultieren aus Beziehungsprozessen emergente Teamphänomene wie Vertrauen oder Hilfsbereitschaft.

Die Autoren gehen hierbei nicht von einer linearen Ordnung Planung – Vollzug – Kontrolle aus, sondern behaupten »that most teams work on multiple goals simultaneously and engage in multitask processing« (Marks/Mathieu/Zaccaro 2001, S. 369), d. h. Planungs- und Vollzugsphasen wechseln einander – den jeweiligen situativen Erfordernissen folgend – immer wieder ab. Dieser Aspekt ist auch für das Lernen interessant. Danach lässt sich Lernen nicht von vornherein auf bestimmte Zeitpunkte während der Teamarbeit festlegen, sondern geschieht fortlaufend in und auch neben der Arbeit.

Abbildung 26 liefert einen detaillierteren Überblick über die Hauptaktivitäten in den drei Basisprozessen.

Übergangsprozesse	
Analyse, Formulierung und Planung der Teammission	Interpretation und Beurteilung der übergeordneten Aufgabenstellung (team mission) einschließlich der Identifikation der Hauptaufgaben sowie der operativen Rahmenbedingungen und der zur Verfügung stehenden Teamressourcen
Zielspezifizierung	Identifikation und Priorisierung von Zielen und Zwischenzielen zur Erreichung der Aufgabenstellung
Strategieformulierung	Entwicklung von Handlungsalternativen zur Erreichung der Aufgabenstellung
Handlungsprozesse	
Zielorientierte Fortschrittskontrolle	Verfolgung der Arbeitsfortschritte und Aufgaben, Interpretation zielrelevanter Informationen aus der Umwelt und Kommunikation von Fortschritten gegenüber Teammitgliedern
Systemkontrolle	Überprüfung der Teamressourcen und Umweltbedingungen im Lichte der Aufgabenstellung; dazu gehören zum einen die interne Systemüberwachung (Teamressourcen wie Personal, Ausrüstung und andere Informationen), zum anderen die externe Systemüberwachung (teamrelevante Umwelt)
Handlungskontrolle und Unterstützung	Unterstützung der Teammitglieder bei der Aufgabenbewältigung; dazu gehören die Übermittlung von Feedback oder Coaching, die direkte Hilfe bei der Aufgabenausführung sowie die Übernahme und Fertigstellung einzelner Aufgaben von Kollegen
Koordination	Sachlich-zeitliche Abstimmung interdependenter Aufgaben

Abb. 26: Die drei Hauptaktivitäten von Teams (in Anlehnung an Marks/Mathieu/Zaccaro 2001, S. 363)

Beziehungsprozesse	
Konfliktmanagement	Präventives Konfliktmanagement stellt Bedingungen her, die Teamkonflikte verhindern, kontrollieren oder in konstruktive Bahnen lenken, bevor sie eskalieren; reaktives Konfliktmanagement löst bestehende aufgaben- oder beziehungsbezogene Streitigkeiten unter den Teammitgliedern
Motivation und Vertrauensaufbau	Schaffung und Aufrechterhaltung kollektiver Zuversicht, Motivation und Kohäsion im Hinblick auf die Erreichung der Aufgabenstellung
Affektsteuerung	Regulation der Mitgliedergefühle bei der Aufgabenerfüllung (z. B. Wir-Gefühl, Frustration, Aufregung)

Abb. 26: Die drei Hauptaktivitäten von Teams (in Anlehnung an Marks/Mathieu/Zaccaro 2001, S. 363) – Fortsetzung

Nachfolgend werden insgesamt **zehn Prozessarten** erläutert. Einbezogen wird hierbei auch die bereits erläuterte *Teamführung*, die ohne Zweifel nicht nur einen zentralen Erfolgsfaktor der Teamarbeit darstellt, sondern auch eine essentielle Aktivität. Auf eine Rangordnung der einzelnen Prozesse wird bewusst verzichtet. Einerseits schwankt ihre Bedeutung im Teamverlauf (z. B. kann die Konfliktlösung lange Zeit kein Thema sein und dann plötzlich zur drängendsten Frage werden), andererseits fällt es sehr schwer, zu entscheiden, welcher Prozess für das Teamlernen wichtiger ist: die Kommunikation, das Austragen inhaltlicher Konflikte, die Lösung von Problemen, ein hilfreiches Feedback? Im Alltag sind die Prozesse eng miteinander verschränkt und durchdringen sich gegenseitig. Gegenseitige Unterstützung kann etwa zu besserer Kommunikation führen und bessere Kommunikation kann insgesamt die Qualität des Teamlernens erhöhen. Weitere Effekte teaminterner Prozesse sind Dinge wie der Zusammenhalt der Gruppe, das Arbeitsklima oder das gegenseitige Vertrauen. Das sind letztlich aber eben keine Prozesse, sondern *Ergebnisse* von Prozessen. Gleichwohl machen sie die besondere Chemie eines Teams aus.

Abbildung 27 stellt die nachfolgend behandelten Prozesse grafisch dar. Die von den drei Leitprozessen ausgehende Wirkung, ihr *Ausstrahlungseffekt*, wird in der Abbildung durch die Pfeile versinnbildlicht. Die Kreisform soll auf das ganzheitliche Verständnis hinweisen.

Bei der nun folgenden Darstellung der einzelnen Prozesse wird ein besonderes Augenmerk darauf gelegt, wie sich diese speziell auf das Lernen in Teams auswirken. Denn: »[L]earning is important in every aspect of group work« (Sessa/London 2008, S. 4).

2.2.1 Reflektieren

Die wegweisende Rolle der Teamführung steht außer Frage, fest steht aber auch, dass Teamführung ohne die Mitarbeit und das Mitdenken ihres Teams kaum erfolgreich sein

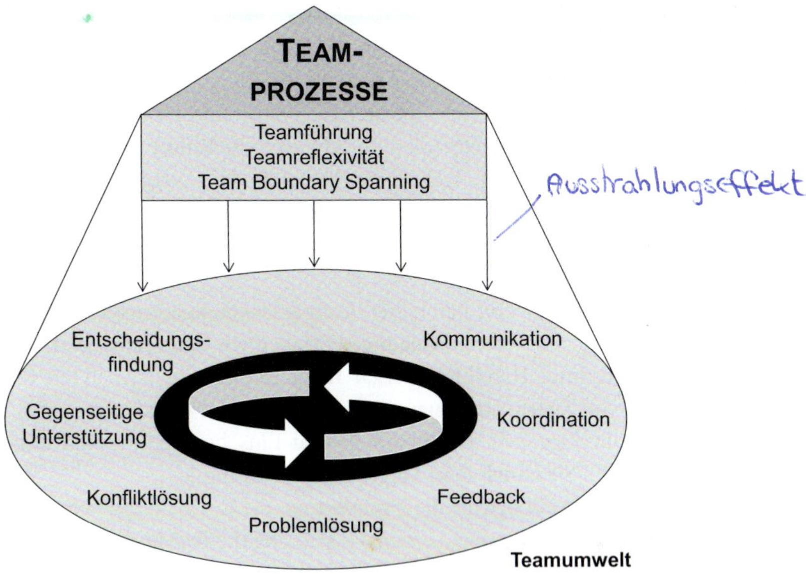

Abb. 27: Die wichtigsten Teamprozesse

kann. Das Team muss die Führung bei der Entscheidung unterstützen, z. B. den richtigen Zeitpunkt zu bestimmen, an dem die Zügel gelockert werden sollten, muss helfen, einzuschätzen, wann die eher explorative und wann die eher exploitative Vorgehensweise gewählt werden muss. Hierzu bedarf es *kollektiver* Reflexionsprozesse, die individuelle Beobachtungen über Veränderungen innerhalb und außerhalb des Teams zusammenführen.

Das **Konzept der Teamreflexivität** wurde maßgeblich von Michael A. West entwickelt (vgl. West 2012, S. 5) und ist als *Fundamentalkategorie zur Erklärung der Anpassungs- und Lernfähigkeit eines Teams* zu werten, denn eine kritische Infragestellung kann sich auf sämtliche Teamprozesse (inklusive der Teamführung) sowie auch auf die Input- und Outputfaktoren der Teamarbeit beziehen. Auch die emergenten Teamphänomene, wie Vertrauen oder das entstehende Wir-Gefühl, können Gegenstand einer bewussten Auseinandersetzung innerhalb der Gruppe sein – wobei dabei stets die Subjektivität der individuellen Wahrnehmungen zu berücksichtigen ist (vgl. Königswieser 2008, S. 69).

Der Begriff der Reflexivität geht auf das lateinische Wort reflexio zurück, das über die französische Sprache Eingang in unsere Sprache gefunden hat. *Reflectere* bedeutet zurückwerfen, widerspiegeln; im übertragenen Sinne dann seine Gedanken auf etwas hinwenden, besonnen, statt impulsiv vorgehen. Erinnert sei hier an das Motto des preußischen Generalfeldmarschalls Helmuth von Moltke: »Erst wägen, dann wagen«, das sich in ähnlicher Form auch wiederfindet in Sprichwörtern wie dem englischen »look before you leap« oder der Redensart »Erst besinne, dann beginne«. In unserem Thema beschreibt **Teamreflexivität** *die Fähigkeit eines Kollektivs, die eigenen Stärken und Schwächen einer kritischen Bewertung zu unterziehen*. Auf der Teamebene meint Reflexion also, dass sich die Gruppe selbst beobachtet und kontrolliert. Anders gesagt: Sie schaut in den Spiegel und wechselt von der Ebene des Arbeitens (Froschperspektive) in die Ebene des Geistes (Vogelperspektive).

Dabei lassen sich drei, nicht notwendigerweise linear bzw. sequentiell ablaufende **Phasen des Reflexionsprozesses** unterscheiden: Reflexion – Planung – Anpassung. Diese Phasen können vor, während oder nach der Aufgabenausführung vollzogen werden, retrospektiv angelegt oder auf die Zukunft gerichtet sein. Zentral ist die Frage, wie tiefschürfend diese Selbstanalyse angelegt ist:

- *Oberflächliche Reflexion* beinhaltet Aufmerksamkeit, Überwachung der Leistungsprozesse, Fragenstellen, Beurteilungen (Haben wir alle Fakten gesammelt? Weshalb waren bestimmte Handlungsweisen nicht erfolgreich?), Analysen (der Vor- und Nachteile von Zielen, Strategien und Prozessen) und »Verdauung«, d. h. ausreichend Zeit für Überlegungen, Diskussionen und Entscheidungsprozesse (vgl. Swift/West 1998, S. 11 f.). Sie ähnelt dem Single-Loop-Learning.
- *Moderate Reflexion* betrifft die Evaluierung, die Entwicklung von Alternativen und Plänen und das explorative Lernen; »discussing the relevance and applicability to the team's work of new techniques, tools, theories, processes and strategies« (Swift/West 1998, S. 13). Sie ähnelt dem Double-Loop-Learning.
- *Tiefgehende Reflexion* hinterfragt die Grundannahmen des eigenen Verhaltens bzw. macht diese explizit im Sinne eines Deutero-Learning, eines Lernens auf der Metaebene. »A team which practices deep reflection will be interested in learning about how the team learns. This may be facilitated by collective discussion of learning experiences or through formal workshops« (Swift/West 1998, S. 16). In der Pädagogik wird in dem Zusammenhang auch von *Metakognition* gesprochen. Hierbei werden die dem Lernverhalten zugrunde liegenden, weitgehend automatisiert ablaufenden individuellen Lernstrategien, der Lerntyp bzw. der kognitive Stil und die Sensibilität gegenüber bestimmten Lernumgebungen bewusst gemacht und hinsichtlich ihrer Effektivität reflektiert (vgl. Busch 2008, S. 72 ff.). Ziel ist ein wirksameres Lern- und Selbstmanagement.

Theoretisch macht reflexives Denken vor Nichts und Niemandem im Team halt, praktisch sind der permanenten Anzweiflung des Bestehenden und der sich daran eventuell anschließenden Veränderung natürlich Grenzen gesetzt. Die Ermöglichung wie die Durchführung von Reflexion ist alles andere als ein triviales Problem. Die Bereitschaft, sich und sein Handeln in regelmäßigen Abständen in Frage zu stellen, ist nicht nur auf individueller Ebene gering ausgeprägt. Pfadabhängigkeiten, die Macht der Gewohnheit, Rituale, mentale Modelle – all dies sind Bezeichnungen für die nur allzu menschliche Tendenz, sich am Bestehenden festzuklammern. Und wenn etwa ein Team über einen langen Zeitraum hinweg erfolgreich ist, warum sollte es dann nicht am Bestehenden festhalten? Reflexionsprozesse müssen also – von außen oder aus der Gruppe selbst heraus – *bewusst* in Gang gesetzt werden, um der verbreiteten menschlichen Neigung zur bloßen Fortführung des Gewohnten entgegenzuwirken. »A reflexive team is said to be more aware of the consequences of its actions and more proactive, while a non-reflexive team is simply functioning without any self-awareness of their actions. As such, a reflexive team is more likely to be continuously monitoring both its internal and external environments« (Högl/Parboteeah 2006, S. 114 f.).

West unterteilt die eng aufgefasste Teamreflexivität in eine *aufgabenbezogene Komponente* (task reflexivity) und eine *beziehungsbezogene Komponente* (social reflexivity) und folgt damit der gängigen, zuvor schon erwähnten Unterteilung in »Taskwork« und »Teamwork«, die wiederum in der historischen Tradition der Abgrenzung des Führungsverhaltens in eine eher aufgaben- und eine eher beziehungsorientierte Variante steht. Während »Taskwork« nach den inhaltlichen, mit der Aufgabe in Zusammenhang stehenden Anforderungen der Gruppenarbeit fragt, bezieht sich »Teamwork« auf die zwischenmenschlichen Anforderungen der Teamarbeit, fragt also nach der Effizienz des Zusammenwirkens zwischen den einzelnen Teammitgliedern.

In Bezug auf die **Aufgabenbewältigung** hat sich ein Team etwa zu fragen,

- ob es häufig seine Ziele und Strategien überprüft, speziell dann, wenn Umweltveränderungen eingetreten sind;
- ob es regelmäßig darüber diskutiert, wie gut die Zusammenarbeit klappt;
- ob über die eingesetzten Verfahren zur Aufgabenbewältigung und die allgemeine Arbeitsweise diskutiert wird;
- ob häufig die Frage durchgegangen wird, wie gut die teaminterne Informationsverarbeitung und Entscheidungsfindung funktioniert.

In Bezug auf die **zwischenmenschliche Arbeit** ist abzuklären,

- ob sich Teammitglieder selbst unter hoher Belastung wechselseitig Hilfestellung geben;
- ob auftretende Konflikte offen angesprochen, umgehend einer konstruktiven Lösung zugeführt und nicht nachgetragen werden;
- ob Teammitglieder einander neue Fähigkeiten beibringen;
- ob das Team unter stressigen Bedingungen näher zusammenrückt;
- ob allgemein eine freundschaftliche und vertrauensvolle Atmosphäre den Arbeitsalltag bestimmt (vgl. West 2012, S. 10 f.).

Ähnlich unterscheiden Edding und Schattenhofer (2015a, S. 111 f.) **drei Reflexionsfelder**, die sie als geeignet erachten, die Ordnung eines Teams zu verstehen und weiterzuentwickeln: Die Aufgaben, die Zusammenarbeit und die Teammitglieder.

- Bei den *Aufgaben* (Produkte oder Dienstleistungen) können folgende Fragen gestellt werden: Erreicht das Team die (widersprüchlichen) Ziele? Welche Rückmeldungen kommen von den Kunden bzw. Klienten? Welche neuen Anforderungen werden an die Arbeit des Teams gestellt? Verfügt das Team über genügend Ressourcen (zeitlich, personell, sachlich)? Wie hoch ist der Druck von außen auf das Team?
- Bei der *Zusammenarbeit* ist zu fragen: Sind die Aufgaben sinnvoll und gerecht verteilt? Wie sind Leitungsaufgaben verteilt? Übernehmen die Teammitglieder

genügend Verantwortung? Die Rolle der formalen Leitung – wie wird sie ausgefüllt? Wie effektiv sind die Besprechungen? Stimmt die Balance zwischen den formellen und informellen Regeln und Normen? Welche Konflikte und Gegensätze müssen balanciert werden? Ist zu viel oder zu wenig geregelt? Wie werden neue Mitglieder aufgenommen und eingearbeitet? Wie wirkt die Geschichte des Teams in die Gegenwart – welche Traditionen passen, welche nicht mehr?
- Im Hinblick auf die *Teammitglieder* können folgende Fragen reflektiert werden: Welche Professionen mit unterschiedlichen Vorstellungen von guter Arbeit treffen aufeinander? Wie zufrieden sind die Einzelnen mit ihrer Position, mit ihrem Einfluss im Team? Finden sie ihren Erwartungen entsprechend Gehör bei den anderen? Wird ihr Beitrag geschätzt? Welches Verhalten, welche Arbeitsweisen der Einzelnen sind für die anderen Teammitglieder förderlich, welche hinderlich? Ist einer der Sündenbock?

Die einzelnen Fragen lassen sich auf einer siebenstufigen Likert-Skala bewerten (von »trifft völlig zu« bis »trifft überhaupt nicht zu«). Aus der Gesamtpunktzahl leitet sich dann das Reflexionsniveau eines Teams ab (vgl. van Dick/West 2013, S. 58 und Schippers/Den Hartog/Koopman 2007, S. 209 ff. zu einem solchen Fragebogen). Die Autoren kommen zu dem Schluss, dass in vielen Teams Reflexion und Steuerung leider auf den Bereich der Aufgaben begrenzt bleiben (vgl. Edding/Schattenhofer 2015a, S. 112).

Hier zeigt sich denn auch eine grundlegende **Grenze reflexiver Prozesse**. Etwas zu erkennen und etwas in die Tat umzusetzen, sind zwei paar Schuhe. Die Erkenntnis »kostet« nicht viel (lediglich »Reflexionszeit«), die Umsetzung hingegen ist mit Risiken verknüpft, da sich ein Team hier möglicherweise auf Neuland begibt, für das ihm die Erfahrung fehlt. Gerade diese Gefahr des Scheiterns schreckt viele Teams davor ab, altbewährte Handlungspfade zu verlassen. Der hohe operative Druck tut sein übriges dazu, dass es ein Team dabei belässt, »nur« zu arbeiten: »[I]ndividuals and teams rarely reflect spontaneously; rather, teams tend to behave in habitual ways, even when presented with evidence that this behavior might be dysfunctional « (Schippers et al. 2008, S. 1594). Oft ist die Antwort auf Probleme nur ein noch härteres Arbeiten und ein noch festeres Klammern an bewährte Vorgehensweisen (vgl. Schippers 2012, S. 19).

Edding und Schattenhofer (2015a, S. 112) gelangen zu einem ähnlichen Urteil: »Die Zusammenarbeit kann nur weiterentwickelt werden, wenn sie nicht tabuisiert und als unveränderbar angesehen wird.« Nur wenn die Phasen Planung und Entscheidung, Handlung und Ausführung und Ergebnisauswertung in ihrer Abfolge und ihrer methodischen Gestaltung in regelmäßigen Abständen und in Verbindung zueinander durchlaufen werden, wenn also Lernschleifen (Rückkopplungen) existieren, lässt sich von einem reflexiven Team sprechen.

Ohne Zweifel kann die Führung Teamreflexivität in jedem einzelnen der Prozesse *speziell fördern*, z. B. durch eine offen gelebte Konfliktkultur, durch Einbindung der Mitarbeiter bei der Entscheidungsfindung oder auch durch die gezielte Ermutigung, ungewohnte Wege bei der Problemlösung einzuschlagen. Allerdings sollte Reflexivität möglichst nicht nach dem »Schrotflintenkonzept« vorgehen, sondern sich besser auf diejenigen Prozesse beschränken, bei denen es besonders hakt. Dafür sprechen allein schon Zeitgründe.

Natürlich schadet es nicht, wenn die Unternehmensführung die Teammitglieder gezielt über den Nutzen und die praktischen Umsetzungsmaßnahmen zum Aufbau von Teamreflexivität informiert. Beispielhaft führt die *Iwis GmbH & Co. KG* – ein Hersteller von Präzisionsketten für die Automobilindustrie – solche Workshops durch. In diesen werden Wissen aus einem Handbuch über Teamarbeit im Unternehmen sowie Kenntnisse über die Abläufe bzw. die Organisation der Arbeit vermittelt und mit Leben gefüllt. Angesprochene Themen sind etwa die allgemeine Bedeutung, Organisation und Auditierung von Teamarbeit, die Klärung der jeweiligen Rollen und Aufgaben, die Kompetenzentwicklung, der Gedanke der kontinuierlichen Verbesserung (KVP), Zielvereinbarungen, Vergütungsfragen, Regelkommunikation, der Einsatz von Gruppentafeln und die Arbeitsplatzgestaltung (vgl. Neininger/Kauffeld 2009, S. 241 ff.).

In welchem Rahmen auch immer die allgemeine Sensibilisierung für Teamreflexivität stattfindet – einerseits wird durch sie die Aufmerksamkeit der Beteiligten geschärft – ihr Blick fürs Detail, andererseits erschließt sie den Beteiligten Zusammenhänge – ihr Blick fürs Ganze verbessert sich. Aktuell wird dies unter dem Begriff der Achtsamkeit (mindfulness) diskutiert.

Exkurs: Achtsamkeit – der Blick fürs Detail

Achtsamkeit entstammt ursprünglich der fernöstlichen Lehre des Buddhismus, findet sich in ähnlicher Form aber bereits bei den frühchristlichen Wüstenvätern, die in ihrem Kampf gegen äußere und innere Versuchungen Beobachtungs- bzw. Abwehrmechanismen einsetzten, die den in Achtsamkeitsübungen gelehrten Grundsätzen recht nahekommen (vgl. Grün 2008). Das Konzept der Achtsamkeit wurde zunächst in der Behandlung emotionaler und verhaltensbezogener Störungen angewendet (z. B. Borderline-Persönlichkeitsstörung, Depression, chronischer Schmerz, Essstörung). Es ließ sich zudem empirisch nachweisen, dass achtsamkeitsbasierte Interventionen im klinischen Bereich Symptome abschwächen und im nicht-klinischen Bereich zu einer allgemeinen Förderung der psychischen Gesundheit beitragen, etwa bei der Behandlung von Burnoutfällen (vgl. Hülsheger et al. 2013, S. 310; zu den buddhistischen Hintergründen vgl. Zimmermann/Spitz/Schmidt 2012).

Am besten kommt das Wesen von Achtsamkeit wohl in der immer wieder angeführten *Geschichte* zum Ausdruck, in dem der fernöstliche Zenmeister, danach gefragt, weshalb er so ruhig und gelassen im Vergleich zu seinen hektisch-gehetzt wirkenden westlichen Mitmenschen erscheine, folgendes antwortete: Wenn ich stehe, dann stehe ich, wenn ich gehe, dann gehe ich, wenn ich sitze, dann sitze ich, wenn ich esse, dann esse ich. Wenn ihr sitzt, dann steht ihr schon, wenn ihr steht, dann lauft ihr schon und wenn ihr lauft, dann seid ihr schon am Ziel. Ihr seid sehr, sehr selten bei dem, was ihr gerade tut. Deshalb verpasst ihr das Eigentliche (die genaue Quelle hierfür ließ sich nicht eruieren). Achtsamkeit besteht demnach darin, die Tugend der Geistesgegenwart zu kultivieren, das genaue Hinsehen und Hinhören neu zu erlernen, also möglichst wenig auf vorgefasste Denk- und Handlungsautomatismen (Gewohnheiten, Einstellungen, Vorurteile) zu vertrauen, sondern allgemein offen zu bleiben (zu verschiedenen

Definitionen vgl. Dane 2011, S. 1000). Dies lässt sich auch paradox formulieren: »In dem Moment, in dem wir bemerken, dass wir nicht achtsam sind, sind wir achtsam« (Lehrhaupt, zitiert in Aßmann 2012, S. 59).

Dabei unterscheidet vor allem die *Aufmerksamkeitsbreite*, d. h. die bewusst ganzhafte Erfassung der augenblicklichen Situation über innere und äußere Signale, Achtsamkeit von anderen fokussierteren Konzepten, wie etwa dem Flowerlebnis (vgl. Dane 2011, S. 1001 ff.; Wehrlin 2014, S. 39 ff.). Im Falle von Flow bündelt sich die Aufmerksamkeit des Einzelnen wie ein »Laserstrahl« auf eine bestimmte Handlung, was dazu führt, dass alle Randphänomene, die nicht zu dieser Handlung gehören, ausgeblendet werden. Einerseits herrscht hier zwar höchste Handlungskontrolle – der Einzelne hat den Eindruck, alles im Griff zu haben, andererseits verliert der Flow-Erlebende aber auch das Gefühl für Raum und Zeit, für all das, was um ihn herum geschieht – etwas, das im Rahmen von Achtsamkeit eben nicht verlorengehen soll. Diskutiert werden etwa der Body Scan (ein Lehrer leitet Teilnehmer dazu an, ihre Aufmerksamkeit durch den ganzen Körper zu lenken und bestimmte Teile konzentriert wahrzunehmen und dann wieder »loszulassen«), die Sitzmeditation (bewusste Wahrnehmung des Atmens, der körperlichen Empfindungen und mentalen Prozesse in Form von aufkommenden Gedanken und Gefühlen) und Yoga (vor allem sanfte, achtsam ausgeführte Körperübungen und Gehmeditationen; vgl. Aßmann 2012, S. 61 ff.).

Allerdings dürfte die Entwicklung und das (An-)Trainierung von Achtsamkeit im **betrieblichen Alltag auf Schwierigkeiten** stoßen, weil sie als entschleunigende Maßnahme so gar nicht in den sonst vorherrschenden Modus des Leistungs- und Zeitdrucks passen will. Achtsamkeit sollte in Teams wohl besser eine allgemeine, allmählich zu entwickelnde Einstellung sein als eine dauernd zu praktizierende Kompetenz. Ein übertriebenes Maß an Achtsamkeit verkennt nämlich die Tatsache, dass individuelle und teamspezifische Handlungsautomatismen im Sinne einer komplexitätsreduzierenden Entlastung letztlich notwendig sind. Alles in allem erscheint es sinnvoller, durch arbeitsbegleitend eingesetzte Reflexionsinstrumente wie Vor- und Nachbesprechungen darauf hinzuwirken, dass Teammitglieder auf Kleinigkeiten achten und auch vermeintlich geringfügige Verschwendungen (»muda«) in ihrem Arbeitsumfeld erkennen und benennen – eine Ermahnung, die im Übrigen seit langem ein Kernstück des Total Quality Management bildet und insofern nichts wirklich Neues darstellt.

Vor- und Nachbesprechungen als allgemeine Reflexionsinstrumente

Eine Möglichkeit, die schwierige Forderung »Denke als Handelnder, handle als Denkender« (Henri Bergson, zitiert in Hill/Fehlbaum/Ulrich 1994, S. 5) im Arbeitsalltag umzusetzen – also Handlung und Reflexion so miteinander in Einklang zu bringen, dass sie sich nicht wechselseitig behindern, sondern ergänzen –, besteht darin, arbeitsbegleitende und nicht zu gründliche Reflexionen durchzuführen. Der später ausführlich geschilderte After Action Review (▸ Kap. 2.3) bzw. allgemein Vor- und Nachbesprechungen (Prebriefings und Debriefings) stellen für diesen Zweck geeignete Instrumente dar. Die dadurch gewonnenen Reflexionserfahrungen bauen aufeinander auf und setzen idealerweise eine nach oben gerichtete Lernspirale in Bewegung. Sie liefern zugleich wichtige Impulse, aus denen emergente Zustände wie Hilfs- und Wissensteilungsbereitschaft oder ein angstfreies Klima hervorgehen (zu weiteren Debrief-Methoden wie Lerntagebücher, Stimmungsanzeigern, Teamskulptur oder Reflexionsfragebögen vgl. Kriz/Nöbauer 2008, S. 139 ff.).

Spezielle Reflexionsauslöser

Gerade in Teams, die zu »gesättigt« sind oder sich zu sehr auf vergangenen Erfolgen ausruhen, können induzierte Störungen (Perturbationen) dazu beitragen, automatisierte Handlungsvollzüge zu durchbrechen und Exploration zu stimulieren (vgl. Brunner et al. 2009, S. 8 ff.). Als Reflexionsauslöser nennt West (2000, S. 10 ff.) neben gezielt gesetzten Interventionen durch die Führung Mitgliederwechsel, Fehler und Misserfolge, teaminterne Konflikte, Zeitprobleme, Abstimmungsschwierigkeiten, Unterbrechungen, Feedback von Akteuren außerhalb des Teams (z. B. Kunden) und Veränderungen in der Organisation. So kommt etwa durch neue Mitglieder oder durch den Kontakt zu freien Mitarbeitern (Freelancer) »frischer Wind« in das Team, der ein Überarbeiten bisheriger Praktiken bewirken kann.

Auch geänderte Rahmenbedingungen (z. B. Kürzung der Ressourcen, Verknappung der Zeit), die dem Team von außen auferlegt werden, führen möglicherweise zu einer Art »heilsamen« Unruhe, die das Team zu einem inhaltlichen Kurswechsel oder zu einer fokussierteren Zusammenarbeit bewegt. Speziell auf individueller Ebene hat die Forschung zeigen können, dass die Kreativität bei *materiellen Einschränkungen* steigt, weil dann – im Sinne eines »Not macht erfinderisch« – nicht mehr der Weg des geringsten Widerstands, der zumeist zu Altbekanntem führt, gegangen werden kann. Die Einschränkungen dürfen sich allerdings nicht auf die gewährten Freiräume beziehen (vgl. Weiß/Högl 2016, S. 21). Ähnliches konnte auch für Teams in der medizinischen Grundversorgung nachgewiesen werden. Hohe Arbeitsbelastungen und schlechte Arbeitsbedingungen führten zu einer konzentrierteren Suche nach Lösungen und Formen der Bewältigung (coping mechanisms). Hier wuchs allerdings auch der Bedarf nach Teamreflexivität (vgl. Schippers/West/Dawson 2015).

Inwiefern erhöhter **Zeitdruck** zu mehr Leistung und Kreativität führt, lässt sich nicht pauschal beantworten. Jeder reagiert anders auf Zeitdruck. Der eine benötigt die »Pistole auf der Brust«, also feste Deadlines, um überhaupt »in die Spur« zu kommen, der andere wird durch solche Vorgaben geradezu gelähmt. Bereits in den 1970er Jahren konnten Forscher in einer fünfjährigen Langzeitstudie nachweisen, dass NASA-Ingenieure nicht nach Muße verlangten, um in Ruhe arbeiten zu können, sondern »challenges« wollten. Nur eine entsprechende Arbeitsmenge löste bei ihnen ein Gefühl des Gefordertseins aus, erzeugte positiven Stress und Flow-ähnliche Zustände (vgl. Andrews/Farris 1972). »[I]f substantial freedom is provided, some additional actions may be required to ensure that scientists stay ›hot‹« (Andrews/Farris 1972, S. 196). Zeitdruck wirkt also dann stimulierend, wenn er positiv gewertet bzw. bejaht wird und wenn das objektive Arbeitsvolumen den subjektiven Verarbeitungsmöglichkeiten sowie dem eigenen Leistungsanspruch entspricht. Nur unter solchen Bedingungen kann die eigene Leistungsgrenze erkannt und gegebenenfalls auch überschritten werden.

Permanente Überforderung führt hingegen zum Gefühl des Kontrollverlusts, das die Entstehung von Burnout begünstigt, speziell wenn zusätzlich wenig Einfluss auf die Situation genommen werden kann und am Ende auch noch verschärfend private Probleme hinzukommen (vgl. von der Oelsnitz 2014, S. 93 ff.). Zeitdruck kann aber auch Lernen und Kreativität hemmen, weil durch Zeitdruck Zeitdruck erzeugt wird, d. h. Fehler werden nicht oder zu spät erkannt, lösen Mehrarbeit aus, die wiederum zu einer Verknappung der Zeit führt. Wegfallende Atempausen lassen Teams zudem nach den erstbesten (besser gesagt: erstschlechten) Lösungen greifen. Außerdem braucht es speziell für originelle Ideen eine sog. Inkubationszeit, d. h. Ideen müssen »ausgebrühtet« werden, müssen reifen. Es braucht demnach Zeit, bis Assoziationen aus dem unbewussten Raum aufsteigen und zu einer Rearrangierung bewusster Denkstrukturen führen (vgl. Gebert 2004, S. 234 ff.).

Neben solchen oft nicht beeinflussbaren Verknappungen materieller oder zeitlicher Ressourcen können auch **bewusste Provokationen** verkrustete Strukturen aufbrechen und Reflexionen auslösen. Dies geschieht etwa durch:

- das Äußern vermeintlich unerreichbarer Zielvorgaben,
- die Benennung eines advocatus diaboli, der die Rolle eines hartnäckigen Kritikers spielt und das Team »ärgert«, indem er immer wieder »gegen den Strich« bürstet,
- das Einnehmen von paradoxen Standpunkten,
- die Verwendung von Bildern (Wie würden Sie einen bestimmten Prozess in einem Bild darstellen?), Symbolen (Welchen Gegenstand würden Sie von einem Spaziergang mitbringen, um den gegenwärtigen Stand des Teams zu veranschaulichen?) oder Metaphern (Stellen Sie sich vor, wir sind ein Forschungsschiff. Welche Funktionen haben einzelne Teammitglieder?). Diese ganzheitlichen Reflexionsauslöser können helfen, Zwischentöne und unterbewusste Ahnungen auszudrücken (vgl. Stahl 2012, S. 203).
- Und schließlich kann auch der Einsatz kreativitätsanregender Techniken Reflexionen anregen (z. B. nach Walt Disney die drei Räume des Realisten, Träumers oder Kritikers durchschreiten oder die sechs Denkhüte nach Edward de Bono im Team verteilen).

Auch hier spielt wiederum der Teamführer eine tragende Rolle, indem er Zuversicht ausstrahlt und dem Team die Angst vor Veränderungen nimmt (vgl. Goleman 2000, S. 265). Abbildung 28 fasst die Erkenntnisse zusammen.

Aber, wie so oft, ist auch hier alles eine Frage der Balance. In diesem Sinne kann es auch ein Zuviel an Teamreflexion geben. Eine **übertriebene Reflexionsneigung** kann geradezu als Krankheitssymptom gewertet werden. Funktionsfähige Zusammenarbeit (»Team-Flow«) wird dadurch unnötig unterbrochen und gestört. Ein bekanntes Bild ist das des Tausendfüßlers, der gelähmt wird bei der Frage, wie er das mache. »Überaktivität ist ein Indiz für Entleerung, nicht für Vitalität: Wenn die Sache Bestand hat, braucht sie nicht problematisiert zu werden, sich nicht in der Sphäre bloßer Sprachlichkeiten zu verbreiten« (Amerio 2000, S. 724).

Teamreflexivität		
Reflexionsebenen	**Reflexionsobjekte**	**Reflexionsgestaltung**

• Oberflächliche Reflexion
• Moderate Reflexion
• Tiefgehende Reflexion
	• Umweltbeziehungen
	• Teamprozesse
	  – aufgabenbezogen
	  – beziehungsbezogen
	• Teaminputfaktoren
	• Teamführung
	• Arbeitsergebnisse (z. B. Meilensteinüberprüfungen)
		• Allgemeine Sensibilsierung (z. B. in Workshops)
		• Achtsamkeit schulen
		• Vor- und Nachbesprechungen durchführen (z. B. After Action Review)
		• Ressourcen verknappen
		• Beherrschbaren Zeitdruck aufbauen
		• Stören und Provozieren (z. B. advocatus diaboli)
		• Kreativitätstechniken einsetzen

Abb. 28: Gestaltungsfelder der Teamreflexivität

Eine bisher unterbeleuchtete Facette betrifft auch die **persönlichen Voraussetzungen**, die erfüllt sein müssen, damit Teamreflexivität funktioniert. Sich selbst und sein Arbeitsverhalten in Frage zu stellen, setzt ein Mindestmaß an Selbstdistanz und Abstraktionsvermögen voraus, über das nicht jeder verfügt. So mussten Schippers, Den Hartog und Koopman in ihrer Studie zur Überprüfung eines umfassenden Fragebogens zur Erfassung von Teamreflexivität Fertigungsteams, die einfache Routineaufgaben verrichteten, teilweise ausschließen, weil die in den Fragebogen von den Forschern zusammengestellten Items schlicht nicht verstanden wurden. »Members of such teams often had a low educational level and supervisors of such teams indicated that the items in the reflexivity questionnaire would be too difficult as well as irrelevant for members of those teams« (Schippers/Den Hartog/Koopman 2007, S. 207). Vermutlich ist es manchmal sogar ratsam, den Begriff Reflexivität erst gar nicht fallen zu lassen, um durch ihn ausgelöste Abwehrreflexe bei einigen Mitarbeitern von vornherein zu vermeiden (»Mache ich denn etwas falsch?«).

Dementsprechend ist zukünftig noch genauer zu klären, wie sich Teamreflexivität den situativen Gegebenheiten anzupassen hat (z. B. dem Bildungsgrad der Teammitglieder, der zu bewältigenden Komplexität, dem Innovations- oder Interdependenzgrad der Aufgabe). Am Ende hat Teamreflexivität – egal ob sie nun zu mehr Exploitation oder zu mehr Exploration führt – auf Teamebene vor allem aber eines zu leisten. Sie soll in Teams das Bewusstsein wachhalten, dass der Prozess der Leistungssteigerung und kreativen Ideenfindung nie wirklich abgeschlossen ist. Der Ausspruch der Trainerlegende Dettmar Cramer (1925-2015) im Rahmen eines Werbespots der Volksbanken und Raiffeisenbanken (»Jeder Mensch hat etwas, das ihn antreibt«) bringt dies trefflich auf den Punkt: »So lange besser möglich ist, ist gut nicht genug.«

2.2.2 Kommunizieren

Die Qualität jedes Teamprozesses gründet letztlich in gelungener Kommunikation. Bekanntlich werden mit Kommunikation Inhalte (Sachebene), Gefühle (Beziehungsebene) und versteckte oder offene Anweisungen (Appellebene) transportiert. Kommunikative Äußerungen enthalten aber auch – ob dies der Sender will oder nicht – Aussagen über ihn selbst, über seine Persönlichkeit (Selbstoffenbarung) (vgl. Schulz von Thun 2011, S. 14 ff., 28 ff.). Was unter Selbstoffenbarung zu verstehen ist, kommt wohl am besten in folgendem Ausspruch zum Ausdruck: Was Peter über Paul sagt, sagt mehr über Peter als über Paul.

Gelungene Kommunikation in dem Sinne, dass bei B immer genau das ankommt, was A tatsächlich gemeint hat, ist unwahrscheinlich (vgl. Luhmann 1996, S. 217 f.). Dazu ist Kommunikation einfach zu komplex und zu kontextspezifisch, d. h. abhängig von den Personen und ihrer spezifischen Situation (z. B. Zeitdruck, Informationsüberfrachtung, Unternehmens- und Landeskultur). Andererseits macht genau diese Vielschichtigkeit Kommunikation so spannend. Gute Kommunikation dynamisiert jedes Team, sofern sie Inhalte und Emotionen wirksam verknüpft. »[Wirksam] Kommunizieren heißt nicht bloß, andere mit Informationen zu überhäufen. Man muss ihnen eine Erfahrung vermitteln, sie in ihrem Inneren packen, und das ist eine emotionale Fähigkeit« (John Seely Brown, zitiert in Goleman 2000, S. 246). *Wer die Kommunikationskunst beherrscht, beherrscht auch die Kooperationskunst!*

Wie intensiv und vielschichtig die Forschung inzwischen die Erfassung der Kommunikation angeht, zeigen die Studien von Pentland (▸ Infobox »Optimale Kommunikationsmuster in Teams«). Über deren Sinn und Zweck kann man allerdings geteilter Meinung sein.

Infobox »Optimale Kommunikationsmuster in Teams«

Pentland hat die Teamkommunikation mit Hilfe von Funk- und Sensortechnologien untersucht, die mehr als 100 Datenpunkte pro Minute generieren und von den Teilnehmern kaum bemerkt werden. Dabei wurde über einen Zeitraum von sieben Jahren in 21 Unternehmen das Kommunikationsverhalten von 2.500 Mitarbeitern in unglaublicher Detailtreue, teilweise sechs Wochen am Stück erfasst (vgl. Pentland 2012, S. 39). »Die elektronischen Helfer liefern soziometrische Daten, messen also, wie Menschen miteinander interagieren. Erfasst werden Kriterien wie ihr Tonfall beim Sprechen, ob sie sich ansehen, wie stark sie gestikulieren, wie viel sie reden, zuhören und andere unterbrechen – ja selbst der Grad der Extrovertiertheit und das Einfühlungsvermögen werden aufgezeichnet« (vgl. Pentland 2012, S. 39). Dabei wurden *drei erfolgsrelevante Kommunikationsmuster* bestimmt (vgl. Pentland 2012, S. 40 f.):

- Energie: Die Häufigkeit und Art des Gedankenaustauschs.
- Engagement: Die gleichmäßige Beteiligung aller Teammitglieder.

- Exploration: Der Austausch mit anderen Teams bzw. die Verbindung zu externen Informanten (entspricht dem team boundary spanning).

Diese Kommunikationsströme werden dann visualisiert und dem Team vorgelegt, als Basis für Interventionen. In den erfolgreichsten Teams reden alle Teammitglieder in etwa so viel wie sie zuhören. Ihre Beiträge sind kurz und prägnant. Die Mitglieder sind in den Gesprächen einander zugewandt und gestikulieren lebhaft. Der direkte Kontakt wird nicht nur zu dem Vorgesetzten, sondern auch zu Kollegen gesucht. Informationen werden häufig informell, außerhalb der offiziellen Teamstruktur ausgetauscht. Informationssuche findet auch über die Teamgrenze hinaus statt und es existieren genügend Pausen (vgl. Pentland 2012, S. 41). Pentland empfiehlt neugestaltete Büros, veränderte Sitzordnungen und weniger rigide Verfahrensregeln, um all dies zu fördern (vgl. Pentland 2012, S. 47). Und er zieht den »bescheidenen« Schluss:

»[D]ie Daten aus unseren Untersuchungen gehen über die üblichen Binsenweisheiten hinaus. Sie heben die Beobachtungen auf ein beispielloses Präzisionsniveau, quantifizieren wesentliche Aspekte der Gruppendynamik und machen sie in einem bisher nicht gekannten Maße messbar (…) Wir sind überzeugt, dass wir Telearbeit und multikulturelle Teams (…) deutlich verbessern können. Wir müssen nur die zugrunde liegenden Muster analysieren und anpassen. Wir nähern uns einer Art allumfassenden Blick auf Unternehmen (…) Diese Perspektive stützt sich auf objektive Daten. Sie ist wahrhaft erstaunlich – und sie hat das Zeug dazu, die Funktionsweise von Unternehmen zu revolutionieren« (vgl. Pentland 2012, S. 44, 48).

Man muss sich das einmal plastisch vorstellen: Teammitglied A hat mit Teammitglied B zu wenig gesprochen und es nicht ausreichend angeschaut. Es haben sich gefährliche Subgruppen herausgebildet. Zwischen teaminterner und teamexterner Kommunikation herrscht ein Ungleichgewicht. Die Beiträge der einzelnen Mitglieder sind unausgewogen und in den Pausen spricht Teammitglied C zu wenig über sich selbst. Teammitglied D muss sich mehr einbringen.

All diese Erkenntnisse mögen prinzipiell nicht falsch sein, aber wohin soll diese Orwellsche Überwachung von Mitarbeitern führen? Sollen Teammitglieder künftig nur noch standardisierte Verhaltenserwartungen erfüllen bzw. auf Befehl spontan, solidarisch oder humorvoll sein? Wie dem auch sei: solche objektivistischen Forschungen dürften in Zukunft immer häufiger werden, ob sie nun unter der Rubrik Big Data, Evidence-based Management oder Soziometrie firmieren Aus europäischer Sicht sprechen schon datenschutzrechtliche Gründe gegen eine solche Methodik. Überspitzt formuliert: Wollen wir tatsächlich ganztägig mit Datenbrillen herumlaufen oder gar Chips implantiert bekommen, damit unsere physiologischen Reaktionen, unser Netz- und Kommunikationsverhalten, unsere Wahrnehmungen und Mikroexpressionen minutiös erfasst werden können? Was macht die Arbeitspraxis damit? Und wo liegen die Grenzen zwischen ethischer Vertretbarkeit und forschungspraktischer Notwendigkeit?

Auch Pentland sieht seine Forschungen inzwischen kritischer und macht sich für einen »New Deal on Data« stark (vgl. O.V. 2014a, S. 102). Mikrosensorische Erhebungen sind hiernach auf einen bestimmten Zeitraum zu begrenzen, die Teilnahme muss freiwillig sein, und es muss zuvor transparent kommuniziert werden, wer Zugriff auf die Daten hat und wie diese im Anschluss ausgewertet und verwertet werden.

Kommunikationsform und Kommunikationsqualität

Allgemein lässt sich Kommunikation in Teams nach Form und Qualität unterscheiden. Die Kommunikationsform umschreibt das äußere Setting, die strukturellen Rahmenbedingungen, unter denen Kommunikation stattfindet. Die Form wirkt ermöglichend oder eher begrenzend auf das Lernverhalten eines Teams. Folgende Fragen können hierbei aufschlussreich sein:

- Welche Kommunikationsstruktur gibt es, d. h. wer kommuniziert mit wem, wie häufig, in welcher Reihenfolge und welcher Anordnung (z. B. Stern, Y, Kette, Kreis, Totalstruktur, vgl. Wiswede 1992, Sp. 741)? Dominieren Dialoge, Subgruppen- oder Gruppendiskussionen?
- Welche Anteile an der Kommunikation besitzt die Teamführung, welche das Team? Kommen alle Teammitglieder ausreichend zu Wort?
- Zu welchen Anlässen wird kommuniziert – nur bei Schwierigkeiten oder auch, wenn alles »normal« läuft? Finden überhaupt regelmäßig Treffen statt (etwa wöchentliche Besprechungen am runden Tisch) oder verbreiten sich Informationen mehr oder weniger zufällig oder nur gerüchteweise im Team?
- Erfolgt Kommunikation eher formell als Regelkommunikation (z. B. in Teambesprechungen mit einer festen Tagesordnung oder wie beim After Action Review) oder informell (z. B. am Kaffeeautomaten im Flur)? Laufen Besprechungen im Team produktiv und zielführend ab oder eher zufällig anberaumt und planlos? Wirkungsvolle Besprechungen setzen voraus, dass von der Teamführung im Vorfeld die Besprechung gründlich vorbereitet und durch zusammenfassende Protokolle nachbereitet wird. Die Sitzung ist zu beenden, sobald der Zweck erfüllt ist (vgl. Drucker 2014, S. 10, 76). Effektive Führungskräfte wissen, dass eine Besprechung entweder produktiv oder aber reine Zeitverschwendung ist. Dazu zählt auch Klarheit im Hinblick auf die eigene Rolle. Man kann ein Meeting entweder leiten und auf die wichtigen Beiträge achten oder man kann sich aktiv beteiligen und sprechen – beides gleichzeitig funktioniert kaum (vgl. ebenda, S. 76).
- Auf welche Kommunikationsmedien, welche Bandbreite greift das Team zurück? Wird häufiger direkt und persönlich, d. h. von Angesicht zu Angesicht miteinander kommuniziert oder kommunizieren die Teammitglieder mehrheitlich technologievermittelt? Wie gut ist generell die technologische Ausstattung, z. B. mit Groupware oder Web 2.0-Technologien?
- Gibt es explizite Kommunikationsnormen im Team, an die sich alle zu halten haben (z. B. hinsichtlich der Schnelligkeit bei der Beantwortung von E-Mails oder der Unterlassung von Lästereien) oder funktioniert Kommunikation eher nach einem

»Gewohnheitsrecht«, das sich im Verlauf der Teamarbeit im Sinne einer impliziten Handlungssteuerung herausgebildet hat? Wenn aufgestellte Regeln nicht eingehalten werden und dies zu keinerlei Konsequenzen führt, dann kann genauso gut auf diese Regeln verzichtet werden.

Geschlossene und offene Kommunikation

Geschlossene Kommunikation ist **exploitativ** ausgerichtet. In ihrer Extremform ist sie völlig standardisiert und soll zu erwartbaren, gleichbleibenden Ergebnissen führen. Es existieren vorab festgelegte Wort- und Satzfolgen, an die sich Teammitglieder zu halten haben. Beispiele hierfür sind militärische Befehlsketten oder – in der Außenkommunikation – standardisierte Begrüßungs-, Befragungs- und Verabschiedungsformeln. Man denke an den Servicesektor und speziell die Systemgastronomie. »Die Vorschriften sind bisweilen sehr umfassend und regeln beispielsweise (...) den Abstand, ab dem ein Verkäufer einen Käufer anzusprechen hat, den Tonfall, in dem dies zu geschehen hat, und die Art und Weise, in der Kostproben feilgeboten werden« (Güttel/Konlechner 2011, S. 13).

In ihrer klassischen Studie zur Frage der Nutzung und *Kommerzialisierung von Emotionen* im Berufsleben unterscheidet die amerikanische Soziologin Arlie Hochschild zwischen **Oberflächenhandeln** (»surface acting«) und **innerem Handeln** (»deep acting«). Geschlossene Kommunikation verlangt vornehmlich Oberflächenhandeln. Beim Oberflächenhandeln wird ein Gefühl nur nach außen gezeigt bzw. geschauspielert (z. B. Freundlichkeit gegenüber einem meckernden Kunden); beim inneren Handeln entsteht ein nach außen gezeigtes Gefühl spontan und entspringt einem »wirklichen« Impuls (vgl. Hochschild 2006, S. 53 ff.). Geschlossene Kommunikation sieht insofern ein impulsives, spontanes und wechselndes Verhalten nicht vor.

Offene Kommunikation ist explorativ ausgerichtet und damit weit weniger festgelegt. Probleme und Fehler können spontan während der Arbeit angesprochen, Ideen geteilt, Vorschläge ohne Scheu vorgebracht, Befürchtungen geäußert und Experimente gewagt werden. Lernen findet hier nicht »nebengleisig« statt, sondern ist Kern des gemeinsamen Arbeitsprozesses (vgl. Edmondson 2012, S. 26, 52). Offene Kommunikation ist in der Regel warmherziger, mitteilungsfreudiger und vielschichtiger. Merkmale offener Kommunikation enthalten viele Facetten der zuvor geschilderten Teamreflexivität, aber auch die Funktionsbedingungen des After Action Reviews finden sich hier wieder, speziell der Zustand der psychologischen Sicherheit bzw. des gegenseitigen Vertrauens (▸ Kap. 2.3.3).

Beim Thema Kommunikation zeigt sich sehr gut, wie Prozesse und emergente Teamphänomene zusammenhängen, denn »es stellt sich die Frage, was zuerst kommt: Die Henne »Kommunikation« oder das Ei »Vertrauen«? Braucht es zunächst Vertrauen, damit wir beginnen können, offen miteinander zu kommunizieren, oder müssen wir erst über einen längeren Zeitraum miteinander kommuniziert und uns dabei allmählich geöffnet haben (self-disclosure), um überhaupt Vertrauen entstehen zu lassen? Beides ist vermutlich richtig: Einerseits benötigen Teammitglieder allgemein eine positive Grundeinstellung gegenüber der Arbeitsform Team, eine Art Urvertrauen in ihre Teamkollegen; andererseits entwickelt sich erst aus der täglichen Zusammenarbeit echtes, tiefgehendes Vertrauen. Es sind die gemeinsamen positiven Erfahrungen, die Respekt, Zusammenhalt und Teamgeist entstehen lassen. Und diese emergenten Zustände sorgen dann im Gegenzug dafür, dass Ichbedürfnisse nicht zu Lasten des Teams ausgelebt und durchgesetzt werden, sondern sich stattdessen eine Einstellung entwickelt, die das Wohl des Ganzen im Sinn hat (vgl. Busch 2015, S. 151 f.).

2.2.3 Koordinieren

Kommunikation und Koordination stehen in einem engen Zusammenhang. Koordination weist allerdings einen noch stärkeren Aufgabenbezug auf. Sie betrifft die Abstimmung von Mitgliederaktivitäten eines Teams in inhaltlicher, zeitlicher und örtlicher Hinsicht. Zudem besteht zwischen dem Koordinations- und dem Organisationsbegriff eine große inhaltliche Nähe. Im Grunde ist Koordination die Kehrseite der Organisationsmedaille – ein Team ist ja letztlich nichts anderes als eine Organisation im Kleinen. Organisation verstanden als eine Tätigkeit, die getrennt ablaufende, weil arbeitsteilige Aktivitäten einzelner Bereiche eines Unternehmens so integriert, dass eine maximale Handlungseffizienz erreicht wird, findet im Miniaturformat ebenso in jedem interdependenten Team statt. Auch hier sind Einzelbeiträge sinnvoll aufeinander abzustimmen und auftretende Schnittstellenprobleme zu lösen (vgl. von der Oelsnitz 2009, S. 33 f.; Nijstad 2013, S. 202).

Teams greifen – genau wie alle anderen arbeitsteilig funktionierenden Einheiten – also auf seit langem bekannte Koordinationswerkzeuge zurück. Die zur organisatorischen Integration eingesetzten Instrumente lassen sich der Fremdkoordination oder der Selbstkoordination zuordnen, d. h. in eher hierarchisch-zentral oder eher heterarchisch-dezentral geprägte Formen unterscheiden (vgl. Kieser/Walgenbach 2003, S. 100 f.). Hierarchische Koordinationsinstrumente sind z. B.

- verhaltensstandardisierende Programme,
- ergebnisstandardisierende Pläne,
- eindeutige Rollenzuweisungen,
- feste Regeln oder
- direktive Anweisungen durch die Teamführung (vgl. von der Oelsnitz 2009, S. 100 ff.).

Diese unterstützen primär die *exploitativ ausgerichtete Teamarbeit.* Selbststeuernde Instrumente wie die gegenseitige Abstimmung oder das Geben und Nehmen von Feedback sind higegen eher für *explorativ ausgerichtete* Teamarbeit geeignet, denn sie wirken weniger verhaltensbegrenzend. Aktuelle Ansätze, die dies aufgreifen, sind agile Methoden wie Scrum oder Holacracy, die im Grunde Exploration und Exploitation, d. h. Kreativität und Umsetzungsstärke, verbinden wollen (► Infobox »Scrum und Holacracy – agile Formen der Teamkoordination«).

Infobox »Scrum und Holacracy – agile Formen der Teamkoordination«

Die verbreitetste Methode ist derzeit **Scrum**, sie stammt ursprünglich aus der Softwareentwicklung. Scrum kann als »kurz-zyklische, evolutionäre Regelkommunikation« (Weiß/Strubl/Goschy 2015, S. 293) verstanden werden und besteht nur aus wenigen Regeln. Sie umfasst fünf Aktivitäten, drei Artefakte (Product Backlog, Sprint Backlog, Product Increments) und drei Rollen (Product Owner, ein drei bis neunköpfiges Entwicklungsteam, Scrum Master). »Der *Product Owner* ist verantwortlich für die Beschaffenheit und Güte des Produkts, er alleine pflegt das sog. Product Backlog. Das *Entwicklungsteam* fertigt in der Umsetzung selbstbestimmt und eigenständig die inkrementellen Produkte. Der *Scrum Master* agiert im Sinne eines Servant Leaders als »Kümmerer«. Neben der Sorge für ein regel- und prinzipientreues Arbeiten (...) vermittelt er oder sie Methodenwissen, coacht im Interesse einer reibungslosen Zusammenarbeit und schafft angemessene Rahmenbedingungen im Unternehmen (z. T. vernetzt mit anderen Scrum Mastern«; Brückner/von Ameln 2016, S. 384).

Die Arbeit erfolgt in klar abgegrenzten zeitlichen Intervallen (ca. ein bis vier Wochen, wobei kürzer besser ist), die *Sprints* heißen. Hierbei handelt es sich um einen Arbeitsabschnitt, in dem ein Inkrement einer Produktfunktionalität erstellt wird. Am Ende eines jeden Sprints wird das fertige Teilprodukt (das Product Increment) an den Kunden ausgeliefert. Alle Sprints sollten möglichst die gleiche Länge haben, um so dem Projekt einen Takt zu geben (vgl. Weiß/Strubl/Goschy 2015, S. 293). Der Entwicklungsprozess setzt sich iterativ so lange fort, bis das Gesamtprodukt fertiggestellt ist (vgl. Takeuchi/Nonaka 1986, S. 140 ff.).

Jeder Sprint durchläuft einen Zyklus (Sprint Planning, Sprint Review, Sprint Retrospektive). Beim *Sprint Planning Meeting* 1 und 2 werden die Anforderungen und das Design sowie die Planung zur Zielerreichung geklärt. Das *Daily Scrum*, das vom Scrum Master moderiert wird, dient zur Koordination im Team und zum Geben von Feedback. Beim *Estimation Meeting* werden Product Backlog Items, d. h. Produktfunktionalitäten bzw. Anforderungen aus Anwendersicht in Form von klaren Eigenschaften, vorausgeplant und geschätzt. Beim *Sprint Review* werden die Resultate vom Entwicklungsteam präsentiert und die *Sprint Retrospektive* dient zur Reflexion und zum Erkennen von Verbesserungspotenzial (vgl. Gloger 2016, S. 9 ff.). Diese Meetings werden als Aktivitäten bezeichnet und folgen einem rigiden Zeitfenster (»time box«) zur Reflexion des jeweiligen Status quo (vgl. Brückner/von Ameln 2016, S. 384). Kunden und sonstige Stakeholder können dabei aktiv einbezogen werden. Insgesamt besteht eine sehr hohe Transparenz sowohl innerhalb des Teams als auch gegenüber dem Kunden.

Auch die **Holacracy** wirft traditionelle Organisationsstrukturen über den Haufen (vgl. Robertson 2016). An die Stelle statischer hierarchischer Stellen treten wechselnde Rollen und Verantwortlichkeiten für bestimmte Entscheidungsbereiche oder materielle Ressourcen. Statt zentraler Planung, Steuerung und Kontrolle setzt man auf verteilte Autorität, Selbstverantwortung und die Nutzung kollektiver Intelligenz (vgl. Csar 2017, S. 155).

Governance-Meetings klären nur Fragen, die sich auf Rollen und auf die Zusammenarbeit beziehen. Sie finden etwa einmal im Monat statt und folgen einem detaillierten Ablauf, um sicherzustellen, dass jeder Mitarbeiter Gehör findet und niemand die Entscheidungsfindung dominieren kann. Alles, was mit der konkreten Arbeit zu tun hat, wird in *Tactical Meetings* besprochen (vgl. Laloux 2015, S. 120). Diese finden täglich, wöchentlich oder ad hoc statt. Hier findet die Synchronisation der operativen (Projekt-)Aktivitäten der einzelnen Teams statt (die sich Organisationskreise nennen und jeweils ein gemeinsames Tätigkeitsfeld umfassen).

Strategy-Meetings schließlich reflektieren und erkunden Initiativen und Angebote und legen Prioritäten fest. Die Abstimmung zwischen den Kreisen erfolgt über Spezialrollen, den Lead- und den Repräsentativ-Link. Der Lead-Link hat einen Überblick über die zu besetzenden Rollen des eigenen Kreises und vertritt die Anliegen des übergeordneten Kreises. Der Repräsentativ-Link macht die Arbeit eines untergeordneten Kreises gegenüber einem höher gestellten Kreis transparent und achtet darauf, dass dieser für den unteren Kreis förderliche Rahmenbedingungen schafft (vgl. Csar 2017, S. 156). Insgesamt folgen die Meetings einem sehr strikten und formalisierten Ablauf.

Es bleibt abzuwarten, wieviel bei diesen umwälzenden Organisationskonzepten »Mode« ist und wieviel davon dauerhaft Bestand haben wird. Beide Ansätze sind auf Entwicklung, nicht auf Stillstand angelegt, insofern stellen die gerade vorgenommenen Beschreibungen nur Momentaufnahmen dar. Fest steht, dass beide Ansätze wirklich innovative Lösungen für die Organisations- und Koordinationsproblematik speziell in Teams aufzeigen. Selbstorganisationskonzepte haben zwar in der Organisationstheorie eine lange Tradition (vgl. Probst 1992 zu einem Überblick), doch ist davon insgesamt nur wenig praktisch umgesetzt worden. Dies ist heute angesichts von Internet und Web 2.0 anders (vgl. dazu auch Hamel/Breen 2008, S. 360 f.).

Interdependenz als Koordinationsursache – Schnittstellenmanagement als Treiber von Lernprozessen

Teammitglieder, die aufgabenbedingt miteinander kooperieren müssen, durchlaufen durch die diversen Abstimmungen untereinander bereits arbeitsbegleitend zahlreiche, gleichwohl eher unbewusst und wenig reflektiert ablaufende Lernprozesse. Dies wird allerdings nur selten thematisiert, obwohl die Koordination an den Schnittstellen der Teamarbeit eine wichtige Lernzone bildet (vgl. Busch 2015, S. 348 ff.). Zumeist steht die rein ergebnisbezogene Betrachtung im Vordergrund, indem z. B. nach der Einhaltung von Zeit- und Kostenvorgaben bei der Erbringung der Leistung gefragt wird.

Die intensivste Form der Abstimmung ist die **reziproke Interdependenz**, die auch als »Teaminterdependenz« bezeichnet wird (vgl. Picot/Dietl/Franck 2005, S. 63). Eine solche Situation ausgeprägter Interaktion tritt besonders am Anfang und gegen Ende der Teamarbeit auf, aber auch bei strategischen Entscheidungen und krisenhaften Zuspitzungen (vgl. Busch 2008, S. 63). Hier besteht ein inhaltlicher Klärungsbedarf, der nur durch Abstimmungen im gesamten Team gelöst werden kann. Die wechselseitige

Abstimmung (»mutual adjustment«) wird oft als diejenige Koordinationsform betrachtet, die speziell selbstorganisierende Teams kennzeichnet (vgl. Simon 1981, S. 135 f.). Oft liefert der Zustand reziproker Interdependenz überhaupt den Grund dafür, dauerhaft Teams zu bilden: »Je höher der Interdependenzgrad zwischen Teilbereichen (…), desto dringlicher ist die Zusammenfassung zu einer organisatorischen Einheit« (Picot/Dietl/Franck 2005, S. 63).

Davon abzugrenzen sind die **sequentielle Interdependenz**, die einen zeitlichen Koodinationsbedarf erzeugt (Taktung hintereinander gelagerter Arbeitsschritte) und die **gepoolte Interdependenz**, die eine Abstimmung im Hinblick auf gemeinsam genutzte Ressourcen erfordert (z. B. gleichzeitige Maschinenbedarfszeiten, Nutzung eines Großrechners). Abbildung 29 fasst diese drei Interdependenzarten zusammen.

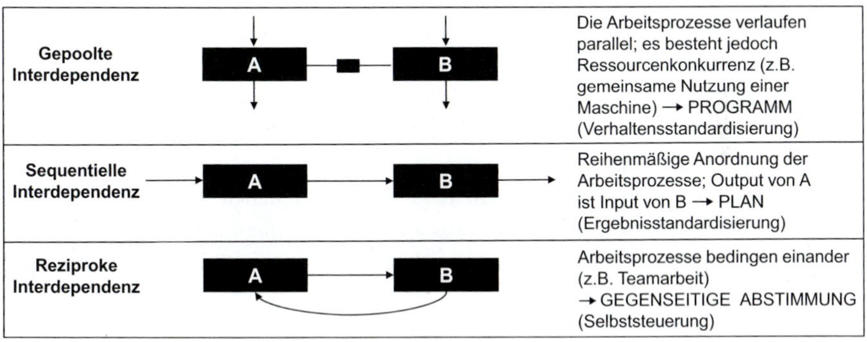

Abb. 29: Die drei klassischen Interdependenzformen nach Thompson (1967, S. 54 f.)

Die professionelle Handhabung dieser Interdependenzen wird als **Schnittstellenmanagement** bezeichnet, wobei dieses in den Unternehmen meist auf die bekannten Koordindationsinstrumente zurückgreift (vgl. von der Oelsnitz 2009, S. 123 f.). Im technischen Sprachgebrauch bezeichnet die Schnittstelle Übergangspunkte zwischen verschiedenen Geräten, an denen insbesondere Energie oder Information übertragen werden soll, ohne spezifische Umformungen zu erfordern. Die Betriebswirtschaft verwendet den Begriff für Interaktionen von Menschen oder organisatorischen Teileinheiten in Betrieben, die Informationen, Güter oder Finanzen bei der Lösung einer Aufgabe wechselseitig austauschen (vgl. Brockhoff/Hauschildt 1993, S. 399).

Schnittstellen zerlegen ordnungsstiftend komplexe Aktivitäten und werden in der Organisationsliteratur eher kritisch gesehen. Aber sie haben gerade auch für die Teamarbeit etwas Gutes, denn häufig führen die an den Nahtstellen auftretenden »produktiven Spannungen« zu den besten Ideen für Produkt- oder Prozessverbesserungen. Gleichwohl können sie Konflikte verursachen (vgl. Hauschildt/Salomo 2011, S. 80). Für die Teamarbeit besonders interessant sind die unterschiedlichen fachlichen Standpunkte, die es zu verbinden gilt. »Die englische Bezeichnung »interface« drückt den verbindenden Charakter besser aus als die deutsche Übersetzung »Schnitt-Stelle«, die unzutreffenderweise eher eine Trennung assoziiert. Deshalb könnte man im Deutschen vielleicht präziser von »Nahtstellen« sprechen« (Fischer 1993, S. 316).

2.2.4 Feedback geben

Beim Management von Schnittstellen ist ein Teamprozess besonders wichtig, der häufig als Quelle und Motor des Teamlernens angesehen wird: Das Geben und Annehmen von Feedback. Ohne Feedback wird kein Änderungsbedarf wahrgenommen, kein Reflexionsprozess in Gang gesetzt (vgl. Comelli 2005, S. 57). Ohne eine Rückmeldung aus der Umwelt, die bestimmte Verhaltensweisen einer Person fördert oder hemmt, verlangsamt sich jedoch deren Weiterentwicklung und Reifung (vgl. Gabelica et al. 2012, S. 125 ff.; London 2003, S. 11 ff.; Kluger/DeNisi 1996, S. 255 ff.). So gesehen kann Feedback, in welcher Gestalt auch immer es auftritt, als Lernimpuls schlechthin betrachtet werden. Es dürfte sich schwerlich ein Könner seines Fachs finden lassen, der allein aus sich selbst heraus, ohne Bestärkung und Inspiration von außen – durch Eltern, Trainer, Mentoren – sein Leistungsniveau erreicht hat (vgl. Ziegler 2008, S. 91, 130; Olsson 2011, S. 73 f.).

Demzufolge ist davon auszugehen, dass Teams, in denen Mitarbeiter in etwa gleichen Leistungs- und Intelligenzniveaus aufeinandertreffen, zumindest theoretisch ein ideales Umfeld für wechselseitiges, sich gegenseitig verstärkendes Lernen und Wachstum bieten, selbst oder gerade dann, wenn hierbei auch Konflikte auftreten (vgl. Busch 2015, S. 160 f.). Durch harte Feedbacks ausgelöste Konflikte zwingen den Einzelnen zum besseren Zuhören, lassen ihn die Lage ernst nehmen, erhöhen seine Aufmerksamekit und verbessern damit seine Chancen (und die des Teams) auf Fortschritt. »Feedback kann in diesem Sinne als Hinweis auf den Entwicklungsgrad einer Gruppe gesehen werden« (Hennlein/Jöns 2016, S. 155). Transaktives Wissen liefert eine wichtige Basis, um Feedback auf den jeweiligen Teamkollegen passend zuschneiden zu können.

Die **Erfolgsbedingungen von Feedback** lassen sich – ähnlich wie die von Kommunikation – in drei Feldern analysieren: Feedbackquelle, Feedbackbotschaft und Feedbackempfänger. Die drei Felder stehen in einer dynamischen Beziehung zueinander. In Teams hängen sie zudem sehr stark von dessen Reife (»Eingespieltsein«) bzw. auch von dessen Reflexionsfähigkeit ab.

Feedbackquelle: »Feedback wird vom Empfänger vor allem dann positiv beurteilt, wenn es kognitiv als glaubwürdig eingestuft wird, emotionale Betroffenheit auslöst und als bedeutsam erlebt wird« (Jöns 2005, S. 33). Überspitzt formuliert heißt dies, dass wir von einem »Stinkstiefel« nur äußerst ungern Feedback annehmen, selbst wenn er im Recht ist, während wir das Feedback von jemandem, der uns sympathisch ist, gerne aufgreifen, selbst wenn er vielleicht im Unrecht ist. Insofern ist immer zu fragen, ob der Feedbackgeber dem Feedbacknehmer persönlich nahesteht oder nicht. Persönliche Nähe wird etwa durch Ähnlichkeit von Werten und Überzeugungen, häufiges Zusammenarbeiten oder allgemein durch Sympathie hervorgerufen. *Je nach Glaubwürdigkeit, Nähe und Macht des Feedbackgebers variiert die Bereitschaft des Feedback-*

nehmers, dessen Feedback in das eigene Handeln zu übernehmen. Das verdeutlicht auch wieder, weshalb Diversität in Teams durchaus eine Rolle spielt (vgl. dazu Hennlein/Jöns 2016, S. 155).

Feedbackbotschaft: Hier geht es um die Art und Weise, wie Feedback gegeben wird (z. B. konstruktiv oder verletzend, anerkennend oder kritisch), um die zeitliche »Taktung« des Feedbacks (z. B. Häufigkeit, Regelmäßigkeit), die Inhalte (z. B. verhaltens-, personen-, prozess- und ergebnisbezogenes Feedback) und die Spezifität der übermittelten Feedbackinformationen. Letzteres hebt darauf ab, inwiefern die Informationen einen Anwendungsbezug aufweisen, d. h. in konkreten Handlungen umgesetzt werden können, oder ob sie eher vage und nebulös formuliert sind.

Feedbackempfänger: Wichtig ist natürlich, dass der Empfänger intellektuell in der Lage ist, die eingehenden Informationen korrekt zu verarbeiten. Allgemein nimmt der Empfänger Feedback dann bereitwilliger an, wenn es mit seinem Selbstbild bzw. seinen Einstellungen übereinstimmt. Auch die Erfolgsorientierung (locus of control) spielt eine Rolle, denn die Frage, ob (Miss-)Erfolge eher der Umwelt oder sich selbst zugeschrieben werden, beeinflusst die Offenheit gegenüber Feedback. Wer etwa fest davon überzeugt ist, allein für einen Erfolg verantwortlich zu sein, der wird nur widerwillig auf den Rat anderer hören. Und schließlich senken erfahrungsgemäß Merkmale wie das Alter, die berufliche Erfahrung und das Selbstwertgefühl die Bereitschaft, Feedback anzunehmen. Nicht umsonst wird vom »Altersstarrsinn« gesprochen.

Feedbackregeln

Welche Regeln sind zu beachten, wenn man ein wirksames Feedback sicherstellen möchte? Die gängigen Feedbackregeln tauchen in fast jedem Buch über Teamentwicklung oder Gruppendynamik auf, wobei sie häufig mehr auf Erfahrungen und Plausibilitätsannahmen gründen als auf robusten empirischen Ergebnissen.

In einer aktuellen Befragung von 237 Mitarbeitern, die sich jährlichen Leistungsbeurteilungsgesprächen zu unterziehen hatten, wurden fünf Feedbackregeln untersucht (vgl. Kanning/Rustige 2012, S. 26):

- Sandwichmethode: Die Führungskraft nennt nicht nur negative Aspekte, sondern bettet negative in positive Aspekte ein im Sinne einer »Weich-Hart-Weich«-Kritik.
- Klarheit: Die Führungskraft bringt ihre Bewertung deutlich zum Ausdruck und begründet sie.
- Konkretisierung: Die Bewertung wird an Beispielen aus dem Arbeitsalltag verdeutlicht.
- Nachfragemöglichkeit: Der Mitarbeiter kann (Rück-)Fragen stellen.
- Verhaltensvorschläge: Die Führungskraft macht konkrete Vorschläge, wie das Arbeitsverhalten in Zukunft optimiert werden könnte.

Dabei stellte sich heraus, dass vor allem »**Klarheit**« **und** »**Verhaltensvorschläge**« relevant waren. Die Sandwichmethode, Konkretisierungen und die Möglichkeit zur Nachfrage hingegen erschienen von untergeordneter Bedeutung. »Letzteres überrascht vielleicht, wird aber verständlich, wenn man sich vor Augen führt, was Klarheit bedeutet.

Je klarer die Führungskraft ihre Aussagen trifft und begründet, desto überflüssiger wird das Nachfragen vonseiten des Mitarbeiters« (Kanning/Rustige 2012, S. 31).

Die **Feedbackregeln,** die auch für das Teamlernen Anregungen liefern, sollen hier kurz dargestellt werden. Wem diese Regeln zu lang erscheinen, der kann sich auf die Empfehlungen von Gellert und Nowak (2010, S. 63) stützen. Diese haben das Geben von Kritik auf drei K reduziert: Kurz – Konkret – Konstruktiv, das Annehmen von Kritik auf drei Z: Zuhören – Zuhören – Zuhören. *Gängige Merkmale und Empfehlungen für Feedback* sind (vgl. Aguinis/Gottfredson/Joo 2012, S. 108; Assländer/Grün 2007, S. 109 ff.; Antons 2011, S. 109; Müller-Wolf 2007, S. 346 f.; Rechtien 2007, S. 130 f.; Wellhöfer 2007, S. 49 f.):

- *Konkret*: Feedback soll sich auf konkrete Einzelheiten bzw. bestimmbare Sachverhalte beziehen und auf Verallgemeinerungen verzichten.
- *Klar und genau formuliert*: Ein Feedback erfüllt diese Kriterien, wenn der Geber den Empfänger auffordert, die gegebenen Informationen mit eigenen Worten zu wiederholen.
- *Korrekt*: Die Informationen sollen nachprüfbar sein. Auch andere Teammitglieder können nach ihren Eindrücken gefragt werden, um mögliche Fehler und Ungenauigkeiten aufzudecken.
- *Beschreibend*: Feedback soll nicht moralisch wertend, interpretierend oder beschuldigend sein, sondern sich auf Fakten beziehen.
- *Brauchbar*: Feedback soll sich auf Aspekte beziehen, die der Empfänger auch tatsächlich ändern kann. Das sind vor allem seine Stärken, weniger seine Schwächen. »Es ist z. B. sinnvoll, einen Redner zu bitten, lauter zu sprechen, nicht aber, sein Lispeln zu unterlassen« (Rechtien 2007, S. 130).
- *Erbeten*: Feedback soll möglichst von der anderen Seite gewünscht sein. »Rückmeldung ist dann am wirksamsten, wenn der Empfänger selbst die Frage formuliert hat, auf die hin der andere ihm Rückmeldung gibt« (Müller-Wolf 2007, S. 347). Der Geber soll Feedback anbieten, nicht aufdrängen. Unerwünschte und aufgezwungene Rückmeldungen erzeugen oft neue Probleme. Von Louis Pasteur (1822-1895) stammt der Spruch »Die Schlauen geben keine unerbetenen Ratschläge, die Weisen geben nicht einmal erbetene Ratschläge.«
- *Unmittelbar*: Feedback soll möglichst in zeitlicher Nähe zum Geschehen erfolgen. In der Terminologie der klassischen Konditionierung heißt das: Feedback soll dem Kontiguitätsprinzip folgen, das auch der After Action Review beachtet, d. h. Reiz und Reaktion müssen möglichst nahe beieinander liegen, um einen Lernerfolg zu erzielen.
- *Direkt*: Feedback sollte dem Empfänger – der Person oder der Gruppe – in einer Zwei-Wege-Kommunikation direkt vermittelt und nicht über Dritte (»ums Eck«) gegeben werden. Wenn in einem Team nur hinter »vorgehaltener Hand« Kritik vorgebracht werden kann, so ist dies bereits ein Indiz für fehlendes Vertrauen!
- *Angemessen und fair*: Feedback kann zerstörend wirken, wenn es auf eine verletzende Art übermittelt wird oder wenn es unterschwellige Botschaften enthält, die dem Gegenüber nicht wirklich helfen. Angemessen ist Feedback, wenn es »an den Bedürfnissen und der Belastbarkeit des Empfängers ausgerichtet« ist (Wellhöfer 2007, S. 91). Zur Angemessenheit gehört auch die Ausgewogenheit, d. h. Feedback sollte

nicht einseitig negativ sein. Andererseits wird bei dem zumeist seltener vorkommenden Aussprechen von Lob gefordert, nicht gleich wieder einen negativen Punkt nachzuschieben, der das Lob entwertet.

Ratschläge für den Feedbacknehmer fallen in der Regel wesentlich kürzer aus. Der Feedbacknehmer soll vor allem aufmerksam zuhören, sich nicht gleich verteidigen und rechtfertigen (»Ja, aber ...«) oder zu diskutieren beginnen, sondern das Gesagte zunächst einmal auf sich wirken lassen und gegebenenfalls zu einem späteren Zeitpunkt mitteilen, ob und was er dadurch gelernt hat. *Passives Zuhören* ist zuhörendes Schweigen, das dem Gesprächspartner das Gefühl von Interesse und Teilnahme vermittelt. Beim *aktiven Zuhören* »versucht der Empfänger zu verstehen, was der Sprecher empfindet und was seine Botschaft besagt (...) Daraufhin drückt er das, was er verstanden hat, mit eigenen Worten aus und teilt es dem Gesprächspartner zur Bestätigung mit« (Müller-Wolf 2007, S. 352).

Heen und Stone (2014, S. 22) sehen die Schwierigkeit, Feedback anzunehmen, vor allem in den durch Feedback hervorgerufenen emotionalen Reaktionen begründet, die aus dem Spannungsverhältnis zweier Grundbedürnisse resultieren. Jeder will einerseits lernen und sich weiterentwickeln (Wachstumsbedürfnis), andererseits aber auch so akzeptiert werden, wie er ist; anders ausgedrückt: Er will seine eigene Identität bewahren und sein Selbstwertgefühl erhalten. Schulz von Thun sieht im Feedbackempfänger drei »Wächter« am Werk, »die man als Feedbackgeber nicht überstrapazieren darf: die Wächter des Selbstbilds, des Selbstwertgefühls und der Autonomie. Wer will, dass er beim anderen Gehör findet, muss dafür sorgen, dass er von diesen drei Wächtern einen Passierschein erhält« (O.V. 2014b, S. 36).

Der Managementvordenker Reinhard Sprenger geht in seiner **Kritik an Feedback** noch einen Schritt weiter, indem er fundamentale Bedenken vorbringt: »Natürlich wollen Menschen als soziale Wesen, dass andere auf sie reagieren. Das heißt aber nicht, dass sie ständig hören wollen, was andere über sie denken. Zumindest sollte man ihnen die Entscheidungsfreiheit lassen, wann und vor allem von wem sie es hören wollen. Institutionalisiertes Feedback missachtet diese Freiheit (...) Durch Feedback erfährt man über sich selbst gar nichts. Man erfährt nur etwas darüber, wie andere auf einen reagieren. Was man durch Feedback lernen kann, ist, sich den Erwartungen anderer anzupassen (Sprenger 2015, S. 24).

Sicherlich regt diese Position einige Gedanken an: Zerstört oder unterhöhlt Feedback am Ende unsere Individualität, führt es in Teams zu gleichmacherischen Tendenzen, zu Meinungs- und Leistungskonformität, zu einem ungesunden Mainstream, der schließlich in die »Durchschnittsfalle« mündet (vgl. Hengstschläger 2012)? Im Arbeitsalltag sollte es daher vornehmlich darum gehen, Wege zu finden, mit Feedback richtig umzugehen und es in der richtigen Dosis einzusetzen.

2.2.5 Probleme lösen

Ein Problem stellt allgemein eine Barriere im Hier und Jetzt auf dem Weg zu einem erwünschten Endzustand dar. Es handelt sich um Hindernisse bei der Zielerreichung (vgl. Dörner 1987, S. 10 ff.; Funke 2003, S. 22). Probleme müssen zunächst einmal erkannt und auch eingestanden werden. Aus der Unternehmenspraxis weiß man, *dass die Problemwahrnehmung oft selbst das Problem darstellt.* Speziell bei erfolgsverwöhnten oder risikoorientierten Menschen sind ernsthafte Krisen nicht Teil ihres Denkens und Handelns. Der anstrengendste Schritt zu Beginn eines Problems besteht demnach darin, überhaupt erst einmal die Einsicht zu entwickeln, dass Schwierigkeiten existieren. Was diese Einsicht verhindert, ist die Angst vor dem Eingeständnis, Dinge falsch gemacht zu haben.

Speziell für Teams, die Wert auf kontinuierliche Qualitätssteigerung und gemeinsame Problembearbeitungen legen, erweist sich die kollektive Problemwahrnehmung einfacher als für Teams, die in einem übertriebenen Maße auf Harmonie und Zusammenhalt achten und daher den negativen Begleiterscheinungen, die sich möglicherweise aus der Thematisierung von Problemen ergeben, aus dem Weg gehen (vgl. Larson/Christensen 1993, S. 9). Konfliktvermeidung verhindert in solchen Fällen Lernen und somit den Leistungsfortschritt des Teams. Bisweilen werden Probleme aber auch deswegen nicht angesprochen, weil einzelne Teammitglieder fälschlicherweise davon ausgehen, ihre Beobachtungen seien so selbstverständlich, dass alle anderen diese ebenfalls gemacht haben.

Proaktives und reaktives Problemlösen

In Arbeitsteams, für die festgelegte Verfahren und Planvorgaben existieren, geht es vor allem um reaktive Problemlösung, d. h. um die Bewältigung unerwünschter und unvorhergesehener Fehlentwicklungen. Das andon-System bei *Toyota* ist ein Beispiel hierfür. Entweder es gelingt dem Fertigungsteam, selbst rasch eine Problemlösung zu finden, oder es treten gesonderte Stellen oder Einheiten außerhalb des Teams auf den Plan (z. B. KVP-Teams, Arbeitsvorbereitung oder Qualitätszirkel). In Innovationsteams steht hingegen die proaktive Problemlösung im Vordergrund, was allerdings nicht heißt, dass der Umgang mit bisherigen Fehlentwicklungen hier keine Rolle spielt.

Probleme sind Kristallisationspunkte, an denen sich das Lernen in Teams bündelt, ja überhaupt erst entzündet. Die Lösung von Problemen hängt von der Kreativität und der »kollektiven« Intelligenz eines Teams ab. Im Lösen von Problemen erweist sich letztlich, wie ideenreich eine Gruppe ist. Problemlösen kann insofern als ein *explorativer Vorgang* gedeutet werden, der allerdings auf Vorwissen und Erfahrungen der beteiligten Akteure aufbaut. Denn *proaktives Problemlösen* bezieht sich meist auf schlecht strukturierte Problemstellungen, z. B. die Entwicklung eines Neuprodukts, für die bisher keine oder nur unvollständige Lösungswege bekannt sind. Das Team muss also zunächst offen und ungerichtet nach möglichen Zugängen suchen, d. h. es hat nachzudenken, zu debattieren und zu experimentieren. *Reaktives Problemlösen* bezieht sich dagegen auf die Analyse eingetretener Fehler und Störungen und sucht nach deren Ursachen sowie Maßnahmen zu ihrer Behebung. In beiden Fällen ist gleichwohl die kreative Energie eines Teams gefragt (vgl. Busch 2015, S. 175).

Problemerkennung

In der Literatur werden unterschiedliche Phasenmodelle des Problemlösungsprozesses diskutiert. Im Grunde laufen alle Modelle auf den groben Dreischritt Problemerkennung, Lösungs(ver)suche und Lösungsumsetzung bzw. Problembewältigung hinaus (vgl. auch Popper 1995, S. 16 ff.; Basadur 1994, S. 238 ff.). Dabei ähnelt der kollektive durchaus dem individuellen Problemlösungsprozess, der entscheidende Unterschied besteht jedoch wie schon angedeutet darin, dass bei kollektiven Problemlösungsprozessen voneinander abweichende Vorstellungen und Interessen auszutarieren sind (vgl. Larson/Christensen 1993, S. 10). Es ist ein Konsens darüber herzustellen, worin das Problem besteht und ob überhaupt eines vorliegt, wie es zu lösen ist und wer bei der Lösung mitwirken soll.

Jakoby (2013, S. 41) unterscheidet **typische Situationen bei der Problemerkennung**:

- Es wird ein Problem gesehen, wo es gar keines gibt.
- Es gibt ein Problem, doch wird dieses nicht erkannt oder aber bewusst ignoriert.
- Das Problem wird über- oder unterschätzt.
- Das Problem wird als klar angesehen, aber nur teilweise richtig erkannt.
- Das Problem wird vollständig richtig erkannt (= Idealfall).

In vielen Fällen werden Teams nur deswegen gebildet, um Lösungen für schwierige Probleme zu entdecken, die zu finden einer Einzelperson weder zeitlich noch intellektuell möglich gewesen wäre. Es wundert daher nicht, dass Theorie und Praxis ein großes Interesse daran haben, zu klären, wie sich die Kreativität teambezogener Problemlösungsprozesse steigern lässt. Hierauf wird Kapitel 2.3.4 noch einmal gesondert eingehen.

2.2.6 Konflikte bewältigen

In Teams überlagern sich die Funktions- und die Beziehungsebene – eben Fachliches und Soziales. Insbesondere bei Gruppen, in denen die Mitglieder ausschließlich nach Fähigkeiten und Kompetenz zusammengestellt werden, kann es vermehrt zu Konflikten kommen. Wenn diese zu stark werden, wird am Ende die Sacharbeit darunter leiden und die Ergebnisse verschlechtern. Umso mehr ist dann Konfliktmanagement gefragt!

Konflikte stellen letztlich etwas Allgegenwärtiges dar, sie sind eine schlichte Folgeerscheinung der engen Zusammenarbeit von Menschen (vgl. Korsgaard et al. 2008, S. 1224; Haug 2016, S. 83 ff.). Innerhalb der Teamforschung stand lange Zeit die Untersuchung unterschiedlicher Konfliktarten und ihres Einflusses auf die Teamleistung im Zentrum (vgl. zusammenfassend Stock-Homburg 2013, S. 610 ff.; Gebert 2004, S. 139 ff.). Der Zusammenhang zwischen Konflikten und Teamlernen wird hingegen erst seit kurzem betrachtet.

Ausgehend von der wegweisenden Studie von Karen A. Jehn aus dem Jahre 1995 hat die Teamforschung **drei Konflikttypen** unterschieden (vgl. Jehn 1995, S. 258 ff.; Jehn et al. 2008, S. 468):

- Beziehungskonflikte betreffen zwischenmenschliche Meinungsverschiedenheiten, Spannungen und Abneigungen, die nichts mit der Aufgabe selbst zu tun haben.
- Aufgabenkonflikte resultieren aus Differenzen zwischen Teammitgliedern im Hinblick auf die zu lösende Aufgabe.
- Prozesskonflikte schließlich entstehen aus unterschiedlichen Vorstellungen darüber, wie und von wem Aufgaben in Teams bearbeitet werden sollten. Es geht also nicht um inhaltliche, sondern um ablaufbezogene Fragen.

Die meisten Studien haben sich auf die Untersuchung von Beziehungs- und Aufgabenkonflikten und deren Wirken auf die Teamleistung beschränkt (► Abb. 30). Interpersonelle Konflikte werden dabei fast immer als destruktiv, aufgabenbezogene Konflikte hingegen als konstruktiv angesehen. Die leistungs- bzw. ergebnisförderliche Wirkung von **Aufgabenkonflikten** wird zumeist an der Berücksichtigung unterschiedlicher Meinungen, der Förderung divergenten Denkens und der dadurch intensivierten Informationsverarbeitung festgemacht (vgl. Farh/Lee/Farh 2010, S. 1174). Auch verhindern ausgetragene Aufgabenkonflikte ein »Vorwärtsfieber«, bei dem der unumstößliche Wille, eine Sache zu Ende zu bringen, den Bedarf verdrängt, Risiken zu prüfen und möglichen Problemen nachzugehen. Auf diesen Umstand wurde etwa die Challenger-Katastrophe vom 28. Januar 1986 zurückgeführt. Die Bedenken der technischen Fachleute, die Raumfähre bei den damals vorherrschenden kalten Temperaturen zu starten, wurden weggewischt bzw. nicht ausführlich genug ausdiskutiert. Der vorgegebene Zeitplan der NASA, die den nächsten Auftrag der US-Regierung nicht gefährden wollte, war prioritär (vgl. O'Neill/McLarnon 2017, S. 3).

Beziehungskonflikte schränken die Informationsleistung von Teams ein, da die Mitglieder mehr Zeit und Energien mit personenbezogenen als mit inhaltlichen Fragen verbringen, also mehr übereinander sprechen als miteinander arbeiten. Der durch persönliche Auseinandersetzungen erzeugte Stress und die negativen Emotionen verhindern einen klaren Gedankenaustausch. Es kommt zu einer verengten Sichtweise. Standpunkte »verfeindeter« Teamkollegen werden dann nicht mehr objektiv aufgenommen (vgl. van Woerkom/van Engen 2009, S. 384; O'Neill/McLarnon 2017, S. 3).

Wenn (gemäßigte) Aufgabenkonflikte eine leistungsförderliche Wirkung besitzen, so sollte man davon ausgehen, dass sie auch zum Teamlernen beitragen. In ihrer *Studie* zu den bis dato wenig erforschten Zusammenhängen, die zwischen Aufgaben- bzw. Beziehungskonflikten und Teamlernen bestehen, gelangten van Woerkom und van Engen allerdings zu keinen belastbaren Ergebnissen. Sie hatten 84 Teams aus 38 Organisationen befragt (54 Pflegeteams, neun Polizeiteams, acht Teams aus dem Einzelhandel und der Systemgastronomie, sechs Montageteams). Während sich Beziehungskonflikte negativ auf das Teamlernen auswirkten, bestand zwischen Aufgabenkonflikten und Teamlernen keine signifikante Korrelation. Zwischen beiden Konfliktarten wurde gleichwohl eine starke Verbindung aufgezeigt, was sich dahingehend interpretieren lässt, dass beide Konflikte zu einer größeren mentalen Beanspruchung der Beteiligten führen, die wiederum den Lernprozess beeinträchtigen können (vgl. van Woerkom/van Engen 2009, S. 399).

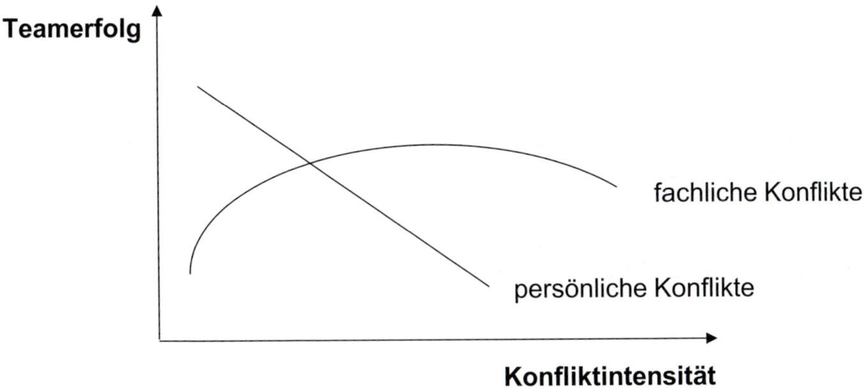

Abb. 30: Zusammenhang zwischen Konflikttypen und Teamerfolg

Daraus schlussfolgern die Autoren, dass der Ratschlag, moderate Aufgabenkonflikte zuzulassen, ja zu fördern, weniger wichtig zu sein scheint, als der Aufbau guter zwischenmenschlicher Beziehungen innerhalb eines Teams. Abschließend heißt es: »Perhaps it is not task conflict, but constructive conflict, the efforts of team members to deal constructively with their experienced differences in viewpoints (…), that is related to team learning « (van Woerkom/van Engen 2009, S. 400 f.). Dies entspricht der weiter oben getroffenen Einschätzung, dass offene Kommunikation sowie die konstruktive Art, einander Feedback zu geben und gemeinsam Probleme zu lösen, den Schlüssel für gelingende Lernprozesse in Teams bilden.

Konfliktmanagement ist letztlich immer auch Synthese im Sinne des Auslotens und Ausgleichens von Extremen. Insbesondere der Ausgleich des Spannungsverhältnisses zwischen »ich« und »ihr«, aber auch zwischen ökonomischem Handlungsdruck und kreativer Handlungserweiterung kennzeichnet gut geführte Systeme und Arbeitsformationen (▶ Infobox »Das Arrow-Theorem: Entscheiden bei unterschiedlichen individuellen Präferenzen«).

Infobox »Das Arrow-Theorem:
Entscheiden bei unterschiedlichen individuellen Präferenzen«

In der Spieltheorie gibt es das nach dem amerikanischen Ökonomen *Kenneth J. Arrow* (1921-2017) benannte Theorem. Danach ist es – verkürzt gesagt – bei demokratischer Meinungsbildung unmöglich, individuelle Präferenzen gerecht zu aggregieren. Ein einfaches Beispiel: Der Ehemann will an einem Abend daheimbleiben und im Fernsehen ein Fußballspiel anschauen, seine Partnerin hingegen will mit ihm ins Theater gehen. Wenn beide auf ihrer Präferenz beharren, wird es keine gemeinsame, beide zufriedenstellende Lösung für diesen Abend geben. Eine der Seiten wird unvermeidlich frustriert sein.

In Teams verschärft sich diese Problematik mit der Anzahl der Mitglieder(-präferenzen). Als Folge davon müssen quasi »undemokratische« Gegenmittel gefunden werden, um die Handlungsfähigkeit der Gruppe zu erhalten.

- *Akzeptanz von Entscheidungsregeln* (z. B. einfache, absolute oder Zwei-Drittel-Mehrheit im Falle des Dissens).
- *Entscheidung per Los* bei mehreren als gleich gut eingestuften Lösungen oder im Falle eines Stimmen-Patts.
- *Schnüren von Gesamtpaketen* (»issue linkage«), in denen bevorzugte und unliebsame Lösungen verknüpft werden, jeder also etwas, wenn auch nicht alles bekommt.
- *Kompromissbildung* (z. B. Suche nach dem kleinsten gemeinsamen Nenner).
- *Tauschhandel* (»logrolling«): Eine Seite verzichtet in der Gegenwart auf ihre Präferenz mit der mündlichen oder schriftlichen Zusage der anderen Seite, im Gegenzug auf ihr Eigeninteresse bei einer zukünftigen Entscheidung zu verzichten (Do ut des-Prinzip).
- *Hierarchische Lösung bzw. absolutistische Variante*: Die Letztentscheidung wird aufgrund von Machtverhältnissen geregelt (z. B. durch ein abschließendes »Machtwort« der Teamführung), d. h. einer sagt, wo's langgeht.
- *Manipulative Techniken* (»agenda setting«): Über die Themenreihung, die verfügbare Zeit zur Behandlung einzelner Punkte, die Art und Weise ihrer Darstellung und durch die prinzipielle Aufnahme oder die Kurzfristigkeit aufgenommener Punkte auf einer Tagesordnung werden Entscheidungen gelenkt, ja präjudiziert. Pullig (2000, S. 195 f.) zeigt solche Beeinflussungsmöglichkeiten am Beispiel eines Konferenzablaufs, bei dem jede Diskussionsphase entsprechend gesteuert werden kann.
- *Soziokratie*: Eine Entscheidung wird erst getroffen, wenn niemand unter den Teammitgliedern einen schwerwiegenden Einwand gegen einen Beschluss vorbringt. Es geht nicht um Konsens, sondern um Konsent, d. h. es müssen sich nicht alle einig sein, sondern »nur« ihr Einverständnis geben. Gleichwohl bleibt hierbei offen, wer darüber entscheidet, ob ein vorgebrachter Einwand wirklich berechtigt bzw. stichhaltig ist. Hinter kontroversen Fragen stehen nicht selten generelle Überzeugungen, die nie restlos auflösbar sind. Am Ende stellt sich dann doch wieder die Machtfrage.

Bereits Mary Parker-Follett (1868-1933) sah Konflikte als etwas Unausweichliches in zwischenmenschlichen Beziehungen. Unterschiedliche Meinungen und Interessen seien daher weder positiv noch negativ zu sehen, der Prozess ihrer Integration berge – ähnlich wie die Lösung von Problemen – eine wertvolle Dynamik, die es zu nutzen gelte. Follett ging davon aus, dass die gemeinsame Erarbeitung eines Situationsverständnisses die beste Grundlage dafür liefere, unterschiedliche Standpunkte konstruktiv auszugleichen. Auch wenn Follett heute nur noch selten erwähnt wird, bildet ihr **»kollaborativer« Konfliktlösungsansatz** den Kern vieler aktueller Konzepte (vgl. Child 2013, S. 81). In eine solche

Richtung weist etwa die Harvard-Methode der Verhandlung, aber auch das gegenwärtig stark diskutierte Konzept der gewaltfreien Kommunikation nach Rosenberg (2013).

Nach der **Harvard-Methode** sollten Verhandlungen, die langfristig tragbare Lösungen anstreben, folgende Prinzipien beachten:

- Menschen und Probleme getrennt voneinander behandeln;
- Konzentration auf Interessen, nicht auf Positionen;
- Entwicklung von Entscheidungsmöglichkeiten zum beiderseitigen Vorteil;
- Anwendung neutraler Beurteilungskriterien (vgl. Fisher/Ury/Patton 2013, S. 47 ff.).

Die Fähigkeit, Beleidigungen und Verletzungen im Rahmen von Auseinandersetzungen vergeben und vergessen zu können, Konflikte also nicht nachzutragen und darauf zu verzichten, insgeheim Rachepläne zu schmieden, ist ein Aspekt, der bei der wissenschaftlichen Erörterung innovationsorientierter Teamarbeit viel zu kurz kommt. Konflikte – allein die fein säuberliche Aufteilung in diverse Konfliktarten suggeriert dies bereits – erscheinen viel zu sehr als beherrschbare Phänomene, die sich ordentlich »managen« lassen oder die es in ihrer Entwicklung rechtzeitig zu »deeskalieren« gilt. Nein: Konflikte sind oft nicht sanft und sauber, sondern hart und schmutzig. Konflikte erzeugen Aggressionen, treffen Personen bis ins Mark, lösen Ängste und Unruhe aus. Gerade weil sie so hohe »emotionale Wellen« schlagen, können sie aber auch in vertrauenszerstörende Untergriffigkeiten abgleiten (z. B. durch vulgäre Beleidigungen oder völlig respektloses Verhalten), die Lern- und Wandlungsbereitschaft der Beteiligten viel stärker beeinflussen als dies je durch beschwichtigende »Lass-uns-drüber-reden-Runden« möglich wäre (vgl. Casey 2011, S. 57).

Konfliktscheue ist immer auch ein Zeichen von Führungsschwäche. Und fehlt dem Teamführer eine tragfähige Vision, dann besteht in der Tat die Gefahr, dass sich das Team mit der Zeit mehr mit sich selbst als mit Inhalten, mehr mit mikropolitischen Machenschaften und Beeinflussungsversuchen als mit der Entwicklung intelligenter Lösungen beschäftigt. Auch hier liefert *Steve Jobs* wiederum ein – wenn auch ambivalentes – Beispiel. »Trotz aller Unausstehlichkeiten schaffte es Jobs doch, seinem Team echten Korpsgeist zu verleihen. Wenn er jemanden zusammengefaltet hatte, baute er ihn danach auch wieder auf und gab ihm das Gefühl, dass es eine tolle Sache war, zum Macintosh-Team zu gehören (...) »Er braucht Widerspruch [so Tim Cook, d. Verf.], um eine Diskussion in Gang zu bringen und bessere Ergebnisse zu erzielen. Wenn man dafür zu schüchtern ist, überlebt man nicht« (...) »Wenn er unzufrieden war [so Avie Tevanian, d. Verf.], schrie und schimpfte und tobte er zwar, aber nicht so, dass er sein Gegenüber völlig vernichtete. Es war seine Art, die Leute zu besserer Arbeit zu bringen (...) Er war oft voll innerer Anspannung und ungeduldig, und er gab sich keine Mühe, diese Persönlichkeitszüge zu verbessern. Die meisten Menschen besitzen eine Kontrollinstanz, die zwischen Gehirn und Mund sitzt und ihre brutalsten Ansichten und stechendsten Impulse abschwächt. Jobs besaß so etwas nicht. Er legte Wert darauf, auf brutale Weise ehrlich zu sein (...) Dutzende jener Weggefährten, die Jobs am meisten beschimpfte, schlossen ihre Litanei von Horrorgeschichten mit der Bemerkung, dass er sie dazu gebracht habe, Dinge zu tun, die sie nie im Traum auch nur für möglich gehalten hätten« (Isaacson 2011, S. 173, 541 f., 658). Der einstige Apple-Gründer war also kein Mann der Konfliktvermeidung. Er akzeptierte sie vielmehr als wichtige Katalysatoren.

2.2.7 Sich gegenseitig unterstützen

Die bisherigen Erörterungen sollten bereits hinlänglich verdeutlicht haben, dass eine grundlegende Bedingung für die Funktions- wie auch Lernfähigkeit eines Teams in der Einhaltung des Prinzips der Gegenseitigkeit bei den praktizierten Prozessen liegt. Kommuniziere ich offen mit meinen Teamkollegen, so erwarte ich dies auch von ihnen. Bin ich bereit, Feedback anzunehmen, so fordere ich diese Bereitschaft auch von meinen Teamkollegen ein. Halte ich mich an Informationsverarbeitungsregeln, so darf ich dies auch vom Rest des Teams verlangen usw. Mit einfacheren Worten: Teammitglieder sollen zusammenarbeiten, sollen einer kooperativen Grundorientierung folgen. »Teamarbeit ist auf die kontinuierliche Pflege der Kooperationsstrukturen, regelmäßige Überprüfung und Selbstvergewisserung hinsichtlich der gemeinsamen Arbeitsziele, -methoden und Standards angewiesen, will sie dauerhaft wirkungsvoll sein und ihre Vorteile gegenüber Einzelarbeit realisieren« (Balz/Spieß 2009, S. 15). Beim Prozess der gegenseitigen Unterstützung tritt dieser Aspekt besonders deutlich in Erscheinung. Bereits Likert erkannte in unterstützenden Beziehungen ein Schlüsselphänomen »gesunder« Organisationen (vgl. Likert 1972, S. 101 ff.). Sie stellen seiner Ansicht nach auch den eigentlichen Kern der Teamarbeit dar.

Smith-Jentsch et al. (2009) haben im Bereich der Flugsicherung das Verhalten von 184 US-Fluglotsen untersucht. Diese arbeiteten in 51 Teams über 29 Kontrolltürme verteilt. Die Flugsicherung zählt zum Hochleistungsbereich, der durch ausgeprägten Zeitdruck und eine hohe Umweltdynamik gekennzeichnet ist, zugleich aber höchste Verlässlichkeit verlangt (▶ Kap. 1.2.3). Fehler können hier fatale Folgen haben, wie die Flugzeugkollision von Überlingen am Abend des 1. Juli 2002 auf tragische Weise gezeigt hat. Entsprechend wird von den Fluglotsen eine ausgeprägte Wachsamkeit sowie ein reibungsloses Kommunizieren verlangt. In den USA zeigte sich, dass Mitglieder von Luftkontrollteams, die größere Erfahrung in der Zusammenarbeit aufwiesen, ihre Kollegen häufiger um Unterstützung baten und Ratschläge auch bereitwilliger annahmen als Mitglieder mit weniger Kooperationserfahrungen. Die weniger eingespielten Teams waren insgesamt anfälliger für Prozessverluste (vgl. Smith-Jentsch et al. 2009, S. 189).

Eine funktionierende gegenseitige Unterstützung zeigt sich vor allem darin,

- dass sich in Teams keine Schieflagen bei der Arbeitsbelastung auftun,
- dass Teammitglieder bei Bedarf einander neue Fähigkeiten beibringen und Wissen bereitwillig teilen,
- dass Kollegen, die in Schwierigkeiten geraten sind oder sich überfordert fühlen, geholfen wird (z. B. durch die Übernahme von Teilaufgaben oder durch emotionalen Zuspruch) und

- dass allgemein im Team gegenseitige Feedback- und Coachingprozesse den Alltag prägen, Handeln also auf individuelles und teambezogenes Lernen ausgerichtet ist (vgl. Salas/Sims/Burke 2005, S. 579 ff.; Högl 1998, S. 80 f.).

West (2012, S. 176 ff.) unterscheidet insgesamt vier Typen sozialer Unterstützung. *Emotionale Unterstützung* gleicht dem Bild der Schulter, an die man sich lehnen kann, das aufmunternde Wort, das Mitgefühl. *Informationale Unterstützung* ist die Versorgung mit aufgabenrelevanten Informationen. *Instrumentelle Unterstützung* ist das direkte Anbieten von Hilfe (z. B. die Übernahme einer Aufgabe). *Beurteilende Unterstützung* hilft dem Kollegen bei der Problembewertung und der Lösungsfindung. Die Vorstellung, dass in Teams abwechselnd Kunden-Lieferanten- oder Schüler-Lehrer-Beziehungen ablaufen, stammt aus dem Marketing. Speziell wird auch vom internen Marketing, der (nach innen gerichteten) Kundenorientierung, dem Prinzip des internen Kunden oder allgemein von Serviceorientierung gesprochen. Kollegen sollen demzufolge wie Kunden behandelt werden, die es partnerschaftlich zu respektieren und deren Bedürfnisse es zu erkennen und zufriedenzustellen gilt (vgl. Stauss/Bruhn 2010, S. 7, 10 f.). Serviceorientierung bündelt sich in sog. prosozialem Verhalten.

Wenn es einem Team gelingt, intern Kundenorientierung entlang der **Maxime des Dienens** zu verwirklichen, so wird es ihm auch wesentlich leichter fallen, diese im Umgang mit externen Partnern zu praktizieren. Abbildung 31 führt die in der Literatur diskutierten Elemente einer idealen Serviceorientierung zusammen; zu dieser gehören eine serviceorientierte Haltung und ein serviceorientiertes Verhalten.

Die erfolgreichsten Teams dürften diejenigen sein, denen es gelungen ist, zu einer echten Gemeinschaft im Sinne einer gut funktionierenden »Familie« zu werden. Eine Gemeinschaft zeichnet aus, dass sich die Mitglieder in ihr gegenseitig und uneigennützig helfen, weil sie wissen, dass das Ergebnis am Ende allen zugutekommt. Wechselseitige Mitteilungen über Gefühle und Gedanken sind in einem solchen Kollektiv von Aufrichtigkeit geprägt; das Handeln ist empathisch und angstfrei und folgt keinem berechnenden Kalkül.

Nehmer – Tauscher – Geber

Betriebliche Teams müssen Leistung zu erbringen. Dass hierbei Leistungsunterschiede zwischen Teammitgliedern auftreten, die für Frust sorgen und Lernen beeinträchtigen können, steht außer Frage. Menschen arbeiten in Unternehmen, weil sie für ihre Tätigkeit Geld bekommen. Wer würde freiwillig in einer Wirtschaftsorganisation arbeiten, wenn er für seine Leistung kein Geld bekäme? Unternehmen sind also bestenfalls Zweckgemeinschaften. Auch Teams mögen zwar im Idealfall Gemeinschaften sein, sie sind aber eben auch »Wettbewerbsarenen«, in denen Teammitglieder um knappe Ressourcen konkurrieren und sich zudem fortlaufend vergleichen. Auch die gegenseitige Unterstützung ist hierbei Teil des Spiels, d. h. Teammitglieder erkennen aus der Zusammenarbeit, wer mehr oder weniger hilfsbereit ist, wer mehr nimmt, als er gibt.

Serviceorientierung in Teams	
Ausrichtung der Teammitglieder an der Maxime, einander zu Diensten zu sein und die jeweiligen Erwartungen zu erfüllen	
Serviceorientierte Haltung	**Serviceorientiertes Verhalten**
Motivation Das Bestreben und der Drang, qualitativ hochwertige Leistungen zu erbringen, den Teamkollegen helfen und sie zufriedenstellen zu wollen **Einstellung** Dauerhafte innere Grundhaltung, auf Wünsche und Erwartungen der Teamkollegen positiv und beständig zu reagieren **Werthaltung** Verinnerlichte Werte, die das Verhalten leiten und Dienen als einen Teil der eigenen Identität betrachten **Persönlichkeit** Gewissenhaftigkeit, Verträglichkeit, emotionale Stabilität, Selbstwertgefühl, emotionale Intelligenz **Transaktives Wissen und Vertrautheit** Wissen über das Wissen und die Eigenheiten von Teamkollegen als Basis für effiziente Prozesse und prosoziale Verhaltensweisen	**Zuverlässigkeit** Verlässlich und präzise handeln **Entgegenkommen** Dem Teamkollegen helfen und seine Wünsche prompt erfüllen **Zuvorkommenheit** Höflichkeit und Freundlichkeit im Umgang **Vertrauenswürdigkeit** Glaubwürdig, ehrlich und umsichtig handeln **Sicherheit** Niemanden einer Gefahr oder einem Risiko aussetzen **Erreichbarkeit** Leicht und gerne für Anfragen zur Verfügung stehen **Verständnis** Die Perspektive des Kollegen einnehmen **Wahrnehmungs- und Kommunikationsfähigkeit** (Non-)Verbale Signale erkennen, aktives Zuhören und Beobachten

Abb. 31: Serviceorientierung in Teams (in Anlehnung an Busch 2011, S. 339)

Andererseits stimmt es zuversichtlich, dass es in Unternehmen doch viele solcher funktionierenden Teams gibt. Das spricht dafür, dass Empathie und Hilfsbereitschaft auch in unserer rein auf Nutzen ausgerichteten Gesellschaft weiterhin tief im Inneren des Menschen verwurzelt sind und eine mächtige Triebfeder seines Verhaltens darstellen. Davon geht auch die teamdynamische Forschung aus, nach der *Gruppen elementare Grundbedürfnisse* des Menschen befriedigen. Das Bedürfnis nach Geben und Nehmen, nach Bindung und Dazugehörigkeit, nach Anerkennung und Angenommensein, nach Ordnung und Struktur (vgl. Antons 2004, S. 66 f.; Amann 2004, S. 31 ff.).

Die jüngsten Forschungsergebnisse von *Adam Grant* können dabei helfen, den Teamprozess der gegenseitigen Unterstützung besser zu verstehen. Seine Unterteilung von Menschen in Nehmer, Geber und Tauscher bringt Licht in das komplexe Phänomen des Helfens. Nehmer bevorzugen Werte wie Reichtum, Dominanz über andere, Vergnügen, Gewinnen; während Geber Werte wie Hilfsbereitschaft, Verantwortung, soziale Gerechtigkeit und Mitgefühl favorisieren (vgl. Grant 2013, S. 39). Letztlich unterscheiden sich Menschen im Hinblick auf ihre **Präferenz auf Gegenseitigkeit** (Reziprozität):

- Nehmer »möchten mehr bekommen, als sie geben. Sie sorgen dafür, dass sich die Gegenseitigkeitswaage zu ihren Gunsten neigt, indem sie ihre eigenen Interessen über die Bedürfnisse anderer stellen. Nehmer glauben, dass die Welt von Konkurrenz geprägt sei und dass jeder nur an sich selber denke (…) Nehmer sind normalerweise nicht grausam oder unbarmherzig; sie sind nur vorsichtig und auf ihren eigenen Schutz bedacht. »Wenn ich mich nicht zuallererst um mich selbst kümmere«, denken Nehmer, »dann tut es niemand«« (Grant 2013, S. 14).
- Geber dagegen »ziehen es vor, mehr zu geben, als sie bekommen. Während Nehmer häufig nur sich selbst sehen und abschätzen, was andere ihnen bieten können, haben Geber vor allem die anderen im Blick und achten mehr darauf, was diese von ihnen benötigen (…) Geber und Nehmer [unterscheiden sich, d. Verf.] in ihren Einstellungen und Verhaltensweisen gegenüber anderen Menschen. Wenn Sie ein Nehmer sind, helfen Sie anderen aus taktischen Gründen, sofern der Nutzen, den Sie daraus ziehen, Ihre persönlichen Kosten überwiegt. Wenn Sie ein Geber sind, sieht Ihre Kosten-Nutzen-Analyse vermutlich anders aus: Sie helfen immer dann, wenn der Nutzen für andere Ihre persönlichen Kosten übersteigt. Wenn Sie bei der Arbeit ein Geber sind, versuchen Sie einfach, Ihre Zeit und Kraft, Ihr Wissen, Ihre Fähigkeiten, Ideen und Kontakte großzügig mit anderen Menschen zu teilen, die davon profitieren könnten« (Grant 2013, S. 14 f.).
- Tauscher schließlich nehmen eine Zwischenstellung ein. Ihr Verhaltensmuster findet sich vor allem in der Arbeitswelt. Tauscher »streben nach einem ausgewogenen Gleichgewicht von Geben und Nehmen. Tauscher orientieren sich am Prinzip der Fairness: Wenn sie anderen helfen, schützen sie sich, indem sie etwas dafür zurückbekommen wollen« (Grant 2013, S. 15 f.; vgl. auch von der Oelsnitz/Busch 2014, S. 103 ff.).

Für Teams erscheinen vor allem die Geber geeignet, wobei Tauscher vermutlich ebenso häufig anzutreffen sein dürften. In der Kurzfristlogik ist sicher der Nehmer im Vorteil, aber »das Leben ist in weiten Teilen kein Nullsummenspiel, und unter dem Strich ernten Menschen, die das Geben als Hauptform der Reziprozität wählen, am Ende Belohnungen (…) Es dauert eine Weile, bis Geber Wohlwollen und Vertrauen errungen haben, aber der Ruf, den sie sich schließlich erarbeiten, und die Beziehungen, die sie aufbauen, vergrößern ihren Erfolg« (Grant 2013, S. 31).

Der egoistischer vorgehende Nehmer mag also kurzfristig erfolgreicher sein, *auf lange Sicht triumphiert jedoch der Geber*, denn es gibt nicht nur ein (reales) Bankkonto, sondern auch ein (virtuelles) Beziehungskonto, auf dem Posten wie Vertrauen, Reputation, Glaubwürdigkeit oder Sympathie verbucht werden und eben diese Posten sind es, aus denen die tiefere Bereitschaft erwächst, jemandem helfen zu wollen. »Die unglücklichen Menschen, die ich kenne, sind Egoisten, denen es nie gelungen ist, die Vorzüge eines wahrhaft unterstützenden Umfelds zu erkennen« schrieb John Rogers (zitiert in Nickisch 2017, S. 35).

In Teams entwickeln die Mitglieder aufgrund der Austausch- bzw. Vergleichssituation ein geradezu **seismografisches Gespür für unfaire oder auf einseitige Vorteilsnahme** bedachte Verhaltensweisen. Besonders gutmütige Kollegen können durch solche

Mitmenschen leicht ausgenutzt werden (▶ Infobox »Helfen: Der schmale Grat zwischen Nutzen und Ausgenutzwerden«). Diese Ungleichgewichte in der gegenseitigen Unterstützung wahrzunehmen und korrigierend gegenzusteuern, ist ebenfalls eine wichtige Führungsaufgabe.

Infobox »Helfen: Der schmale Grat zwischen Nutzen und Ausgenutztwerden«

Zwar sind Geber mit die wertvollsten Mitarbeiter in Teams und Unternehmen, »sie haben aber auch das höchste Burnout-Risiko (vgl. Grant/Rebele 2017, S. 24). Erkennbar hilfsbereite und gutmütige Menschen können leicht in die Fangarme egoistisch gesinnter Mitmenschen geraten. Die Teamforschung spricht hier auch vom **Gimpel-Effekt** (»sucker role«), der Rolle des »treudoofen Überall-Helfers« (vgl. von der Oelsnitz/Busch 2014, S. 102). Vor allem Geber müssen in Teams daher darauf achten, sich nicht ausnutzen zu lassen, sollten sich also ggf. bewusst abgrenzen.

Grant und Rebele (2017, S. 25) unterscheiden dabei zwei Varianten: Der **selbstlose Geber** kümmert sich intensiv um andere, aber wenig um sich selbst. Er setzt kaum Grenzen, was ihn besonders anfällig macht, Nehmern auf den Leim zu gehen. Da er seine eigenen Bedürfnisse weitgehend ignoriert und sich bis zur Erschöpfung für andere verausgabt, kann er in einem entsprechend fortgeschrittenen Stadium am Ende niemandem mehr helfen, benötigt ganz im Gegenteil selbst die professionelle Hilfe Dritter. Der **selbstschützende Geber** ist sich dieser Gefahr bewusst. Er ist zwar hilfsbereit und großzügig, kennt aber seine Grenzen. Er sagt nicht sofort Ja zu jeder Bitte, sondern sucht gezielt nach wirkungsvollen, energiesparenden Methoden der Unterstützung. Dadurch kann er seine Kraft, aber auch sein subjektives Wohlbefinden aufrechterhalten.

Die Autoren konnten für Lehrer zeigen, dass die grenzenlose Hilfe für alle bittstellenden Schüler am Ende den betroffenen Schülern weniger half, als die Hilfe mit funktionierendem Selbstschutz (vgl. Grant/Rebele 2017, S. 25). »Diejenigen Menschen, die ihrem Unternehmen am nachhaltigsten nutzen (…) achten auf sich und ihre Zeit, damit sie auch den eigenen Zielen die nötige Aufmerksamkeit widmen können. Viele Menschen verwechseln Hilfsbereitschaft mit Selbstlosigkeit (…) Ein effizienter Geber zu sein, heißt (…) nicht, alles stehen und liegen zu lassen, sobald sich irgendjemand mit einer Bitte an einen wendet. Es bedeutet, sicherzustellen, dass die Vorteile des Helfens größer sind als die Nachteile für den Helfer. Wer einen Weg findet, anderen zu helfen, ohne seine eigene Zeit und Energie aufzuzehren (…), ist großzügig, aber nicht selbstlos (…) Effiziente Geber sind sich bewusst, dass jedes Nein ihnen die Freiheit gibt, bei wirklich wichtigen Dingen Ja zu sagen« (Grant/Rebele 2017, S. 25 ff.).

Wichtig ist im Team, auf die kleinen egoistischen Signale seiner Mitmenschen zu achten. Der **Schnorrer** – quasi das Gegenmodell zum Gimpel – ist besonders geschickt darin, seine Umwelt für eigene Zwecke einzuspannen. Dies gelingt ihm auf unterschiedliche Weise. Er manipuliert seine Kollegen

- auf die Mitleidstour, indem er über private oder sonstige Probleme klagt (z. B. über zu viel Arbeit oder über Nackenschmerzen), die im Gegenüber den Beschützer- und Helferinstinkt auslösen,
- auf die Einschmeicheltour, indem er anderen Honig um den Mund schmiert, so dass diese gerne tun, was von ihnen verlangt wird (»Ich kenne mich da nicht so aus, du bist doch der Experte auf dem Gebiet. Für dich ist das doch ein Klacks!«),
- über Gefühle der Dankbarkeit, die Kollegen ihm gegenüber für geleistete Dienste aus der Vergangenheit empfinden, die der Schnorrer aber über Gebühr für sich in Anspruch nimmt,
- mittels mehr oder weniger direkter Einschüchterung, indem er beispielsweise auf seinen höheren hierarchischen Rang verweist, oder
- über falsche Versprechen, die er anderen gibt, auf deren Einlösung diese dann aber vergebens warten (dazu ausführlich von der Oelsnitz/Busch 2014, S. 32).

2.2.8 Entscheiden

Der nächste der hier behandelten Prozesse – die Entscheidungsfindung – spielt im Rahmen der Problem- und Konfliktlösung eine zentrale Rolle und betrifft allgemein sowohl die Ergebnisse als auch die Modalitäten (Form, Regeln) der Zusammenarbeit. »Eine Gruppe, die ihr Ziel erreichen will, ist dauernd damit beschäftigt, Entscheidungen zu treffen und Beschlüsse zu fassen: wichtige Entscheidungen, weniger wichtige Entscheidungen, leichte Entscheidungen, schwere Entscheidungen, Fehlentscheidungen, aber immer Entscheidungen und Beschlüsse« (Antons 2011, S. 163).

Wie Teams zu Entscheidungen gelangen und wer an den Entscheidungen beteiligt wird, hat einen erheblichen Einfluss auf das Leistungs- und Lernniveau eines Teams. In eher exploitativ ausgerichteter Teamarbeit sind rasche Entscheidungen wichtiger als in eher explorativ ausgerichteten Teams, speziell wenn es sich um Standardprobleme handelt. Von einer undifferenzierten Forderung, möglichst immer alle zu beteiligen, ist vor allem in großen Teams, allein aus zeitlichen Gründen abzuraten. Wie intensiv Teammitglieder bei Entscheidungen der Teamführung mit einbezogen werden sollten, hängt von Einzelfall zu Einzelfall ab. Wesentliche Einflussgrößen sind (vgl. Brandstätter/Brodbeck 2004, S. 425),

- wie hoch das Qualitätserfordernis der Entscheidung ist,
- über welchen Informationsstand der Teamleiter verfügt,
- wie strukturiert ein Problem ist,
- wie hoch im Team die Akzeptanz einer vom Vorgesetzten allein getroffenen Entscheidung ist,
- inwieweit entscheidungsrelevante Ziele durch die Teammitglieder gebilligt werden,

- wie hoch die Wahrscheinlichkeit von Konflikten innerhalb des Teams in einer zu entscheidenden Angelegenheit ist und
- wie wichtig allgemein die Zustimmung der Mitarbeiter für die effektive Realisierung einer Aufgabe ist.

Nachfolgend stehen Entscheidungssituationen im Vordergrund, die langsames Denken, d. h. gründliches Vorgehen und damit exploratives Lernen ermöglichen. Unter innovativen Bedingungen geht es ja darum, sich nicht vorschnell auf eine bestimmte Entscheidung festzulegen, sondern unterschiedliche Standpunkte bzw. Minderheitsmeinungen vorurteilsfrei zu prüfen. Durch kritische Einwände oder Vorschläge lässt sich die Qualität einer Entscheidung verbessern und die Zufriedenheit einzelner Teammitglieder steigern (vgl. Park/DeShon 2010, S. 826). Gleichwohl verzögert sich dadurch auch die Entscheidung. Inwiefern ein »minority dissent« möglich ist, wird in der Forschung seit langem diskutiert (vgl. LePine/Van Dyne 1998, S. 854). Wenn nur die Mehrheit bestimmt, können wertvolle kreative Impulse einzelner Teammitglieder übergangen werden. Wenn die Minderheit die Oberhand gewinnt, ist damit allerdings auch noch nicht sichergestellt, dass die »Wahrheit« siegt bzw. die wirklich richtige Antwort gefunden wird (vgl. Nemeth 1992, S. 100). Teams sollten also nicht nur darauf achten, dass Minderheiten zu Wort kommen, sondern dafür sorgen, dass insbesondere die jeweils besten Teammitglieder, d. h. die mit dem größten gerade gefragten Wissen, als Lernquelle identifiziert und um Rat gefragt werden (vgl. Ilgen et al. 2005, S. 533 f.).

Das Verhältnis zwischen Mehrheit und Minderheit wird in der Kleingruppenforschung mit dem **Basiskonzept der Konformität** erklärt. Konformitätsdruck betrifft die mehr oder weniger starke Disziplinierung des Denkens und Verhaltens in Teams. Er kann sich zum Beispiel in übertriebenem Meinungs- und Leistungszwang äußern. Ganz allgemein ist unter konformem Verhalten *ein individuelles Verhalten zu verstehen, das den Vorstellungen eines sozialen Systems entspricht*. Ein in der Minderheit befindliches (oder sich zumindest so wähnendes) Teammitglied passt sich der dominanten Sichtweise des Teams an (▶ Infobox »Die Schweigespirale«). Gründe hierfür können falsch gedeutete Informationssignale, Reputationsdruck sowie der Wunsch, anderen zu gefallen und von der Gruppe akzeptiert zu werden, sein. Dahinter steht letztlich der Herdentrieb als fundamentales menschliches Verhalten in Gruppen (vgl. Sunstein/Hastie 2015, S. 21 ff.).

Infobox »Die Schweigespirale«

Die Schweigespirale beschreibt das Verhältnis der Mehrheitsmeinung zur Minderheitsmeinung im Rahmen der öffentlichen Meinungsbildung. Nach der Pionierin der deutschen Demoskopie, Elisabeth Noelle-Neumann (1916-2010), hängt die Bereitschaft vieler Menschen, ihre Meinung bei emotional aufgeladenen Themen (z. B. Flüchtlingskrise, gleichgeschlechtliche Partnerschaften, Gender Mainstreaming) in Umfragen offen auszusprechen, von der subjektiv wahrgenommenen Mehrheitsmeinung ab (vgl. Noelle-Neumann 2001). Durch den sog. *Mitläufereffekt* werden oft nur »sozial erwünschte« Antworten gegeben; Hintergrund ist die Isolationsangst des Einzelnen. Dadurch kann der Fall eintreten, dass eine durch die Massenmedien vertretene Meinung, die eigentlich eine Minderheitsmeinung darstellt, am Ende als Mehrheitsmeinung erscheint. Die »eigentliche« Mehrheit in der Bevölkerung wird ignoriert bzw. zum Meinungswechsel animiert. Die veröffentliche Meinung verdrängt also die öffentliche Meinung. Eine *Schweigespirale* wird in Gang gesetzt (vgl. Sander 2008).

Ähnliches kann auch in Gruppen auftreten. Ein Gruppenmitglied hält sich mit seiner Meinung bedeckt, in der irrigen Annahme, nur eine Einzelmeinung zu vertreten, obwohl eigentlich die (schweigende) Mehrheit der Gruppe auf seiner Seite gewesen wäre. Auf diese Weise bleiben wichtige Einwände unausgesprochen. Heute diskutierte Modelle der Entscheidungsfindung wie die Soziokratie (Kees Boeke) oder der herrschaftsfreie Diskurs (Jürgen Habermas) wollen dem entgegenwirken. Das Grundproblem, ob jeder nur erdenkliche Einwand offen vorgebracht werden darf, ohne Konsequenzen fürchten zu müssen, bleibt allerdings bestehen. Diejenigen, die das eine Prozent bilden, wenn 99 Prozent für eine Sache stimmen, sollten nicht automatisch als Berufsquerulanten, Saboteure und Defätisten abgetan werden.

Speziell unter totalitären Verhältnissen – und auch Teams können totalitäre Züge annehmen – können solche »Widerstandskämpfer« den Weg wieder in eine freiere Zukunft weisen. Selbst unter mörderischen Bedingungen gibt es Menschen, die ihre Autonomie bewahren, dem gesellschaftlichen Druck widerstehen und an ihrem Moralempfinden festhalten. »Was zeichnet solche Menschen aus? Was unterscheidet sie von all den anderen, die sich gehorsam unterwerfen? Hier finden wir die Antwort auf die große Frage: Was ist der Mensch? (…) Der »heilige Rest« steht dafür ein, dass auch etwas anderes möglich ist als das, was das Schreckbild des »Homo homini lupus« glauben macht. »Dabei ist es nicht wichtig, wie viele Menschen dieses Verhalten wählen. Und wäre es nur einer, belegte diese Ausnahme die Lüge«« (Schiffer 2008, S. 109 f.).

Die Anpassung ist das Ergebnis kollektiver Druckmechanismen, die von materiellen und immateriellen Belohnungen bis hin zu physischen Bedrohungen, von subtilen Beeinflussungen bis hin zu offenen Aggressionen reichen können. Mechanismen, mit denen die Majorität oder die Führungsspitze eines Teams versucht, die Minorität auf die eigene Seite zu ziehen, können neutral unter den Begriff des *sozialen Einflusses* gefasst werden (vgl. Erb/Bohner 2002, S. 48). Nimmt dieser soziale Einfluss aggressive Züge an, so kann auch von Mobbing (vgl. Leymann 2009) oder Gruppenzwang gesprochen werden.

Dabei können vereinfachend **zwei Formen der Konformität** eines Gruppenmitglieds unterschieden werden (vgl. Fischer/Wiswede 2009, S. 613 f.):

- **Einstellungskonformität** (innere Anpassung): Hier ist die Identifikation des Einzelnen mit der Gruppe und ihren Zielen derart ausgeprägt, dass er erst gar nicht auf den Gedanken kommt, zu widersprechen. Inwiefern dies als ideologisch verblendeter

»Kadavergehorsam« oder gut zu heißende Begeisterung für eine Sache gewertet wird, soll an dieser Stelle unkommentiert bleiben (und hängt im Übrigen auch von den ethisch bzw. gesellschaftlich vertretbaren Inhalten des gemeinsam verfolgten Ziels ab).

- **Anpassungskonformität** (äußere Anpassung): Hier ist die Identifikation des Einzelnen mit der Gruppe und ihren Zielen eher gering ausgeprägt. Aufgrund fehlender Alternativen, also der Unmöglichkeit, die Gruppe zu verlassen, passt sich der Einzelne der Mehrheit an. Er traut sich nicht, zu widersprechen. Dies kann zu einem verminderten Engagement, zu Frustration und Unlust an der Arbeit, zu insgeheimen Rache- und Sabotagegelüsten oder auch zu erhöhtem Krankenstand führen. Das hängt davon ab, wie der Einzelne auf die Situation, nicht gehört bzw. wenn gehört, dann ignoriert oder unterdrückt zu werden, reagiert.

Andererseits stellt ein Mindestmaß an Konformität eine Grundvoraussetzung für das Funktionieren eine Gruppe dar. Wenn Mitarbeiter nicht in der Lage sind, ihre eigenen Bedürfnisse im Hinblick auf das Ganze in gewissen Grenzen hintanzustellen, dann sind sie schlechterdings ungeeignet für Teamarbeit. Jedes Team steht demnach vor einem Dilemma: *Es ist sowohl das Extrem der vollkommenen Anpassung (in dem zwar Ordnung, aber kein Andersdenken möglich ist) zu vermeiden als auch das Extrem des völligen Ungehorsams bzw. der ungezügelten Pluralität, in dem das anarchische Chaos der Regellosigkeit herrscht, das ein zielführendes Handeln am Ende unmöglich macht.*

Stahl (2012, S. 146) grenzt bei Entscheidungen den *inhaltlichen Aspekt* (Fragen erster Ordnung: Worüber wird entschieden?) vom formalen Aspekt, den »Metaregeln« ab (Fragen zweiter Ordnung: Wie wird entschieden?). Als **Faustregeln** benennt er, dass

- formale vor inhaltlichen Fragen,
- vordringliche vor nachgeordneten Zielkonflikten,
- Beziehungs- vor Sachthemen,
- Grundsatz- vor Detailfragen und
- Konflikte mit höheren Hierarchieebenen vor Konflikten mit untergordneten Hierarchieebenen

behandelt und geklärt werden sollten (vgl. ebenda, S. 159). Grundsätzlich muss allen bekannt sein, wer entscheidungsbefugt und wer entscheidungsgebunden ist.

Zurückblickend auf eine Reihe **klassischer, aufeinander aufbauender Experimente und Studien** besitzen wir heute recht gesichertes Wissen über die Wirkungsweise von Konformität in Teams. Bei den drei bekanntesten Forschungsprogrammen standen jeweils unterschiedliche Einflussgrößen im Vordergrund:

- **Asch-Experimente**: Konformitätsdruck durch die Gruppenmehrheit.
- **Milgram-Experimente**: Konformitätsdruck durch formale Autorität.
- **Groupthink-Phänomen:** Konformitätsdruck durch Mehrheit und Autorität kombiniert mit hohem Zeit- bzw. Entscheidungsdruck aufgrund einer äußeren Bedrohung (► Infobox »Die dunklen Seiten der Teamarbeit«, Kap. 3.3.2).

Die Bedeutung dieser Studien kann aus Sicht der Verfasser kaum überschätzt werden: Sie zeigen, wie schnell Gruppen falsche, ja geradezu hanebüchen gefährliche Entscheidungen treffen. Über das Ausmaß der dabei möglichen Irrationalität kann man oft nur staunen!

Da diese drei Ansätze bereits intensiv aufgearbeitet wurden und sich ausführlich in jedem guten Lehrbuch zur Sozialpsychologie wiederfinden, soll an dieser Stelle jedoch aus Platzgründen auf ihre Darstellung verzichtet werden (vgl. zu den Asch-Experimenten Asch 1961, zusammenfassend Zimbardo/Gerrig 2008, S. 675 f. und Auer-Rizzi 1998, S. 4 ff.; zu den Milgram-Experimenten Milgram 2005 und die erhellende Darstellung von Slater 2005, S. 45 ff.; zum Groupthink-Phänomen Janis 1982 und Esser 1998). Hier wird nur auf die **praktischen Schlussfolgerungen**, die sich aus den Erkenntnissen für die Entscheidungsfindung ziehen lassen, zurückgegriffen. Dabei geht es vorwiegend um Gegenmaßnahmen, die ein Team ergreifen sollte, damit es nicht den lernhemmenden Effekten übertriebener Konformität unterliegt.

Konformitätsdruck kann in Teams vor allem dann wirksam reduziert werden, wenn die Teamführung offene Diskussionen zulässt und Mitarbeiter in ihre Entscheidungen einbindet, wobei hier das Spektrum von der autoritären Entscheidung der Teamführung ohne Beteiligung des Teams bis hin zur völlig autonom durch das Team zu treffenden Entscheidung reicht (vgl. Tannenbaum/Schmidt 1973, S. 163 ff.). Kein Extrem ist dabei in sich vollkommen, »authority and freedom are never without their limitations« (Tannenbaum/Schmidt 1973, S. 163). Es braucht eine gewisse Sensibilität auf Seiten der Führung, um das richtige Beteiligungsmaß zu bestimmen, aber auch um relevante, zurückgehaltene Minderheitsmeinungen zu erahnen. Verhalten hingegen, dass die eigene Macht voll ausspielt (z. B. eindeutige Statements zu Beginn einer Diskussion in der Art: »Ich sehe hierzu keine Alternative«, »Ich kann mir nicht vorstellen, dass jemand das anders sieht«) wird Gegenmeinungen von vornherein zum Verstummen bringen. Anders gesagt: Die Meinungen von Teammitgliedern sollten durch ihren Vorgesetzten echte und nicht nur vorgetäuschte Wertschätzung erfahren.

Dies fängt bei der Beachtung bestimmter **Diskussions- und Moderationsregeln** an. Die Teamführung

- lebt eine Kultur der Selbstkritik vor;
- sorgt für ausgewogene Redebeiträge, ermutigt also auch schüchterne Teammitglieder zur aktiven Teilnahme an Diskussionen;
- ist wachsam gegenüber der Tendenz zur Gruppenpolarisierung und zum Risikoschub, denn »Gruppen weisen eine Tendenz zu Entscheidungen auf, die extremer als die Entscheidungen sind, welche die Mitglieder allein getroffen hätten« (Zimbardo/Gerrig 2008, S. 678);
- sieht ausreichend lange Gesprächspausen vor, damit Positionen geklärt, überdacht und gegebenenfalls korrigiert werden können;
- hält sich am Anfang einer Diskussion mit eigenen Beobachtungen und Interpretationen zurück, lässt aber am Ende auch nicht unausgesprochene Probleme im Raum stehen;

- fördert aufgaben- und beziehungsorientierte Teamreflexivität, stellt also Bezüge zu Teamprozessen und zum verfolgten Ziel her (vgl. zu diesen Maßnahmen Tannenbaum/Smith-Jentsch/Behson 1998, S. 253 ff.; Collison/Parcell 2004, S. 154 f.).

Einer, der diese Art der Diskussionsführung glänzend beherrschte, war *Alfred P. Sloan* (1875-1966), der von 1923-1937 Präsident von General Motors war. In einer der Sitzungen seiner unternehmerischen Entscheidungsgremien bemerkte er »eine allgemeine Zustimmung zu einer wichtigen Entscheidung. Er vergewisserte sich nochmals, dass offenbar bezüglich dieser Frage alle einer Meinung waren. Die Antwort war allgemeines Kopfnicken. Daraufhin sagte Sloan sinngemäß: »Wenn das so ist, dann schlage ich vor, dass wir die Sitzung hier unterbrechen – und uns Zeit nehmen, zu unterschiedlichen Meinungen zu gelangen«« (Peter F. Drucker, zitiert in Malik 2006, S. 209 f.).

Die Meinungsvielfalt wird natürlich gefördert, wenn die Gruppe insgesamt eine heterogene Zusammensetzung aufweist und die Teammitglieder über ausreichend Selbstwertgefühl verfügen, also eine starke, zu Widerspruch bereite Persönlichkeit besitzen. In seinem Buch »Die einsame Masse« – einer der ersten soziologischen Bestseller überhaupt – ging der amerikanische Forscher David Riesman (1909-2002) davon aus, dass in modernen, westlich geprägten Industriegesellschaften der **außengeleitete Mensch dominiert** (vgl. Riesman 1977, S. 35 ff.). In seinem starken Streben nach äußerer Anerkennung verhält er sich überkonform gegenüber Erwartungen aus seiner Umwelt, die stark gleichmacherische Tendenzen ausübt (z. B. übertriebene Markenorientierung bei Jugendlichen).

Wie eine »*Radaranlage*« empfängt der außengeleitete Mensch Signale aus der Umwelt, die ihn zu häufigen Programmwechseln seines Verhaltens veranlassen. Dem gegenüber steht der **innengeleitete Mensch**, dessen »*seelischer Kreiselkompass*« durch die elterliche Prägung in Gang gesetzt wurde. Seine Eltern haben ihm Prinzipien und Lebensziele, Werte und Anschauungen vermittelt, die Ich-Stärke und charakterliche Autonomie bewirken. Dies lässt den innengeleiteten Menschen resistenter gegenüber Konformitätsdruck von außen werden (ausführlicher zu den Bedingungen von Selbstwertgefühl vgl. Branden 2010). Dieser Typ sei besonders charakteristisch für das Bildungsbürgertum im 19. Jahrhundert gewesen.

Und schließlich gibt es noch den **traditionsgeleiteten Menschentyp**, der sich vor allem an gesellschaftlich überlieferten Werten und Ordnungsvorstellungen orientiert. Dieser Typ sei vor allem im Mittelalter, d. h. in feudalen Ständegesellschaften vorherrschend gewesen; er findet sich aber auch heute noch in stark religiös geprägten Gesellschaften. Der konformitätserzeugende Hauptantrieb des traditionsgeleiteten Menschen ist die *Furcht vor Schande* bzw. der *Verletzung des Ehrgefühls*, des innengeleiteten Menschen das *subjektive Schuldgefühl* und des außengeleiteten Menschen schließlich eine *diffuse (Ausgrenzungs-)Angst*. Folgt man Riesmans ohne Zweifel grundlegenden und zeitüberdauernden Einsichten, so spricht dies für eine generelle Abnahme nonkonformen Verhaltens in modernen Gesellschaften und damit auch in betrieblichen Arbeitsgruppen. Die Mehrheit der Menschen verhält sich demnach anpassend und opportunistisch (vgl. aktuell auch Koppetsch 2013). Natürlich ist der Mensch komplexer als ein Idealtypus und vieles hängt von der jeweiligen Situation ab.

Dennoch sprechen Riesmans Erkenntnisse dafür, *dass Nonkonformität eher die Ausnahme als die Regel bildet und insofern besonders angeregt werden muss.*

Eine weitere Maßnahme gegen den drohenden Konformitätsdruck besteht darin, dass bei Uneinigkeit rechtzeitig **außerhalb des Teams stehende Akteure hinzugezogen** werden, die kein unmittelbares Interesse am Teamerfolg haben. Oder es gibt mindestens eine Person im Team, für die nichts auf dem Spiel steht. Diese kann den Status quo furchtloser in Frage stellen und uneingeschränktes Denken ermöglichen (vgl. Lee-Kelley/Blackman 2005, S. 20). Für die interne Entscheidungsbildung lassen sich überdies Maßnahmen ergreifen, die einer vorschnellen Blockbildung entgegenarbeiten. Neben der schon erwähnten Vertagung der Entscheidung – dem sog. *second chance meeting*, das der Entschleunigung und Neuordnung der Gedanken dient –, empfiehlt sich bei strittigen Punkten die Aufspaltung der Gruppe in Untergruppen, welche dann parallel Lösungen erarbeiten. Bei den schwierigen Koalitionsverhandlungen der zukünftigen Bundesregierung im deutschen Winter 2017/18 ist genau dies passiert.

Auch die **Benennung eines sog. Advocatus diaboli** kann Widersprüche und Unzulänglichkeiten aufdecken. Der Begriff steht ursprünglich für den kritischen Prüfer im Rahmen der Seligsprechung einer Person in der katholischen Kirche. Dieser zur Kritik verpflichtete »Anwalt« sucht systematisch nach Gründen, die einer Seligsprechung entgegenstehen, hält also z. B. Ausschau nach dunklen Flecken in der Biografie des betreffenden Menschen. In Teams ist das jemand, der bewusst »dagegenhält« und die Mehrheitsmeinung immer wieder anzweifelt. Damit bildet er im Sinne der »checks and balances« ein wertvolles Gegengewicht, kann als Hofnarr und Störenfried zugleich aber für die Beteiligten auch sehr anstrengend sein. Da ständiger Widerspruch auch Antipathie auslösen kann, sollte die Rolle des Advocatus diaboli im Team rotieren (vgl. Nemeth/Brown/Rogers 2001, S. 708 f.).

Wie auch immer vorgegangen wird: Im Team Entscheidungen zu treffen ist stets eine zweischneidige Sache. Das geforderte Maß an Offenheit ist bei heiklen, mit Emotionen befrachteten Themen alles andere als einfach herzustellen. Gelangt das Team zu schnell zu einem Konsens, besteht die Gefahr, dass die Qualität der Entscheidung zu wünschen übriglässt, während ein ausufernder Disput die Einigkeit, die Fähigkeit eines Teams zur weiteren Zusammenarbeit und die Entschlusskraft gefährdet. Es besteht dann die Gefahr, dass Debatten entgleisen und sich Meinungsverschiedenheiten in persönliche Angriffe zuspitzen. Am Ende lassen solche Auseinandersetzungen verbitterte Teammitglieder zurück (vgl. zum Geist der gemeinsamen Lösungssuche auch Goleman 2000, S. 268 f.).

2.2.9 Die Kontakte zur Außenwelt steuern (team boundary spanning)

Auch die Grenzen eines Teams müssen gemanagt werden, denn die Kontakte der Teammitglieder dürfen nicht nur interner Art sein. Sie sollten also auch zwischen einzelnen Teammitgliedern und ihrer betrieblichen Arbeitsumgebung stattfinden. Dies ist insbesondere bei Prozessen der kreativen Lösungsfindung wichtig, denn hier müssen zwischen Experten möglichst viele und neuartige Ideenverbindungen organisiert werden. Je erfahrener die Experten dabei sind, desto wahrscheinlicher wird es, dass sie inhaltliche Schnittflächen und Verknüpfungspunkte erkennen.

Die Erforschung der Interaktionsmuster von Teams mit ihrer Umwelt wurde vor allem durch die Amerikanerin *Deborah G. Ancona (geb. Gladstein)* vorangetrieben. Ancona beschäftigt sich seit bald dreißig Jahren in zahlreichen Veröffentlichungen mit diesem Thema. Zunächst analysierte sie 100 Verkäuferteams einer Marketingabteilung in der Kommunikationsbranche mit Hilfe von Fragebogen, Beobachtungen, Interviews, Workflow-Analysen und Archivauswertungen (vgl. Gladstein 1984, S. 503 f.). Im Rahmen der Studie wurden zunächst drei externe Prozesse von Verkäuferteams untersucht. Der anfänglich rein auf die zu bewältigende Teamaufgabe gelegte Schwerpunkt bei der Analyse externer Beziehungen wurde in späteren Studien und Veröffentlichungen erheblich erweitert (vgl. Ancona/Caldwell 1992, S. 636).

Im Rahmen der aus dem Forschungsmaterial gewonnenen Informationen wurden zunächst 15 distinkte Aktivitäten identifiziert, die übergeordneteten Kategorien (Clustern) zugeordnet wurden. Die Ergebnisse dieser zweiten Studie führten zu einer Typologie von vier grundlegenden Außenaktivitäten bzw. Umweltstrategien eines Teams:

- Scouting: Die Umwelt auskundschaften,
- Ambassadorship: Sich gegenüber der Umwelt darstellen.
- Task Coordination: Sich mit der Umwelt abstimmen.
- Guarding: Sich vor der Umwelt schützen/ den Informationsfluss überwachen.

Diesen vier Umweltstrategien kommt eine bis auf den heutigen Tag hohe praktische Relevanz für Teams zu. Abbildung 32 gibt einen zusammenfassenden Überblick.

Die letzte der vier Hauptaktivitäten eines Teams gegenüber seiner Umwelt ist streng genommen keine Umweltaktivität. Es findet hier keine Zuwendung, sondern eine Abwendung des Teams von seiner Umwelt statt. Das Team versucht sich nach außen abzuschirmen und hält Informationen zurück. Dies bezeichnen Ancona und Caldwell als »Guarding«. In diesem Sinne müssen gelegentlich auch *Informationen zurückgehalten* werden. Dieses »Protecting« ist eine wichtige Teilfunktion, die insbesondere bei innovativen Aufgaben vonnöten sein kann (siehe unten).

I. Scouting: Die Umwelt auskundschaften

Scouting als Vorgang des Spähens und Auskundschaftens betrifft die Sammlung von Informationen aus den unterschiedlichsten Quellen und Bereichen, die in mittelbarer oder unmittelbarer Verbindung mit dem Team stehen und daher Einfluss auf das Team nehmen können. Dies bezieht sich auf die Teamumwelt innerhalb der Organisation (z. B. Informationen über die politische Unterstützung im Unternehmen, über (in)formelle Machtstrukturen oder über konkurrierende Teams mit ähnlichen Aufgabenstellungen) und auf die äußeren Gegebenheiten, die das Teamgeschehen in irgendeiner Weise

Scouting *Die Umwelt auskundschaften*
• Sich ein Bild verschaffen • Strategische Frühaufklärung betreiben • Sich rückversichern
Ambassadorship *Sich gegenüber der Umwelt darstellen*
• Kommunikationskanäle erschließen • Die Umwelt informieren • Die Umwelt beeinflussen und überzeugen
Task Coordination *Sich mit der Umwelt abstimmen*
• Koordinieren und verhandeln • Informationen sammeln und Ressourcen mobilisieren
Guarding *Sich vor der Umwelt schützen/ den Informationsfluss überwachen*
• Von außen nach innen: – Den Zugang regulieren – Informationen übersetzen – Informationen filtern • Von innen nach außen: – Informationen freigeben – Informationen übermitteln – Informationen zurückhalten

Abb. 32: Die vier grundlegenden Umweltstrategien eines Teams

berühren (z. B. Markt-, Kunden- oder Technologieentwicklung, Informationen über konkurrierende Firmen). Im Bereich des Militärs gab es hierfür früher den Begriff der »Rekognoszierung«, der die Aufklärung etwa des Geländes, der Sicht- und Witterungsverhältnisse sowie vor allem der Stellung, Stärke und Ausrüstung des Feindes betraf. Der Vorgang der Rekognoszierung mündete in eine allgemeine Lagebeurteilung, auf deren Basis dann strategische und taktische Entscheidungen getroffen wurden (vgl. Bresinsky/Detje/Littschwager 2012, S. 265). Im Einzelnen setzt sich Scouting aus folgenden drei Grundaktivitäten zusammen: Modeling; Scanning; Feedback Seeking.

Sich ein Bild verschaffen (modeling)

Modeling dient dazu, zu einer allgemeinen Einschätzung zu gelangen, wie sich das Team in die organisationale Gesamtsituation einordnet, welche Stellung es einnimmt und mit welchen Erwartungshaltungen unterschiedlicher Parteien es konfrontiert ist. Hierbei werden vergangene Erfahrungen der Teammitglieder mit Beobachtungen aus der Gegenwart abgeglichen. Auch Informationen, die aus zahlreichen Gesprächen mit Außenstehenden resultieren, tragen dazu bei, sich über die Erwartungen aus der Umwelt besser im Klaren zu werden.

Dieses Vorgehen zu Beginn der Teamarbeit gleicht einer Übung, die im Rahmen des Assessment Centers häufig zum Einsatz kommt: das sog. Fact-Finding. Die Testperson erhält hierbei eine Aufgabenstellung (in der Regel ein Einzelfall zu einem bestimmten Organisationsproblem). Diese Aufgabenstellung enthält jedoch nicht sämtliche Informationen, bedarf also der Vervollständigung. Um die Informationslücke zu schließen, bekommen die Testpersonen einen fiktiven Mitarbeiter zur Seite gestellt, dem sie gezielt Fragen stellen können. »Dieser ist angehalten, unpräzise Fragen auch unpräzise zu beantworten und auf präzise Fragen des Probanden mit ausführlichen Antworten zu reagieren« (Schamel 2010, S. 85). Der fiktive Kollege kann dabei unterschiedliche Rollen übernehmen: die des Kunden, des Vorgesetzten oder des Geschäftsführers.

Die *Fact-Finding-Übung* ist insofern interessant, als sie der betrieblichen Realität von Teams – vor allem in der Entstehungsphase – recht nahekommt. Oft wissen die Auftraggeber – sei es das Management oder der auftraggebende Kunde – selbst nicht so genau, was sie tatsächlich wollen und was sie von einem neu gebildeten Team konkret erwarten. Daher ist es unerlässlich, zu Beginn der Teamarbeit so weit es eben nur geht Zielklarheit herzustellen, um anschließend Aufgabenpakete sorgfältiger definieren und punktgenauer zuweisen zu können (vgl. Patzak/Rattay 2014, S. 116). Erfahrungen anderer Teams, die in der Vergangenheit an ähnlichen Problemen gearbeitet haben, können ebenfalls sehr wertvoll sein. Es gilt, durch geschicktes Befragen des organisationalen Umfelds herauszubekommen, wo Anknüpfungspunkte existieren, wo bereits ähnliche Probleme gelöst und an welchem Ort diese gegebenenfalls dokumentiert wurden. »Die Anzahl jener Unternehmen steigt, in denen Muster und Beispiele in so genannten Projektbibliotheken gesammelt und den Projektleitern zur Verfügung gestellt werden« (Patzak/Rattay 2014, S. 225). Das Ganze fließt dann im sog. *Projektstrukturplan* zusammen, der die Gesamtaufgabe in plan- und kontrollierbare Arbeitspakete zerlegt und die grundlegenden Managementaufgaben definiert. Er bildet sozusagen das Ergebnis der anfänglichen Scouting-Aktivitäten.

Strategische Frühaufklärung betreiben (scanning)

Während die Lagebeurteilung der allgemeinen Verortung des Teams auf der »Unternehmenslandkarte« bzw. der Positionsbestimmung des eigenen Projekts innerhalb des Unternehmens dient, ist die Aktivität des Scanning stärker auf die alltäglichen Herausforderungen der Teamarbeit ausgerichtet: Kundenwünsche können sich ändern, die Konkurrenz bringt ein verwandtes Produkt auf den Markt, das es zu analysieren gilt, die Ressourcensituation des Teams verbessert oder verschlechtert sich, es gibt personelle Restrukturierungen, die sich auf die Unterstützung des Teamvorhabens auswirken. Ein Team sollte unbedingt auf solche Signale aus der Umwelt achten – ein Vorgang der auf Unternehmensebene als »strategische Frühaufklärung« und in der Entrepreneurship-Forschung spezieller als »opportunity recognition« bezeichnet wird (► Kap. 1.3.2).

In der aktuellen Teamforschung wird der Vorgang des »Umweltscannens« häufig unter dem Begriff »situation awareness« diskutiert. Anders als im Rahmen teaminterner Lernprozesse bezieht sich dieses soziokognitive Konstrukt hier auf die Erfassung teamexterner Umweltsignale (vgl. Uitdewilligen/Waller/Zijlstra 2010, S. 326) (▶ Kap. 3.2.2).

Sich rückversichern (feedback seeking)

Es ist einsichtig, dass sich ein Team nicht permanent in seiner Umwelt rückversichern kann und sollte, denn dies würde dazu führen, dass es wie ein »hektischer Haufen« immer wieder seine Route ändert und nicht wirklich vorankommt (vgl Drach-Zahavy/Somech 2010, S. 165 f.). Dies gilt letztlich für sämtliche Scouting-Aktivitäten: »Obgleich zu gewissen Zeitpunkten solche Aktivitäten von Nutzen sein können, wirkt sich ein anhaltendes Analysieren der Umwelt nachteilig aus. Die Teams reagieren dann ständig auf neue Informationen aus der allgemeinen Umwelt und sind unfähig, sich auf ein bestimmtes Endprodukt und bestimmte Termine festzulegen. Auch werden die Teams bei diesen Aktivitäten auf die Dauer ihrer Zeit und Energie beraubt, die sie für leistungsrelevantere externe Aktivitäten oder interne Prozesse benötigen« (Weinkauf et al. 2005, S. 102).

II. Ambassadorship: Sich gegenüber der Umwelt darstellen

Die zweite nach außen gerichtete Hauptaktivität eines Teams betrifft das »Ambassadorship«, wörtlich: die Botschaftertätigkeit. Das Team fungiert hier als Repräsentant in eigener Sache, vertritt seine Interessen nach außen, informiert relevante Personen (-kreise), präsentiert sich, wirbt um Unterstützung und überzeugt Dritte von der eigenen Daseinsberechtigung. Zielgruppen sind das höhere Management, Auftraggeber oder sonstige Sponsoren und Informationslieferanten (vgl. Ancona/Caldwell 1988, S. 475). Es handelt sich insofern um die Selbstvermarktung eines Teams, das in einem guten Licht erscheinen möchte, um seine Public Relations. Dabei lassen sich wiederum drei Unteraktivitäten unterscheiden:

Kommunikationskanäle erschließen

Teams sollten wissen, an wen sie sich bei fehlenden Informationen wenden können, wer im Unternehmen für die Zuweisung bestimmter Ressourcen verantwortlich ist und wer von außen eine Veränderung der Zielstellung veranlassen kann. Ähnlich wie nach innen ist also auch nach außen ein Wissensmanagementsystem zu etablieren. Mit der Erschließung von Kommunikationskanälen werden die für das Team nützlichen Beziehungen und Netzwerke aufgebaut. Hier geht es vor allem darum, frühzeitig die richtigen Ansprechpartner zu identifizieren, die nötigen Kontakte aufzubauen und diese schrittweise zu vertiefen. Ein Dialog ist in Gang zu setzen. Die Kontakte besitzen zunächst einen eher losen Charakter und gehen erst zu einem späteren Zeitpunkt der Teamarbeit in »handfeste« Transaktionen über. Bildlich gesprochen werden zu Beginn nur die Türen geöffnet, die später durchschritten werden. Die Errichtung einer solchen »kommunikativen Infrastruktur« liefert den kontextuellen Rahmen für unterschiedlichste Zuflüsse von außen. Lernprozesse werden dadurch ermöglicht (z. B. durch die Genehmigung einer leistungsfähigen technologischen Ausstattung) und auch gezielt angestoßen (z. B. durch die Vermittlung fachlich wertvoller Kontakte).

Die Umwelt informieren

Die Erschließung von Kommunikationskanälen ist gleichzeitig eine wichtige Voraussetzung dafür, die Umwelt über Aktivitäten des Teams auf dem Laufenden zu halten. Dieses »Updating« Außenstehender über Arbeitsfortschritte des Teams kann formell oder informell erfolgen und betrifft sämtliche relevanten funktionalen Bezugspersonen sowie natürlich die höherrangigen Vertreter des Unternehmens und Kunden. Einerseits zählen hierzu offizielle Reporting-Pflichten des Teams (z. B. Mitteilungen über die Erreichung von Meilensteinen). Andererseits sind es gerade die vielen informellen Kontakte im Alltag, die dazu beitragen, dass Informationen übereinander geteilt und im Unternehmen ventiliert werden.

»Ambassadorship« ist Teil der »Informationspolitik« des Teams, dabei aber stärker auf die positive Darstellung ausgerichtet. Jeder Zugreisende weiß, wie ärgerlich es ist, nur unzureichend über Verzögerungen aufgrund von Betriebsstörungen informiert zu werden. Ähnlich verhält es sich mit dem »Informing«. Ein Team, das seine Partner rechtzeitig über Kurskorrekturen oder neue Anlaufstellen informiert, beugt Verstimmungen im Umfeld vor und entzieht unnötigen Spekulationen über den vermeintlich schleppenden Fortgang der Arbeit den Nährboden.

Die Umwelt beeinflussen und überzeugen

Werden Informationen so eingesetzt, dass die Umwelt dadurch beeinflusst wird, so ist von »molding« die Rede, der letzten der drei Teilaktivitäten im Rahmen des »Ambassadorship«. In gewisser Weise handelt es sich um Profilierungsversuche, die die Absicht verfolgen, das Team als unentbehrlichen Bestandteil des Unternehmens erscheinen zu lassen. Es geht um die Bereiche »issue-selling« und »sensegiving in organizations«, d. h. Anliegen müssen überzeugend dargestellt werden (vgl. Joshi/Pandey/Han 2009, S. 742). »The aim here is to shape the beliefs and behaviors of outsiders (…) In essence this is profile management: representing the group in extremely positive terms when resources are needed and in a less positive light if that is required. Molding involves persuading and cheerleading, influencing how much outsiders support the group and how they feel about the group« (Ancona/Caldwell 1988, S. 477).

Darüber hinaus kann das Team »agenda setting« betreiben. Dieses der Medienwirkungsforschung entstammende Konzept beschreibt die Beeinflussung des Gegenübers über die Funktion der *Thematisierung*, die bereits zuvor im Rahmen des Prozesses der Entscheidungsfindung angesprochen wurde. Welche Themen werden durch das Team (überhaupt) aufgegriffen bzw. angesprochen? Wie dringlich, detailliert oder auffällig werden Themen dargestellt? In welchem Licht erscheinen sie allgemein? Unbewusst erfolgt stets ein »agenda setting«. Wird Themenmanagement dagegen als bewusste Aufgabe wahrgenommen, so wird dies auch »agenda building« genannt (vgl. Bonfadelli 2004, S. 237 ff.; Jäckel 2011, S. 189 ff.).

III. Task Coordination: Sich mit der Umwelt abstimmen

Der dritte Hauptblock teambezogener Umweltaktivitäten betrifft die aufgabenbedingte Koordination. Mit »Task Coordination« sind unmittelbar aufgabenbezogene Lernprozesse verknüpft. Eine Nichterfüllung koordinativer Erfordernisse hinterlässt deutliche, sofort spürbare Folgen im Team. Denn die wenigsten Teams bilden von der Umwelt hermetisch abgeriegelte Systeme (vgl. Choi 2002, S. 185), vielmehr herrschen zahlreiche Interdependenzen mit anderen organisationalen Teams und Teilbereichen oder mit diversen außerorganisationalen Akteuren. Diese wechselseitigen Abhängigkeiten erzeugen einen mehr oder weniger hohen Abstimmungsbedarf, der gedeckt werden muss, um die Erreichung des Teamziels zu gewährleisten. An dieser Stelle sei auf die bei der Erörterung der Koordination geschilderten Interdependenzmuster verwiesen, die auch zwischen Teams auftreten können.

Koordinieren und verhandeln

Ancona und Caldwell hatten das Verhandeln auf der einen Seite (negotiating) und die Koordination auf der anderen Seite (coordinating) zunächst als zwei voneinander separierte Handlungsmuster konzipiert. Im Verlauf ihrer empirisch gewonnenen Erkenntnisse mussten sie jedoch feststellen, dass die beobachteten Akteure beide Tätigkeiten in einem Atemzug nannten und diese im Alltag auch gleichzeitig vollzogen, was schlussendlich zu einer Verschmelzung beider Begriffe in einer Gesamtaktivität führte (vgl. Ancona/Caldwell 1988, S. 476).

Solche Abstimmungsprozesse haben in der aktuellen Teamforschung, insbesondere im Rahmen sog. virtueller bzw. standortübergreifender Teamarbeit (z. B. in international oder interorganisational zusammengesetzten Teams), die sich nahezu ausschließlich über moderne Informations- und Kommunikationstechnologien koordinieren, einen noch viel größeren Stellenwert erlangt (vgl. Stock-Homburg/Gaitanides 2006).

Informationen sammeln und Ressourcen mobilisieren

Die Beschaffung von Informationen und Ressourcen – die zweite Komponente der »Task Coordination« – bezieht sich auf die laufenden Entscheidungs- und Koordinationsprozesse. Anders als die diversen Botschaftertätigkeiten, in denen das Team eher allgemein im Umfeld vortastet und auslotet, wo sich mögliche Informations- und Ressourcenquellen auftun könnten, geht es hier um die unmittelbare Bedarfsdeckung als Folge akut auftretender Probleme bei der Aufgabenerfüllung. Dieses fortlaufende »Troubleshooting« ist unentbehrlich für das Vorankommen eines Teams. Ancona und

Caldwell vergleichen dieses Handlungsfeld mit einer »Einkaufsliste« (vgl. Ancona/ Caldwell 1988, S. 474). »Einkäufe« müssen während der gesamten Arbeit des Teams getätigt werden, wobei die Liste der nachgefragten Güter und Dienstleistungen letztlich nie abgeschlossen ist, da ständig neue Positionen auf die Liste kommen, andere zwischenzeitlich obsolet werden oder unerfüllt bleiben müssen und wieder andere Einkaufswünsche mit zusätzlichen Aspekten erweitert oder verknüpft werden müssen.

IV. Guarding: Sich vor der Umwelt schützen/ den Informationsfluss überwachen

Mit Guarding als letzte der vier Hauptaktivitäten eines Teams gegenüber seiner Umwelt grenzt sich das Team von seinem Umfeld ab. Dadurch soll Distanz hergestellt und Eigenständigkeit gewahrt werden. Das Team versucht, sich vor zuviel Einfluss von außen zu schützen, hält gezielt Informationen zurück und lässt Außenstehende solange nicht in die »eigenen Karten« schauen, bis vorzeigbare Ergebnisse hervorgebracht wurden.

Ferner ist zu bedenken, dass externe Aktivitäten den inneren Zusammenhalt eines Teams schwächen können, weil sie die Identifikation mit Außenstehenden begünstigen. Eine übertriebene Offenheit »zerfasert« die Teamgrenze und birgt die Gefahr eines Identitätsverlusts der Gruppe, die nicht mehr zwischen »ingroup« und »outgroup(s)« unterscheiden kann (vgl. Yan/Louis 1999, S. 33; Drach-Zahavy/Somech 2010, S. 148). Die übertriebene Abschottung eines Teams hingegen kann zu ungesundem »Gruppendenken« führen. Das Team blockt Informationen von außen ab und übt nach innen hohen Druck aus, um Meinungskonformität herzustellen. Es gibt demnach eine Trade-off-Beziehung, die Teams dazu zwingt, ihre Ressourcen zwischen internen und externen Aktivitäten in rechter Weise aufzuteilen (vgl. Choi 2002, S. 187; Marrone 2010, S. 912). Genau damit befasst sich die Guarding-Aktivität, die einerseits den Informationsfluss von außen nach innen (sentry activities), andererseits den Informationsfluss von innen nach außen (guard activities) überwacht und steuert. Im E-Mail-, Smartphone- und Twitter-Zeitalter ist die völlige Abschottung von außen allerdings kaum mehr umsetzbar – vielleicht noch im Konklave zur Papstwahl, in dem Handys, Fernseher und Radiogeräte verboten sind und dessen Räumlichkeiten zusätzlich mit Störsendern ausgestattet werden, um eine Beeinflussung von außen auszuschließen.

Die Teamführung hat je nach Einzelfall darüber zu entscheiden, welche Informationselemente in das Team gelangen oder wie bestimmte Informationen »geglättet« werden sollen. Man denke etwa an den Fall, dem Teamleiter wird vom Management mitgeteilt, dass in einem Jahr zwei Stellen in seinem Team gestrichen werden müssen. Wird diese Information umgehend an das Team übermittelt, so dürfte dies nicht eben lern- und leistungsfördernd wirken. Ancona und Caldwell (1988, S. 478) zitieren hierzu die erhellende Äußerung eines Projektleiters: »Near the end I talked to the top management group a lot. I tried to protect the group from that kind of pressure, though, it's like Tom West said, we won't pass on the garbage and the politics.«

Informationen freigeben

Die Klassifizierung von Informationen ist die erste der drei Teilaktivitäten, die den Informationsfluss des Teams von innen nach außen lenkt. Eingehende Anfragen müssen auf ihre Berechtigung hin überprüft werden. Während berechtigte Anfragen postwendend beantwortet werden können, hat bei anderen Anfragen im Rahmen von Teamdiskussionen oder in Absprache mit dem Teamleiter eine Prüfung der Vorgehensweise zu erfolgen. Daraus folgt dann eine Klassifizierung von Anfragen:

- dringliche, umgehend zu beantwortende Anfragen;
- Anfragen, bei denen nur begrenzte bzw. unvollständige Informationen weitergegeben werden;
- Anfragen, auf die nur eine sehr allgemein gehaltene, eher ausweichende Antwort erfolgt;
- Ablehnung.

Daneben werden in der Unternehmenspraxis teilweise bewusst Fehlinformationen »gestreut« oder es wird zumindest »kreativer« mit der Wahrheit umgegangen, indem etwa Arbeitsergebnisse oder Entwicklungsdurchbrüche vorgetäuscht werden, die in dieser Form noch gar nicht vorliegen. Dadurch kann sich das Team gewisse Freiräume verschaffen und vor übertriebenen Interventionsversuchen von außen schützen. Häufig nimmt das Team bei Anfragen zunächst eine abwartende Haltung ein, schiebt die Entscheidung also hinaus, in der Hoffnung, dass sich manche Anfragen im Zeitverlauf von alleine erledigt. Hierbei muss das Gegenüber auf konziliante Weise »hingehalten« werden.

Informationen zurückhalten

Einen besonderen Stellenwert erlangt heute immer mehr die Geheim- und Zurückhaltung von Informationen – die letzte der drei Teilfunktionen, die die Lenkung des Informationsflusses von innen nach außen betrifft. In gewisser Weise ist sie den beiden zuvor genannten Teilfunktionen des »Guarding« übergeordnet, da die Entscheidung darüber, welche Informationen vor der Umwelt geheim gehalten werden sollen, zugleich darüber bestimmt, welche Anfragen, z. B. von Kunden, sich auf Informationen beziehen, die den Kreis des Teams nicht verlassen dürfen.

Protecting ist in heutiger Zeit immer mehr zu einem rein technischen Problem geworden. Die IT ermöglicht die technische Umsetzung der Geheimhaltungsvorgaben. Wer kann etwa Entwürfe, Mindmaps, Arbeitspläne oder Workflow-Diagramme des Teams einsehen, wer nicht? An welchen Forendiskussionen dürfen oder sollen Teammitglieder teilnehmen? Und wie schützt sich das Team allgemein vor Zugriffen von außen? All dies sind technisch zu lösende Fragestellungen, hinter denen allerdings immer noch Menschen stehen, auf deren Vertrauenswürdigkeit jede Organisation angewiesen ist.

Während auf organisationaler Ebene zunehmend erkannt wird, dass Wissensschutz ein strategisch wichtiges Handlungsfeld darstellt, für das Lösungen gefunden werden müssen (vgl. Lindemann et al. 2012, S. 50 ff.) – es seien nur die Schlagworte Wirtschaftsspionage, Hackerangriffe, WikiLeaks/NSA genannt (vgl. etwa Hecking 2013; Berke 2010, S. 45 ff.; Willershausen/Kamp/Kuhn 2010, S. 69 ff.) –, ist dieses Thema trotz seiner praktischen Relevanz auf Teamebene noch nahezu unerforscht. Wissensschutz in Teams bedeutet zum einen den Schutz vor (vorzeitigem) Wissensabfluss innerhalb der Organisation und zum anderen den Schutz vor Wissensabfluss über die Organisationsgrenzen hinaus. Letzteres betrifft das Feld der betrieblichen Geheimhaltung. Der Wissensaustausch ist in Kooperationsvereinbarungen zu regeln und durch Kooperationscontrollingmaßnahmen im operativen Alltag zu begleiten. Gänzlich ausschließen lässt sich der einseitige Wissenstransfer allerdings nie – ein Umstand, der insbesondere kleine und mittelständische Betriebe sehr zögerlich im Hinblick auf das Eingehen kooperativer Beziehungen macht.

Das Thema team boundary spanning hat mit der **Weiterentwicklung neuer Technologien** wie Internet, Web 2.0 oder Social Media erst richtig »an Fahrt« gewonnen. Kooperative Vernetzungen jeglicher Art – ob innerhalb einer Organisation oder zwischen Organisationen – sind zu einem treibenden Wettbewerbsfaktor geworden und Teams bilden dabei die entscheidenden Verbindungsstücke. Der rasante Aufstieg des chinesischen Unternehmens *Haier* zeigt dies exemplarisch. Als ein wesentlicher interner Erfolgsgrund dieses Aufstiegs – nach außen spielen sicherlich auch Preis- und Qualitätsfragen eine Rolle – wird *die hohe globale Vernetzung der Produktentwicklungsteams dieses Unternehmens* aufgeführt. Haier stellt Haushaltsgeräte aller Art her (z. B. Waschmaschinen, Kühlschränke, Klimaanlagen), zwischenzeitlich aber auch Handys, Computer und Fernseher. Das ursprünglich aus einem Joint Venture mit Liebherr hervorgegangene Unternehmen hat seit seiner Gründung 1984 einen erstaunlichen Aufstieg zum multinationalen Konzern hingelegt und wies 2016 bereits einen Umsatz von 29,2 Milliarden US-Dollar aus. Die globale Bekanntheit der Marke hat ihre Wurzeln nicht zuletzt in der Innovationskraft des Unternehmens, die beispielsweise in einer hohen Patentquote zum Ausdruck kommt.

In einer **langjährigen Intensivfallstudie** zeigen zwei Pekinger Managementforscher, wie es *Haier* gelungen ist, den Spagat zwischen Qualitätsorientierung und Kreativität, zwischen effizienzgeleiteter Kompetenzverbesserung (Exploitation) und ideengeleitetem Kompetenzaufbau (Exploration) zu meistern. Im Zentrum stehen dabei Neuproduktentwicklungsteams, die durch sog. Model Manager geleitet werden. Diese sind für den gesamten Innovationsprozess verantwortlich »including information collection, product planning, industrial design, development and design of product architecture and module-level components, test of product performance, trial production, introduction to markets and promotion, track following, and quality improvement« (Fengbin/Hong 2009, S. 281).

Die Teams setzen sich aus unterschiedlich erfahrenen Experten für die jeweiligen Einzelprozesse zusammen (ca. 10 bis 15 Mitglieder) und zeichnen sich insgesamt durch eine *ausgeprägte Offenheit gegenüber ihrer Umwelt* aus. Der Kontakt reicht dabei bis zum Kunden, dessen Beschwerden noch während der Produktentwicklung aufgegriffen und in technischen Anwendungen umgesetzt werden. Die Teams sollen nicht nur produktbezogenes oder marktrelevantes *Objektwissen* entwickeln, sondern auch *Metawissen* darüber, wer wen kennt, wer was weiß und wo generell bestimmtes Wissen zu finden ist. Flankiert wird dies durch technische Plattformen, die vor allem dem Austausch akkumulierter Erfahrungen in Form von kodifizierbarem Wissen dienen »including platforms of product information managed by each product sector, and various data bases of benchmarking practices, technological modules and standardized components at corporate or group level« (Fengbin/Hong 2009, S. 289).

2.3 Teamlernen

2.3.1 Definition und Grundelemente

Früher trennte man in den meisten Unternehmen zwischen Arbeiten und Lernen, denn Arbeit bestand in den meisten Fällen aus (möglichst exakter) Regelbefolgung. Was gibt es am Fließband oder bei der Verwaltung von Standardvorgängen schon zu lernen? Wenn ein Arbeitnehmer sich weiterqualifizieren wollte, dann musste er einen Antrag dazu stellen und z. B. ein externes Wochenendseminar belegen (»training off the job«). Diese strikte Trennung ist heute nicht mehr möglich – und war vermutlich auch früher wenig sinnvoll. Heute lernt man beim Arbeiten und arbeitet man beim Lernen. Vor allem in Teamstrukturen geht es gar nicht anders, kommt es doch durch das interdependente Miteinander zu einem ständigen Wissens- und Erfahrungsfluss.

Klar ist mittlerweile auch: Es gibt nicht den einen und allentscheidenden Prozess, der sämtliche Lernaktivitäten in sich vereint; vielmehr fügen sich die vielen Interaktionen und Einzelprozesse wie Puzzleteilchen zu einem Ganzen zusammen. Die nachträgliche Frage, welcher (Teil-)Prozess zu welchem Zeitpunkt besonders erfolgsrelevant war, greift daher ins Leere. Teamlernen ist das Resultat ungezählter Einzelschritte – Rückschritte, Seitwärtsschritte, Fehlschritte, Trippelschritte und Fortschritte. Es ist ein vielschichtiger und sich entwickelnder Vorgang, der zudem in einem bestimmten landes- und organisationskulturellen Kontext verankert ist.

Dieses Kapitel bündelt nochmals ausdrücklich den Lernaspekt. Die Infobox »Teamlernen« listet zunächst hilfreiche **Definitionen des Teamlernens** auf (zu weiteren Synopsen vgl. Decuyper/Dochy/van den Bossche 2010, S. 112, Edmondson/Dillon/Roloff 2008, S. 271 ff., McCarthy/Garavan 2008, S. 510 f.).

Infobox »Teamlernen: Eine Auswahl an Definitionen«

- Teams, als Teil einer lernenden Organisation, benötigen drei Grundbausteine: 1.) Eine lernförderliche Umwelt, die psychologische Sicherheit, Akzeptanz von Vielfalt, Offenheit für neue Ideen und Zeit für Reflexion erlaubt. 2.) Konkrete Lernprozesse und Praktiken, zu denen reflexionsförderliche Instrumente wie der After Action Review, ein in- und umweltbezogenes Wissensmanagement sowie Personalentwicklung und Trainingsmaßnahmen zählen. 3.) Eine Führung, die Lernprozesse anstößt und verstärkt (vgl. Garvin/Edmondson/Gino 2008, S. 110 ff.).

- Teamlernen besteht aus den Aktivitäten der Informationsaufnahme, der Informationsverteilung, der Informationsinterpretation, der Informationsspeicherung und dem Informationsabruf (vgl. Offenbeek 2001, S. 304 f.).
- Teamlernen ist die Entstehung veränderter und neuer Interaktionsmuster, die dazu beitragen, die Teamleistung zu verbessern (vgl. Sessa/London 2008, S. 7).
- Teamlernen ist die bewusste Anpassung des Denkens, Fühlens und Wollens eines Teams, die in einer entsprechenden Verhaltensänderung – sei sie marginal, sei sie fundamental – zum Ausdruck kommt (vgl. von der Oelsnitz/Busch 2009b, S. 251).
- Teamlernen ist der Prozess, durch den ein Team seine Fähigkeit, die angestrebten Ziele zu erreichen, kontinuierlich ausrichtet und erweitert (Senge 2011, S. 257).
- Teamlernen besteht aus acht abgrenzbaren Einzelelementen: 1.) Erkundung unterschiedlicher Perspektiven. 2.) Gemeinsame Bedeutungskonstruktion. 3.) Reflektion von Ergebnissen. 4.) Reflektion von Prozessen. 5.) Mitteilung von Fehlern. 6.) Analyse von Fehlern. 7.) Feedbackprozesse. 8.) Experimentieren (vgl. Savelsbergh/Storm 2012, S. 13).
- Teamlernen umfasst den Prozess, durch den die Mitglieder Wissen 1.) teilen, 2.) erzeugen, 3.) beurteilen und 4.) kombinieren (Argote 2013, S. 119).
- Teamlernen zeichnet sich durch überdurchschnittliche Werte bei jedem der folgenden Faktoren aus: Eine gemeinsame Verständigungsbasis, eine geteilte Vision, ein kreatives Klima, Verantwortungsübernahme (idea ownership), Resilienz gegenüber Rückschlägen, Netzwerkaktivitäten und Erfahrungslernen (vgl. Rickards/Moger 2010, S. 313).
- Teamlernen ist ein »Prozess kollektiver Wissensentstehung, der durch das Verhalten der Teammitglieder und ihre soziale Interaktion geprägt wird« (Oertel/Antoni 2013, S. 134).

Trotz unterschiedlicher Definitionen lassen sich gewisse **Kernelemente des Lernens in Teams** herausfiltern, die immer wieder hervorgehoben werden:

- *Situations- und Umweltwahrnehmung*: Ein Team muss die eigene Situation und sein Umfeld genau beobachten, erfassen, interpretieren und daraus Handlungsschritte ableiten, die zur Zielerreichung beitragen. Hierzu zählt auch, sich bietende Chancen rechtzeitig zu erkennen (technologische Lücken, Kundenwünsche usw.).
- *Informationsverarbeitung und transaktives Wissen*: Lernen hat immer mit der Verarbeitung von Informationen zu tun. Es geht um die Aufnahme, das Teilen, Erzeugen, Sammeln, Kombinieren, Interpretieren, Beurteilen, Überprüfen, Speichern und Abrufen von Informationen im kollektiven Rahmen. Informationen sind dabei einerseits innerhalb des Teams zwischen den Teammitgliedern verteilt und müssen ausgetauscht werden, andererseits liegen sie außerhalb des Teams. Auch diese Informationen müssen je nach Bedarf entdeckt und erschlossen werden.
- *Reflexions- und Feedbackprozesse*: Nur wenn ein Team regelmäßig seine Arbeit und die hervorgebrachten Ergebnisse reflektiert, kann es vorwärts kommen. Zentral ist hierbei die Fähigkeit, aus Feedback zu lernen. Der regelmäßige Einsatz von

Lerninstrumenten (z. B. After Action Review oder Pre- und Debriefings) kann dies auf effektive Weise unterstützen.

- *Umgang mit Fehlern und Problembearbeitung*: Fehler und Rückschläge sind zu tolerieren und als wichtige Lernquelle zu begreifen. Probleme sollten nicht als Störelemente, sondern als völlig alltägliche Erscheinungen betrachtet werden, die es konstruktiv anzugehen gilt. Sowohl Fehler als auch Probleme sind Reizpunkte, an denen das Team gemeinsam lernen kann.
- *Experimentieren und Wagnisse eingehen*: Teamlernen setzt die Entwicklung einer neuen Sicht- und Herangehensweise voraus. Dinge sind auszuprobieren, Risiken einzugehen, unbekanntes Terrain ist zu betreten, Bestehendes in Frage zu stellen.
- *Grenzen überschreiten*: Das Teamlernen endet nicht an der eigenen Teamgrenze, d. h. Teams müssen aktiv mit der Umwelt in Kontakt treten, um die für das Lernen notwendigen Ressourcen zu mobilisieren und die für den Aufgabenfortschritt erforderlichen (fehlenden) Informationen zu bekommen (► Kap. 2.2.9).
- *Lernausrichtung*: Teamlernen kann schrittweise im Sinne einer kontinuierlichen Verbesserung erfolgen (= Exploitation) oder sprunghaft im Sinne eines innovativen Erkundens gänzlich neuer Lösungen (= Exploration). Dazwischen liegen viele Abstufungen. Je nach Lernausrichtung sind bestimmte Verhaltensmuster stärker gefragt (z. B. klare oder vage Zielvorgaben; Regeleinhaltung oder kreative Freiräume).
- *Lernkultur*: Teamlernen kann nur unter förderlichen Bedingungen florieren. Hierzu zählt vor allem das Gefühl der psychologischen Sicherheit, das offene Diskussionen und Kritik auf konstruktive Weise zulässt. Auch unbequeme Wahrheiten dürfen angesprochen werden. Querdenken, ein hilfsbereites, wechselseitiges Wohlwollen und ein alle verbindendes Leistungsverständnis sind tragende Pfeiler dieser Kultur.
- *Leadership*: Die Teamführung ist das Vorbild und der Motor des Teamlernens. Sie entwickelt eine aktivierende Vision. Die Signale, die von ihr ausgehen – ob Offenheit oder Verschlossenheit – üben einen starken Einfluss auf das Lernen im gesamten Team aus.

Lernvermögen und Selbstregulation sind Zielzustände, denen sich jedes Team eigenständig anzunähern hat. Nicht wenige Teams scheitern an dieser Aufgabe. Der größte Feind des Teamlernens sind letztlich die Lernenden selbst: Ihr Gesättigtsein, ihr fehlender Hunger auf Neues, ihre Selbstzufriedenheit, ihre Bequemlichkeit, ihr Verharren in alten Denk- und Verhaltensmuster, ihr Festhalten an eingewurzelten Gewohnheiten, ihre mangelnde Bereitschaft, sich weiterzuentwicklen. Daher noch einmal Steve Jobs: »*Stay foolish, stay hungry!*«

Nachfolgend sollen drei praxiserprobte Konzepte erörtert werden, mit denen zum einen gegenseitiges Wissen übereinander aufgebaut werden kann: das sog. **Cross Training**. Zum anderen gilt es, die während der Teamarbeit fortwährend auftretenden Veränderungen festzuhalten, um auf diese Weise gezielte Reflexionen der bisherigen Aktivitäten anzustoßen. Die Rede ist vom sog. **After Action Review**. Eine innovative oder lernende Organisation will jedes Unternehmen sein. Doch dazu gehören Risiken und Risiken sind gelegentlich mit Scheitern verknüpft. Fehler und die sich dabei offenbarenden Unzulänglichkeiten sind demzufolge eine wichtige Lernquelle, deren Beachtung einen stetigen Verbesserungsprozess einleitet: das sog. **Action Learning**.

2.3.2 Cross Training: Gegenseitiges Wissen aufbauen

Cross Training beschreibt kein spezifisches Trainingsinstrument, sondern steht als *Sammelbegriff für sämtliche Trainings- und Personalentwicklungsmaßnahmen, die je nach Intensität sowohl personenbezogenes, transaktives Wissen als auch stellenersetzendes, mehrfachqualifizierendes Wissen aufbauen*. Beide Aspekte sollten in Teams sinnvollerweise integriert werden. Bezugspunkte sind demnach sowohl die Stelleninhalte als auch deren jeweilige Stellenträger. Die Dichte des vermittelten Wissens reicht von sehr oberflächlichen Kenntnissen des Gegenübers und der an ihn gestellten Anforderungen über die Befähigung, dem anderen in Teilbereichen aushelfen zu können, bis hin zur völligen Beherrschung von Aufgabenbereichen, die eigentlich außerhalb der bisherigen Zuständigkeit liegen. Diese Fähigkeit ist besonders auch unter Stress, d. h. in komplexen und dynamischen Entscheidungssituationen, relevant. Nicht ohne Grund interessiert sich bereits seit den 1950er Jahren die US Army für die Wirkungsweise von Cross Training bei Militärflugzeugbesatzungen (sog. Crew Resource Management, vgl. Blickensderfer/Cannon-Bowers/Salas 1998, S. 306 ff.; Salas/Wilson/Edens 2016).

Abbildung 33 zeigt die drei Stufen von Cross Training und Beispiele geeigneter Trainingsmethoden. Unterschieden wird in informations-, demonstrations- und handlungsbasierte Trainingsmethoden, je nachdem, welche Wissensvermittlungsform zum Einsatz kommt und wie hoch der Beteiligungsgrad des Lernenden ist (vgl. Salas/Cannon-Bowers 1997, S. 266 ff.).

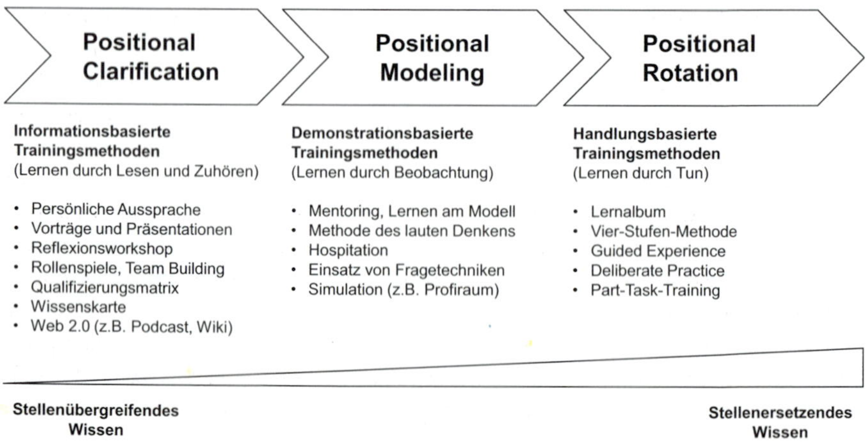

Abb. 33: Die drei Stufen von Cross Training

I. Positional Clarification

Durch Positional Clarification wird stellenübergreifendes und transaktives Wissen aufgebaut. Das Team erhält hierbei einen groben Einblick in die Anforderungen und Inhalte der Stellenprofile, aber auch in die Kompetenzen und Eigenheiten einzelner Teamkollegen. Dies kann durch Teamentwicklungsmaßnahmen geschehen, in denen sich das Team über gemeinsame Übungen kennenlernt (vgl. Gatt/Libicky/Stockert 2006). Schulz von Thun geht noch weiter und empfiehlt einem Team, bevor es inhaltlich zur Sache kommt, mit einer sehr persönlich gehaltenen Anfangsrunde zu beginnen, einer Art festem Ritual der Aussprache. »Hier kommt das, was einem gerade auf der Seele liegt, zur Sprache. Vielleicht hat sich jemand über den gerade gegenübersitzenden Kollegen (…) geärgert (…) oder dem eigenen Lebenspartner geht es nicht gut. Manchmal dauert eine solche Runde ziemlich lange, aber die Zeit ist gut investiert, weil man menschliche Fühlung miteinander aufnimmt und gerade dadurch sachlich schnell und produktiv weiterkommt. Allerdings ist bei diesem Prinzip zu beachten, dass Führungskräfte dem gewachsen sein müssen, wenn eigenwillige und selbstbewusste Mitarbeiter ihre innere Wahrheit zur Sprache bringen« (Schulz von Thun 2014, S. 49).

Daneben können auch klassische Vorstellungsrunden und Präsentationen im Rahmen von Kick off-Meetings oder Reflexionsworkshops eingesetzt werden (vgl. Kauffeld 2001, S. 28). Hierin berichten die Teilnehmer über eigene Arbeitserfahrungen und die fachlichen Erwartungen an die einzunehmende Teamposition. Um spezifische Herausforderungen von Zuständigkeitsbereichen zu verdeutlichen, lassen sich ergänzend Rollenspiele nutzen. Zur Visualisierung der Qualifikationen werden in Arbeitsteams im exploitativen Bereich sog. **Qualifizierungsmatrizen** verwendet. Ein Beispiel zeigt Abbildung 34.

Im eher explorativen Bereich bilden sog. **Wissenskarten** das entsprechende Gegenstück. Beispielsweise werden im Intranet auf sog. Gelben Seiten Kompetenzprofile hinterlegt, die Aufschluss über Projektbeteiligungen und Expertenbereiche geben (vgl. Eppler/Burkhard 2007, S. 113; North 2016, S. 141 ff.). Web 2.0-Techniken (z. B. Podcasts, Blogs, Firmenwikis, Chat- und sonstige Posting-Funktionen) beleben das Ganze interaktiv-medial. *Google* etwa nutzt dies in seinem Intranet »MOMA« (Message Oriented Middleware Application). Darin werden Hunderte interner Projekte des Unternehmens mit einer eigenen Webseite angezeigt. Teams können dadurch leichter ihre Fortschritte kommunizieren, sich Feedback einholen und um Hilfe bitten. Ergänzt wird dies durch »Snippets«, eine Webseite, auf der jeder Google-Ingenieur einmal in der Woche eine Zusammenfassung seiner Aktivitäten und seiner persönlichen Ergebnisse abliefert. Jeder Google-Mitarbeiter kann in der Snippets-Liste nach Personen suchen, die an ähnlichen Projekten wie er arbeiten, oder sich einfach nur über die Geschehnisse auf dem Laufenden halten (vgl. Hamel/Breen 2008, S. 170).

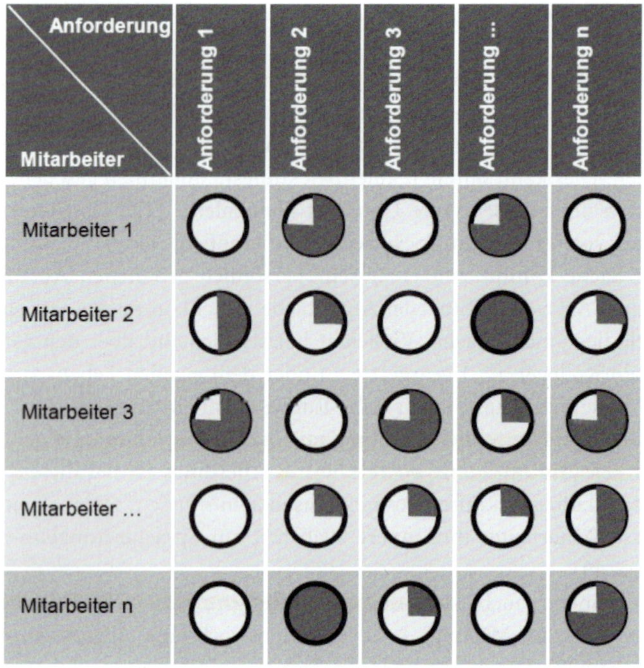

Abb. 34: Qualifizierungsmatrix (Ebentreich/Möhring/Schimmelpfennig 2015, S. 78)

II. Positional Modeling

Positional Modeling baut auf den erlangten Informationen auf und vertieft diese durch direkte Beobachtungen vor Ort. Der Rolleninhaber dient als Mentor und ermöglicht ein Lernen am Modell. Er kann einzelne Prozessschritte, spezifische Herausforderungen sowie Faustregeln und technische Kniffe schildern. Ergänzend kommt die *Methode des lauten Denkens zum Einsatz*, bei der jeder Arbeitsschritt kommentiert, begründet und im Anschluss gemeinsam reflektiert wird (vgl. Buber 2007, S. 557 ff.). Im Anschluss können die Beobachter Fragen stellen und auch teilweise bereits selbst einzelne Schritte unter Anleitung übernehmen. Die dadurch erlangten Einblicke sind im Vergleich zum Positional Clarification weniger abstrakt. Beispielsweise macht es einen Unterschied, ob ein Techniker einem Vertriebsspezialisten, mit dem er in einem Team zusammenarbeitet, dabei zuhört, während dieser seine Aufgaben schildert, oder ob er ihn bei einer Verhandlung mit einem Kunden begleitet. Solche Hospitationen erlauben nicht nur realitätsnahe Einblicke, sondern rufen auch arbeitsbezogene Erfahrungen aus der Vergangenheit beim Positionsinhaber wach, die er oder sie dann unmittelbar weitergeben kann. Flankieren lassen sich Vor-Ort-Begegnungen durch geschulte Moderatoren, die erprobte Fragetechniken einsetzen, um Wissen offenzulegen und das allgemeine Verständnis zu fördern, z. B. lösungs- und ressourcenorientierte Fragen, Verhaltensfragen oder Fragen nach

Mustern und Erklärungen (vgl. Steinkellner 2007, S. 146 ff.; Stingl de Vasconcelos 2012, S. 73 ff.).

Und schließlich ist an Simulationen zu denken, die speziell in Hochleistungsteams zum Einsatz kommen (► Kap. 1.2.3). Die *Volkswagen AG* nutzt für den Montagebereich gesonderte Trainingsräume, in denen verschiedene Bereiche der Produktion nahezu identisch nachgestellt werden. In diesen sog. Profiräumen ist nicht nur ein Üben am späteren Produkt möglich, sondern auch ein Kennenlernen der idealen Arbeitsplatzanordnung und der ergonomisch sinnvollsten Tätigkeitsabfolge (vgl. O.V. 2011). Der Übergang zur Übernahme der Stelle ist dann fließend.

III. Positional Rotation

Positional Rotation stellt die aufwändigste und kostspieligste Trainingsvariante dar und befähigt zur Übernahme der gesamten Stelle im Sinne des zuvor geschilderten *Multiskilling*. »Der wichtigste Schlüssel zum Lernerfolg in der Montagearbeit ist die Aufgabenanalyse (...) Je komplexer und variantenreicher eine Arbeitsaufgabe ist, desto mehr ist ein methodisches Herangehen bei der Qualifizierungsvorbereitung erforderlich« (Buck/Witzgall 2012, S. 400 f.; vgl. auch Jeske/Hasenau/Schlick 2013, S. 351 ff. zu einem praktischen Beispiel). Die einzelnen Arbeitssequenzen einer Stelle können als Ablaufgraph, als Regelsystem oder Leitfragensystem dargestellt werden. Auch werden Lernalben verwendet, die visuell-bildliche mit verbal-begrifflichen Darstellungsformen kombinieren. Dem liegen gewöhnlich prozessbezogene W-Fragen zugrunde, die sehr viel präziser sind als die im Rahmen von Positional Modeling eingesetzten Fragen und auch mögliche Fehlerquellen und -folgen aufdecken (vgl. Buck/Witzgall 2012, S. 400 f.): Was geschieht im einzelnen Arbeitsschritt? Warum ist der Schritt notwendig und wie angegeben durchzuführen? Wo und mit wem ist der Schritt durchzuführen? Welche Probleme können auftreten und wie ist hierauf zu reagieren? Welche alternativen Vorgehensweisen gibt es?

Hinter der Vermittlung motorisch-manueller Tätigkeiten, die in der Regel ausbilderzentriert erfolgt, steht der Grundgedanke der Erfahrung unter Anleitung (»guided experience«), die intensives Feedback und aktives Zuhören erfordert. Es geht dabei weniger um den Wissenstransfer von einer auf die andere Person als um den Prozess der eigenständigen Rekreation von Wissen beim Lernenden (vgl. Leonard/Swap 2005, S. 204 f.). Jeder muss sozusagen sein eigenes Handlungsmodell entwickeln. Dem zugrunde liegen allgemeine Trainingsansätze. Den bekanntesten Ansatz bildet die Vier-Stufen- bzw. VENÜ-Methode, die sich aus den Elementen Vormachen, Erklären, Nachmachen und Üben zusammensetzt (vgl. Schelten 2005, S. 109 ff.). Jeder, der als Wehrpflichtiger eine Ausbildung an der Waffe hinter sich gebracht hat, weiß, wovon die Rede ist.

Bei der Vermittlung von komplexeren Tätigkeiten sollte der Fokus speziell auf Teilbereiche gelegt werden, die noch nicht beherrscht werden bzw. nur mühsam zu erlernen sind (z. B. Rückwärtseinparken beim Autofahrenlernen oder spezielle Wurftechniken im Sport). Diese strukturierte und hochkonzentriert ausgeführte Form des Kompetenzerwerbs wird als **Deliberate Practice** bezeichnet (vgl. Ericsson/Prietula/Cokely 2007, S. 116 ff.). Intelligentes Üben strebt danach,

- die Lernaktivität auf konkrete Lernzuwächse hin auszurichten,
- den Schwierigkeitsgrad dem individuellen Leistungsstand anzupassen, besser gesagt: genau einen Schritt darüber anzusetzen,
- aussagekräftiges Feedback über Erfolge und Misserfolge zu vermitteln und
- ausreichend Übungsgelegenheiten zur Fehlerkorrektur zu bieten (vgl. Ziegler 2008, S. 42).

Sofern dies möglich ist, versucht man, komplexe Gesamtaufgaben in Teilaufgaben zu zerlegen (Part-Task-Training), um einer Überforderung und Gefühlen der Frustration beim Übenden entgegenzuwirken: *Toyota* nutzt hierzu das Job Breakdown Sheet, das die komplexen, ganzheitlichen Arbeitsinhalte des Standardized Worksheets in zwei oder mehr Trainingsschritte herunterbricht. Diese »mundgerechten Portionen« lassen sich den Schulungsteilnehmern leichter vermitteln. Während der Schulung wird der Arbeiter beobachtet, um festzustellen, wie gut er das jeweilige Segment beherrscht. Wenn der Trainer feststellt, dass sich der Schulungsteilnehmer schwertut, wird die Schulungsmethode entsprechend angepasst (vgl. Liker/Meier 2007, S. 322 f.). Die Schlüsselpunkte Sicherheit, Qualität, Kosten und Kniff bzw. Arbeitstechnik bilden dabei den Kern dieser **Job-Instruction-Methode**, wobei zunächst Wert auf positive Formulierungen gelegt wird (z. B. »Während der Arbeit sollten Sie Ihre Hände dort platzieren« statt »Meiden Sie die Quetschkante«).

2.3.3 After Action Review: Wissen aktualisieren

Cross Training schafft die allgemeinen Voraussetzungen einer effizienten Kompetenz- und Lernsteuerung in Teams – vom groben Überblickswissen über die im Team vorhandenen Positionsinhaber bis hin zur Befähigung, eine oder sogar mehrere Aufgabenfelder von Teamkollegen teilweise oder gänzlich zu ersetzen. Während der Teamarbeit treten jedoch fortwährend Veränderungen bzw. Erfahrungen auf, die es aufzugreifen gilt. Neues Wissen wird hervorgebracht, anderes Wissen wird nutzlos, ein Kompetenzbedarf wird festgestellt, Zuständigkeitsstrukturen bedürfen einer Anpassung, neue Anforderungen des Kunden kommen hinzu usw.

Um diese für das Team relevanten externen Veränderungen erkennen und daraus notwendige Handlungskonsequenzen ableiten zu können, ist ein **kontinuierlicher Ableich** der Wahrnehmungen zwischen den Teammitgliedern erforderlich. Dieses verfolgt drei Zwecke:

- das gemeinsame Ziel nicht aus den Augen zu verlieren,
- Subgruppenbildung zu vermeiden,
- ungerecht verteilte Arbeitsbelastungen aufzudecken.

Ein praxiserprobtes und vom Grundaufbau her einfach umzusetzendes Lerninstrument, das alle diese Funktionen in sich vereint, ist der **After Action Review (AAR)**, der auch After-Event Review oder Debriefing genannt wird (vgl. grundlegend Baird/Henderson/

Watts 1997; Ellis/Davidi 2005; Ron/Lipshitz/Popper 2006; Busch 2008, S. 143 ff.). Er ist aus der US Army bekannt und sorgt dafür, dass gesammelte Erfahrungen innerhalb eines Teams in Feedbackschleifen regelmäßig aktualisiert und reflektiert werden. (Schon seit zweihundert Jahren werden militärische Großübungen anschließend mit einer generellen Manöverkritik überzogen.) In einer Metastudie konnte nachgewiesen werden, dass sich mit der korrekten Implementierung dieses Verfahrens in der Praxis individuelle und teambezogene Leistungssteigerungen von 20 bis 25 Prozent erzielen lassen (vgl. Tannenbaum/Cerasoli 2013).

Am Grundprinzip der kontinuierlichen Verbesserung (Kaizen) ausgerichtet wird beim AAR das Lernen als ein nie gänzlich abgeschlossener Prozess verstanden, eher als eine im Idealfall nach oben weisende Entwicklungsspirale (▶ Abb. 35). Erworbenes Wissen muss immer wieder abgesichert und erneuert werden. Von diesem »Sprungbrett« kollektiver Erfahrungen aus sind dann kleinere oder größere Lernfortschritte möglich. Inwiefern ein Team dabei den nachfolgend vorgestellten AAR zum Vorbild nimmt, ist zweitrangig. Fest steht nur, dass es – egal welchen Namen es diesem »Kind« gibt – *irgendeine* Form des regelmäßigen Feedbacklernens zu etablieren hat. Nur so schafft es das Fundament für selbstregulative Lern- und Wachstumsprozesse (vgl. Villado/Arthur 2013, S. 527; Kessler/Cheng/Mullan 2015, S. 690 ff.; Busch/von der Oelsnitz 2016, S. 353). Diese Grunderkenntnis ist heute weit verbreitet. So wenden etwa Fernsehsender dieses Prinzip bei ihrer gezielten Nachanalyse wichtiger Diskussionsrunden oder politischer Interviews an (morgendliche »Redaktionskonferenz«).

Ablauf des After Action Review

Ein AAR folgt stets demselben Schema. Den inhaltlichen Ablauf strukturieren Leitfragen; die Durchführung ist zeitlich straff (ca. 15-60 Minuten) und erfolgt idealerweise durch einen geschulten Moderator. Es wird an zurückliegende Erfahrungen in unmittelbarer zeitlicher Nähe zum Geschehen angeknüpft, um auf frische Eindrücke und unverfälschte Erinnerungen zurückzugreifen (Kontiguitätsprinzip). Der Fokus wird auf Lernen, die Förderung individueller und teambezogener Stärken sowie allgemein auf die Verbesserung unmittelbar folgender Aktivitäten gelegt. Ähnlich wie beim *Demingkreis bzw. PDCA-Zyklus* (Plan – Do – Check – Act) (vgl. Imai 1997, S. 16 ff.; Rother 2009, S. 140 ff.) wechseln sich Handlung und Reflexion, Praxis und Theorie, Experimentieren und Reglementieren, Planung, Umsetzung und Kontrolle fortwährend ab.

Strukturierte Besprechungen erscheinen besonders geeignet, um Reflexivität im gesamten Team anzustoßen und dabei gleichzeitig den Arbeitsbezug fest im Blick zu behalten. Die Orientierung an nur wenigen Leitfragen verhindert das Entstehen von »Endlosdebatten«, lässt aber zugleich Raum für unterschiedliche, situativ angepasste Ausgestaltungsformen. Inwiefern etwa stärker auf die Verbesserung oder Neuausrichtung einzelner Prozesse eingegangen wird, hängt von den Fortschritten des Teams bei der Aufgabenbewältigung ab.

Die **vier Leitfragen des After Action Review** lauten (vgl. US Army Combined Arms Center 2011, S. 2 f.; Villado/Arthur 2013, S. 515):

1. Was sollte erreicht werden?
2. Was wurde tatsächlich erreicht?
3. Warum wurde es (nicht) erreicht?
4. Was kann verbessert werden?

Natürlich lassen sich diese vier Grundfragen durch weitere Fragen konkretisieren. Vertiefende Fragen im Hinblick auf die Erfahrungen einzelner Teammitglieder könnten etwa lauten: Wie haben sich die Rahmenbedingungen während der Aufgabenausführung geändert? Was hätte besser funktionieren können? Welchen Ratschlag würdest du dir selbst geben, wenn du das Ganze nochmals von vorne beginnen könntest? Welche zwei oder drei Grundeinsichten würdest du anderen mitgeben? Was hast du ganz persönlich dabei gelernt (vgl. Serrat 2017, S. 825)?

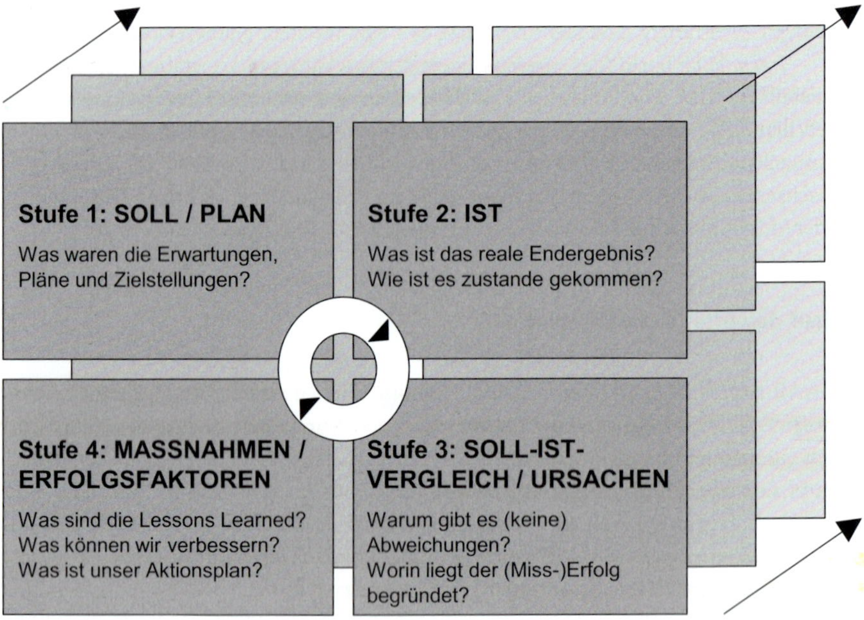

Abb. 35: Ablauf eines After Action Review (in Anlehnung an von der Oelsnitz/Busch 2006a, S. 58)

Stufe 1: Was sollte erreicht werden?

In der ersten Phase ist zu klären, was die angestrebten indivduellen und kollektiven Ziele waren, wie diese erreicht werden sollten, mit welchen Ereignissen und Arbeitsfortschritten gerechnet wurde. Hier kann sich etwa zeigen, dass Ziele nur unzureichend bestimmt wurden oder dass einzelne Teammitglieder gar in eine falsche Richtung gearbeitet haben. Am Ende dieser Phase sollte allen klar sein, wohin die Reise ursprünglich hätte führen sollen.

Stufe 2: Was wurde tatsächlich erreicht?

In der zweiten Phase folgt eine chronologische Aufarbeitung der Geschehnisse der betrachteten Periode. Einzelbeobachtungen und Erfahrungen werden hierbei zusammengetragen und zu einem Gesamtbild (»ground truth«) integriert. Dabei sollte sich die Schilderung der Erlebnisse, Beobachtungen und Bewertungen auf das Wesentliche beschränken, indem z. B. nur nach wichtigen Momenten, zentralen Akteuren oder Unstimmigkeiten im Team gefragt wird. Bei den wichtigen Momenten handelt es sich um sog. *critical incidents* (vgl. Butterfield et al. 2005). Darunter sind Ereignisse zu verstehen, die bei den Beteiligten emotional besonders hohe Wellen geschlagen haben und entsprechend im Gedächtnis haften geblieben sind. Zu fragen ist also, was besonders gut lief und in welchem Zusammenhang besonders negative Ereignisse oder eklatante Fehler auftraten. Manchmal können aber auch vermeintlich nebensächliche Beobachtungen aufschlussreich sein. Speziell Experten verfügen über diesen »Kennerblick«, erfassen Nuancen, die andere schlicht übersehen (vgl. Neuweg 2004, S. 176 f.). Es macht daher Sinn, ausgewählte Experten im Team bewusst aufzufordern, die Situation in der Retrospektive durch ihre fachliche Brille zu betrachten und entsprechende Einschätzungen abzugeben.

Die inhaltliche Aufarbeitung ist um ein Vielfaches leichter als die *emotionale Aufarbeitung* von Erlebnissen, für die Teamleiter oft gar nicht ausreichend psychologisch geschult sind (vgl. Whalen 2010, S. 72). Speziell Hochleistungsteams im Militär- oder Rettungswesen fokussieren sich aus dem Grund zumeist auf die rein sachliche Analyse von Problemen. Dadurch gelangen die Teams zwar rasch zu kurzfristig leistungssteigernden Änderungen auf der Handlungsebene, doch bleiben die Folgen traumatisch belastender Ereignisse für einzelne Teammitglieder auf der Gefühlsebene ausgeklammert. Die Häufung der sich oft erst zeitversetzt bemerkbar machenden posttraumatischen Belastungssstörung unter Veteranen spricht hierfür Bände. Es fehlt an psychotherapeutischer und psychiatrischer Betreuung, so dass verstärkt auf schnelle Lösungen (quick fix) mit Hilfe von Psychopharmaka gesetzt wird (vgl. Fiedler 2014). »Normale« Teams im Projekt- oder Servicebereich kennen nicht derart belastende Erlebnisse, so dass der retrospektiven Betrachtung der rationalen und emotionalen Seite von Erlebnissen weniger entgegensteht.

Stufe 3: Warum wurde es (nicht) erreicht?

Die dritte Phase des After Action Review versucht dann aufbauend auf den identifizierten Schlüsselereignissen, Handlungsverläufen und Fehlentwicklungen Hypothesen über Ursache-Wirkungs-Zusammenhänge aufzustellen. Es liegt im menschlichen Wesen, sich hierbei mehr auf Fehler und unangenehme Geschehnisse zu konzentrieren (negativity bias), weil von diesen einfach eine stärkere Wirkung auf das Gemüt ausgeht. Außerdem ist es leichter, aus Niederlagen anstatt aus Siegen zu lernen, wie Gustav Stresemann einmal äußerte. Bei Erfolgen klopft man sich gerne auf die Schulter und lässt es damit bewenden, obwohl gerade hier ein gezieltes Nachbohren besondere Einsichten ans Licht bringen kann (vgl. Ellis/Mendel/Nir 2006, S. 670). Aus diesen lassen sich dann

– übergehend in die vierte Phase – unmittelbar handlungsverbessernde Lessons Learned und Best Practices ableiten.

Stufe 4: Was kann verbessert werden?

Der vierten und letzten Phase des AAR sollte inhaltlich und zeitlich das größte Gewicht beigemessen werden, denn hier geht es um die konkrete Planung der einzuleitenden Schritte. Da dies Kreativität bei den Beteiligten voraussetzt, ist eine zuträgliche Tageszeit und ein geeigneter Rahmen (Beleuchtung, Raumgröße, Flipcharts etc.) zu wählen. Idealerweise wird ein After Action Review daher nicht am Ende eines langen Arbeitstages abgehalten. In der Verbesserungsphase müssen die zuvor gewonnenen, als wertvoll herausgearbeiteten Erfahrungen in einem Aktionsplan im Sinne eines Ergebnisprotokolls gebündelt und dokumentiert werden. Kollektive wie individuelle Ziele sind nach dem SMART-Prinzip zu definieren (Specific/ Measurable/ Action-Oriented/ Reachable/ Timely). Hier wird dann wiederum ein neuer Soll-Zustand des Teams bestimmt. Der Handlungs- und Reflexionszyklus fängt von vorne an (▶ Abb. 36).

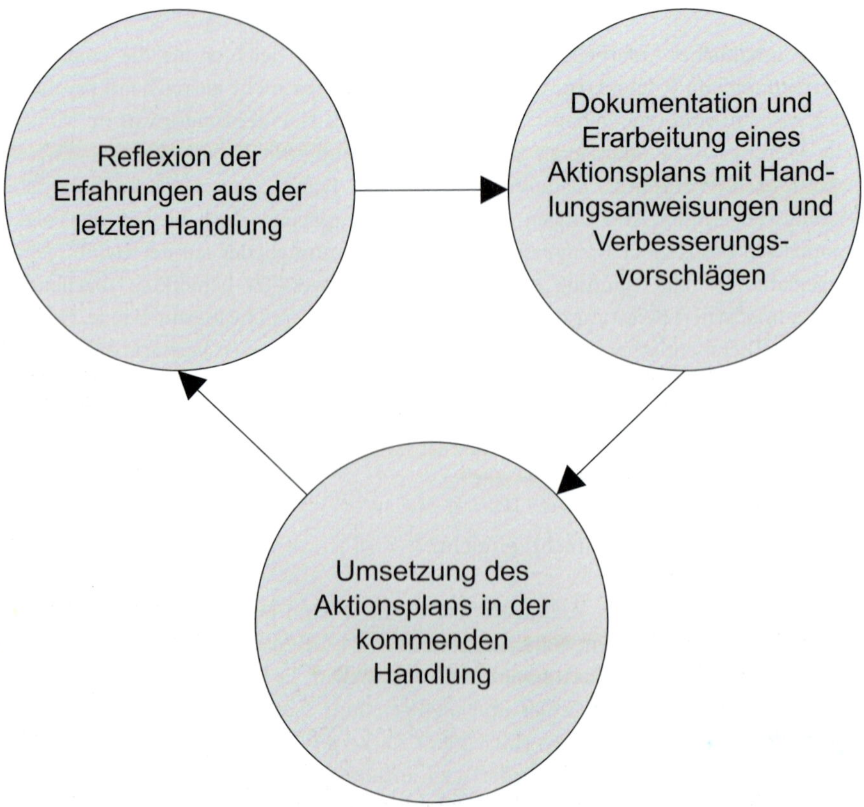

Abb. 36: Der After Action Review als Lernzyklus (in Anlehnung an von der Oelsnitz/Busch 2006a, S. 58)

Funktionsvoraussetzungen und Umsetzungsschwierigkeiten

Auf den ersten Blick erscheint der After Action Review höchst simpel. Dennoch gelingt es nur wenigen Teams, dieses Lernverfahren erfolgreich umzusetzen. Dies liegt daran, dass der AAR sich nur in einer offenen Feedbackkultur voll entfalten kann (▶ Kap. 2.2.4). Außerdem gehört zu den Funktionsvoraussetzungen eine genaue Planung sowie die Beherrschung von Diskussionsregeln, auf die ein Moderator – in der Regel der Teamleiter – achten sollte (z. B. Trennung von Beobachtung und Bewertung, keine persönlichen oder ehrverletzenden Angriffe, Ermunterung von eher schweigsamen und introvertierten Teammitgliedern zur Diskussionsteilnahme; vgl. ausführlicher Sawyer/Deering 2013, S. 390 ff.; Sawyer et al. 2016, S. 210 ff.). Entscheidend ist aber, dass ein Klima der Angstfreiheit und der uneingeschränkten Wissensteilungsbereitschaft herrscht. »Vorwürfe, Angriffe und gegenseitige Schuldzuweisungen in Fehlersituationen [müssen] einem gemeinsamen Beraten über Fehler und Verbesserungsmöglichkeiten weichen. Vertrauen in den Willen und die Fähigkeit der Mitarbeiter, schwierige Situationen erfolgreich zu bestehen, führt dazu, dass der Zusammenhalt noch verstärkt wird und hohes Engagement zur Beschleunigung zeitintensiver Lernprozesse entsteht« (Weiß/Strubl/Goschy 2015, S. 134). Edmondson (2012, S. 52 ff.) spricht in dem Zusammenhang vom Zustand der »psychologischen Sicherheit«, in dem ein offenes »speaking up« möglich sei.

Aber Vorsicht: Mit Vorgesetzten wird anders – zurückhaltender und gefilterter – gesprochen als mit Kollegen. Morris und Moore (2000, S. 739 f.) konnten die verhaltensändernde Wirkung von Hierarchien im Luftfahrtbereich bei der Analyse von Beinahe-Unfällen nachweisen. In Teams können sich hierarchiebedingte Statusunterschiede zwischen Teammitgliedern ebenfalls bemerkbar machen, so dass Rangniedere zögern, offen Kritik gegenüber Ranghöheren zu äußern. Auch kann eine latente Rivalität unter den Teammitgliedern z. B. um eine künftig zu besetzende Projektleiterposition bestehen, die dazu führt, dass jeder nur so viele Informationen preisgibt, als er es für nötig hält. Ein typisches Beispiel für kommunikationseinschränkende Statusunterschiede besteht zwischen Ärzten (den »Göttern in Weiß«) und Pflegepersonal in Krankenhäusern.

Vashdi konnte den **positiven Einfluss von Prebriefings und Debriefings** für Operationsteams eines großen israelischen Gesundheitszentrums nachweisen, die gleichsam als »Gegengift« gegen die vorherrschende Hierarchie wirkten. Lernbarrieren in Operationsteams entstehen durch die erwähnte Kluft zwischen den Berufsgruppen, den hohen Zeitdruck, aber auch durch die schichtbedingt wechselnde Teamzusammensetzung (vgl. Vashdi 2013, S. 279). So etwas wie Teamentwicklung findet dadurch kaum statt; und auch der Aufbau einer offenen Fehlerkultur ist deutlich erschwert. Entsprechend wurden die Teams eigens darin geschult, jeweils vor und nach einer Operation eine strukturierte Besprechung durchzuführen, wobei besonderer Wert auf die Analyse kritischer Ereignisse gelegt wurde (vgl. Vashdi 2013, S. 288). Insgesamt verbesserten sich sowohl der Behandlungserfolg (Effektivität) als auch die Behandlungsdauer und -durchführung (Effizienz). Die (Team-)Prozessqualität hatte zugenommen.

Der After Action Review ist wie jedes andere Instrument kein Wundermittel. Effektiv wird er erst in einer gelebten Kultur, in dem zuvor geschilderten offen-kreativen Ökosystem. Dieses Umfeld muss sich jedes Team in evolutorischen Prozessen – im Trial-and-Error-Verfahren, mit Rückschlägen, Enttäuschungen und Aha-Erlebnissen – Schritt für Schritt erarbeiten.

2.3.4 Action Learning: Kreativ sein und aus Fehlern lernen

Der After Action Review stößt handlungsbegleitende Lernprozesse an, die sich auf Erfahrungen gründen. Darüber hinaus sollten auch Verfahren eingesetzt werden, die in besonderem Maße die Fantasie und den Erfindungsgeist der Beteiligten anregen. Es gibt diverse Techniken, die dies leisten. Kreativitätstechniken werden in diesem Zusammenhang seit langem diskutiert; es dürfte weit über hundert solcher Techniken geben (vgl. Hauschildt/Salomo 2011, S. 279). Geschka und Zirm (2011, S. 292 ff.) unterscheiden in:

- Techniken der freien Assoziation: Brainstorming, Brainwriting (Methode 635), Kartenumlauftechnik,
- Techniken der strukturierten Assoziation: Denkstühle nach Walt Disney, Methode der sechs Denkhüte,
- Konfigurationstechniken: Morphologischer Kasten, morphologische Matrix, Attribute Listing, SIT-Methodik,
- Konfrontationstechniken: Reizwortanalyse, synektische Exkursion, visuelle Konfrontation in der Gruppe, Bildkarten-Brainwriting, Provokationstechniken, technische Lösungsprinzipien (insbesondere TRIZ), Lösungsprinzipien der Natur (Bionik) und
- Imaginationstechniken: »Take a picture of the problem«, geleitete Fantasiereise. Zu diesen Techniken zählt auch das kontrafaktische Denken (Was wäre wenn? Welche Alternativen lassen sich bei vergangenen Ereignissen, Ergebnissen oder Handlungsweisen vorstellen?) sowie das sog. divergente Denken, das als »thinking outside of the box« bezeichnet wird (vgl. Lippmann/Angstmann 2013, S. 385 ff., Mühlemeyer/Ripp 2013, S. 237 ff.).

Auch die vor allem in der systemischen Beratung eingesetzten **paradoxen Interventionstechniken** dienen dazu, Assoziationen in Gang zu bringen, neue Blickwinkel zu eröffnen und kreative Lösungen zu ermöglichen (vgl. Königswieser/Exner 1999, S. 35 ff.). Eine bewährte Technik ist insbesondere die **bewusste Umdeutung bzw. Reframing**. Indem der Rahmen eines Problems verändert bzw. in einen anderen Sinnzusammenhang gerückt wird, verändert sich das Denken, Fühlen und Handeln der Beteiligten (▶ Infobox »Reframing: Der Bauer und das Pferd«). Gerade im Problematischen soll dadurch ein (versteckter) Sinn erkannt werden. Ein Team kann sich zum Beispiel fragen, wie das Management oder das Design ein vorliegendes Problem bewerten würde. Ein solches Vorgehen ist speziell bei interfunktional zusammengesetzten Teams möglich.

Infobox »Reframing: Der Bauer und das Pferd«

»Eine sehr alte chinesische Taogeschichte erzählt von einem Bauern in einer armen Dorfgemeinschaft. Man hielt ihn für gutgestellt, denn er besaß ein Pferd, mit dem er pflügte und Lasten beförderte. Eines Tages lief sein Pferd davon. Alle seine Nachbarn riefen, wie schrecklich das sei, aber der Bauer meinte nur: »Vielleicht«. Ein paar Tage später kehrte das Pferd zurück und brachte zwei Wildpferde mit. Die Nachbarn freuten sich alle über sein günstiges Geschick, aber der Bauer sagte nur: »Vielleicht«. Am nächsten Tag versuchte der Sohn des Bauern, eines der Wildpferde zu reiten; das Pferd warf ihn ab und er brach sich ein Bein. Die Nachbarn übermittelten ihm alle ihr Mitgefühl für dieses Missgeschick, aber der Bauer sagte wieder: »Vielleicht«. In der nächsten Woche kamen Rekrutierungsoffiziere ins Dorf, um die jungen Männer zur Armee zu holen. Den Sohn des Bauern wollten sie nicht, weil sein Bein gebrochen war. Als die Nachbarn ihm sagten, was für ein Glück er habe, antwortete der Bauer: »Vielleicht«« (Bandler/Grinder 2000, S. 13).

Es sei an dieser Stelle aber auch vor einer überbordenden Euphorie, was die Möglichkeiten dieser Techniken anbelangt, gewarnt. Sagen wir es mit dem Trait-Theoretiker Eysenck kurz und knapp: »It seems doubtful to me whether much could be done to make people more creative in the trait sense« (Eysenck 1995, S. 286).

Eine dagegen oft unterschätzte Stellschraube zur Steigerung kreativen Problemlösens ist der **Umgang des Teams mit Fehlern**. Fehler sind in gewissem Maße unvermeidlich. Das, was Teams voneinander unterscheidet, ist der Umstand, wie offen diese angesprochen werden und wie auf diese reagiert wird. Werden Erklärungen gesucht, um Wirkungszusammenhänge aufzudecken, aus denen sich Empfehlungen ableiten lassen, die das zukünftige Handeln verbessern – oder werden Erklärungen gesucht, die lediglich nach einem Schuldigen fahnden, um diesen »abzustrafen«? Sind Fehler also primär Lern- oder Bestrafungsquelle? *Toyota* folgt hierbei der Maxime: »Sei streng mit dem Prozess, aber sanft mit den Mitarbeitern« (Rother 2009, S. 148).

Die Einrichtung eines effektiven Fehlererkennungs- und -beseitigungssystems ist eines der wichtigsten Merkmale der lernenden Organisation. Nur durch eine äußerst konsequente Fehler-Rückverfolgung können Erfahrungen für künftige Aktivitäten gesammelt werden (vgl. Weiß/Strubl und Goschy 2015, S. 140). Bei vielen Softwareentwicklern kursiert der Spruch »We love deviations«. Misserfolge dürfen also nicht kaschiert oder stigmatisiert werden. Das ist auch Toyotas Gangart: Sich mit der Taschenlampe durch vernebeltes Gebiet schrittweise voranarbeiten (vgl. Rother 2009, S. 140). »Wir hören von Toyotas Erfolgen, aber nicht von den Tausenden kleiner Misserfolge, die täglich vorkommen, und die eine Grundlage für diesen Erfolg bilden« (ebenda, S. 147). Das wohl effektivste Instrument, um mit Fehlern, aber auch mit dem Unwissen von Beteiligten *konstruktiv* umzugehen, ist das Action Learning.

Das Action Learning

Das Konzept des Action Learning geht auf den britischen Physiker und Managementberater Reginald W. Revans (1907-2003) zurück. Als studierter Physiker hatte dieser in den 1920er Jahren bei den Cavendish Laboratories in Cambridge ein Forschungsstipendium erhalten (▶ Infobox »Reginald W. Revans«). Dort wurde internationale Spitzenforschung betrieben, hier arbeiteten damals allein acht Nobelpreisträger. Revans konnte sie in ihrer Arbeitsweise beobachten und stellte fest, dass sie einmal wöchentlich eine Konferenz abhielten: »Jeden Mittwochnachmittag um 16 Uhr wurde eine Besprechung von einem Mitarbeiter veranstaltet, gefördert oder initiiert (…) *Das Interessante daran war immer die Frage, warum das, was sie selbst taten, nicht zu den erwarteten Ergebnissen führte.* Ich war sieben oder acht Jahre in Cambridge (…) [und gelangte schließlich zu der, d. Verf.] Erkenntnis, *dass man eigentlich nur etwas über sein Fach lernen konnte, wenn man sich damit auseinandersetzte, was am eigenen Denken möglicherweise falsch war, dass also Zweifel und Missverständnisse letztlich wesentlich lehrreicher waren als das, was die Experten einem als relevantes Wissen vorsetzten*« (Revans, zitiert in Pedler 1999, S. 21, Hervorhebungen durch die Verf.). Auch Albert Einstein (1879-1955) hatte ihm damals eine wichtige Einsicht mit auf den Weg gegeben. Er hatte zu Revans gesagt: »Wenn du glaubst, ein Problem verstanden zu haben, stelle sicher, dass du nicht einer Selbsttäuschung unterliegst.«

Aufbauend auf diesen Ideen entwickelte Revans **das sog. Action Learning.** Die damit verbundenen Lernprozesse sollen keine »endgültigen«, replizierbaren Ergebnisse hervorbringen, sondern nur vorläufige, hier und heute passende. Der gemeinsame Lernprozess verläuft iterativ und ist im Grunde nie zu Ende. Hinter jedem gelösten Problem verbergen sich weitere ungelöste Probleme, auf die man stößt, sofern man nur tief genug »weitergräbt«. Action Learning ist daher **eher eine Arbeitsphilosophie** als ein Set an vorgegebenen Techniken und standardisierten Praktiken (vgl. Pedler/Burgoyne 2008, S. 320). Das Hauptziel besteht darin, interessante Fragen aufzuwerfen. Diese allgemeine, eher philosophische Sicht ist wohl auch der Grund dafür, dass es trotz der unglaublichen Fülle an Literatur über Action Learning noch keine allgemeingültige Definition und keinen einheitlichen methodischen Kanon gibt (und wohl auch nie geben wird).

Dessen ungeachtet gibt es natürlich zahlreiche Versuche – auch von Revans selbst –, einen gewissen inhaltlichen Kern herauszuarbeiten. Hierzu gehört beispielsweise die Lernformel $L = P + Q$, wobei P für »Programmed Knowledge« und Q für »Questioning Insight« steht.

- *Programmed Knowledge* entspricht explizitem Wissen, das sich kodifizieren lässt, beschreibt also im Wesentlichen den State-of-the-Art betrieblicher Erfahrungen, leicht zugängliches Unternehmenswissen (z. B. Best Practices, Projektberichte, Unternehmensleitlinien) und allgemein sämtliche in (Lehr-)Büchern oder dem Internet verfügbare Informationen.
- *Questioning Insight* steht für die reflexive Suche, die durch die Verknüpfung unterschiedlicher Perspektiven, das Stellen kritischer Fragen und die Offenlegung von

Unzulänglichkeiten vorangetrieben wird. Revans bezeichnet Q als die Fähigkeit, Fragen zu stellen, die nicht abgedroschen, sondern nützlich, die nicht vergangenheits-, sondern zukunftsbezogen sind (vgl. Revans 1983, S. 41) und in um- und einsetzbares Wissen münden (vgl. Meynhardt/Osterchrist/Mercker 2011, S. 84). Q-Lernen »findet statt im Durchschauen und Bewältigen der Diskrepanzen zwischen Erwartung und Erfahrung, im Spannungsfeld zwischen Subjekt und Situation« (Donnenberg 1999, S. 70).

Revans ging davon aus, dass das Lerntempo eines Organismus nicht niedriger sein darf als das Veränderungstempo der Umwelt. Ansonsten sei das Überleben des Organismus gefährdet (vgl. Revans 1999, S. 30). Daraus lässt sich schlussfolgern, dass Q umso dringlicher wird, je dynamischer die Rahmenbedingungen bzw. je innovativer die angestrebten Ergebnisse einer Abteilung oder eines Teams sind. Umgekehrt wächst die Bedeutung von P mit der Stabilität und Berechenbarkeit des Umfelds. Hier steht dann mehr die Verfeinerung bestehenden Wissens im Vordergrund.

Infobox »Reginald W. Revans«

Neben den Erfahrungen in den Cavendish Laboratories wirkte ein Schlüsselerlebnis aus seiner Kindheit prägend auf Revans: Der Untergang der Titanic im Jahre 1912. Diesen erlebte er als Fünfjähriger. Sein Vater war ein gelernter Schiffsbauingenieur. »Er arbeitete damals im Handelsministerium und hatte im Schiffsbau über lange Zeit Erfahrungen gesammelt. Er wurde in den Untersuchungsausschuss berufen, der die genauen Ursachen für den Untergang der Titanic erforschen sollte (…) Seiner Ansicht nach war das eigentliche Problem, dass es niemanden gegeben hatte – weder im Handelsministerium noch bei der White Star Linie –, der den Unterschied zwischen »Cleverness« und »Weisheit« verstand. Alle versuchten, so zu tun, als ob sie genau wüssten, was Sache wäre [= Cleverness, d. Verf.], aber was wir brauchen, sind Menschen in verantwortlichen Positionen, die zugeben, dass es Dinge gibt, die sie *nicht* verstehen [= Weisheit, d. Verf.]« (Revans, zitiert in Pedler 1999, S. 23). Daraus zog Revans später den Schluss: »Wenn man begreifen will, was um einen herum geschieht, sollte man nicht darüber nachdenken, was man alles weiß und versteht, sondern sich als allererstes die Frage stellen, was man *nicht* weiß und *nicht* versteht (Revans, zitiert in Pedler 1999, S. 24).

Die erste eigentliche Anwendung von Action Learning erfolgte durch Revans Ende des Jahres 1945 im Rahmen eines Beratungsprojekts für den gerade verstaatlichten britischen Kohlebergbau. »Dort beobachtete er, wie die Menschen in den Zechen ihre eigenen Arbeitsprobleme vor Ort lösten, und zog daraus den Schluss, dass Wissen ein Produkt des Handelns und der gemeinsamen Reflexion ist« (Pedler 1999, S. 17). Er empfahl die Bildung von selbstinitiierten und selbstgesteuerten Lerngemeinschaften, in denen die Bereichsleiter dazu ermuntert wurden, mit- und voneinander in Gruppenreflexionen zu lernen, um Lösungen für unmittelbar anstehende Probleme zu finden.

Damit war der Grundstein gelegt und die Stoßrichtung für die weitere Entwicklung des Action Learning vorgegeben. Dieses sollte keine theorielastige Angelegenheit werden, bei der Wissenschaftler, Berater oder sonstige Experten ihre vorgefertigten Vorstellungen und Managementrezepte der Arbeitswelt »überstülpten«, sondern ein praxis- bzw. erfahrungsgeleiteter Lernansatz, bei dem nur diejenigen beteiligt werden sollten, die in ihrem Arbeitsalltag mit den behandelten Problemen tatsächlich konfrontiert waren (vgl. Busch 2015, S. 433 f.; Pedler/Burgoyne 2008, S. 320 f.).

Während seiner Zeit als Professor für Industrial Management an der Universität Manchester hatte Revans in zahlreichen Gesprächen mit Vertretern aus den unterschiedlichsten Bereichen (Kirche, Schule, Industrie etc.) festgestellt, dass die Gedanken dieser Leute »eindeutig nicht darum kreisten, was sie alles tun und leisten konnten. Worüber diese Menschen nachdachten, wenn sie von der Arbeit nach Hause fuhren, wenn sie sich abends aufs Zubettgehen vorbereiteten oder sich morgens ankleideten, war, welche unerwarteten Probleme auf sie zukommen würden und wie sie diese Probleme in den Griff bekommen könnten« (Pedler 1999, S. 25). Diese alle beschäftigenden Zweifel gelte es ehrlich offenzulegen – was allerdings voraussetzt, sich die eigene Unwissenheit und Unsicherheit offen einzugestehen – ein insbesondere bei Führungskräften eher selten anzutreffendes Bekenntnis.

Ein Moderator, auch Berater, Facilitator, Coach oder Set-Adviser genannt, bereitet in der Regel das Learning Set vor, legt die Zeit und den Ort von Treffen fest und stimmt das Programm mit den Teilnehmern ab. Auch kann er – zusätzlich zu den durch die Teilnehmer vorgenommenen Aufzeichnungen – Verlaufs- und Ergebnisprotokolle der Begegnungen anfertigen, also in Dokumenten zugängliches P-Wissen erzeugen. Innerhalb der Sets übernimmt er häufig keine aktive Rolle. Teilweise fungiert er aber auch als Katalysator, der die Lernprozesse zwischen den Beteiligten intensiviert. Angesprochen können sowohl rein aufgabenbezogene Probleme (Taskwork) als auch Probleme der Zusammenarbeit (Teamwork). Die Agenda ergibt sich jeweils aus den gerade akuten Problemen und kritischen Ereignissen, die präsentiert und reflektiert werden. Am Ende der Treffen, die einen Tag lang alle zwei bis vier Wochen stattfinden, übernimmt der Moderator die Auswertung der im Arbeitsalltag angewandten Lösungen, die zuvor im Action-Learning-Set gemeinsam entwickelt wurden.

Revans hat aufbauend auf seinen praktischen Erfahrungen **drei Leitfragen** entwickelt, die dabei helfen sollen, die problemorientierte Reflexion voranzutreiben (vgl. Pedler/Burgoyne 2008, S. 325):

1. Was versuchen Sie zu tun?
2. Was hindert Sie daran, dies zu tun?
3. Wer könnte Ihnen helfen?

Revans äußerte sich allerdings »immer wieder sehr kritisch über die Mitwirkung professioneller Lernberater. Er fürchtet[e], dass nur allzu leicht wieder das tiefsitzende Verlangen nach dem Lernen von Experten mit ihren fertigen Antworten und die

Überheblichkeit vieler Experten das selbstverantwortete Suchen der Handelnden verdrängen« (Donnenberg 1999, S. 84). Wie stark oder schwach auch immer die **Rolle des Moderators** während eines Action-Learning-Sets betont wird, ein gewisses Maß an Struktur ist bei den regelmäßig stattfindenden Treffen erforderlich, um ein zielloses »Herumreflektieren« zu verhindern. Das Vorhandensein eines Moderators wirkt außerdem entlastend für alle Beteiligten und sorgt dafür, dass diese sich tatsächlich auf die Inhalte konzentrieren können. Folgt man Revans' puristischer Logik und verzichtet gänzlich auf die Hinzuziehung professioneller Unternehmensberater, so lässt sich der mit Action Learning in Verbindung stehende Aufwand zumindest finanziell in Grenzen halten, was dieses Instrument auch für kleine und mittelständische Unternehmen attraktiv macht.

Angst als Lernbarriere?

Doch bedeutet dies, Fehler immer nur positiv zu sehen, ohne jegliche Konsequenzen für die Fehlerverursacher? Tjosvold, Yu und Hui haben den **Umgang mit Fehlern in chinesischen Teams** untersucht und sind hierbei zu einer etwas differenzierteren Antwort gelangt. Sie unterscheiden bei der Fehlerkultur eines Teams zwischen einem »Beschuldigungsansatz« und einem »Problemlemlösungsansatz«. Wird ein *Beschuldigungsansatz* verfolgt, so trauen sich Teammitglieder nicht, Fehler ehrlich einzugestehen und versuchen sie zu verbergen. Kommen sie dennoch ans Tageslicht, so drehen sich Diskussionen in der Regel um die Frage, wer den Fehler begangen hat, nicht aber um die Frage, warum es zu diesem Fehler kommen konnte. Beim *Problemlösungsansatz* sind Teammitglieder hingegen bestrebt, in offenen Diskussionen die Ursachen und Bedingungen zu klären, die zu einem Fehler geführt haben (vgl. Tjosvold/Yu/Hui 2004, S. 1226 f.). Von beiden Ansätzen wirkt intuitiv der Beschuldigungsansatz lernfeindlicher, da hier Scham, wechselseitiges Misstrauen und Rivalität im Vordergrund zu stehen scheinen. Demgegenüber müsste der Problemlösungsansatz lernförderlicher sein, da hier Offenheit und ein gemeinsames Verantwortungsgefühl das Handeln leiten.

Ganz so einfach gestaltet sich die Wirklichkeit dann aber doch nicht, denn Aspekte wie der Wettbewerb untereinander und die aufgabenbedingte Abhängigkeit voneinander wirken als moderierende Größen. In den von Tjosvold, Yu und Hui untersuchten 107 chinesischen Teams aus dem Transportwesen, dem Finanzsektor und dem produzierenden Gewerbe wurde zwar der Problemlösungsansatz als zentrale Lernvoraussetzung erkannt, der Beschuldigungsansatz wirkte jedoch nicht ausschließlich negativ. Dazu waren die Ergebnisse zu gemischt. Durch die Beschuldigung, speziell wenn sie konstruktiv vorgetragen wird, kann auch beim Einzelnen das Gefühl vermittelt werden, für etwas verantwortlich zu sein, für etwas Rechenschaft ablegen zu müssen. »It can be speculated that combining problem solving and holding individuals accountable may be particularly facilitative to learning from mistakes« (Tjosvold/Yu/Hui 2004, S. 1239).

Es sollte folglich ein kooperatives Klima des »kalkulierten Risikos« bestehen, in dem das individuelle Verantwortungsgefühl *und* der Gemeinschaftssinn gestärkt werden (vgl. hierzu auch Bell/Kozlowski 2011, S. 132; Folkestad/Gonzalez 2010, S. 129). Fehlen diese Bedingungen, so können Fehler nicht wirklich differenziert analysiert werden. Außerdem fürchten sich Teammitglieder dann davor, Wagnisse einzugehen. Dass darunter die Kreativität eines Teams leidet, wird durch die heutige Forschung wie ein Mantra wiederholt – Kreativität und ein stressfreier Umgang mit Fehlern werden nahezu gleichgesetzt. Hinter diesem Axiom steht die Vorstellung, dass sich Erfolge selten schnurgerade einstellen (▶ Abb. 37). Das Ziel wird vor allem über Umwege erreicht.

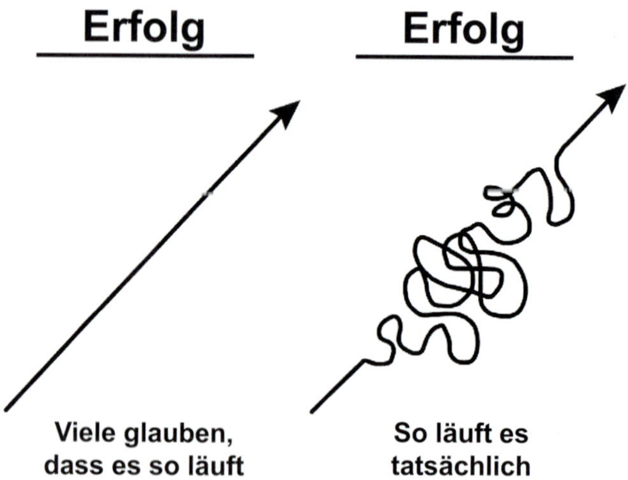

Abb. 37: Der Weg zum Erfolg (Quelle unbekannt, ähnlich aber Antons 2011, S. 168)

Die Frage, ob **Angstbedingungen zu Höchstleistung** führen, ob sie anspornend oder zerbrechend wirken, wird innerhalb der gegenwärtigen Mainstreamforschung, die vornehmlich die Wirkungsweise von positiven Anreizen sowie glücksfördernden Bedingungen untersucht, weitgehend tabuisiert (vgl. Busch 2015, S. 185 f.; Urban 2008, S. 62). Dennoch ist dieser psychische Druck heute in vielen Bereichen stärker denn je und es hat nicht den Anschein, als ob sich dies ändern würde. Man denke nur an die steigende Anzahl befristeter Arbeitsverhältnisse, die Solo-Selbstständigen in der sog. Gig-Economy (vgl. von der Oelsnitz 2017b) sowie die allgemein wachsende Angst vor dem sozialen Abstieg (vgl. Nachtwey 2016).

Nach dem schon über 100 Jahre alten *Yerkes-Dodson-Gesetz* bedarf es jedoch eines mittleren Angstlevels bzw. Erregungsniveaus, um Leistungen konzentriert abrufen zu können. Diese Einschätzung teilt auch der deutsche Angstforscher Borwin Bandelow, der sich nach dem Anschlag auf den Fußballverein Borussia Dortmund am 11. April 2017 zu diesem Thema äußerte. »Angst kann zwei Sachen bewirken: Entweder man ist völlig gelähmt oder man steigert sogar die Leistung (…) Um Profifußballer zu sein, muss man ein gewisses Angstlevel besitzen (…) Das produziert die besten Leistungen. Deswegen können Spieler mit einem mittleren Angstlevel auch gut umgehen. Wenn einer überhaupt keine Angst hat oder extrem ängstlich ist, wäre er als Profifußballer nicht geeignet. Eine dosierte Angst bestimmt, wer siegt« (Bandelow, zitiert in Meinhardt 2017).

Kapitel 3

Niemand von uns ist so klug wie wir alle.
(Japanisches Sprichwort)

Individually, we are one drop. Together, we are an ocean.
(Ryunosuke Satoro)

Geplante und ungeplante Entwicklungen der Teamarbeit

Während Teamprozesse auf einer vergleichsweise rationalen Steuerungsebene angesiedelt sind, sozusagen das Teammanagement im engeren Sinne bilden, sind die nun erörterten teamdynamischen Phänomene wesentlich unberechenbarer und oft auch irrationaler in ihrem Verlauf. Das heißt jedoch nicht, dass hier Führung keine Rolle spielt. Ganz im Gegenteil zeigt sich vermutlich erst in diesem Bereich – in der Beherrschung kollektiver Denkmuster, Gefühle und Einflussstrukturen – echte Führungskunst. Prozesse lassen sich gestalten und auch immer wieder umgestalten (z. B. Jour fixe, Informationsverabeitungsregeln, Zeitmanagement), wie jedoch zum Beispiel mit einem allgemeinen Stimmungstief oder einem Vertrauensverlust umzugehen ist, wie ein Machtkampf im Team oder wahrgenommene Ungerechtigkeiten bei der Aufgabenverteilung geschickt zu lösen sind – all dies setzt wesentlich mehr Fingerspitzengefühl, Kommunikationsstärke und Entscheidungswillen auf seiten der Führung voraus. Hier geht es um die Auflösung von Spannungsfeldern mit widersprüchlichen Anforderungen, deren messtechnische Bestimmung schwerfällt (vgl. Buchinger 2008, S. 103 ff.): Die Spannung von Individuum und Gruppe, von Aktion und Reflexion, von Einheit und Unterschied, von Sache und Emotion, von Engagement und Distanzierung, von Resultat und Prozess, von psychischem Erleben und Kommunikation, von Sicherheit und Entwicklung, von Führen und Geführtwerden und schließlich um die Differenz von Tun und Erfahren einerseits und Lernen andererseits.

In der Managementlehre wird häufig der auf Peter Drucker zurückgehende Spruch »Nur was sich messen lässt, lässt sich managen« zitiert. Dahinter steht die bereits von Frederick Taylor vorgebrachte Überlegung, dass nur dasjenige Verhalten von Mitarbeitern im Vorfeld bestimmbar (und auch im späteren Arbeitsvollzug kontrollierbar) ist, das in »harten« Produktivitätskennzahlen abzubilden ist. Nur so könnten präzise Vorgaben im Hinblick auf Menge, Zeit und Qualität des Arbeitsverhaltens entwickelt werden und nur so könnten Führungskräfte letztlich ihrer Pflicht nachkommen, die Einhaltung genau dieser Vorgaben im Sinne fortlaufender Soll-Ist-Abgleiche zu überprüfen. Doch auch hier können innerhalb von Teams Spannungen oder sonstwie geartete sozialpsychologische Phänomene auftreten, auf die es adäquate Antworten zu finden gilt. Dies trifft natürlich noch viel mehr für Teams zu, die unter dynamischen Umweltbedingungen agieren und zum Beispiel neue Produkte oder kreative Organisationslösungen zu entwickeln haben. Gerade weil hier am Anfang der Arbeit noch nicht exakt feststeht, was am Ende als Ergebnis herauskommen soll, sind Konflikte und Disharmonien im Verlauf der Zusammenarbeit fast vorprogrammiert.

Entsprechend vertreten wir die These, dass für solche sozialpsychologischen Erscheinungen, geradezu die Umkehrung des Druckerschen Spruchs gilt, d. h. *nur was sich nicht oder nur schwer messen lässt, muss überhaupt gemanagt werden. In diesem wenig berechenbaren zwischenmenschlichen »Kräftefeld« kommen echte Führungsqualitäten zum Vorschein, scheidet sich gute von schlechter Team- und Menschenführung.* Andere, leicht messbare Bereiche können im Prinzip ohne Führung auskommen und von Maschinen übernommen werden (was mit der Roboterisierung und der Entwicklung hin zu Industrie 4.0-Konzepten auch schon geschieht).

Wir sehen nur, was wir wissen. So wie ein Kunstkenner in einer gotischen Kathedrale etwas anderes sieht als ein Laie, wird auch ein Teammanager, der emergente Teamphänomene erkennt, einen geschulteren Blick für deren Handhabung besitzen. Nähern wir uns also nun den weniger planbaren und daher besonders herausfordernden Phänomenen in Teams.

3.1 Erkenntnisphilosophische Vorbemerkung

Der Ursprung teamdynamischer Phänomene liegt in Prozessen, ihrem facettenreichen und wandelbaren Zusammenspiel. Das in und aus dieser Dynamik entstehende »Neue«, das »Andere«, der Mehr- oder Minderwert soll – dies ist bereits mehrfach angeklungen – mit dem Begriff der Emergenz, der emergenten Zustände bzw. der emergenten Teamphänomene erfasst werden. Emergenz kommt dem traditionellen Konzept der »Gestalt« recht nahe (► Kap. 1.4). Philosophisch betrachtet ist Emergenz eine Eigenschaft zweiter Stufe, die sich durch Merkmale wie Neuartigkeit, Unvorhersagbarkeit oder Irreduzibilität beschreiben lässt (vgl. Stephan 2011, S. 133; Stein 2000, S. 87). Damit ist sie ein zeitabhängiges Zwei- bzw. Mehrebenenphänomen (vgl. Greve/Schnabel 2011, S. 10; Stein 2000, S. 46) und verweist auf die nicht restlos durchschaubare dynamische Beziehung zwischen den Teilen (Teammitglieder) und dem Ganzen (Team, Umwelt).

Einfacher gesagt: Es gibt geheimnisvolle Teamphänomene, bei denen die Beteiligten zumeist erst im Nachhinein erkennen, Teil von etwas ganz Besonderem, Teil einer »kooperativen Magie« gewesen zu sein. Ein seltenes Beispiel für eine derart starke Emergenz lieferte im Jahr 2014 das Spiel der deutschen Fußballnationalmannschaft während der Weltmeisterschaft im Halbfinale gegen den Gastgeber Brasilien, das mit 7:1 für die Deutschen endete. Damit wurde ein Rekord in der Fußballgeschichte aufgestellt. Wer das Spiel live anschauen konnte, wird sich erinnern, wie sich die deutschen Spieler geradezu in einen Rauschzustand spielten. Jeder Pass, jede Spielkombination funktionierte mit Leichtigkeit, wie im Lehrbuch, fast jede Tormöglichkeit führte zu einem Tor. Es herrschte eine Art »Team-Flow« – die Gefühle und die Aufmerksamkeit der Spieler wurden eins (sog. joint emotion, joint attention). Die hochkarätigen Brasilianer wirkten dagegen wie gelähmt, nicht mehr Herr des Geschehens, sondern nur noch hilflose Zuschauer des eigenen Untergangs. Hartmut Rosa (2017, S. 422 f.) deutet einen solchen seltenen Zustand als Resonanzphänomen. »Wenn eine Mannschaft in den Spielfluss findet, erscheinen ihre Aktionen und Bewegungen jenseits aller Reflexion und ohne Absprache auf verblüffende Weise aufeinander abgestimmt, so dass die entstehenden Spielzüge wie die kreativen Eingebungen *eines* Organismus erscheinen. Selbstwirksamkeitserwartungen und -erfahrungen nehmen dabei ebenso sehr einen kollektiven Charakter an wie die emotionale Gestimmtheit des »Mannschaftsgeistes««.

Émile Durkheim (1858-1917) plädierte dafür, das Soziale als ein gegenüber dem Individuellen eigenständigen Bereich anzusehen, als »sozialen Tatbestand« (fait social). »In seinem aus dem Jahre 1898 stammenden Aufsatz »Indivduelle und kollektive Vorstellungen« weist Durkheim entschieden die Ansicht zurück, *kollektive* Vorstellungen könnten gleichsam mechanisch auf die *isolierten* Vorstellungen der Individuen zurückgeführt werden; stattdessen sieht er in jenen das Ergebnis einer »chemische[n] Synthese, welche die synthetisierten Elemente konzentriert, zu einer Einheit verschmilzt und sie eben dadurch umformt« (…) Somit betrachtet er die sozialen Phänomene (…) gerade nicht als die *Summe* individueller Handlungen. Dementsprechend schreibt er an anderer Stelle, »dass die konstitutiven Elemente des psychischen Lebens sich im sozialen Leben zwar wiederfinden, jedoch in weit potenzierterer Form, so dass sie etwas vollkommen Neues darstellen«. Damit eröffne sich der Wissenschaft eine neue Welt, in der »noch ungeahnte Kräfte wirken, deren Gesetze mittels Seelenanalyse allein nicht aufgefunden werden können«« (Stephan 2011, S. 148).

Diese Sichtweise wurde nur äußerst zögerlich von den britischen und von den amerikanischen »Emergentisten« aufgegriffen (vgl. Stephan 2011, S. 149) und man könnte behaupten, dass dies bis heute der Fall ist. Die in der pragmatischeren angloamerikanischen (im Gegensatz zur idealistischen europäischen) Denktradition verwurzelte »can do-Mentalität« geht eher von der These aus: Wenn feststeht, wie sich jedes einzelne Individuum verhält, dann steht damit auch fest, welche Eigenschaften und Dispositionen das soziale System hat, dessen Bestandteile sie sind (vgl. Stephan 2011, S. 147 ff.). So ist es etwa *Google* durch die Häufigkeit der Eingabe von Internetnutzern nach bestimmten Medikamenten möglich, relativ präzise die geografische Entwicklung von Grippewellen, das individuelle Reiseverhalten oder das Eintreten von Schwangerschaften vorherzusagen (Google Flu Trends). Auch das Auftreten von Verbrechen an bestimmten Orten wird durch vergangene »Aktivitäten« vorhersehbar (sog. Predictive Policing).

Die von starker Emergenz ausgehende Durkheimsche Sichtweise zweifelt genau diese allgemeine Vorhersagbarkeit menschlichen Verhaltens an. Aus individualpsychologischen Gesetzmäßigkeiten ergibt sich eben nicht, wie sich Menschen in bestimmten *sozialen* Kontexten verhalten. Anders gesagt: Es kommt auf die jweilige soziale und psychologische Situation des Akteurs an. Über die **Macht »toxischer Situationen«** hat vor allem der amerikanische Psychologe Philip Zimbardo geforscht (vgl. auch Baberowski 2017, S. 31 ff.). In seinem 1971 durchgeführten *Stanford-Prison-Experiment* konnte er nachweisen, dass die künstlich erzeugte Gefängnissituation – die einen Studenten bekamen die Gefangenen-, die anderen die Wärterrolle zugewiesen – faktisch zu einer realen Gefängnissituation wurde. »In den Wärter-Rollen verhielten sich Studierende, die zuvor Pazifisten und »nette Jungs« gewesen waren, aggressiv – manchmal sogar sadistisch (…) Die Wärter entwickelten immer neue Strategien, um den Gefangenen das Gefühl zu geben, sie seien wertlos. Als Gefangene verhielten sich psychisch stabile Studierende bald pathologisch und ergaben sich passiv in ihr Schicksal« (Zimbardo/Gerrig 2008, S. 671). Entsprechend verteidigte Zimbardo das Verhalten der realen Gefängniswärter im sog. Abu Ghraib-Skandal. Der vom damaligen US-Präsidenten George W. Bush geäußerten Einschätzung, dass »ein paar faule Äpfel« für die Folter in dem irakischen Gefängnis verantwortlich seien, hielt er entgegen: »Nicht die Äpfel sind faul, sondern das Feld« (zitiert in Hasel 2008).

Erst die jüngste Teamforschung – angestoßen durch die richtungsweisende Veröffentlichung von Marks, Mathieu und Zaccaro (2001) und die Forschungen um Steve W. J. Kozlowski (vgl. Kozlowski/Klein 2000, S. 60 ff.; Kozlowski et al. 2013, S. 593; Kozlowski/Chao 2012, S. 336) – interessiert sich wieder verstärkt für dynamische Teamphänomene, die natürlich im Bereich der Gruppendynamik seit Kurt Lewin eine lange Tradition haben. Seltsamerweise werden die Erkenntnisse der gruppendynamischen Forschung innerhalb der Mainstreamforschung zur Teamarbeit seit den 1970er Jahren jedoch kaum mehr berücksichtigt. Emergente Gruppenphänomene werden zwar als etwas Neuartiges eingestuft, von dem durchaus ein Einfluss auf das Team ausgeht, sie lassen sich letztlich aber stets auf die einzelnen Teammitglieder bzw. deren Verhalten oder auf sonstige Rahmenbedingungen zurückführen (sog. Reduzibilitätsthese). Die Thematisierung völlig neuartiger, irreduzibler Gruppenphänomene, wie sie in Gestalt der starken Emergenz nach Durkheim auftreten, findet nicht statt.

Nachfolgend soll vereinfachend zwischen *drei emergenten Phänomenen* unterschieden werden: Teamkognitionen als dynamische Denkmuster, Teamemotionen als dynamische Gefühlsmuster und Teamhierarchien als dynamische Einflussmuster. Speziell dynamische Machtphänomene werden in den meisten Veröffentlichungen unterschlagen, obwohl sie allgegenwärtige Phänomene darstellen.

3.2 Teamkognitionen – Dynamische Denkmuster

Teamkognitionen und Teamemotionen erweitern unseren Blick auf die Arbeit in Gruppen in erheblichem Maße. Sie machen erklärbar, weshalb dieselben Prozesse in dem einen Team funktionieren und in dem anderen nicht. Teamkognitionen repräsentieren dabei die dynamischen Denkmuster eines Teams. Sie strukturieren das kollektive Wissen und setzen sich aus drei grundlegenden Komponenten zusammen:

- *Geteilte mentale Modelle* (**shared mental models**) betreffen *teambezogenes Wissen*. Nach welchen Regeln und Mustern funktioniert die Zusammenarbeit im Team? Weisen alle Teammitglieder hier ähnliche Vorstellungen auf?
- Das *transaktive Gedächtnis* (**transactive memory**) betrifft *personenbezogenes Wissen*. Besitzen die Teammitglieder genügend Wissen übereinander?
- *Situationswahrnehmung bzw. Kontextverständnis* (**team situation awareness**) betrifft *umweltbezogenes Wissen*. Sind die Teammitglieder ausreichend über Veränderungen im Umfeld, aber auch über Anpassungen innerhalb des eigenen Teams informiert?

Trotz der Fülle an Konzepten und der schieren Menge an bereits veröffentlichtem Wissen über Teamkognitionen ist der Bezug zum Teamlernen bisher vernachlässigt worden. Dies gilt besonders für den *shared mental models-Strang* (hiervon auszunehmen sind die reichhaltigen Erkenntnisse der Groupthink-Forschung). Der *transactive memory-Strang* hingegen nimmt für sich in Anspruch, nichts weniger zu leisten als das soziokognitive Fundament erfolgreicher Lernprozesse in Teams abzubilden. Beide Forschungsstränge – die shared mental models-Literatur und die transactive memory-Literatur – haben sich bisher weitgehend isoliert voneinander entwickelt. Dies hat seine Gründe, denn hinter beiden Strängen verbergen sich unterschiedliche, wenn auch noch nicht hinreichend gewürdigte *emergente* Grundlogiken: Im Falle von shared mental models wird die *Konvergenz* individueller Kognitionen angestrebt (sog. isomorphe Emergenz), durch die ein erfolgreiches Zusammenwirken im Team möglich werden soll. Im Falle von transactive memory geht es dagegen um den Umgang mit *Divergenz* bzw. *Diversity* (sog. konfigurationale Emergenz), der eine kreative Zusammenführung unterschiedlicher Mitgliederkompetenzen gewährleisten soll.

Erst in jüngster Zeit wird versucht, eine Integration beider soziokognitiv ausgerichteten Ansätze herbeizuführen (vgl. DeChurch/Mesmer-Magnus 2010, S. 33 f.; Uitdewilligen/Waller/Zijlstra 2010). Das Bemühen um Integration steht auch hinter der Verwendung des hier gewählten **Begriffs Teamkognitionen.** Unter diesem begrifflichen Dach sollen die Erkenntnisse aus beiden Forschungsfeldern zusammengeführt werden. Außerdem wird unter dieses Dach noch ein dritter Forschungsstrang gefasst, der sich ebenfalls relativ eigenständig entwickelt hat. Die Rede ist von dem Konzept *team situation awareness*, das sich auf kollektive Situationswahrnehmungen innerhalb einer veränderlichen Umwelt bezieht (vgl. Uitdewilligen/Waller/Zijlstra 2010, S. 294).

Abbildung 38 gibt einen Überblick über die wichtigsten Komponenten und Eigenschaften von Teamkognitionen. Da auf das transaktive Wissen bereits ausführlich eingegangen wurde (▶ Kap. 1.3.4), werden an dieser Stelle nur noch die *shared mental models* (SMM) und die *team situation awareness* (TSA) erörtert. Geteilte mentale Modelle und das transaktive Gedächtnis sind dabei vergleichsweise stabile, Situationswahrnehmungen hingegen flüchtige emergente Zustände.

Teamkognitionen – Dynamische Denkmuster	
Geteilte mentale Modelle	**Transaktives Gedächtnis**
Prozessverständnis Zielklarheit Rollen- und Zuständigkeitstransparenz Ressourcenbeherrschung (z. B. Umgang mit Software und technischen Gerätschaften) Normative Erwartungen (z. B. Verhaltensregeln und Richtlinien, Grundwerte)	Wissen über das Wissen und Können sowie die Eigenheiten von Teamkollegen

Abb. 38: Dynamische Denkmuster in Teams

Teamkognitionen – Dynamische Denkmuster	
stabilisieren sich allmählich; bei gleichbleibender Zusammensetzung können sie träge werden und lassen sich nur noch schwer ändern	
Kontextverständnis, Situationswahrnehmung	
Nach innen gerichtet: Was geschieht innerhalb des Teams?	*Nach außen gerichtet:* Welche relevanten Ereignisse geschehen außerhalb des Teams?
dynamisch, sich fortlaufend erneuernd, wechselhaft, nehmen Einfluss auf die geteilten mentalen Modelle und das transaktive Gedächtnis	

Abb. 38: Dynamische Denkmuster in Teams – Fortsetzung

3.2.1 Teamwissen

Durch shared mental models werden gegenseitige Verhaltenserwartungen aufgebaut, denn sie dienen der Beschreibung, Erklärung und Vorhersage kollektiven Verhaltens (vgl. Rouse/Morris 1986, S. 350 f.; McComb 2008). Teamabläufe werden dadurch berechenbarer, Kontingenz, d. h. die Fülle an Handlungsmöglichkeiten, wird reduziert. Das Team legt sich also jeweils auf ganz *bestimmte* Verhaltensweisen innerhalb eines großen Spektrums an Optionen fest. SMM sind immer beides: Einerseits kollektive Wissensstrukturen, die sich bewusst gestalten lassen (dies wurde am Beispiel des transaktiven Wissens gezeigt, das durch Cross Training aufgebaut werden kann), andererseits emergente Teamphänomene, die sich jenseits von Planvorstellungen im Alltag entwickeln (z. B. informell geltende Normen, ungeschriebene Gesetze). Die sich stabilisierenden Verhaltensweisen werden mit der Zeit verinnerlicht und formen das sog. **Teamgedächtnis.**

Man kann dann auch von internalisierten Handlungsautomatismen sprechen, die die Funktionsfähigkeit der Gruppe herstellen und die Zusammenarbeit wie selbstverständlich leiten. Dahinter steht vor allem ein gemeinsames Prozessverständnis, das sich im Team allmählich herausbildet. Derartige Routinen zeigen sich auch in festen Ritualen eines Teams (z. B. gemeinsame Feiern, bestimmte Arten der Begrüßung, gemeinsames Essen). Diese erhöhen die Identifikation mit dem Team, stärken den Zusammenhalt und die Hilfsbereitschaft, bauen Unsicherheit ab und strukturieren das Handeln (vgl. Rennung/Göritz 2017).

Welche Bedeutung dem allen zukommt, wird auf besonders eindrückliche Weise im geregelten *Tagesablauf eines Klosters* deutlich (vgl. Seewald 2001). Der gleichförmige Rhythmus, d. h. die klar strukturierte Zeit und die vorgegebene Abfolge unterschiedlicher Tätigkeiten ist mehr als nur ein starrer Handlungsrahmen. Durch ihn erfolgt eine subtile Konditionierung des Körpers, der zwischen vita activa und vita contemplativa, zwischen Anspannung und Entspannung, zwischen Handlung und Reflexion pendelt (das benediktinische »ora et labora«) und dadurch dauerhaft seine Leistungsfähigkeit erhält. Auch Teams, die den Spagat zwischen Exploitation und Exploration schaffen sollen, müssen Denken und Handeln in einen Ausgleich bringen. Anders gesagt: Kein Team kann permanent kreativ sein; im Alltag muss es auch Auszeiten und monotone Arbeiten geben (vgl. von der Oelsnitz/Busch 2014, S. 169 ff.). Gerade stupide Tätigkeiten können eine Voraussetzung für Kreativität sein, indem sie von den zu lösenden Problemen ablenken, die aber im Unterbewusstsein weiterbearbeitet werden (vgl. Sandberg 2017, S. 103. Speziell zu kreativen Ritualen von Künstlern und erfolgreichen Menschen Currey 2014 und Ferriss 2017). Rituale sind ein Teil der gemeinsamen mentalen Modelle eines Teams und gleichzeitig ein gutes Beispiel für eine soziale Erscheinung, die sich weitgehend unbewusst entwickelt und nur indirekt steuern lässt.

Die Grundlogik von SMM besteht darin, dass sich die kognitiven Vorstellungen der Teammitglieder allmählich angleichen sollten. SMM vereinen also in sich das von allen Mitgliedern geteilte Teamwissen. Sie sind die Kultur des Teams, die zweite, sozial hervorgebrachte Natur. Teammitglieder tragen also mit der Zeit eine ähnliche »kognitive Brille«, durch die sie das Teamgeschehen und die Teamumwelt sehen und bewerten (vgl. Senge 2011, S. 256). Die gewünschte mentale Prägung kann dabei bereits bei der Personalauswahl bzw. Teamzusammenstellung Thema sein.

SMM in **exploitativen Teams** laufen sicherlich stärker auf standardisierte Vorstellungen der Teammitglieder im Hinblick auf Prozesse, Rollenstrukturen und Verhaltensweisen hinaus. Abläufe etwa in Hochleistungsteams (z. B. Rettungsmannschaften) folgen präzisen Festlegungen und sind durch entsprechende Trainingsmaßnahmen so einzuüben, dass sie im Einsatzfall hochautomatisiert, d. h. ohne großes Nachdenken funktionieren. In **explorativ ausgerichteten Teams** erweist sich der Zusammenhang zwischen SMM und Lernen vielschichtiger. Selbst wenn die Suche nach Neuem mental verankert ist und alle Teammitglieder wissen, dass von ihnen kreative Ideen erwartet werden, besteht bei Teams mit gleichbleibender Zusammensetzung – ähnlich wie bei Individuen – der Hang, gewisse Gewohnheiten, wiederkehrende Muster des Miteinanderarbeitens und -lernens zu entwickeln, an denen dann relativ starr festgehalten wird. Das Sein (die Teamprozesse) bestimmt zunächst das Bewusstsein (die SMM), aber das Bewusstsein bestimmt anschließend sehr viel mächtiger das Sein. Schwerfällige SMM können demnach zu Veränderungsresistenz führen, d. h. es wird schwieriger, Prozesse in eine Richtung zu verändern, die aus dem kollektiven mentalen Rahmen fallen.

Hinzu kommen vereinheitlichende Vorgaben von seiten der Organisation (z. B. Dokumentationspflichten im Projektmanagement, kulturelle Normen, Prozessstandards), die ebenfalls dazu beitragen, dass sich der Raum für kreative Wege und experimentierendes Verhalten verkleinert. Wenn sich organisationale und teambezogene Handlungsmodelle aber zu stark ähneln, ist es unwahrscheinlich, dass ein Team völlig anders denkt und zu unkonventionellen Einfällen gelangt. Es folgt im Wesentlichen der dominanten Logik des Umfelds. Ein wahrhaft radikales Team muss die herrschenden organisationalen Grenzen und Werte sprengen (vgl. Lee-Kelley/Blackman 2005, S. 16).

Jenseits der allgemein zur Mitte tendierenden Kräfte, die unbewusst das bereits Bekannte suchen, weil dies Sicherheit gibt, Anspruchsgruppen beruhigt und mit weniger Risiken verknüpft ist, ist für Teams überdies bereits seit langem bekannt, dass neben der gleichbleibenden Zusammensetzung auch die **Dauer der Zusammenarbeit** schleichend

Einfluss auf das Lernverhalten ausübt. Sie führt zu einer zunehmenden Schließung gegenüber äußeren Einflüssen (Not-invented-here-Syndrom, Betriebsblindheit), so dass Teams, besonders wenn deren Mitglieder sich gut miteinander verstehen, am Ende auf eine ungesunde Art von ihrer Umwelt isoliert werden, weil sie sich gleichsam selbst genügen (vgl. Lee-Kelley/Blackman 2005, S. 15).

Doch gilt es zu differenzieren: Exploration ist nicht gleich Exploration. Es gibt Abstufungen, was den Innovationsgrad der angestrebten Lösung betrifft. Der zuvor geforderte Bruch mit systembedingten Konventionen ist keineswegs der Normalfall betrieblicher Innovationsteams. Die meisten Teams sind vielmehr mit inkrementellen, stufenweisen Verbesserungen bereits bestehender Produkte oder Dienstleistungen betraut. Außerdem spielt die generelle Dynamik der Umwelt eine Rolle. So konnten Akgün und Lynn in einer **Befragung von 211 Produktentwicklungsteams** aus unterschiedlichen Branchen zeigen, dass personelle Veränderungen eines Teams nur unter besonders turbulenten Markt- und Technologiebedingungen einen Sinn haben. Ansonsten ist eine stabile Teamzusammensetzung vorzuziehen, denn diese hilft dabei, das Teamlernen zu verbessern und die Erfolgswahrscheinlichkeit zu erhöhen (vgl. Akgün/Lynn 2002, S. 276).

Vieles spricht von daher für eine gewisse personelle Kontinuität, denn der Entwicklungsaufwand für Teams, deren Mitglieder einander gänzlich unbekannt sind, ist enorm. Der Zustand des Eingespieltseins ist erst mühsam zu erarbeiten und das gilt noch mehr für den Fall, dass äußerst kreative, oft eigenwillige Mitarbeiter zusammengeführt werden. Bei Cockpit-Crews von Passagierflugzeugen ließ sich – trotz des weiter oben erwähnten höchst standardisierten Handlungsrahmens – sogar statistisch nachweisen, dass dann die wenigsten Unfälle passierten, wenn deren Mitglieder miteinander vertraut waren und bereits gemeinsame Erfahrungen gesammelt hatten. »Die US-Flugsicherheitsbehörde stellte fest, dass sich 73 Prozent der in ihrer Datenbank gespeicherten Zwischenfälle an dem Tag ereignet hatten, an dem eine Crew zum ersten Mal miteinander geflogen war – ehe die Leute die Chance hatten, durch Erfahrung zu lernen, wie sie am besten als Team zusammenarbeiten (…) Und eine Untersuchung der US-Raumfahrtbehörde NASA hat ergeben, dass übermüdete Crews, die schon seit Längerem zusammenarbeiteten, nur etwa halb so viele Fehler machten wie Teams mit ausgeruhten Piloten, die noch nie miteinander geflogen waren« (Hackman 2009, S. 95).

So einsichtig dies klingt, die Fluggesellschaften halten sich dennoch nicht daran, teilweise aus ökonomischen, teilweise aus schichtbedingten Gründen (was auch in Krankenhäusern ein Problem darstellt). Gerade unter solchen Bedingungen sollten deswegen strukturierte Lernformen wie der After Action Review zum Einsatz kommen. Jenseits der allen bekannten Standards und Verhaltenserwartungen sorgen diese für die erforderliche Feinjustierung und die korrekte Wahrnehmung der jeweiligen Situation.

3.2.2 Situationswissen

Der Vorgang, Signale aus der Umwelt, aber auch aus dem Team rechtzeitig zu registrieren und in ihrer Bedeutung korrekt einzuschätzen, wird unter dem Schlagwort **team**

situation awareness (TSA) diskutiert. Ganz allgemein gesehen bezeichnet TSA sämtliche Denkvorgänge eines Teams, die notwendig sind, um in einer dynamischen Umwelt zurechtzukommen und diese kontrollieren zu können (vgl. Durso/Gronlund 1999, S. 284; Uitdewilligen/Waller/Zijlstra 2010, S. 323 ff.). TSA betrifft die Sensibilität eines Teams gegenüber seiner Umwelt bzw. seinem Kontext. Einfacher ausgedrückt: Ein Team muss darüber Bescheid wissen, was um es herum passiert, wobei dabei immer auch die Bedeutung mitschwingt, zu wissen, was jeweils wichtig ist (vgl. Endsley 2000, S. 5).

Als Pionierin auf diesem Gebiet gilt die amerikanische Forscherin Mica R. Endsley, die sich vor mehr als zwanzig Jahren als Unternehmensberaterin selbstständig gemacht hat und von 2013 bis 2015 Chief Scientist of the U.S. Air Force war, die höchste Position eines wissenschaftlichen Beraters innerhalb der amerikanischen Luftwaffe. Der auf der Homepage ihres Unternehmens SA Technologies plazierte Leitspruch »Know the Situation. Know the Solution« markiert treffend die enge Verquickung zwischen Situationskenntnis und Zielerreichung. *Nur wer die Situation kennt und weiß, in welche Richtung die Dinge vermutlich laufen werden, kann auch die richtigen Handlungsschritte setzen.*

Die Annäherung der Teamarbeit an die Umweltbedingungen soll im Rahmen der Situation-Awareness-Beratung verbessert werden. Sicherlich gilt die rasche Erfassung sich ändernder Umweltzustände für Hochleistungsteams (z. B. Luftraumüberwachungsteams), Innovationsteams oder virtuelle Teams, die standortverteilte Informationen zu integrieren haben, in noch stärkerem Maße als für herkömmliche Arbeitsteams auf betrieblicher Ebene. Dennoch sehen auch diese sich immer schneller ändernden Rahmenbedingungen gegenüber, auf die sie reagieren müssen. Von Endsley stammt das in fast allen Veröffentlichungen zum Thema situation awareness auftauchende *Drei-Ebenen-Modell* (vgl. Endsley 1995, S. 36 ff.).

- Auf der *ersten Ebene* (»perception of elements in the environment«) geht es zunächst um die Wahrnehmung von Umweltelementen über die fünf Sinneskanäle (Sehen, Hören, Riechen, Schmecken, Tasten). Die Frage, welche Informationen wichtig sind und daher wahrgenommen werden sollten, aber auch die Frage, welche Sinneskanäle dabei bevorzugt zum Einsatz kommen, variiert von Aufgabengebiet zu Aufgabengebiet. Ein Pilot muss andere Flugzeuge, die Umgebung, den Systemstatus und Warnsignale wahrnehmen. Ein Winzer hat den Gärungsprozess des Weins über den Geschmack und Geruch sowie das Aussehen zu verfolgen (vgl. Endsley/Bolté/Jones 2003, S. 14). Auf der ersten Ebene geschehen durch mangelnde Aufmerksamkeit, Ablenkung und Unerfahrenheit die meisten Fehler. Tendenziell sind hierbei Experten gegenüber Anfängern im Vorteil, weil ihre Warhnehmung geschulter ist, d. h. sie achten auf die *richtigen*, oft schwachen und weniger ins Auge fallenden Signale (vgl. Mistele 2007, S. 166).
- Auf der *zweiten Ebene* (»comprehension of the current situation«) geht es darum, herauszubekommen, wie die Daten und wahrgenommenen Signale im Lichte der eigenen Ziele zu bewerten sind (vgl. Endsley/Bolté/Jones 2003, S. 17). Die einzelnen Elemente müssen also zu einem stimmigen Gesamtbild (big picture) integriert werden. Auch hier kann ein erfahrener Experte auf seinem Gebiet schneller in der

Lage sein, die aus der Umwelt einströmenden »Puzzleteile« zu einem kohärenten Ganzen zusammenzufügen (vgl. Randel/Pugh/Reed 1996, S. 582).

- Die *dritte Ebene* (»projection of future status«) ist die höchste Form des Situationsbewusstseins. Aufbauend auf den beiden ersten Ebenen – der Wahrnehmung und dem zielbezogenen Verständnis der Situation – wird hier eine Entscheidung getroffen. Anders ausgedrückt: Es werden mögliche Umweltzustände als Folge unterschiedlicher Entscheidungsalternativen mental vorweggenommen und gewählt wird dann diejenige Alternative, die am zielführendsten erscheint. Ein Fluglotse etwa muss aus den erfassten Radarmustern freie Lufträume antizipieren, um Kollisionen zu vermeiden. Oder ein Neuproduktentwicklungsteam muss bei einer plötzlichen Budgetverknappung entscheiden, auf welche Teilfunktionen des Produkts es verzichten kann, ohne dadurch die Wünsche des Auftraggebers zu sehr zu vernachlässigen.

3.3 Teamemotionen – Dynamische Gefühlsmuster

Die vergleichsweise stabilen Teamkognitionen in Gestalt der geteilten mentalen Modelle und des transaktiven Gedächtnisses besitzen die Eigenschaft, nicht durch negative Ereignisse wie Vertrauensbrüche oder Niederlagen zerstört werden zu können. Abgesehen von den üblichen menschlichen Vergessensprozessen bleibt Wissen, das wir über andere und über das Team aufgebaut haben, weitgehend erhalten. In eben dieser *relativen Beständigkeit* liegt gleichzeitig aber auch der Keim möglicher Trägheit, weil Teammitglieder, die lange zusammengearbeitet haben, glauben, bereits alles von- und übereinander zu wissen. **Teamemotionen** sind dagegen wesentlich unbeständiger und damit auch leichter zu beschädigen. Kollektive Emotionen erzeugen in Teams so etwas wie ein »schwingendes Feld« und folgen einer kaum zu berechnenden Dynamik. Das Denken, Urteilen und Handeln wird fortlaufend von Emotionen durchdrungen. Die Teammitglieder beeinflussen sich gegenseitig – wie elektromagnetische Induktionsfelder (vgl. Barsade 2002, S. 667).

Auch wenn Gefühle aufgrund spezieller biografischer Erfahrungen und Erlebnisse zunächst einmal etwas höchst Individuelles sind, weiß doch jeder und jede aus eigener Erfahrung, dass es Erscheinungen wie eine kippende Stimmung geben kann, genauso wie euphorische und solidarische Momente des Zusammenhalts. Rasch wechselnde Stimmungslagen werden nachfolgend mit dem Begriff **Teamstimmung** erfasst. Dieser ist verwandt mit dem Terminus **Teamklima**, der ebenfalls eine atmosphärische Momentaufnahme verkörpert und punktuelle Stimmungen und Zufriedenheitsschwankungen von Teammitgliedern wiedergibt.

Sich stabilisierende Stimmungsmuster fassen wir unter den Begriff **Teamgeist**. Dieser ist wiederum Teil der (umfassenderen) **Teamkultur**. Diese spiegelt die relativ beständige Grundstimmung eines Teams wider. Bisweilen wird auch vom Korpsgeist (»esprit de corps« nach Henri Fayol, vgl. auch Fells 2000, S. 357) oder dem Team Spirit gesprochen. Zwar schwingt bei dem Begriff Teamgeist im Deutschen etwas Kognitives mit, doch speziell im Sport wird »Teamgeist« mit Emotionen wie Begeisterung oder Wir-Gefühl in Verbindung gebracht. Und in dieser Bedeutung – der Geist als etwas Belebendes,

Aktivierendes, Euphorisierendes – soll er nachfolgend auch verstanden werden. Die in der Literatur am häufigsten diskutierten Konzepte gibt Abbildung 39 wieder.

Teamemotionen – Dynamische Gefühlsmuster	
Teamstimmung	**Teamgeist**
Positiver und negativer Teamaffekt (PANAS) Zufriedenheitsbarometer Kollektive Gefühle, die einerseits hohe oder geringe Aktiviertheit bzw. Erregung aufweisen, andererseits positiv (Lust, Zufriedenheit) oder negativ gefärbt (Unlust, Niedergeschlagenheit) sein können	Teamzusammenhalt (Kohäsion) Teamerfolgsglaube • bezogen auf die Aufgabe • bezogen auf das Team als Ganzes Teamidentifikation Teamvertrauen Psychologische Sicherheit
wechselhaft, schwankend	*stabilisieren sich durch positive Erfahrungen, müssen jedoch immer wieder erneuert werden*

Abb. 39: Dynamische Gefühlsmuster in Teams

3.3.1 Teamstimmungen

Von allen emergenten Zuständen ist die Teamstimmung wohl am brüchigsten. Sie kann nicht nur relativ schnell wechseln (sogar mehrmals im Verlauf eines Arbeitstages), sondern sie ist in gewisser Weise auch jedes Mal wieder etwas völlig Neuartiges. Fühlen sich Teammitglieder ungerecht behandelt, treten Konflikte auf, wie oder von wem etwas zu tun ist, sind einzelne Teammitglieder schlechter Laune, so kann dies umgehend in eine destruktive Arbeitsatmosphäre umschlagen. Die Stimmung einzelner Teammitglieder überträgt sich also leicht auf das gesamte Team, negativer formuliert: Sie steckt das Team an, infiziert es (»emotional contagion«; vgl. Barsade 2002, S. 646; Kelly/Barsade 2001, S. 106 f.; Paulsen/Kauffeld 2016, S. 358 f.). Dabei sind oft unbewusste Nachahmungen – z. B. der Gesichtsausdrücke des Gegenübers, seiner Körpersprache oder seiner Stimmenmodulation – am Werk. So wie wir häufig gähnen, wenn unser Gegenüber gähnt (vgl. Rhee 2007, S. 67 f.) – ein Aspekt, der in der Hirnforschung übrigens unter dem Begriff der Spiegelneuronen untersucht wird.

Daneben können aber auch bewusstere Prozesse zu einer »Gefühlsansteckung« führen, indem etwa Vergleiche angestellt werden. Menschen vergleichen demnach fortlaufend ihre eigene Stimmung mit der der anderen und passen sich jeweils situationsangemessen an (vgl. Barsade 2002, S. 648; Neumann/Kozlik 2017, S. 174 ff.). Weitere Determinanten der Teamstimmung sind die Zusammensetzung (wechselseitige Anziehung oder Abstoßung), die Sozialisation, soziale Normen, die Stimmung des Vorgesetzten sowie auch technische oder architekturelle Rahmenbedingungen (vgl. George/King 2007, S. 100). Auch passen sich Personen, die einen niedrigeren Status haben, den dominanten Emotionen von Personen mit einem höheren Status an – was für Zimmergenossen eines akademischen Jahrgangs im Hochschulsektor nachgewiesen werden konnte (vgl. Rhee 2007, S. 87).

Die Teamstimmung wird u. a. durch **positive und negative Affekte bzw. Gemütszustände** bei den einzelnen Teammitgliedern **gemessen** (sog. PANAS = Positive and Negative Affect Schedule; vgl. Watson/Clark/Tellegen 1988). Dabei werden positive und negative Empfindungen mit Hilfe von zwanzig Adjektiven erfasst, die auf einer fünfstufigen Skala von »gar nicht« bis »äußerst« zu bewerten sind. Die Einschätzung der eigenen Gefühle kann sich auf aktuelle oder überdauernde Gefühlszustände beziehen (z. B. Wie interessiert sind Sie im Moment, letzte Woche, letzten Monat gewesen?).

Daneben kann auch das einfachere und im Alltag praktikablere **Instrument des Zufriedenheitsbarometers** zum Einsatz kommen (vgl. Baumann/Gordalla 2014, S. 91 ff.). Die **Zufriedenheit** der einzelnen Teammitglieder wird hier in zwei Dimensionen erhoben und grafisch abgebildet:

1. Wie zufrieden (auf einer Skala von 0 bis 100 %) sind Sie mit dem sachlichen Ergebnis der Zusammenarbeit und
2. Wie zufrieden sind Sie mit dem zwischenmenschlichen Ertrag des Miteinanders (Klima, Stimmung)?

»Indem jedes Gruppenmitglied seine gefühlte Zufriedenheit im Barometer punktet, ergibt sich in kürzester Zeit eine gute Einschätzung der Tragfähigkeit der Kooperationsstruktur. Befinden sich viele oder alle Punkte in der rechten oberen Ecke, kann problemlos weitergearbeitet werden. Je mehr Punkte sich der linken unteren Ecke nähern, desto dringender braucht es ein Re-Forming« (Stahl 2012, S. 198).

Andererseits wird die **Teamstimmung** durch zwei orthogonal verlaufende Dimensionen erfasst: Eine *Lust-Unlust-Dimension* (= Lustempfinden) und eine *Aktiviertheit-Nicht-Aktiviertheit-Dimension* (= Verhaltensbereitschaft). Zusammen ergeben diese ein sog. Stimmungsrad (»group mood circumplex«; vgl. Larsen/Diener 1992, S. 31; Tellegen/Watson/Clark 1999, S. 297 f.; Weiss 2002, S. 31 f.; Posner/Russell/Peterson 2005, S. 716). Dieses Stimmungsrad ist in der Lage, das gesamte Sspektrum menschlicher Gefühle zu erfassen. Abbildung 40 fasst dies grafisch zusammen.

Um die Teamstimmung festzustellen, ist demnach die Frage zu klären, wie hoch jeweils das Lustempfinden und der Erregungsgrad (z. B. Entspanntheit oder Euphorie) eines Teams bzw. seiner Mitglieder sind. Die Messung erfolgt in der Regel über eine direkte Beobachtung oder die Aufzeichnung beispielsweise von Teambesprechungen mit Hilfe einer Videokamera. Dabei können die verbalen und nonverbalen Äußerungen der Mitglieder erfasst, transkribiert und inhaltsanalytisch nach einzelnen Kategorien bzw. Interaktionssequenzen ausgewertet werden (vgl. Lehmann-Willenbrock et al. 2011, S. 650; Kauffeld 2007, S. 60).

Kauffeld und Lehmann-Willenbrock (2012, S. 133 ff.) haben ein integratives Kodierungsschema entwickelt, das Interaktionssequenzen präzise erfasst und kategorisiert. Dabei werden die Gruppeninteraktionen, d. h. die verbalen – positiven wie negativen – **Äußerungen** von Teammitgliedern während eines Teammeetings in **vier Grundtypen** unterschieden:

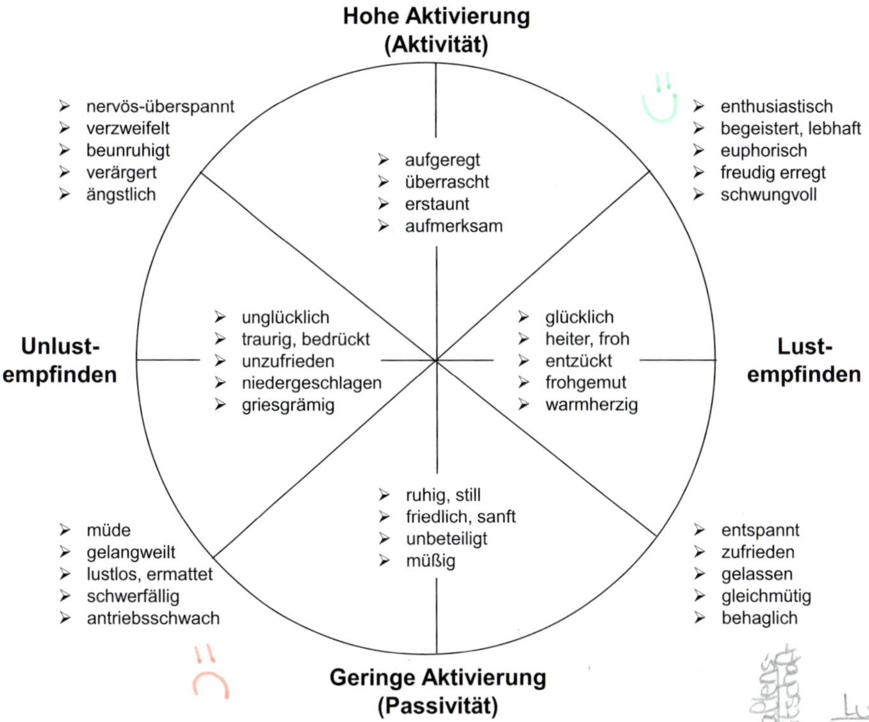

Abb. 40: Das Stimmungsrad

- *Problem- bzw. aufgabenfokussierte Kommunikation* (z. B. Probleme identifizieren, schildern und ursächlich analysieren, Lösungsvorschläge vorbringen);
- *Verfahrensbezogene Kommunikation* (z. B. Verbindungen mit Zielen herstellen, Aufgaben verteilen, auf die verbleibende Zeit hinweisen, Zusammenfassungen und Priorisierungen vornehmen, sich in Details verlieren);
- *Sozio-emotionale Kommunikation* (z. B. Teilnahmebereitschaft wecken, Feedback geben, Gefühle und Anerkennung äußern, Widersprüche begründen, Meinungen von Fakten trennen, andere unterbrechen);
- *Handlungsorientierte Kommunikation* (z. B. Interesse an Ideen bekunden, sich auf auszuführende Aufgaben einigen, Verantwortung von sich weisen, sich über negative Umstände beklagen).

Daraus lässt sich dann z. B. ablesen, ob sich ein Team eher im unproduktiven »Jammermodus« oder im produktiven Lösungsmodus bewegt. Bartel und Saavedra (2000, S. 208) registrieren mit ihrem detaillierten Beobachtungsinstrument die nonverbalen Stimmungshinweise über den Gesichtsausdruck, die Stimme und die Körperhaltung (z. B. Augenkontakt, hochgezogene Augenbrauen, offener Mund, Sprechtempo, Deutlichkeit und Lautstärke der Stimme, Zuwendung des Körpers, unruhige Haltung). All das forschungspraktisch umzusetzen ist mehr als anspruchsvoll. Kauffeld geht allerdings davon aus, dass sich der Aufwand lohnt. Nach ihrer Meinung lassen sich auf der Basis diagnostizierter Interaktionsprozesse Entwicklungsmaßnahmen ergreifen, die dazu beitragen, die Funktionsfähigkeit des Teams zu verbessern, indem dysfunktionale Interaktionsmuster aufgedeckt und verändert und letztlich günstige(re) Rahmenbedingungen hergestellt werden (vgl. Kauffeld 2007, S. 65). Die Gretchenfrage hierbei lautet allerdings: Was genau sind günstige Rahmenbedingungen? Wird Lernen tatsächlich nur dann ausgelöst, wenn sich das Team im Modus mittlerer positiver Emotionen bewegt, wie dies heute gemeinhin unterstellt wird?

Moderne Führungsansätze gehen in der Tat fast unisono von der Notwendigkeit aus, Mitarbeiter emotional zu aktivieren, ihre Begeisterung zu wecken. Die durch Martin Seligman entscheidend mitgeprägte sog. **positive Psychologie** geht noch weiter und behauptet, wie ihr Name schon andeutet, dass primär positive Gefühle dazu geeignet sind, im Mitarbeiter emotionale Energien freizusetzen und motivationale Reserven hervorzulocken. Ähnlich sieht auch die Konsumentenforschung die Stimmung des »idealen« Kunden (Käufer, Zuschauer, Zuhörer) in dem rechten, mittigen Kreissegment des Stimmungsrads angesiedelt: Weder über- noch unteraktiviert und dabei positiv gestimmt – in der »rechten Kauflaune« bzw. im Zustand wacher Aufmerksamkeit (vgl. Homburg 2012, S. 29). Positive Stimmungen führen letztlich zu einem hilfsbereiteren und kooperativeren Verhalten, erhöhen die Bereitschaft, Aufgaben von Kollegen zu schultern und lassen generell ein ausgeprägteres Wohlwollen gegenüber Teamkollegen entstehen (vgl. Barsade 2002, S. 651 f.; George/King 2007, S. 10; Urban 2008, S. 57 ff.). Rhee (2007, S. 74 ff.) bringt positive Emotionen vor allem mit mehr Spontaneität und Humor im Team in Verbindung.

All dies erscheint auf den ersten Blick logisch und nachvollziehbar. Doch wie bereits an früherer Stelle angedeutet, verkennt diese einseitig positive Sichtweise den Umstand, dass auch **negative Stimmungen** – Unzufriedenheit, ungelöste Probleme oder Streitigkeiten – wichtige **Treiber des Teamlernens** sein können. Denn durch sie steigt die Bereitschaft, sich aus einer misslichen Lage befreien zu wollen, an sich zu arbeiten und aktiv nach Auswegen zu suchen (vgl. Rhee 2007, S. 85). Gerade ausgesprochen negative Erlebnisse, die das ganze Team zunächst niederdrücken, können »Wachrüttler« für notwendige Anpassungen sein, indem sie etwa eine »Jetzt erst recht!«-Haltung auslösen. So bezeichnete Jupp Heynckes im Nachhinein die Niederlage der FC Bayern München im Champions League-Endspiel 2012 in der heimischen Allianz-Arena gegen Chelsea als Schlüsselerlebnis, das erst die überragende Leistung der Mannschaft in der darauffolgenden Saison erklärbar gemacht habe (vgl. Busch 2015, S. 248).

Ohne Zweifel braucht es im Team ein Fundament mit einer relativ stabilen positiven Grundstimmung, einen alles in allem kooperativen Teamgeist. Doch scheint in Bezug auf die jeweiligen Stimmungen ebenso die Annahme gerechtfertigt, die *Lernen als das Ergebnis einer zyklischen Abfolge von Unlust- und Lust-, Anspannungs- und Entspannungs-, Verzweiflungs- und Begeisterungsphasen begreift.*

Auch in der Forschung werden allmählich Stimmen lauter, die dazu raten, Abstand davon zu nehmen, positive Gefühle als etwas immer Gutes und negative Gefühle als etwas rundheraus Schlechtes zu betrachten (vgl. Bledow/Rosing/Frese 2013, S. 433, 445).

George (2011) hat versucht, dieser Annahme, die durchaus schon axiomatisch-ideologische Züge angenommen hat und der sie selbst lange Zeit gefolgt ist, mit drei Hauptargumenten entgegenzutreten:

- *Einseitig positive Sichtweisen verkennen den Lernwert, der in negativen Emotionen steckt.* So kann Ärger zwar einerseits als stressig empfunden werden, andererseits kann er aber auch wichtige Impulse für dringend erforderliche Änderungen liefern. Wenn negative Emotionen unterdrückt bzw. als schädlich erachtet werden, lässt man die Gelegenheit, Probleme klarzustellen, verstreichen. Nur das Positive sehen zu wollen, verdeckt darunterliegende Unstimmigkeiten. Der sich dadurch aufstauende verhaltene Ärger kann dann nicht nur den Bestand der Beziehung gefährden, sondern das Team auch daran hindern, Lernfortschritte zu erzielen (vgl. George 2011, S. 150 f.).
- *Die meisten Reize und Ereignisse aus der Umwelt erzeugen in uns ambivalente, gemischte Gefühle (z. B. Begeisterung und Angst zugleich).* So kann es auch in Teams die einander widerstreitenden Kräfte von Zusammenarbeit und Wettbewerb, Altruismus und Egoismus geben. Entsprechend bildet weder die einseitige Fokussierung auf positive Gefühle, wie dies durch die positive Psychologie propagiert wird, noch die einseitige Betrachtung negativer Gefühle, wie dies durch die Arbeitsstressforschung geschieht, die vollständige Klaviatur des emotionalen Lebens in Teams ab (vgl. ebd., S. 152 f.).
- *Negative Geschehnisse führen zu sehr viel höherer Aufmerksamkeit bei den Beteiligten und weisen einen höheren Erinnerungswert auf.* Selbst wenn in der Organisation die kulturelle Vorgabe existiert, die Dinge allgemein positiv zu sehen und lösungsorientiert vorzugehen, achten deren Mitglieder doch sehr viel stärker auf negative Erlebnisse und Rückmeldungen aus der Umwelt. In Mitarbeitergesprächen etwa hören die Beurteilten genauer auf die negativen Kritikpunkte und überhören darüber häufig das Positive. Insofern können negative Gefühle, eben weil sie in der subjektiven Wahrnehmung überbetont werden, das Lernen auch in eine falsche Richtung lenken.

Aus diesen stichhaltigen Argumenten lässt sich der Schluss ziehen, dass sowohl positive als auch negative Gefühle Funktionen erfüllen und zur Weiterentwicklung eines Teams beitragen. Sie sind als »Tandem« zu sehen, als eine Perspektive mit zwei unterschiedlichen Tönungen – ähnlich dem chinesischen Yin und Yang. Der Jazztrompeter Wynton Marsalis hat dies so formuliert: Es kommen immer *Spannungen* auf. Der Umgang mit ihnen ist Teil der Arbeit. Wenn es keine Spannungen gibt, dann wird die Arbeit vermutlich nicht ernst genug genommen (zitiert in Edmondson 2012, S. 61).

3.3.2 Teamgeist

Bilden Teamkognitionen das vernetzende Fundament der aufgabenbezogenen Zusammenarbeit, so liefert der Teamgeist den »sozialen Kitt«, das emotionale Fundament der

Zusammenarbeit – eine Art *gundsätzliche Kooperationsbereitschaft* (vgl. Bedwell et al. 2012, S. 136). Doch wie bildet sich ein guter Teamgeist? Sicherlich sind die gelebten Prozesse, speziell die coachende, ermutigende Führung ein entscheidender Faktor. Daneben spielen aber auch die Persönlichkeitseigenschaften der einzelnen Teammitglieder sowie die zuvor erläuterten Stimmungen eine wichtige Rolle.

Das Konzept Teamgeist wird in wissenschaftlichen wie praxisnahen Beiträgen unterschiedlich aufgefasst. **Vier Erklärungsansätze** sind hilfreich:

- *Der Teamgeist formt die Gefühle einzelner Teammitglieder auf eine »überwältigende« Weise,* so dass diesen Selbstbewusstheit und das Gefühl, eine eigenständige Persönlichkeit zu sein, abhanden kommt (sog. Deindividuation; vgl. Barsade/Gibson 1998, S. 83). Ähnlich hat bereits Gustave Le Bon (1841-1931) in seinem Werk »Psychologie der Massen« von 1895 argumentiert (vgl. auch Freud 2017, S. 9 ff., Hofstätter 1957, S. 7 ff.). Nach Le Bon fühlt, denkt und handelt die Masse völlig anders als der Einzelne in Isolation. Die Masse kann beispielsweise im Vergleich zu Individuen sehr viel aggressivere Emotionen und den Hang zu Gewaltexzessen entwickeln, denn der einzelne erlangt durch die Tatsache der Menge ein Gefühl unüberwindlicher Macht, »welches ihm gestattet, Trieben zu frönen, die er für sich allein notwendig gezügelt hätte. Er wird ihnen um so eher nachgeben, als durch die Namenlosigkeit und demnach auch Unverantwortlichkeit der Masse das Verantwortungsgefühl, das die einzelnen stets zurückhält, völlig verschwindet« (Le Bon 1982, S. 15). Die Infobox »Die dunklen Seiten der Teamarbeit« geht noch ausführlicher auf die in Teams wirksamen Zwänge ein.
- *Der Teamgeist kontrolliert und beschränkt die Gefühlsäußerungen von Teammitgliedern.* Über normativen Druck wird hier definiert, wie Teammitglieder fühlen sollen und wie sie ihre Gefühle in bestimmten Situationen auf angemessene Weise äußern dürfen (vgl. Barsade/Gibson 1998, S. 85). Es geht um die in Teams stattfindende Disziplinierung und Einengung (»Zähmung«) des Denkens und Fühlens.
- *Der Teamgeist als ein zusammenschweißendes Band,* der das Team zu einer engagierten und funktionsfähigen Einheit macht. Diese Vorstellung findet sich besonders im Konzept der Teamkohäsion gebündelt, die sich aus der Sympathie unter den Teammitgliedern, der Identifikation mit der Aufgabe und dem Stolz auf das Team speist (vgl. Barsade/Gibson 1998, S. 86). Anders als im ersten Fall bleibt hier aber die Persönlichkeit der einzelnen Teammitglieder erhalten. Sie streben danach, ihre Fähigkeiten so einzubringen, dass das Team als Ganzes davon profitiert. Egoistische Tendenzen werden also nicht ausgelebt. Besonders im Mannschaftssport ist diese Perspektive häufig anzutreffen.
- *Der Teamgeist als Ergebnis einer dynamischen Teamentwicklung.* Der Teamgeist wird hierbei als etwas angesehen, dass sich erst über Zeit, im Verlauf der Zusammenarbeit und über häufig konfliktgeladene Auseinandersetzungen herausbildet. Verwiesen wird in der Regel auf das Tuckmansche Forming-Storming-Norming-Performing-Modell, worauf an späterer Stelle noch eingegangen wird (▶ Kap. 3.5.1). Dieses Modell sieht den Teamgeist als das Resultat eines emotional anstrengenden Formungsprozesses mittels Strukturierungen und Normierungen. Teammitglieder müssen sich

hier erst aufeinander einstellen bzw. aneinander gewöhnen, bevor sich Verhaltensregeln und ein Wir-Gefühl im Team einstellen.

Infobox »Die dunklen Seiten der Teamarbeit«

Gruppen sind ambivalente Erscheinungen: Vieles, was den Erfolg ausmacht, trägt zugleich den Keim des Misserfolgs in sich. So können gut entwickelte Teamkognitionen ein reibungsloses Zusammenwirken garantieren; sie können aber auch zu erstarrten Handlungsmustern und Veränderungsresistenz führen. Ein gut entwickelter Teamgeist fördert die Motivation und stachelt zu herausragender Leistung an – genauso gut kann er aber auch Individualität und Kreativität zerstören. Abgesehen davon, dass mit Teams destruktive Ziele verfolgt werden können (z. B. Diebesbanden, Straßengangs), lassen sich auch in »normalen« Teams nicht wenige Schattenseiten beobachten, die zu kennen wichtig ist, um ihnen dann effektiv entgegenzuwirken.

- Teams können einen **zu großen Leistungsdruck** aufbauen, wodurch sie zu einer möglichen Burnoutfalle (vgl. Fengler/Sanz 2011) oder auch zur Mobbingarena werden, in der Leistungsschwache an den Rand gedrängt oder schikaniert werden. Es tritt ein stressreicher Zustand der Überforderung ein (das Gegenteil, die Unterforderung in Gestalt des Boreout, dürfte in der heutigen Arbeitswelt eher die Ausnahme bilden).
- Teams gehen **höhere Risiken** ein als Einzelpersonen (risk shift). Es entwickelt sich eine Art Sogwirkung, weil sich die Verantwortung auf viele Köpfe verteilt (sog. Verantwortungsdiffusion) und dadurch die Angst sinkt, persönlich zur Rechenschaft gezogen zu werden. Ebenso steigt die Aggressionsbereitschaft in Gruppenformationen, wie traurige Vorfälle enthemmter Gewalt im öffentlichen Raum immer wieder zeigen. Umgekehrt gibt es auch den Fall, dass Teams zu »lasche« Entscheidungen treffen bzw. nur »faule« Kompromisse finden. Statt mutig einen bestimmten Weg einzuschlagen, wird stattdessen der Weg des geringsten Widerstands gegangen, bei dem sich niemand auf den Schlips getreten fühlt. Aktuell ist zudem experimentell festgestellt worden, dass sich Gruppen unehrlicher und amoralischer verhalten als Einzelpersonen (dishonesty shift) (vgl. Kocher/Schudy/Spantig 2017).
- **Übertriebener Konformitätsdruck** führt in Teams zur Unterdrückung von Minderheitsmeinungen, zu einem geringen Leistungsniveau (wenn die Mehrheit »bremst«) oder zu einer ungesunden Abschottung von der Umwelt. Kreative Vielfalt wird dann durch kollektive Einfalt ersetzt.
- Eine **Überidentifikation** mit den Teamzielen oder der Teamführung erzeugt in einzelnen Teammitgliedern eine »Auslöschung« indivdueller Wünsche und Vorstellungen. Es kommt zu einem Verlust der menschlichen Eigenart (sog. Deindividuation). An die Stelle eigenverantwortlichen Handelns tritt eine Fremdsteuerung, eine übertriebene Denk- und Verhaltenskontrolle (vgl. Antons 2015, S. 338).

- Gelingt es einem Team, trotz fehlender Erfolge immer mehr Ressourcen und Energien zu mobilisieren, in der Hoffnung, dass am Ende doch noch der große Durchbruch kommt, so wird auch von **Übereifer (escalating commitment)** gesprochen (vgl. Jenner 2001). Gutem Geld wird dann schlechtes hinterhergeworfen, niemand zieht rechtzeitig die Reißleine. Beispiele hierfür sind der Transrapid oder der Misserfolg des Frachtzeppelins »Cargolifter« (vgl. Bauer 2006 zur Frage gescheiterter Innovationen). Die Gründe sind vielfältig: Misserfolge werden ungern eingestanden, es wird auf versunkene Kosten verwiesen, Projektbeteiligte haben Eigeninteressen, im Verlustbereich wird Entscheidungsverhalten nach der Prospect Theory risikofreudiger, Akteure sind generell nur begrenzt rational und folgen einer dominanten mentalen Logik. Als Gegenmaßnahmen werden die Überprüfung von Meilensteinen, die Installierung unvorgeingenommener Kontrollinstanzen, der Abgleich von Mitarbeiter- und Kundenwahrnehmungen und die Abwägung von Handlungsalternativen empfohlen.
- In Teams kann sich überdies eine oft unbewusste Neigung ausbreiten, weniger zu leisten oder auch **Leistung zurückzuhalten (social loafing)**, was zuerst in Tauziehexperimenten von Max Ringelmann gezeigt werden konnte (Ringelmann-Effekt). Mit zunehmender Gruppengröße nahm hier die Einzelleistung ab (vgl. von der Oelsnitz/Busch 2006b). Neben der Gruppengröße und der mangelnden Sichtbarkeit der Einzelbeiträge (»Mein Beitrag zählt nicht bzw. wird nicht gezählt«) werden folgende mögliche Ursachen genannt: Die Teamzusammensetzung (unterschiedliches Leistungsniveau, Mangel an Teamfähigkeit), die Teamaufgabe (Probleme der individuellen Zurechnung von Verantwortung), eine ungerechte Aufgabenverteilung oder negatives (Leistungs-)Verhalten von Kollegen, die zu Gegenreaktionen führen, fehlende Leistungskontrollen sowie eine insgesamt geringe Leistungsorientierung, ein schlechter Zusammenhalt im Team und eine niedrige Erfolgszuversicht (vgl. Rahn 2010, S. 67 ff. zu konkreten Gegenmaßnahmen).

  Folgende Beobachtungen können der Teamführung als Hinweise dienen, dass social loafing vermutlich im Team auftritt (vgl. Stock-Homburg 2013, S. 585): Einzelne Teammitglieder halten sich in Diskussionen regelmäßig stark zurück oder fühlen sich ausgenutzt. Im Team mehren sich Beschwerden über Ungerechtigkeiten in der Aufgabenverteilung. Einzelne Teammitglieder wirken verloren. Bemerkungen über Trittbrettfahrerverhalten häufen sich. Die Leistung einzelner Teammitglieder geht stark zurück. Bestimmte Teammitglieder suchen zu sehr die Unterstützung von anderen.
- Die wohl bekannteste und am besten erforschte Negativseite von Teams ist das **Gruppendenken (groupthink)** (vgl. Janis 1982; zusammenfassend Watzka 2008 und Auer-Rizzi 1998, S. 184 ff.). Das Groupthink-Modell des amerikanischen Psychologen Irving L. Janis (1918-1990) ergänzt den durch Autorität und Mehrheit ausgeübten Konformitätsdruck, wie er in den Asch- und Milgram-Experimenten nachgewiesen wurde, durch spezielle Kontextbedingungen. Hierzu zählt er insbesondere eine Bedrohung von außen. Janis hatte verschiedene

Einzelfälle anhand von Gesprächsprotokollen analysiert, u. a. das Entscheidungsverhalten der Kennedy-Regierung während der ersten Kuba-Krise (»Schweinebucht-Invasion«). Die äußere Bedrohung führt zu Zeitknappheit und Handlungsdruck bei den verantwortlichen Entscheidungsträgern. Im Ergebnis neigt dann das zuständige Entscheidungsgremium dazu, rasch auf eine Linie einzuschwenken (sog. concurrence seeking), selbst wenn es sich aus hochintelligenten Personen zusammensetzt. Kritisches Denken wird unterdrückt, die Realität wird verzerrt wahrgenommen und die Informationsverarbeitung (Sammlung, Weitergabe, Auswertung) erfolgt unzureichend. Im schlimmsten Fall sind krasse Fehlentscheidungen die Folge.
Auch im aktuellen politischen Geschehen finden sich immer wieder ähnliche Konstellationen. Die Abstimmung des Deutschen Bundestages über den Euro-Rettungsschirm ist ein gutes Beispiel (künstlicher Zeitdruck und keine zugelassene Diskussion von Alternativen). Ein anderes ist der Entscheidungsprozess der Bush-Regierung im Vorfeld des zweiten Irakkriegs (vgl. Kuntz 2007). Eine offene Kommunikations- und Feedbackkultur sowie ein hohes Maß an Verantwortungsgefühl bilden ein gleichsam natürliches Gegengift. Weitere Gegenmaßnahmen sind die Vermeidung von Isolation, das Achten auf Meinungsvielfalt und ein regelgebundenes, verbindlich vorstrukturiertes Vorgehen.

Innerhalb der Teamforschung ist der Teamgeist vor allem mit dem **Teamzusammenhalt** in Verbindung gebracht worden. Andere Bezeichnungen hierfür sind (Gruppen-/Team-) Kohäsion, Zusammengehörigkeitsgefühl oder Wir-Gefühl (vgl. Lott/Lott 1965 zu einer Zusammenfassung der älteren Literatur). Wenn der Teamzusammenhalt hoch ist, so ist auch die Bereitschaft von Teammitgliedern hoch, im Team zu bleiben oder zu einem späteren Zeitpunkt nochmals in diesem Team zu arbeiten (vgl. Carron/Brawley 2000, S. 94). Fehlender Zusammenhalt hingegen »beeinträchtigt die engagierte und kooperative Arbeit der Teammitglieder an der kollektiven Aufgabe« (Högl 1998, S. 83). Typische Items zur Erfassung der Teamkohäsion sind beispielsweise (vgl. Chin et al. 1999, S. 757; Carless/DePaola 2000, S. 77):

- Ich bin glücklich, Teil dieser Gruppe zu sein.
- Ich sehe mich als Teil dieser Gruppe.
- Dies ist eine der besten Gruppen überhaupt.

In der Regel wird der Zusammenhang zwischen Teamkohäsion und Teamleistung überprüft, wobei hierbei angenommen wird, dass ein moderierender Einfluss über die Interaktionsdichte und die Teamgröße erfolgt. *Je enger (loser) Teammitglieder zusammenwirken und je kleiner (größer) das Team ist, desto ausgeprägter (schwächer) ist auch der Zusammenhalt* (vgl. Mullen/Copper 1994, S. 213). Der Teamzusammenhalt ist ohne Zweifel der zentrale Antrieb für Teammitglieder, sich gegenseitig zu unterstützen, gemeinsam zu lernen und allgemein im Sinne des Teams zu handeln. In gewisser Weise sind alle anderen Konstrukte »Ableger« dieses Wir-Gefühls. Trotzdem hat die Forschung versucht, die Wirkungen, die von den anderen Konstrukten ausgehen, noch feingefächerter herauszuarbeiten.

Die wichtigsten sind:

- der Teamerfolgsglaube (collective efficacy, group potency),
- die Teamidentifikation,
- das Teamvertrauen und die damit zusammenhängende psychologische Sicherheit.

a) Der Teamerfolgsglaube

Der Teamerfolgsglaube (collective efficacy) bezieht sich zunächst auf die kollektive Zuversicht, eine Aufgabe gemeinsam schaffen, ein Ziel zusammen erreichen zu können. Ursprünglich von Albert Bandura entwickelt, hat sich die Teamforschung sehr intensiv mit diesem Konstrukt auseinandergesetzt. Der Erfolgsglaube eines Teams ist dabei ein zentraler Motivator, durch den die Handlungswahl und Zielsetzung beeinflusst, die Anstrengungsbereitschaft gesteigert und der Leistungwillen auch bei Rückschlägen erhalten wird (vgl. Tasa/Taggar/Seijts 2007, S. 23). Neben individuellen Einflussfaktoren (Zuversicht, Selbstbewusstsein, Disziplin) spielen vor allem teambezogene Erfahrungen wie Erfolge in der Vergangenheit, »Etappensiege« in der Gegenwart (»success breeds success«), Vergleiche mit anderen Gruppen sowie ein unterstützendes und forderndes Führungsverhalten in Gestalt intelligenter Zielsetzungen und motivierender Rückmeldungen eine tragende Rolle (vgl. Jung/Sosik 2002, S. 314 ff.; Zaccaro et al. 1995, S. 316 ff.). Idealerweise existieren gleichrangige Gegner, an denen sich das Team messen und aufbauen kann.

Folgende Items können genutzt werden, um herauszufinden, ob in einem Team eine hohe Erfolgszuversicht vorhanden ist oder nicht (vgl. Moser/Schaffner/Heinle 2005, S. 89):

- Ich glaube an das starke Innovationspotenzial meiner Firma, dank dem wir auch unter widrigen Umständen Neuerungen durchsetzen können.
- Ich bin davon überzeugt, dass wir gemeinsam für Qualität sorgen können, auch wenn unsere Ressourcen geringer werden sollten.
- Ich bin überzeugt, dass wir wertvolle Arbeit leisten können, weil wir kompetent sind und an schwierigen Aufgaben wachsen können.
- Aus Fehlern und Rückschlägen können wir viel lernen, solange wir auf unsere gemeinsamen Fähigkeiten vertrauen.
- Ich bin mir sicher, dass wir durch gemeinsames Handeln ein gutes Arbeitsklima erzeugen können, selbst wenn uns die Arbeit über den Kopf wächst.
- Auch mit außergewöhnlichen Vorfällen können wir zurechtkommen, da wir uns gegenseitig Rückhalt bieten.

Erst in jüngster Zeit wird erkannt, dass die Entwicklung des Gefühls der kollektiven Wirksamkeit ein emergenter Prozess ist, der sich aus beobachteten Verhaltensweisen im

Team entwickelt. Wenn zum Beispiel ein Teammitglied bei seinen Kollegen teambezogene Handlungsweisen wahrnimmt (z. B. Deadlines einhalten, Aktivitäten koordinieren, gemeinsam an Problemen arbeiten, Führungsaufgaben übernehmen), dann steigt damit in der Regel auch der Glaube an den Teamerfolg (vgl. Tasa/Taggar/Seijts 2007, S. 19).

Inwiefern durch den internen Erfolgsglauben Teamlernen gefördert oder behindert wird, lässt sich aufgrund fehlender belastbarer empirischer Erkenntnisse auf diesem Gebiet zum gegenwärtigen Zeitpunkt allerdings nicht eindeutig beantworten. Ähnlich wie bei dem Teamzusammenhalt dominieren Studien, die die Auswirkungen auf die Teamleistung betrachten. Dies gilt vor allem für den Sport, da hier die Wettkampfergebnisse als Leistungsindikator nun einmal unmittelbar ersichtlich sind und entsprechend im Vordergrund stehen (obwohl die dem vorgelagerten Lernprozesse sicherlich die Grundlage für den anschließenden Erfolg bilden).

Besonders ein durchgängiger Erfolg kann die Informationssuche und die Wachsamkeit gegenüber Umweltsignalen reduzieren. Stellt sich Erfolg mühelos ein, so wiegen sich die Beteiligten rasch in einem selbstgefälligen Sicherheitsgefühl. Der Erfolg wirkt dann wie ein Filter. Aktives Lernen und Experimentieren werden als nicht mehr notwendig betrachtet (vgl. Lindsley/Brass/Thomas 1995, S. 651). Die österreichische Trainerlegende Ernst Happel (1925-1992) hatte dies erkannt. Happel verließ 1973 Feyenoord Rotterdam nach zwei Meisterschaften sowie den Erfolgen im Landesmeister-Cup und Weltpokal mit den Worten: »Mit zu viel Siegen geht die Disziplin zurück. Wir werden zu sehr Freunde« (zitiert in Jürgens 2015). Dauerhafte Erfolge sind gemäß dieser Überlegungen nur dann möglich, wenn gelegentlich Fehlschläge eintreten und ein anschließendes Lernen aus Fehlern erfolgt (vgl. Lindsley/Brass/Thomas 1995, S. 651).

Weitere Vorschläge zum Erhalt des Erfolgshungers sind *radikale Restrukturierungen* (»frame-breaking change«), die *Ermöglichung kleiner Gewinne und Verluste* (»small wins and small losses«) sowie eine Art *intelligentes Versagen* (»intelligent failure«).

b) Die Identifikation mit dem Team

Ein hoher Teamzusammenhalt, erlebte Erfolge und qualitativ hochwertige Prozesse tragen allesamt dazu bei, dass sich ein Einzelner stärker mit seinem Team verbunden fühlt. Identifikation ist dabei das Ausmaß, in dem in Personen eine Verschmelzung von Selbst- und Teamwahrnehmung stattfindet, d. h. Teammitglieder denken von sich und dem Team in ähnlicher Weise bzw. sie definieren sich über die Teamzugehörigkeit (vgl. Tyler/Blader 2001, S. 210). Unter Bedingungen virtueller Zusammenarbeit ist eine solche Identitätsbildung naturgemäß um einiges schwieriger herzustellen (vgl. Scholz/Stein 2005, S. 91 ff.). Die gerade aufgeführte Definition betont die bewusste, kognitive Seite der Teamidentifikation. Das mag am Anfang der Fall sein, doch nimmt die Identifikation mit der Zeit zunehmend unbewusste Züge an und äußert sich in einem Zugehörigkeits*gefühl* zur Gruppe. Diese emotionale Verbundenheit zeigt sich in kooperativerem Verhalten, d. h. es wird mehr Zeit und Energie darauf verwendet, das Team voranzubringen (z. B. auch durch das Entwickeln und Vorbringen kreativer Ideen), in höherer Zuverlässigkeit, in einem geringeren Hang zu Fehlverhalten (z. B. Regelverstöße, Absentismus, Leistungs- oder Wissenszurückhaltung), aber auch in einer niedrigeren Fluktuationsneigung (vgl. Tyler/Blader 2001, S. 210 f., 216). All dieses über das Erwartbare hinausreichende Verhalten erfolgt aus freien Stücken und nicht, weil Zwang auf Teammitglieder ausgeübt wird. Die Parallele zum sog. *citizenship behavior* oder *extra-role behavior* ist evident (vgl. Janssen/Huang 2008, S. 71 f.). Als besonders markantes Beispiel für eine hohe Identifikation gelten ehrenamtliche Tätigkeiten in kirchlichen oder gemeinnützigen Einrichtungen. Hier »brennt« zwar das Herz der Freiwilligen am stärksten, doch ist dadurch andererseits auch die Gefahr der Selbstausbeutung am größten.

Van der Vegt und Bunderson konnten für multidisziplinär (interfunktional) zusammengesetzte Teams der niederländischen Ölindustrie empirisch nachweisen, dass die Teamidentifikation dazu beiträgt, Verständigungsbarrieren und stereotype Vorstellungen über Teamkollegen aus anderen fachlichen Disziplinen (»die verstehen uns einfach nicht«) abzubauen. Das ist eine entscheidende Bedingung dafür, dass unterschiedliche Ideen und Sichtweisen integriert werden können (vgl. van der Vegt/Bunderson 2005, S. 535). Insofern spielt Teamidentifkation auch im Umgang mit Diversität eine wichtige Rolle, weil dadurch die Bereitschaft steigt, von- und miteinander zu lernen. Teamidentifikation schafft daher eine wichtige Grundlage, um interdisziplinäre Potenziale durch sich gegenseitig befruchtende Ideen zu erschließen (vgl. van der Vegt/Bunderson 2005, S. 543).

Ein Problem darf jedoch nicht übersehen werden: Eine übermäßige Identifikation mit dem Team birgt die Gefahr in sich, dass sich Teammitglieder »entpersönlichen« und kollektive Ziele und Vorstellungen individuelle Ziele und Vorstellungen verdrängen. Das eigene kritische Denkvermögen kann dabei verloren gehen. Dem Team wird blind gefolgt. Im einzelnen Teammitglied entwickelt sich die in Kapitel 2.2.8 beschriebene *Einstellungskonformität.* Das Teammitglied kommt dann erst gar nicht mehr auf den Gedanken, dem Kollektiv zu widersprechen. Teamidentifikation, Teamkohäsion und Erfolgsglaube können in solchen Fällen eine unheilvolle Allianz eingehen (vgl. Whyte 1998).

c) Das Teamvertrauen

Teamvertrauen meint die sich allmählich herausbildende gemeinsame Wahrnehmung gegenseitiger Verlässlichkeit bezogen auf das Verhalten, die Arbeitsleistung und die Professionalität von Teamkollegen, aber auch die kollektive Empfindung, die aus der an den Tag gelegten Hilfsbereitschaft, Rücksichtnahme und Verschwiegenheit untereinander resultiert (vgl. Orlikowski 2002, S. 78 ff.). Wohl kaum ein anderes »weiches« Phänomen hat in den vergangenen Jahrzehnten innerhalb der Managementforschung so viel Aufmerksamkeit erfahren wie Vertrauen. Dies kann einerseits auf seine Bedeutung schließen lassen, andererseits aber auch ein Hinweis darauf sein, dass Vertrauen eine im Alltag immer knapper werdende Ressource wird. Die berühmte »Handschlagqualität« mag zwar noch im Diamantenviertel von Antwerpen die Regel sein, andernorts ist sie längst durch ausgefeilte Vertragswerke ersetzt worden, die ja letzten Endes nichts anderes als eine verschriftlichte und damit einklagbare Form des Misstrauens darstellen. Trotz (oder gerade wegen) der zunehmenden »Verrechtlichung« von Beziehungen spielt Vertrauen im betrieblichen und zwischenbetrieblichen Geschehen dennoch weiterhin eine Schlüsselrolle.

Ohne Vertrauen kann keine offene Kommunikation stattfinden, können Probleme und Konflikte nicht konstruktiv gelöst, *vertrauliche* Informationen nicht ausgetauscht und innovative Wege nicht eingeschlagen werden. Allgemein wird mit Vertrauen das Unberechenbare im Gegenüber »berechenbarer«. Die soziale Komplexität reduziert sich (vgl. Luhmann 2014). In dieser Hinsicht weist Vertrauen eine ähnliche Wirkungsweise auf wie shared mental models.

Für Teams ist die daraus resultierende *psychologische Sicherheit* essentiell. Teammitglieder fühlen sich hierbei frei, sich so zu zeigen wie sie sind, ohne Furcht vor negativen Konsequenzen für das eigene Image, den Status oder die Karriere (vgl. Kahn 1990, S. 708). Für das Lernen ist diese Voraussetzung unverzichtbar, denn dadurch werden Ideen freimütiger vorgebracht, Wissen offener ausgetauscht, Experimente gewagt und eigene Unzulänglichkeiten ehrlich eingestanden (vgl. Edmondson 2012, S. 122 ff.; Carmeli/Gittell 2009, S. 712; Baer/Frese 2003, S. 50). Die wichtigste Voraussetzung für Vertrauen ist zunächst einmal die Teamführung selbst, die charakterlich integer sein, d. h. Konsistenz in ihrem Auftreten und Prognostizierbarkeit in ihrem Verhalten aufweisen sollte (vgl. Malik 2006, S. 149).

Daneben muss die Teamführung die Fähigkeit zum Zuhören besitzen. »Manager sind (...) nicht unbedingt die geduldigsten Menschen und zuhören fällt ihnen nicht gerade leicht. Die guten Führungskräfte zwingen sich daher dazu. Man kann Mitarbeiter durchaus ermahnen, sich kurz zu fassen. Aber man kann das, was sie zu sagen haben und was sie insbesondere ihrem Chef sagen wollen, nicht einfach ignorieren, ohne ihr Vertrauen zu verlieren« (vgl. Malik 2006, S. 145). Weitere vertrauensfördernde Maßnahmen sind die aufrichtige Anerkennung von Spitzenleistungen, die Schaffung von Herausforderungen, das Gewähren von Gestaltungsmöglichkeiten, das Sorgen für eine transparente Informations- und Beurteilungspolitik, das Aufbauen guter Beziehungen, die individuelle Förderung und das Eingestehen eigener Schwächen (vgl. Zak 2017, S. 76 ff.).

3.4 Teamhierarchien – Dynamische Einflussmuster

Bei den nun betrachteten Teamhierarchien geht es um die fortlaufende dynamische (Re-)Strukturierung, die sich stets einstellende *inoffizielle* Ordnung eines Teams. Denn hinter sichtbaren Einflüssen stecken verdeckte Einflussformen. Spätestens seit den Hawthorne-Experimenten ist bekannt, dass formelle Hierarchien (z. B. Projektleitung, Teilgruppenleitung) immer durch informelle Hierarchien überlagert werden. Neben der sachlich-technischen gibt es die (zwischen-)menschliche Dimension. Informelle Phänomene können die formale Struktur ergänzen oder verstärken, aber auch schwächen und unterwandern (vgl. Helle/Schliemann 1969, S. 69 f.). Zu verhindern sind sie jedoch nie. Einer geplanten und gewünschten, künstlich installierten Ordnung steht somit eine gewachsene, sich selbst bildende Ordnung gegenüber. Friedrich August von Hayek hat hierfür die beiden Begriffe Kosmos (= spontane Ordnung) und Taxis (= gemachte Ordnung) geprägt (vgl. von Hayek 2003, S. 37 ff.). Das eine entwickelt sich auf gleichsam natürliche Weise (»Selbstorganisation«), das andere wird von oben geplant bzw. auferlegt (»Fremdorganisation«).

Die wichtigsten Treiber für informelle Einfluss- und Ordnungsmuster in Teams sind Macht und Sympathie. Sie sind die wohl rätselhaftesten Phänomene der Teamarbeit – unberechenbar, schwankend, aber stets präsent und wirksam. Durch **Sympathie** entsteht eine affektive Ordnung, ein *gefühlsabhängiges Beziehungsmuster*, das sich entlang der Pole Zuneigung – Abneigung und Anziehung – Abstoßung entwickelt. **Macht** bewirkt eine rangdynamische Ordnung, ein *machtbezogenes Einflussmuster* im Team, das sich entlang der Pole Überlegenheit – Unterlegenheit, Dominanz – Unterwürfigkeit entwickelt. Es gibt weder macht- noch sympathiefreie Zonen im zwischenmenschlichen Kontext! Macht und Sympathie bahnen sich immer ihren Weg, ob dies der Teamführung gefällt oder nicht. Der Teamleiter ist selbst Teil der Positionsdynamik. Seine Handlungen wirken sich daher unmittelbar auf das Stellungsgefüge des Teams aus.

Nachfolgend werden einerseits die sympathiebasierte Beziehungsstruktur anhand von Morenos Konzept der Soziometrie, andererseits die machtbasierte Rangstruktur einer Gruppe anhand von Schindlers rangdynamischen Modell betrachtet. In beiden Modellen gilt: Beziehungs- und Einflussmuster sind nie etwas Statisches, sondern etwas, das sich – speziell in neu zusammengestellten Teams – immer wieder umformt. Es bilden sich lediglich vorübergehende Gleichgewichts- bzw. Ordnungszustände heraus.

3.4.1 Sympathiebasierte Beziehungsstruktur

Zur Erörerung und Analyse der sich in Teams bildenden Beziehungsmuster wählen wir das auf Jacob Levy Moreno (1889-1974) zurückgehende Konzept der Soziometrie. Eine ihrer Grundannahmen ist, »dass der Mensch kein isoliertes Wesen ist, sondern in einem sozialen Gefüge lebt, und Krankheit oder Gesundheit von Menschen immer auch Krankheit oder Gesundheit seiner Beziehungen ist. Will man Veränderungen für das Individuum erreichen, müssen die sozialen Systeme erforscht und schließlich geändert werden« (Scherr 2013, S. 32). Der Mensch ist nicht nur das gemeinschaftsbildende Wesen, das »zoon politikon« nach Aristoteles, sondern auch das durch die Gemeinschaft in seinem Denken und Handeln beeinflusste Wesen. Das Individuum ist nur aus dem Geflecht an Beziehungen, in die es eingebunden ist, zu verstehen. Jeder soziale Zusammenhang ist stets ein »co-being, co-action und co-experience« und hat seinen Ursprung vermutlich in der Mutter-Kind-Beziehung (von Ameln 2014, S. 207; Schacht 2014, S. 138 ff.). Ohne funktionsfähige Beziehungen kann ein Mensch sich nicht normal entwickeln, es braucht immer ein Gegenüber, einen Spiegel, an dem sich die Identität des Einzelnen ausrichtet und schärft.

Genau hier setzt die Soziometrie an. Jedes soziale System – die Gesellschaft, ein Unternehmen und eben auch ein Team – entwickelt eine ganz spezielle machtvolle Realität, mit eigenen Gesetzlichkeiten, Einflüssen und Ordnungen, die es zu erfassen gilt (vgl. Moreno 1978, S. 92). Seine Sozionomie gliedert sich dazu in **drei Zweige** (vgl. Moreno 1996, S. 28 f., 385 f.):

- die *Soziodynamik* als Wissenschaft der Struktur sozialer Gruppen, einzelner Gruppen und Gruppenverbände,

- die *Soziatrie* als die Wissenschaft der Heilung sozialer Systeme und
- die *Soziometrie* als die empirisch-experimentelle Erfassung sozialer Strukturen, die Messung zwischenmenschlicher Beziehungen. Der Begriff setzt sich aus socius (der Mitmensch) und metrum (das Maß) zusammen.

Das Team bzw. die Interaktion von Teammitgliedern begreift Moreno in Anlehnung an physikalische Modelle der elektromagnetischen Wechselwirkung als anziehende und abstoßende Kräfte innerhalb eines »sozialen Atoms« (vgl. Schunter/Liebau 2014, S. 157; Moreno 1996, S. 22 f., 159 ff.). Um die **Interaktionsmuster** einer Gruppe **zu erfassen**, werden die Mitglieder dazu aufgefordert, Kollegen zu bestimmen, mit denen sie (besonders oder weniger) gerne zusammenarbeiten (möchten). Die »psychosozialen Strömungen« sind für Moreno also Anziehung (Sympathie), Abstoßung (Antipathie) oder Gleichgültigkeit (Indifferenz) zwischen Menschen, die quantitativ durch Wahl bzw. Nichtwahl erfasst und grafisch in einem Soziogramm dargestellt werden können (vgl. Scherr 2013, S. 33).

Soziometrische Tests zeigen, dass jede Gruppe unter ihrer oberflächlichen, sichtbaren Struktur eine zugrunde liegende, schwer greifbare inoffizielle Struktur besitzt. Die Tiefenstruktur ist im Vergleich zur offensichtlichen Struktur lebendiger, wirklicher, dynamischer und zumeist weitaus wirksamer (vgl. Schunter/Liebau 2014, S. 159; Stadler 2013, S. 31). Neben der *Tüchtigkeitsrangordnung*, der soziotelen Struktur (Mit wem würden Sie am liebsten in einem Team zusammenarbeiten?) unterscheidet Moreno auch noch die *Beliebtheitsrangordnung*, die psychotele Struktur (Neben wem möchten Sie am liebsten bei einem Betriebsausflug sitzen?; vgl. Staehle 1994, S. 302. Ausführlicher zur Berechnung soziometrischer Kennzahlen Pollany 1983, S. 40 ff.). Weitere geeignete soziometrische Fragestellungen könnten lauten: Mit wem möchte ich ein persönliches Gespräch führen? Mit wem würde ich eine gefährliche Unternehmung (z. B. Bergtour) durchführen? Auf wen könnte ich mich in einer Situation, in der ich vom Team angegriffen werde, verlassen (vgl. Antons 2011, S. 206)?

Das Resultat dieser Überlegungen ist das **Soziogramm**. Ein solches visualisiert auf einfache Weise die Teamstruktur und offenbart die verborgenen sozialen Beziehungen. Zuvor ermitteln, wie beschrieben, soziometrische Tests den jeweiligen »soziometrischen Status« einer Person (vgl. auch Dollase 2011, S. 181 f.). Geklärt wird etwa:

- Wer ist beliebt, abgelehnt, kontrovers, unbeliebt oder Durchschnitt?
- Zwischen welchen Personen gibt es möglicherweise Konflikte?
- Welche Stellung besitzt der formale Führer, d. h. inwieweit wird er vom Team gemocht?
- Gibt es einen informalen Führer bzw. Star, auf den überdurchschnittlich viele positive Wahlen fallen?
- Welche und wieviele Subgruppen haben sich aufgrund gegenseitiger Wahl bzw. Anziehung im Team herausgebildet?
- Wie hoch ist insgesamt die Teamkohäsion (in Form von gegenseitigen positiven Wahlen)? Bei einer hohen Anzahl an Gegenseitgkeitsablehnungen in Teams entsteht eine »Haufenstruktur«, die in schwierigen Situationen nicht funktional und zielge-

richtet agieren kann (vgl. Pollany 2016, S. 53). Ein solches Team versagt nicht selten unter Stressbedingungen.
- Wer hat eine isolierte Stellung im Team oder wird gar »vergessen«? Wer wird abgelehnt, weil er keine positiven Wahlen erhalten hat? Hierbei kann es sich um einen schwierigen Charakter, Außenseiter oder Sündenbock handeln. Er kann im Team die Funktion eines »Blitzableiters« haben, bei dem alles Negative abgeladen wird. Er kann aber auch ein Mobbingopfer werden, wenn er die Rolle nicht akzeptiert und es ihm zudem an Leistung oder Selbstwertgefühl mangelt.

Auch für die Teamführung können die Ergebnisse ernüchternd sein. Wenn Führung nicht an ihrem Erfolg gemessen, sondern an der Beliebtheit im Team festgemacht, d. h. vor allem als relationales Phänomen verstanden wird, ergeben sich **drei Führungsmuster** (vgl. Moreno 1996, S. 172 f., 447):

- Der **populäre Führer** (erhält viele Wahlen von Gruppenmitgliedern mit niedrigem soziometrischem Status).
- Der **mächtige Führer** (erhält viele Wahlen von Personen mit hohem soziometrischem Status und weist dadurch einen weitreichenderen Einfluss als der populäre Führer auf).
- Der **isolierte Führer** (erhält relativ wenige Wahlen). Außerhalb des Teams kann jedoch die Wahl durch einen mächtigen Führer, der selbst viele Wahlen soziometrisch hochgestellter Individuen auf sich vereint, erfolgt sein. Anders gesagt: Hinter einem vermeintlich isolierten Führer kann eine unsichtbare Größe stehen, die ihm Einfluss verleiht.

Zur Führungsperson wird jemand demnach, wenn er oder sie durch die Wahlen anderer zum Führer »gemacht« bzw. als ein solcher akzeptiert wird (vgl. von Ameln 2014, S. 213 ff.). Abbildung 41 zeigt ein vereinfachtes Soziogramm, bei dem die durchgezogenen (gestrichelten) Vektoren je nach Anzahl der Pfeilspitzen einseitige bzw. gegenseitige Wahl (Abneigung) darstellen (vgl. hierzu ausführlicher Moreno 1996, S. 66 ff.; Schlechtriemen 2013, S. 104 ff.; Rahn 2010, S. 24 ff.). Neutralität ist hier nicht visualisiert.

A bis F bilden im vorliegenden Fall das Team. F ist eine Randperson mit isoliertem Status, die aber im Gegensatz zu E nicht abgelehnt wird. E kann der Sündenbock sein, die Projektionsfläche für alles Schlechtlaufende im Team. A ist der Teamführer, der insgesamt von der Mehrheit geschätzt wird, selbst aber eher misstrauisch gegenüber seinem Team ist. Einzig mit B pflegt er einen intensiveren Austausch. Zugleich ist B aufgrund der meisten auf ihn als Teammitglied fallenden Wahlen ein informeller Führer im Team. B, C und D bilden überdies eine Subgruppe.

Moreno hat die Anwendungsbreite seiner Überlegungen immer wieder belegt und die Soziometrie auf zahlreiche andere Felder angewandt (vgl. Moreno 1996, S. 43 ff., 396 ff.):

- Auf die räumliche Neuordnung sozialer Strukturen in einem Flüchtlingslager in Mitterndorf bei Wien während des Ersten Weltkriegs,
- auf betriebliche Strukturen als Werksarzt in der Bad Vöslauer Kammgarnfabrik,

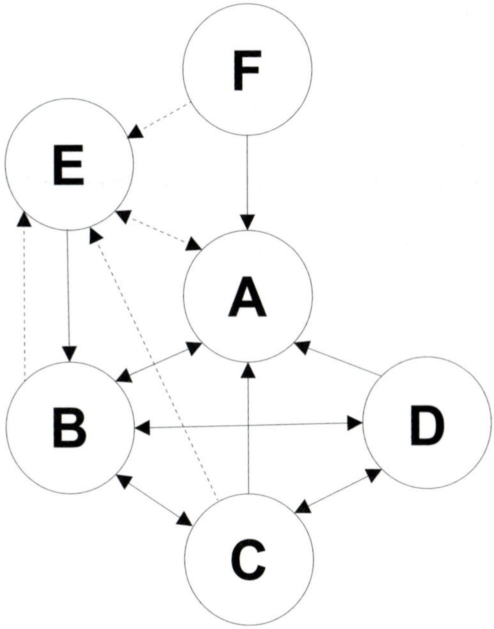

Abb. 41: Vereinfachte Darstellung eines Soziogramms

- auf die spontane Bildung von Gruppen auf Kinderspielplätzen, in Kindergärten, Kinderheimen und Schulen (vgl. Moreno 1996, S. 34 ff.),
- auf mögliche Auswahlkriterien für eine erfolgreiche Umsiedlung der Bevölkerung,
- auf den Resozialisationserfolg von Gefangenen, für den die Beziehungen innerhalb des Gefängnisses und danach entscheidend waren,
- auf die Bewältigung ethnischer Konflikte,
- auf den Erfolg der Vermittlung von Waisenkindern an Pflegefamilien, wobei beide Seiten jeweils mehrere mögliche Eltern bzw. Kinder in einem separaten Raum kennenlernen und mit diesen 90 Minuten sprechen konnten, bevor sie gebeten wurden, eine Rangordnung ihrer Präferenzen abzugeben.

Ideale soziometrisch begründete Passungen, die auf wechselseitiger Sympathie beruhen, erhöhen nach Meinung Morenos nicht nur die Zufriedenheit von Menschen, indem sie Konflikte reduzieren und den Vertrauensaufbau fördern, sondern sie spornen auch die individuelle Kreativität, Spontaneität und die Bereitschaft zum Wissensaustausch an (vgl. Moreno 1996, S. 438 ff.). Je weniger dieses Ideal jedoch erreicht wird, desto unzufriedener, kranker, hilfloser und destruktiver werden Menschen (vgl. Buer 2014, S. 248).

Bestehende Sympathien sollten etwa durch geänderte räumliche Zusammenführungen bedacht werden oder durch die bewusste Bildung von Subgruppen. Interpersonelle Konflikte bzw. deren Ursachen sind leichter zu verstehen. Auch die Beachtung zwischenmenschlicher Stimmigkeit und die Beteiligung des Teams bei der Neuaufnahme von Mitgliedern – wie sie etwa im Segelteam Alinghi praktiziert wurde – kann den Aspekt der soziometrischen Passung fördern. Die Frage ist allerdings, wie weit dies gehen soll. Ist ein beliebter Teamführer auch erfolgreich? Zum ökonomischen Erfolg einer Führungskraft gehören wohl mehr als nur positive Wahlentscheidungen seiner Untergebenen. Ein tüchtiger Führer ist nicht immer beliebt, ein beliebter Führer nicht immer tüchtig.

Dieser Aspekt findet seinen Ausdruck im sog. **Divergenztheorem der Führung**, das die Entstehung von Führerschaft im Zuge der Aufgabenbewältigung durch Teams beschreibt. In funktionaler Hinsicht benötigt jedes Team sowohl die Rolle eines aufgabenorientierten, Leistung einfordernden Führers (Tüchtigkeitsführer) als auch die Rolle eines beziehungsorientierten, den Zusammenhalt fördernden Führers (Beliebtheitsführer; vgl. Bales/Slater 1969). Die Gruppe organisiert sich also in Bezug auf zwei Hauptanliegen: »Nach außen hin und im Sinn der ihr gestellten Aufgabe durch eine Tüchtigkeits-Hierarchie, nach innen durch den Sympathie-Gradienten« (Hofstätter 1957, S. 132).

3.4.2 Machtbasierte Rangstruktur

In Abgrenzung zu sympathiebasierten Einflussstrukturen stehen die machtbasierten Rangstrukturen in einem Team. Macht bezeichnet nach einer klassischen Definition von Max Weber (1864-1920) »jede Chance, innerhalb einer sozialen Beziehung den eigenen Willen auch gegen Widerstreben durchzusetzen, gleichviel worauf diese Chance beruht« (Weber 1972, S. 28). Mit anderen Worten: Macht speist sich nicht ausschließlich aus formal-hierarchischen Quellen (z. B. aus der Position, die jemand innehat), sondern eigentlich alle denkbaren Qualitäten eines Menschen und alle denkbaren Konstellationen können jemanden in die Lage versetzen, Autorität zu erlangen. Macht zeigt sich in sämtlichen sozialen Beziehungen, sie ist stets anwesend, aber gerade weil sie so etwas Selbstverständliches ist, wird sie leicht übersehen. Es gibt kein soziales Arrangement (von der Therapiegruppe über Arbeitsteams bis hin zu ehrenamtlichen Helfern), in dem Macht keine Rolle spielt. Deshalb hat Betrand Russell (1872-1970) recht, wenn er meint, dass Macht innerhalb der Sozialwissenschaften ein ebenso fundamentales Konzept darstellt wie Energie in der Physik (vgl. Russell 2001, S. 10).

Macht(-verteilung) entsteht somit zwangsläufig, wobei Michel Foucault (1926-1984) darauf hingewiesen hat, dass sich Macht als relational gedeutetes Phänomen nie eindeutig lokalisieren lässt. Sie steckt im Kräfteverhältnis von Beziehungen (vgl. König 1998, S. 19), wirkt nicht immer direkt und unmittelbar, sondern beeinflusst auf oft unterschwellige Weise, etwa über »symbolische Formungen« wie »die Produktion von Begriffen, Denkmustern, Beschreibungswirklichkeiten« (Sichler 2006, S. 220). Wer über Definitions- und Deutungsmacht verfügt, bestimmt darüber, wie eine Situation »richtig« zu interpretieren ist und was die daraus zu ziehenden »korrekten« Schlussfolgerungen sind. Es gibt nach Foucault kein Außerhalb der Macht. Jedes Individuum und jedes soziale System bewegt sich innerhalb von Machtverhältnissen (vgl. Foucault 2005, S. 240 ff.). Menschliche Beziehungen ohne Macht sind ebenso wenig denkbar wie menschliche Beziehungen ohne Affektivität (vgl. Friedberg 1992, S. 41).

Auch Teamstrukturen sind immer dynamische Felder, in denen Machtkräfte wirksam sind. Als menschliches Konstrukt ordnen, regulieren und schaffen Teams Macht, weshalb jede ernst zu nehmende Teamanalyse Macht ins Zentrum ihrer Überlegungen zu stellen hat (vgl. Friedberg 1992, S. 40; Simon 1962, S. 468 ff.). Dies sollten all diejenigen, die glauben, organisationale Hierarchien durch die Bildung sich selbst steuernder Teams einfach beseitigen zu können, bedenken. Offensichtliche werden dann nur durch subtilere Formen der Über- und Unterordnung ersetzt.

Genau darauf wollte Weber mit seinem breiten Begriff der Macht hinweisen. Formale, hierarchische Macht definierte Weber enger und bezeichnete sie als *Herrschaft*, d. h. als »die Chance, für einen Befehl bestimmten Inhalts bei angebbaren Personen Gehorsam zu finden« (Weber 1972, S. 28). Die erlaubten Inhalte werden durch die zugewiesenen Befugnisse definiert. Der angebbare Kreis von Personen wird durch die festgelegten Grenzen bestimmt (z. B. die Grenzen einer Abteilung oder eines Teams). Außerhalb dieser Grenzen ist Herrschaft stumpf, eben »ohnmächtig«. Herrschaft ist das Offizielle, in Organigrammen oder Projektstrukturplänen Erkenn- und Ablesbare, Macht dagegen das Informelle, schwerer zu Fassende, zu Durchschauende und Rückzuverfolgende. Herrschaft über jemaden auszuüben heißt demnach noch lange nicht, Macht über ihn zu besitzen. Im Grunde beschränkt sich Herrschaft im Arbeitskontext nur auf einen kleinen Teil der Person (ihre Leistung und ihr kollegiales Verhalten), während Macht eine sehr viel weitreichendere Wirkung entfalten kann. Insofern kann ein Teamkollege über ein Teammitglied weit mehr Macht haben als der formal ernannte Teamführer. Allerdings ist diese Macht zerbrechlicher und vorläufiger. Sie kann sich im Zeitverlauf verlagern, verringern oder verändern. Sie kann auch gänzlich verloren gehen bzw. entzogen werden (z. B. als Folge von Vertrauensbrüchen). »Macht ergreift man nicht; sie ist ein Geschenk« (Keltner 2016, S. 74).

Verstößt ein mächtiges Teammitglied gegen das Gemeinwohl, verhält es sich dauerhaft unkooperativ, so sind im Alltag Klatsch und Ausgrenzung effektive soziale Praktiken, um dessen Macht zu beschränken (vgl. Keltner 2016, S. 74). Macht ist demnach zwar ein Kräfteverhältnis, aus dem ein Mensch immer mehr als die anderen herausholen und in dem er anderen seine »terms of trade« aufzwingen kann, doch ist dieser Zustand nicht »in Stein gemeißelt«, d. h. keiner ist dem anderen auf Dauer völlig ausgeliefert (vgl. Friedberg 1992, S. 42).

An dieses dynamische Verständnis von Macht, an deren verliehenen und zugeschriebenen, relationalen Charakter knüpft der Psychotherapeut und Psychiater Raoul Schindler (1923-2014) in seinem rangdynamischen Modell an. Anders als die relativ statische, sich an Größe, Stärke, Aktivität und Alter orientierende »Hackordnung« am Hühnerhof, die der norwegische Zoologe Thorleif Schjelderup-Ebbe (1894-1976) in seiner Dissertation von 1921 beschrieb, sind die Rangpositionen in zwischenmenschlichen Gruppen komplexer und veränderlicher. Diese sind nicht auf ein Kräftespiel zwischen Führer und Gruppe beschränkt und basieren auch nicht auf einem kontinuierlichen hierarchischen Ranggefälle vom Ersten bis zum Letzten. So finden sich auf dem zweiten Platz häufig mehrere Gleichwertige und die Prestigeverhältnisse ab der dritten Position unterscheiden sich ebenfalls oft nur geringfügig (vgl. Schindler 2016, S. 106, 308). Aus diesem Grund hat sich Schindler auf vier Positionen beschränkt, innerhalb dieser Positionen aber darauf verzichtet, weitere Rangstufen zu bilden.

Macht ist u. a. mit der Position verbunden, die jemand bekleidet. Und diese wiederum ist eng verknüpft mit seiner Rolle am Arbeitsplatz. Anders als Belbins Rollen, die im Zeitverlauf relativ konstant sind, können die von einem einzelnen Teammitglied im Verlauf der Zusammenarbeit eingenommenen Machtrollen sowohl innerhalb eines Teams als auch zwischen Teams wechseln. Ein Einzelner kann also je nach Teamkonstellation und situativem Bedarf voneinander abweichende Rollen spielen bzw. emergent zugewiesen bekommen.

Innerhalb seines rangdynamischen Modells hat Schindler vier Positionen unterschieden, die er jeweils mit griechischen Buchstaben kennzeichnete:

- »*Alpha*, der durch sein Engagement die Richtung bestimmt und repräsentiert, gewissermaßen vorangeht;
- *Beta*, die Position am Rande, die sich ihre Unabhängigkeit durch nützliche Leistungen erhält;
- *Gamma*, die Position derer, die ihm darin nachfolgen, sich mit seiner Initiative identifizieren und
- *Omega*, der als letzter nachfolgt, zögernd oder gehemmt, vielleicht ängstlich.«

In der Bewegungsrichtung der Gruppe, ihr gegenüber, merken wir den Widerstand des *Gegners* (…) der Personifizierung der uns entgegenwirkenden Kräfte. Omega, der die Gruppe durch sein relativ langsames Mitgehen zu bremsen scheint, wirkt notwendig als innerer Repräsentant dieser Gegenkräfte und wird daher in die Identifikation mit dem Gegner gedrängt« (Schindler 2016, S. 232). *Je strukturierter das Ranggefüge eines Teams ist, desto erfolgreicher ist es bei der Erreichung seines Ziels, je unstrukturierter ein Team nach innen ist, desto eher sind Misserfolge vorprogrammiert*, d. h. die »Rangordnung regelt nicht nur das Prestigegefälle innerhalb der Gruppe, sondern erfüllt auch eine dynamische Aufgabe für das Zustandekommen der Gruppenleistung, die von den Gammas getragen, von Beta geformt und von Alpha und Omega angeregt wird. Der einzelne Rangträger spielt daher auch für das Funktionieren der Gruppe im Innern und ihre Leistung nach außen eine bestimmte, sich immer klarer ausprägende Rolle« (Schindler 2016, S. 173). Abbildung 42 veranschaulicht diesen Zusammenhang grafisch.

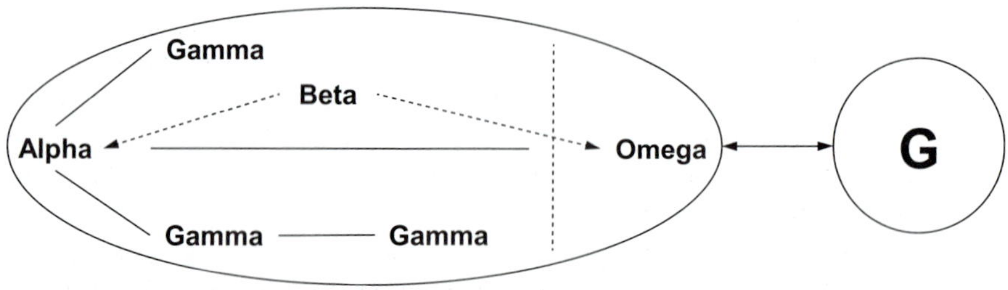

Abb. 42: Das rangdynamische Modell nach Schindler (in Anlehnung an König/Schattenhofer 2016, S. 51)

Hat sich eine Gruppe formiert, spricht Schindler von der fertigen Gruppe bzw. der gruppalen Bezogenheit. »Aus dem Durcheinander des allgemeinen Alphaanspruchs haben sich Prestigeverhältnisse abgeklärt und eine Rangordnung wurde (…) gewonnen, die freilich mehr oder minder unbewusst und auch mehr oder minder labil sein kann« (Schindler 2016, S. 172). Die Herausbildung einer Rangordnung besitzt eine tragende Bedeutung für die Teamreife, wobei dieser Prozess letztlich nie abgeschlossen ist. »Eine Gruppe arbeitet eigentlich ständig daran, sich zu definieren« (Schindler 2016, S. 205) (ausführlicher zum Begriff Teamreife ▸ Kap. 3.5).

Als illustrierendes Beispiel für eine ausgeformte Rangstruktur nennt Schindler eine *Skilehrergruppe*. »In ihr nimmt der Skilehrer fast immer Alpha-Position ein, sein Vorzeigen lässt die Zeichen des Imponierens deutlich spüren, fast stets wird er zum Liebling seiner Gruppe. Die mühselige Übungsarbeit aber trägt natürlich das Gros seiner Schüler, die Gammaposition einnehmen. Man beachte, wie sie nicht nur hinsichtlich des Skifahrens sich mit ihm zu identifizieren beginnen, seinen Dialekt anzunehmen versuchen usw. Nur Einzelne, die sich immerhin seines Vertrauens erfreuen, tanzen ein wenig aus der Reihe, üben selbstständig und nach ihrer Art, – sie stehen in Beta-Position zur Übungsgruppe. Der schwächste Fahrer aber verkörpert das, was sie alle zu überwinden versuchen: die starre Haltung ohne Mut zur gelösten Hingabe an die Bewegung und Fahrt, den »Skisteher«. Wenn er sich angeschaut fühlt, so lässt er immer die Ski alleine wegfahren und fällt stets nach hinten, nur wenn er sich unbeachtet glaubt, forciert er und fällt prompt nach vorn. Man beachte aber, wie sich jeder Gamma an ihm stärkt: Wie er es ihm vorzumachen versucht und ihn in Kleinigkeiten zu belehren trachtet. Buben imponieren gerne durch knappes Abbremsen vor einer stehenden Person, sie finden dafür ganz unbewusst mit Sicherheit den Omega heraus« (Schindler 2016, S. 161).

Lässt sich die offensichtliche **Rollenstruktur** von außen meist klar erkennen, so erschließen sich die subtileren Rollen innerhalb der Rangordnung nur dem gruppendynamisch geschulten Blick. Im Gegensatz zum soziometrischen Status können bzw. **sollten Rangpositionen nicht erfragt** werden. Ihre Bestimmung erfolgt durch Gruppenbeobachtung und setzt tiefenpsychologischen Einblick in die Vorgänge des Unbewussten der Gruppenmitglieder voraus (vgl. Schindler 2016, S. 106; ausführlicher zur qualitativen Methodik vgl. König 2004, S. 13 ff.).

Krüger (2011, S. 194 f.) geht für den klinischen Kontext davon aus, dass ein geübter Therapeut etwa 15 Minuten für die Diagnostik der Schindlerschen Positionen benötigt. Betrachtet werden dabei die einzelnen sprachlichen sowie körperlichen Handlungen und Reaktionen der Teammitglieder. Es sind letztlich die realen Handlungen, durch die sich eine Gruppenstruktur verwirklicht und verfestigt. Bei der Diagnose empfiehlt es sich, *zunächst die Omega-Position zu identifizieren* und von dieser Position aus dann als komplementäres Gegenstück den Alpha zu bestimmen. Alpha ist in seinem Verhalten das genaue Gegenteil von Omega.

Innerhalb der Gruppe steht Omega »viel isolierter da und ist an seinem Agieren gegen Ziel und Setting der Gruppe viel leichter zu erkennen als der Alpha. Der Omega protestiert durch sein Handeln gegen die Gruppenaktion, das aber aus einem Gefühl der Hilflosigkeit und Unsicherheit heraus. Er will vielleicht mit der Gruppe aufhören, er kommt häufig zu spät oder fehlt. Er wendet sich gegen das erklärte Gruppenziel (…) Oder er ist zu erkennen an kasperhaftem Verhalten. Oder er ist der letzte Schweiger der Gruppe, der das Geheimnis des Gruppenkonflikts in der Hand hält« (Krüger 2011, S. 194 f.). Die Alphaposition ist dagegen »meistens unauffälliger als der Omega, weil sie im Konsens mit ihren Gammas handelt. Der Alpha ist leicht mit einem Gamma oder einem Beta zu verwechseln« (Krüger 2011, S. 194).

Insgesamt stellt die Rangstruktur eines Teams ein fragiles Gebilde dar, das sich unter neuen Bedingungen vollkommen verändern kann. Schindler war der Meinung, dass das Wissen um die Rangstruktur, aber auch Soziogrammergebnisse nur dem Therapeuten bzw. dem Teamleiter zugänglich sein sollten, also quasi als »Geheimwissen« zu behandeln seien, woraufhin man ihm in einem Gruppendynamikseminar im Jahre 1962 vorwarf, ein Gruppenstatiker und kein Gruppendynamiker zu sein. Gerade die Bekanntgabe dieses Wissens löse, so seine Kritiker, einen Lernprozess aus, in den auch die Teamleitung mit einbezogen werden müsse (vgl. Schwarz 2015, S. 354 sowie den Sammelband von Schwarz et al. 1996). Auf welche Seite man sich nun auch immer schlägt, fest steht, dass direkte Eingriffe von seiten der Führung in die Rangstruktur eines Teams mit viel Bedacht vorzunehmen sind, weil sie schwer kontrollierbare Kaskadeneffekte auslösen können. Pollany (2016, S. 57) vergleicht die Rangstruktur eines Teams mit einem Mobile: Greift man an einer Stelle ein, so gerät das gesamte System in Bewegung.

Dies gilt auch für das **Coaching von Musik-Bands**, so der Coach Kai Thomsen: »Ich schätze das absolut kritisch ein, weil ich nach wie vor die Hypothese habe, dass Spannungen und Krisen in einer Band die Kreativität steigern. Alle Themen, die im Coaching von Managementteams wie z. B. Teambuilding, effiziente Kommunikationsprozesse, Prozessanalysen relevant sind, werden derzeit auch im Coaching von Bands thematisiert. Wenn ich mir allerdings Bands anschaue, die durch solche Coachings gehen, können diese zwar ihre internen Prozesse gut organisieren, aber es ist leider bisher kein einziger guter Hit entstanden. *Ich bin mittlerweile sehr, sehr vorsichtig und demütig, wenn ich in das System «Band» hineingehe und frage mich, ob man nicht etwas mit der Intervention auslöst, das alles andere als zielführend ist*« (Eckhoff/Thomsen/Winkler 2016, S. 76, Hervorhebungen durch die Verf.).

Eine aktuelle empirische Studie, die zwei **österreichische Tschoukball-Mannschaften** mit Hilfe leitfadengestützter Interviews untersuchte, erfasste in ihrer inhaltsanalytischen Auswertung acht Kategorien (Ausgangssituation; Ziele für das Turnier; Stärken; Schwächen; Verteilung der Führungsrolle; Gruppenbildung; Teamemotionen; Fazit des Turniers). Zusätzlich wurde auf der Basis eines Fragebogens für beide Teams ein Soziogramm erstellt. Die eine Mannschaft konnte 2016 einen Turniersieg bei der Europameisterschaft verbuchen, während die andere Mannschaft beim European Winner's Cup deutlich hinter ihren Erwartungen zurückblieb (vgl. Felberbauer 2017, S. 59). Entsprechend ließ sich ein guter Vergleich zwischen beiden Teams ziehen.

Die *erfolgreiche Mannschaft* wies ein *Grundgerüst aus erfahrenen und eingespielten Spielern* auf. Diese leistungsstarke Koalition erwies sich als erfolgsentscheidend, da die Spieler aufgrund jahrelangen Zusammenspiels genau wussten, worauf sie sich beim anderen verlassen konnten. Die mentale Stärke dieser Koalition führte dazu, dass das

Team stets funktionierte, selbst in kritischen Phasen des Turniers. Im Training wiederum konnte die Koalition ihr Wissen und ihre Erfahrungen an die neuen Spieler weitergeben. In diesem Team war der Coach die unangefochtene Führungsperson. Diesem stand ein von den anderen als »Zugpferd auf dem Feld« beschriebener leistungsstarker Spieler zur Seite. Dieser konnte die Mitspieler durch seine spielerische Leistung mitreißen und antreiben. Als Kapitän der Mannschaft diente er zudem als Bindeglied zwischen Coach und Team. Darüber hinaus gab es einen Spieler, der Gelassenheit ausstrahlte und als Ruhepol für das gesamte Team diente – aber auch einen Omegatypen, der sich traute, dem Team den Spiegel vorzuhalten und Schwächen aufzuzeigen (vgl. Felberbauer 2017, S. 63 ff.).

Das *erfolglose Team* charakterisierte sich zu Beginn als zusammengewürfelter Haufen, da zwei wichtige Stützen das Team verlassen hatten. Durch die Mischung von Spielern verschiedener Mannschaften war die *Verteilung der Rollen unklar* und konnte sich auch im Verlauf der Trainings nicht wirklich stabilisieren. Dennoch gingen alle sehr motiviert an die Sache heran, was sich in einer hohen Trainingsbeteiligung zeigte. Auch der Zusammenhalt und der Erfolgswille waren aus Sicht der Spieler ausgeprägt. Der *Mangel an Eingespieltheit* und das *Fehlen einer klaren Hierarchie* führten jedoch im Turnier zu Fehlern im Zusammenspiel. Die Bewegungsabläufe waren nicht routiniert genug. In kritischen Situationen reagierten manche Spieler übernervös und es kam zu zusätzlichen Missverständnissen. Es fehlte insgesamt an Grundvertrauen in die eigene Leistungsfähigkeit. Interessanterweise deckte das Soziogramm im Falle dieses Teams mehrere, voneinander abgeschottete Cliquen auf. Obwohl die Kohäsion in den Interviews von allen angepriesen wurde, glich die Gruppe tatsächlich eher einer Ansammlung kleiner Grüppchen (bei drei Spielern rührte dies von der gemeinsamen Spielzeit bei einer konkurrierenden Mannschaft in der Vergangenheit her) (vgl. Felberbauer 2017, S. 70 ff.).

Aufgrund ihrer hohen praktischen Bedeutung werden nachfolgend die einzelnen Rangpositionen innerhalb der informellen Führungsstruktur einer genaueren Charakterisierung unterzogen. Die ausführliche Darstellung erfolgt auch deswegen, weil Schindlers Modell in herkömmlichen Teambüchern, wenn überhaupt, nur sehr oberflächlich oder gar verfälscht behandelt wird.

Die Rolle des Alpha

Wer die Alpha-Position einnimmt, repräsentiert die Gruppe in ihrer Dynamik nach außen und stellt nach innen ihren energetischen Mittelpunkt dar. Alpha ist der (An-)Führer und agiert unabhängig, allein aus sich heraus. Napoleon hat gesagt: »Anführer sind die Verkäufer der Hoffnung«. Seine Verpflichtung ist es, das Schicksal der Gruppe ins Positive zu wenden. Er bestimmt durch sein Engagement die Richtung, ist Initiativeträger (vgl. Schindler 2016, S. 106, 232, 287).

Die Alphaposition bildet sich selbst bei fehlender formaler Führungsposition auf natürliche Weise. Reinhold Messner beschreibt dies in eigenen Worten für eine Seilschaft. »Natürlich wird, wenn wir im Berg zu fünft agieren, ein Leadership vergeben. Diese Vergabe erfolgt instinktiv. Und zwar übernimmt der Geschickteste, der psychophysisch Stärkste die Führung, weil ihm die anderen das zuschieben. Er bekommt von den anderen Kraft und Energie, damit alle überleben« (Messner 2017, S. 40 f.).

Auch Schindler (2016, S. 177) weist auf den **emergenten Entstehungscharakter von Führung** hin, die je nach Situation zwischen Teammitgliedern wechseln kann. Formale Führung und Alphaposition müssen dabei keineswegs immer zusammenfallen. *In jedem Fall besteht aber die funktionale Notwendigkeit eines Alpha*, wobei Schindler davon ausgeht, dass Dauer-Alphas Ausbeuter ihrer Gruppe für die eigene Selbstfindung sind (vgl. Schindler 2016, S. 246). Die Verkörperung der Position des Alpha kann in unterschiedlicher Ausprägung erfolgen (vgl. Pollany 2016, S. 62). Souveräne Alphas, die sich über einen längeren Zeitraum in dieser Position behaupten können, sind in der Lage, je nach Bedarf flexibel eines der drei Verhaltensmuster einzusetzen. »Im Grunde geht es immer um die richtige Rollenkonstellation. Eine Führungskraft muss in verschiedenen Situationen verschiedene Rollen spielen können« (Kets de Vries 2016, S. 35).

- *Heroischer Alpha*: Fühlt sich für die Gruppe persönlich verantwortlich, stellt sich schützend vor alle als Verteidiger und wird auch so akzeptiert. Er wendet sich aggressiv gegen die Gammas, die sich dadurch im Kollektiv stark fühlen und ähnliche Aggressionen auf ihr Gegenüber, d. h. auf das gemeinsame Ziel, richten.
- *Empathischer Alpha*: Achtet auf das Wohlbefinden innerhalb der Gruppe, nimmt Anteil an ihr und ist bemüht, alle ins Ziel zu bringen. Die Gruppe fühlt sich bei diesem Alphatyp besonders wertgeschätzt.
- *Narzisstischer Alpha*: Trifft Entscheidungen aus innerem Antrieb. Ist sehr selbstsicher und betont unabhängig, berücksichtigt allerdings kaum soziale Aspekte. Oft weist dieser Alphatyp charismatische Züge auf, die zu einer starken Identifikation bei den Gammas führen (z. B. durch überzeugende Rhetorik und Selbstdarstellung, äußere Attraktivität oder eine humorvolle Art).

Fehlt ein Alpha oder verliert dieser seine Position, weil er sich im Alltag nicht bewährt hat, so besteht das Risiko, dass die Gruppe auseinanderbricht, sofern sich kein anderer findet, der diese Position kompetent auszufüllen vermag. Als Beispiel nennt Schindler den Führer einer Seilschaft, »der sich nicht mehr sicher ist, ob sie überhaupt auf dem richtigen Weg sind. Sein Zögern, seine unruhige Inkonsequenz bemächtigen sich bald der ganzen Gruppe. Nach einer kritischen Phase der Unsicherheit entstehen Rivalitätskämpfe. Viele meinen, richtige Wege zu kennen und beanspruchen Gefolgschaft. Gelingt es keinem, sich durchzusetzen und der Gruppe ein neues Alpha zu geben, dann besteht große Gefahr, dass die Gruppe sich zerstreut, jeder sucht sein Heil auf seine Weise« (Schindler 2016, S. 311).

Neben einem fehlenden Alpha kann es auch zu viele Alphas geben. Ein Team, das mehr Häuptlinge als Indianer aufweist, wird am Ende an sich selbst scheitern, nicht zuletzt deshalb, weil Machtbeziehungen nicht durch freie Konkurrenz, sondern durch eine Tendenz zum Monopol gekennzeichnet sind (vgl. Friedberg 1992, S. 43). Der Kampf um die Vormachtstellung ersetzt bei zu vielen Alphas das gemeinsame Ringen um eine Lösung der Teamaufgabe.

Innerhalb von Sportteams sollte einerseits der Trainer die Alpha-Position innehaben, andererseits wird mindestens ein Alpha auf dem Spielfeld benötigt. Ein **Alpha-Spieler** besitzt den Willen und die Fähigkeit, eine Führungsrolle auf dem Platz zu übernehmen. Menschen mit einem hohen Machtmotiv sind leistungsstark, wissen um ihre Stärke und demonstrieren diese auf sichtbare Weise. Sie besitzen die Fähigkeit, andere zu begeistern, nehmen gerne Einfluss auf Situationen und Menschen und ihnen bereitet es kein mulmiges Gefühl, wenn sie im Mittelpunkt der Aufmerksamkeit stehen (vgl. McClelland 1987, S. 269 ff.). Sie müssen nicht unbedingt extravertiert sein und lautstark auftreten wie der ehemalige Torwart *Oliver Kahn*, der für seine »Tarzanschreie« und aggressive Mimik bekannt war (das Buch über seine Erfolgsprinzipien trägt einen typischen Alpha-Titel: »Ich«). Auch eher ruhige, Gelassenheit und Souveränität ausstrahlende Teammitglieder wie *Philip Lahm* können die Alpha-Position – die Position des Kapitäns – einnehmen.

Infobox »Der Fußballtrainer Alex Ferguson über Alpha-Spieler«

Alex Ferguson hat in seinem Buch »Leading« die Rolle des Kapitäns – die Alpha-Position – äußerst präzise beschrieben. In seinen Spielerzeiten »gab es möglicherweise keinen Kapitän, der so einflussreich war wie Johan Cruyff. Egal ob bei Ajax oder in der niederländischen Nationalmannschaft – die Spieler hörten vermutlich mehr auf ihn als auf ihren jeweiligen Trainer. Cruyff konnte nicht anders, er musste einfach alles steuern und kontrollieren« (Ferguson 2016, S. 108). Als Trainer bei Manchester United war Bryan Robson sein Mannschaftskapitän »und es gab keinen anderen Spieler im Team, der so entschlossen war, der so viel Biss hatte oder der so gut ein Spiel lesen konnte wie Bryan. Er war der perfekte Kapitän und erfüllte alle Anforderungen. Ich vertraute ihm, dass er auf dem Feld die notwendigen Korrekturen im Stellungsspiel vornehmen würde, gleichzeitig war er jemand, der Klartext sprach, was ich sehr schätzte« (Ferguson 2016, S. 108). Die Rolle des Kapitäns im Vergleich zur Rolle des Trainers schildert Ferguson auf anschauliche Weise: »Ich konnte noch so sehr an meinen Führungsqualitäten feilen und ich konnte mich noch so sehr bemühen, alle Faktoren zu kontrollieren, die Einfluss auf den Erfolg des Vereins hatten – mit Anpfiff der Partie verlor ich die Kontrolle über die Dinge.

Auf dem Feld ist es die Aufgabe des Mannschaftskapitäns, dafür zu sorgen, dass die elf Spieler geschlossen auftreten. Manch einer mag das Amt für einen reinen Ehrentitel halten, aber es ist viel mehr als das. Davon abgesehen hängt dem Amt natürlich auch etwas Symbolisches an, denn es ist stets der Kapitän, der einen Pokal als Erster in den Himmel stemmen darf. Aber mir ging es stets darum, jemanden zu haben, der ein Anführer war, und nicht darum, ob er auf einer Torte gut aussehen würde. Die Entscheidung sollte man sich nicht leichtmachen, dafür ist sie zu wichtig. Für einen Teammanager ist der Kapitän vielleicht in etwa das, was in einem Unternehmen ein Abteilungsleiter oder ein Regionalleiter ist: Seine Aufgabe ist es, dafür zu sorgen, dass die Ziele des Unternehmens verfolgt werden« (Ferguson 2016, S. 106).

Ferguson nennt letztlich **folgende Tugenden**, die ein Kapitän erfüllen muss und die in einem übertragenen Sinne für sämtliche Personen gelten, die sich für eine Alphaposition eignen:

1. *Der Wunsch, Verantwortung zu übernehmen.* »Einige der besten Spieler hatten daran keinerlei Interesse, auch wenn sie ausgesprochen respekteinflößend waren« (Ferguson 2016, S. 106 f.).
2. *Verlässlichkeit.* »Ich wollte jemanden, bei dem ich mir sicher sein konnte, dass er der Mannschaft meine Wünsche vermittelte« (Ferguson 2016, S. 107).
3. *Respekt und Gefolgschaft im Team.* »Nicht jeder kreative Mensch ist der geborene Anführer. Es gibt Menschen, die im Team unglaublich gut sind und als Einzelne unglaublich produktive Beiträge leisten, die jedoch als Anführer versagen« (Ferguson 2016, S. 107).
4. *Anpassungsfähigkeit.* »Kein General kann einen Krieg gewinnen, wenn seine Obersten und Majore nicht imstande sind, in der Hitze eines schlecht laufenden Gefechts die Truppen zu sammeln, sie aufzurütteln und sie dazu zu bringen, alle Widrigkeiten zu überwinden« (Ferguson 2016, S. 107).

Keltner hat die Entwicklung bzw. Zuschreibung der Alphaposition in einem anderen Kontext – einem **Internat mit Collegestudenten** an der Universität von Wisconsin – untersucht. Zu Beginn des ersten Studienjahrs befragte er die aus unterschiedlichen Verhältnissen stammenden Studenten darüber, wer über wieviel Einfluss unter ihnen verfügte. Die Befragung wurde nach vier und neun Monaten wiederholt. Außerdem analysierte er die Persönlichkeitsstruktur der Studenten mit Hilfe des Big Five-Modells. Wie sich herausstellte, floss Macht sehr schnell bestimmten Studenten zu; bereits nach zwei Wochen besaßen einige mehr Einfluss als andere. Es war aber auch vieles im Fluss, d. h. bei allen Internatsbewohnern schwankte das Machtniveau aus Sicht der Studenten im Verlauf des Studienjahrs. Die Gruppe verlieh jedoch nicht denen Einfluss und Ansehen, die kaltblütig ihre Interessen verfolgten, die gar täuschten und machiavellistische Beeinflussungstaktiken anwendeten, sondern stattete diejenigen mit der größten Macht aus, die über einen ausgeprägten Enthusiasmus verfügten, die verträglich, gewissenhaft, entspannt und offen waren (vgl. Keltner 2016, S. 72). In über 70 Studien anderer Autoren konnten diese Ergebnisse in Finanzinstituten, Kliniken, Fabriken und beim Militär bestätigt werden. *Gruppen verleihen demjenigen Macht, der ihnen den größten Nutzen und den geringsten Schaden bringt, der also am meisten zum Gemeinwohl beiträgt.*

Die Rolle des Beta

Auch Beta besitzt durch sein meist herausragendes fachliches Wissen eine besondere Machtposition im Team. Schindler nennt ihn Fachmann, Sachverständigen und Spezialisten. Seine Expertise verleiht Beta Autorität; nach Alpha ist er die Nummer zwei im Team. Neben Alpha verfügt er über die größte Unabhängigkeit in der Gruppe (vgl. Schindler 2016, S. 116). In seinem Charakter zeigen sich bisweilen leicht zwanghafte, pedantische Züge (vgl. ebenda, S. 160, 312). Sein Status der Unentbehrlichkeit erlaubt es ihm, aus der Reihe zu tanzen und nonkonform zu handeln. Beta ist der Repräsentant des »Ja, aber ...!«, er zweifelt aus einer weitgehenden Neutralität heraus, äußert Bedenken und gibt wertvolle Hinweise. Anders als Alpha ist Beta in der Regel *nicht mit dem unbedingten Willen zu führen*, dem Wunsch zur Machtausübung im Rampenlicht ausgestattet. Er agiert lieber im Hintergrund. Er ist kein Macher, beeinflusst aber durch seine Ideen das Handeln des Machers.

Ein klassisches Beispiel dieses Typs war **Joseph Fouché**, Polizeiminister unter Napoleon und in der Restauration. Dessen Wirken wurde in der Biografie von Stefan Zweig auf vollendete Weise beschrieben. »Er nähert sich den Mächtigen, aber er vermeidet jede öffentliche, jede sichtbare Macht. Statt auf der Tribüne, in den Zeitungen zu lärmen, lässt er sich lieber in die Ausschüsse und Kommissionen wählen, wo man Einsicht in die Verhältnisse, Einfluss auf die Geschehnisse im Schatten gewinnt, ohne kontrolliert und gehasst zu werden. Und tatsächlich, seine zähe, seine rapide Arbeitskraft macht ihn beliebt (...) Dieses Im-Dunkel-Stehen ist Joseph Fouchés Haltung ein Leben lang: Niemals sichtbarer Träger der Macht zu sein und doch sie gänzlich zu halten, alle Fäden zu ziehen und niemals als verantwortlich zu gelten« (Zweig 1930, S. 28 f.).

Ihre gute Rangposition müssen Betas »durch ihre Leistung rechtfertigen, deren Anerkennung allerdings vorzüglich von Alpha abhängt. Ihr gutes Verhältnis zu Alpha legitimiert sie gegenüber der Gruppe« (Schindler 2016, S. 129). Beta arbeitet Alpha zu, ist seine rechte Hand. Zur Gruppe kann ein eher sachlich-unterkühltes Verhältnis bestehen (vgl. Schindler 2016, S. 160). Durch seine geistige Distanz zur Gruppe ist Beta besonders geschickt darin, die internen Abläufe vorurteilsfrei zu analysieren und abzuschätzen, wie die Gruppe von Außenstehenden wahgenommen wird (vgl. Pollany 2016, S. 63).

Stürzt Alpha, so kann Beta durch die Nähe zu ihm leicht mitgerissen werden. Beta kann aber auch sehr populär sein, was sich soziometrisch erfassen lässt. In dem Fall wird er zu einem potenziellen Rivalen von Alpha. Es kann zu revolutionären Umwälzungen kommen, wobei dann zu erwarten ist, »dass bei Alpha die Tendenz zum Imponiergehabe zunimmt und dass er dazu neigen wird, den bisherigen Beta in Gegnerstellung zu bringen. Unter aggressiven, z. B. kriegerischen Verhältnissen kann dieser Positionswechsel dramatische Formen annehmen« (Schindler 2016, S. 217). Ein berühmtes Beispiel in der Schiffahrtsgeschichte ist die *Meuterei auf der Bounty*, bei der der Erste Offizier Fletcher Christian (bezeichnenderweise in beiden bekannten Verfilmungen mit einem Weltstar besetzt – Clark Gable und Marlon Brando) eine tragende Rolle spielte.

Für die Gruppenleistung besonders vorteilhaft ist die Kombination aus Alpha und Beta, nicht zuletzt trägt Beta zur Lösung des Divergenztheorems der Führung bei, er kompensiert also die jeweiligen Führungsschwächen von Alpha. Beispielsweise ist für einen narzisstischen Alpha, der sich selbst mit sozialen Aspekten schwertut oder sich mit diesen erst gar nicht auseinandersetzen will, ein Stimmungs-Beta von großem Nutzen. Das rational-ökonomische, nur an Ergebnissen ausgerichtete Kalkül des Alpha wird hier durch die »Emotionsarbeit« von Beta aufgefangen.

Ähnlich wie es zu viele Alphas in einem Team geben kann, kann es auch zu viele Betas geben. Diese buhlen dann um die Gunst von Alpha, worunter ihre für die Gruppe erbrachten Leistungen leiden. Außerdem ist das Auftreten des von Belbin beschriebenen

Apollo-Syndroms denkbar, bei dem sich die fachlich höchst versierten Teammitglieder darin überbieten wollen, die jeweils »genialste« Lösung zu präsentieren.

Die Rolle der Gammas

Die Gamma-Mitarbeiter sind die fleißigen Bienen, die kämpfenden Indianer, die Sherpas des Teams. Schindler bezeichnet die Gammas als Mitglieder, die eine aus ihrer Sicht wohltuende Anonymität genießen und ihr Ich in der Identifikation mit Alpha verdecken. Sie akzeptieren die eingeschlagene Richtung. Insofern könnte man sie auch etwas abfällig als Mitläufer bezeichnen, doch trifft das nicht ganz den Kern. Gammas lassen sich zwar vom Strom treiben und verschwinden hinter der Führung. Durch ihr Mitlaufen entscheiden sie aber auch indirekt über die Besetzung der Führungsrolle. Ihr Einfluss manifestiert sich vor allem in ihrer Zurückhaltung. Ihr Hauptziel ist es, dazu zu gehören (vgl. Stahl 2012, S. 317 f.). Gammas sind bereit, sich rückhaltlos für die Sache und das Team einzusetzen. Sie bilden das Rückgrat einer jeden Arbeitsgruppe. »Die Gammas sind gleichsam die, die in dem Angriffskeil der alten Germanen hinter ihrem Heerführer, dem Aktionsführer und Alpha der Gruppe, hinterherstürmen. Als Mitläufer kontrollieren sie dabei den Alpha, stützen ihn, schützen ihn und geben ihm durch ihren gleichsinnigen Willen emotionale Stärke« (Krüger 2011, S. 192 f.).

Ohne leistungsbereite und -fähige Teammitglieder kann kein Alpha seine Ziele erreichen. Dies gilt auch für Bands, in denen Egozentriker durch Gammas, die dies eben nicht sind, abgefedert werden. Sie wirken stabilisierend auf das Gesamtsystem. Zu diesem Schluss gelangt auch Jens Eckhoff, Gittarrist und Keyboarder der Band «Wir sind Helden». Die Paradiesvogelhaftigkeit des Protagonisten, der bei großem Erfolg leicht Starallüren entwickle und abdrifte, sei durch jene Bandmitglieder aufzufangen, »die nicht öffentlich in Erscheinung treten, aber für das Bandgefüge bedeutsam sind (…) Je reifer eine Band ist, desto geklärter sind die Rollen« (Eckhoff/Thomsen/Winkler 2016, S. 75). Bei den Bee Gees war dies der eher stille und unscheinbare, im Hintergrund wirkende »man in the middle« Maurice Gibb, der zwischen seinen geltungsbedürftigeren und lauter auftretenden Brüdern Barry und Robin vermittelte. Er war das eigentlich verbindende und ausgleichende Element, durch den das brüchige Gesamtgefüge zusammengehalten wurde. Eine ähnliche Rolle spielte Ringo Starr bei den Beatles.

Die Rolle des Omega

Die zwiespältigste Rolle im Machtgefüge eines Teams spielt zweifelsohne Omega Er ist im Grunde ein Einzelgänger, steht am Rand und bewegt sich in Opposition zu Alpha. Während Alpha das *Identitätsprinzip* repräsentiert, repräsentiert Omega antipodisch das *Ambivalenzprinzip* (vgl. Schindler 2016, S. 256). Er ist nicht Prestige-, sondern Angstträger, ergreift nicht die Initiative, sondern zögert, zweifelt und bremst, ruft nicht »Vorwärts!«, sondern trägt Bedenken vor, zündelt und stichelt. »[W]enn einer aufgibt, dann wird es Omega sein« (Schindler 2016, S. 310). »Während die Position Alpha für Identität und Kontinuität, für die Sicherheit der Gruppe steht (mit der Gefahr der Erstarrung), so steht Omega für Verunsicherung, Veränderung und Neues (mit der

Gefahr der Auflösung)« (König/Schattenhofer 2016, S. 52). Die Beziehung zwischen Alpha und Omega ist somit durch reziproke Komplementarität gekennzeichnet. Omega äußert das, was Alpha vielleicht insgeheim denkt, aber nicht auszusprechen wagt, um sein Ansehen und seine nach außen zur Schau gestellte Gewissheit, das Ziel und den Weg dorthin genau zu kennen, im Team nicht zu gefährden.

Omega ist also der Stachel im Fleisch des Teams, nicht gerade beliebt, aber funktional bedeutsam (darin dem advocatus diaboli ähnelnd). Er entblößt die unschönen Seiten des Teams, vertritt den inneren Widerspruch der Gruppe und trägt damit eher unfreiwillig zur kreativen Auseinandersetzung und Weiterentwicklung des Teams bei. Seine Position ist eine subtil mächtige, die die Lebensrichtung einer Gruppe mehr beeinflusst und leichter öffnet als Alpha, dem nur nachgelaufen wird (vgl. Schindler 2016, S. 344), mit dem man sich aber nicht auseinandersetzt. Während die Gammas den exploitativen Part im Team spielen, verkörpert Omega in Verbindung mit Alpha und Beta den explorativen Treiber, wenn auch mit umgekehrtem Vorzeichen, da er oft als Bremser und Kritikaster gesehen wird. »Der Omega hat ungefähr die gleiche Bedeutung wie der Alpha (…), wenn er nicht sogar wichtiger ist, weil er das nicht Wahrgenommene, das Unbewusste, das Tabuisierte einer Gruppe (…) darstellt« (Schindler 2016, S. 344). Sein Protest richtet sich gegen Scheinkonsens, gegen »auftretendes oberflächliches Wellnessverhalten in der Gruppe« (Krüger 2011, S. 197).

Omegas entstehen oft aus Gammas oder Betas, wobei der Rollenwechsel wegen Über- oder Unterforderung erfolgt. Als Blitzableiter lenken sie negative Kräfte des Teams auf sich, sie sind die Projektionsfläche für all das, was unrund im Team läuft, erfüllen damit aber wichtige Funktionen. Fehlt der Omega, fehlt das Ventil, das Gruppenaggressionen abbauen kann. Omegas müssen integriert bleiben, da sie ansonsten rebellieren und zur echten Bedrohung für ein Team werden. Wird die Rebellion abgewehrt, so ist ein innerlicher Rückzug oder ein Ausschluss aus dem Team die Folge (vgl. zum Vorhergehenden Pollany 2016, S. 62). Mit seinem Ausschluss ist jedoch nicht das Problem einer Gruppe gelöst. Der Omega zwingt das Team, sich aus der Komfortzone zu bewegen – Hochleistung braucht Dissonanz (vgl. Scholz/Schmitt 2011).

Omega ist letztlich Ausdruck des Minoritätenproblems, d. h. er vertritt eine Einzelmeinung, ist der »Judas« des Teams. Allein durch seine Existenz verhindert er den Zustand der Orthodoxie, den Schindler als Fixierung auf bestimmte Sichtweisen und Isolierung von der Umwelt definierte (vgl. Schindler 2016, S. 238). Nach Gilbert Keith Chesterton – dem Erfinder der Romanfigur Pater Brown – vertritt der Ketzer wildwuchernde Teilwahrheiten.

Eine zentrale Frage ist, wie die Gruppe Omega wertet, wie sie mit ihm umgeht. Drei Ausprägungen sind besonders häufig (vgl. Pollany 2016, S. 63):

- Der *Hofnarr*: Er darf sagen, was sonst niemand sagen darf. Er hat oft etwas Kasperhaftes, ihm sitzt der Schalk im Nacken. Er unterhält die Gruppe, sorgt für gute Laune. Dadurch wird er akzeptiert und genießt Ansehen in der Gruppe. Treibt er sein Handeln auf die Spitze, wird er nur noch als Störer und Blockierer wahrgenommen, kann jedoch auch zum Sündenbock werden. Aus Humor wird leicht Beleidigung, aus Kritik eine defätistische Haltung.

- Der *Prügelknabe*: Auf ihn wird alles umgelenkt, was schlecht im Team gelaufen ist – den Sack schlägt man, den Esel meint man. Für den funktionellen Erhalt der Gesamtheit ist er sinnvoll und auch notwendig. Er ist der schon erwähnte Blitzableiter, das Ventil, über den das Team Dampf ablassen kann. Wenn der Prügelknabe nicht über die innere Stärke verfügt, Schläge über sich ergehen zu lassen, wird er zum Rebell oder er verlässt die Gruppe. Fällt Ihnen die Parallele auf? Im historischen Kontext war der Prügelknabe ein rangniederer Junge, der anstelle des adeligen Nachwuchses die Strafe verabreicht bekam, dafür aber auch an dessen höfischer Erziehung teilhaben konnte.
- Der *Sündenbock*: Er ist im Falle des Scheiterns das Bauernopfer, das aus der Gruppe ausgeschlossen wird. Diese Person »ist das Gegenstück zum [populären] inoffiziellen Führer. An ihn werden die Tabuthemen der Gruppe delegiert. Er trägt gewissermaßen jenen thematischen Sprengstoff mit sich herum, der der Gruppe zu bedrohlich und heikel erscheint, als dass er öffentlich gezündet werden könnte. Bildlich gesprochen steht der Sündenbock außerhalb des Feldes, in dessen Schattenbereich« (Stahl 2012, S. 319).

Je mehr eine Gruppe die durch Omega ausgelösten Konflikte auszuhalten vermag, desto reifer ist sie. Von Omega kann sich die Gruppe abgrenzen, er ist neben dem großen Gegner – dem Teamziel – quasi der kleine Gegner. In Abgrenzung zu ihm lassen sich Wir-Gefühl und Kollektivbewusstsein steigern. Sein dauerndes Infragestellen wirkt identitätsbildend und vitalisierend auf das Restteam (vgl. Schindler 2016, S. 205 f.). Er eint die Gruppe bei der Zielverfolgung, aber nicht in einem positiven Sinne, sondern ex negativo.

Die Rolle des Gegners bzw. Gegenübers

Schindler bezeichnet interessanterweise das durch das Team verfolgte Ziel als G – als Gegner bzw. Gegenüber. »Dieses Gegenüber kann eine Person, eine Gruppe, eine Idee oder eine Aufgabe sein« (Balz/Spieß 2009, S. 126). Eine Person ist etwa ein Kunde, ein Patient oder die Geschäftsführung. Jedes Team hat mit diesem Gegner – mit entgegenwirkenden Kräften – zu kämpfen. Hierbei ist allerdings der psychotherapeutische Kontext von Schindlers Modell in Erinnerung zu rufen. Selbsthilfegruppen fällt es schwerer, ihr Ziel zu finden und anzupeilen, als etwa betrieblichen Teams, denen die Ziele in der Regel mehr oder weniger deutlich vorgegeben werden. Probleme bei der Zielerreichung treten jedoch in allen Teams auf (▶ Kap. 2.2.5).

Auf den Gegner sind die Aktivitäten des Teams ausgerichtet. Ihn muss es zunächst klar erkennen und auf ihn zusteuern. G repräsentiert die spannungsgeladene Herausforderung eines Zustands, der noch nicht ist, sondern nur erwünscht wird. Die Zielannäherung gleicht einem Niederringen von Hindernissen durch die Gruppe. Sie beschreibt das Kämpfen um die richtigen Mittel und Wege, die eingeschlagen werden müssen, damit G »besiegt« wird. Der Kampf mit dem Gegner eint das Team. Die auftretenden Schwierigkeiten und auch das Jammern darüber schweißen es zusammen. Jede Zielerreichung setzt die Überwindung von Barrieren und den Umgang mit dabei entstehenden Frustrationen voraus. So entsteht am Ende das Gefühl des Leistungsstolzes.

Letztlich gilt: Die einzelnen Positionen im Team – die Rolle, die jemand spielt, den Rang, den jemand einnimmt –, lassen sich nur aus dem Zusammenhang des *gesamten* Machtgefüges verstehen. Ein Alpha ist ohne Gammas kein Alpha. Ein Beta braucht einen Alpha, den er beraten kann und ein Omega als interne Gegenmacht, als kritischer Geist wird allein durch die Existenz des Teams und seine Ausrichtung zu dem, was er ist bzw. wie er wahrgenommen wird. *Die Stellung des einzelnen Teammitglieds, die Wirkung, die es entfaltet, wird somit erst aus seiner Relation zum Gesamtgefüge begreiflich. Seine funktionale Bedeutung erschließt sich erst aus der Betrachtung und Berücksichtigung des Ganzen.* So gesehen fügt sich das Modell von Schindler nahtlos in unser in Kapitel 1.4 vorgestelltes Grundmodell der Teamarbeit ein.

Die Teamführung kann über die Kenntnis der Rangstruktur einschätzen, ob ein Team den Zustand der Reife erlangt hat oder ob es sich noch in einem ambivalenten, durch Rivalität und Positionskämpfe geprägten Zwischenzustand bewegt. Teamreife soll nun als letzte teamdynamische Erscheinung erörtert werden, wobei sie streng genommen keinen eigenständigen Status besitzt, sondern sich aus den drei zuvor erörterten Aspekten heraus entwickelt.

3.5 Teamreifung – Dynamische Entwicklungsmuster

Teamreife – oder als Prozess Teamreifung – bedeutet reibungsloses Funktionieren und eingespieltes Zusammenwirken, bei der die Teamführung nur noch in besonderen Fällen eingreifen muss und sich ansonsten auf die Mitarbeiter- und Teamförderung beschränken kann. Sie ist aber noch mehr als das und äußert sich auch darin, dass Teammitglieder morgens gerne an ihren Arbeitsplatz kommen und stolz auf ihre Gruppe sind. Ähnlich wie der Flow-Zustand ist Teamreife etwas Vorläufiges, »Fließendes«. Sie ergibt sich als Zielzustand der in fortlaufender Bewegung stehenden Teamkognitionen, Teamemotionen und Teamhierarchien. *Ein reifes, geschlossen auftretendes Team muss dabei nicht zwingend ein erfolgreiches Team sein. Aber ein erfolgreiches Team ist immer ein reifes, »abgebrühtes« Team.*

In einem umfassenden Sinne gehören zur Teamreife gut entwickelte Teamkognitionen (ausgeprägtes transaktives Wissen und einheitliche shared mental models), stabile Teamemotionen (eine alles in allem gute Stimmung und ein starker Teamgeist) und funktionsfähige sowie akzeptierte Teamhierarchien (d. h. natürlich gewachsene, zur Selbstorganisation befähigte Positions- und Führungsstrukturen). Die beste Form der Teamentwicklung ist daher immer noch die gemeinsame Zusammenarbeit, das Tüfteln an Lösungen, das anstrengende Hinarbeiten auf ein gemeinsames Ziel. Bei Problemen und Krisen sollte das Team zunächst sein eigener Arzt sein und nach möglichen therapeutischen Maßnahmen Ausschau halten – es sollte auf seine eigenen, selbstregulativen Kräfte vertrauen. Auftretende Schwierigkeiten sind möglichst intern zu lösen und nicht gleich nach außen zu tragen. Erst bei verfahrenen Situationen, wenn ernstliche Verwerfungen und Zerrüttungen drohen, sollte professionelle Hilfe in Anspruch genommen werden – die bewährten Techniken der Konfliktmediation, des Teamcoachings und der Prozessberatung tun dann ihr Übriges.

Nachfolgend werden **drei bekannte Modelle der Teamentwicklung** vorgestellt, die den Reifungsprozess eines Teams beschreiben (vgl. Simon 2003 zu weiteren Entwicklungsmodellen). Dabei umfasst der Begriff Teamentwicklung allgemein sämtliche Maßnahmen, die »darauf abzielen, entweder neu formierte Teams schnellstmöglich zu voller Leistungsfähigkeit zu bringen [= Teambuilding, d. Verf.] oder bestehende Teams in ihrer Effizienz zu optimieren bzw. – im Störfall – die Leistungskraft und die Leistungsbereitschaft des Teams und seiner Mitglieder wieder neu zu entzünden« (Comelli 2003, S. 184).

3.5.1 Das Modell von Tuckman

Nach dem inzwischen als klassisch geltenden Modell des amerikanischen Psychologen Bruce W. Tuckman (1938-2016) durchlaufen neu zusammengesetzte Teams – ob bewusst oder unbewusst – stets dieselben **fünf Entwicklungsphasen** (▸ Abb. 43). Tuckman hatte für dieses Ergebnis über 50 wissenschaftliche Artikel analysiert, die die Entstehung von Gruppen untersuchten. Es handelte sich um Gruppen in der Therapie, T(rainings)-Gruppen, Arbeitsgruppen und Laborgruppen. Sein Phasenmodell umfasst sowohl die zwischenmenschlichen Beziehungen (die Art, wie Teammitglieder handeln und sich als Personen zueinander verhalten) als auch die aufgabenbezogenen Aktivitäten (vgl. Tuckman 1965, S. 385).

Tuckman vernachlässigte jedoch in seinem Modell die situativen Rahmenbedingungen. Dazu zählen der organisationale und kulturelle Kontext, in den das Team eingebunden ist, seine konkreten Arbeitsaufgaben sowie die Frage, wie sich diese äußeren Bedingungen de facto auf die Arbeit der Gruppe auswirken (vgl. Antoni 2014, S. 290).

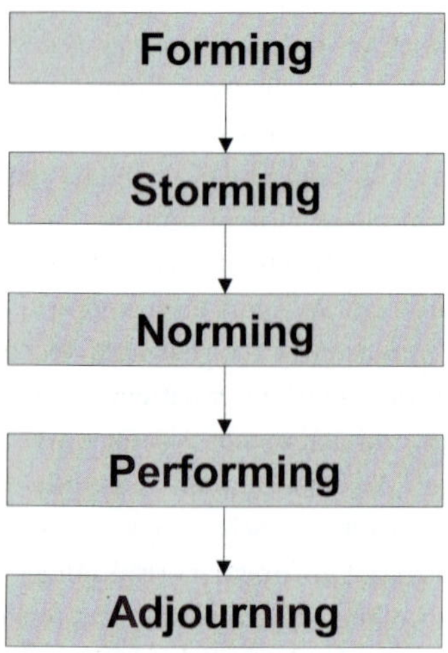

Abb. 43: Das erweiterte Modell von Tuckman

Jede der fünf Phasen weist bestimmte Grundmerkmale auf (vgl. Tuckman 1965, S. 387 ff.; Stahl 2012, S. 68 ff.; Bender 2015, S. 37 ff. sowie speziell zum Führungsverhalten Hofert/Visbal 2015, S. 37 ff.).

- *Forming* (Kontakt: Einstiegs-, Test und Findungsphase): In dieser Kennenlernphase geht es um die Überwindung der Isolation. Die aufeinandertreffenden Personen akklimatisieren sich allmählich und erkunden einander. *Symptome* dieser Phase sind Ambivalenz, Neugier, Skepsis, Suche nach Sicherheit und eingeschränkte Aufmerksamkeit. Gespräche sind eher oberflächlich und die Beteiligung ist zunächst zögerlich. Man verhält sich zurückhaltend; Vertrauen muss erst entstehen. Es kommt zu ersten Sondierungen der zu lösenden Aufgabe, und gewisse Grund- bzw. Benimmregeln (»learning how to learn«) werden geklärt. Insgesamt ist das Team in dieser Phase noch recht desorientiert und in hohem Maße abhängig von der *Teamführung*. Diese sollte hier *kooperativ-beziehungsorientiert* agieren, d. h. Sicherheit vermitteln, Vertrauen aufbauen, Stärken und Schwächen einzelner Teammitglieder identifizieren und Teammitglieder dazu ermuntern, persönliche Ideen, Vorstellungen und Meinungen zu äußern. Die Teamführung sollte in diesem Entwicklungsstadium eine gewisse Gelassenheit an den Tag legen und keinen zu großen Zeitdruck aufbauen. Der Anfang ist das Modell, für das, was folgt! Dementsprechend ernst sollte die Teamführung diese Phase nehmen.
- *Storming* (Konflikt: Auseinandersetzungs-, Streit- und Nahkampfphase): Diese turbulente Phase ist durch interpersonelle Konflikte, Polarisierungen, Konkurrenzverhalten und emotionale Widerstände gegen die Aufgabe gekennzeichnet. Es treten Positionskämpfe in Form von Imponiergehabe auf (z. B. längere Statements zur Aufgabe mit Verweis auf die eigenen, reichen Erfahrungen, Zurechtweisungen anderer). (Verhaltens-)Grenzen werden ausgetestet, tiefliegende narzisstische Bedürfnisse befriedigt. Themen wie Macht, Rivalität und Unterlegenheit stehen im Vordergrund. Jeder sucht seinen Platz in der Gruppe. Vorläufige »Hackordnungen«, Koalitionen und Einflussstrukturen entstehen.

  Die Atmosphäre ist spannungsgeladen, teilweise frustrierend. Der Gruppe fehlt es noch an Zusammenhalt, ein Auseinanderbrechen ist möglich. Die *Teamführung* sollte hier eher *autoritär* vorgehen, Standfestigkeit und Führungsstärke zeigen. Teilweise hat sie auch kooperativ-schlichtende Funktionen zu übernehmen. Aggressionen und Auseinandersetzungen sind zuzulassen, dürfen aber nicht aus dem Gleis geraten. Bei tieferen Konflikten, speziell auf der Beziehungsebene, sind Vier-Augen-Gespräche wesentlich hilfreicher als Teamansprachen. Ausreißer und Abweichler sind »auf Spur« zu bringen, erste Feedbackregeln zu entwickeln. Die Leistungen einzelner Teammitglieder sollten herausgestrichen werden, insgesamt ist ein stärkenorientierter Einsatz sicherzustellen. Der »informelle Teamleader« muss erkannt und überzeugt werden.
- *Norming* (Kontrakt: Regelungs-, Organisations- und Übereinkommensphase): In dieser strukturierenden Phase entwickelt sich Gruppenkohäsion in Gestalt eines familienähnlichen Wir-Gefühls. Verbindliche Normen, Werte und Spielregeln etablieren sich. Erstmalig finden offenere und tiefgehendere Gespräche statt und es

kommt zu einem Gefühl der Sicherheit und Autonomie. Egoistische Interessen treten idealerweise in den Hintergrund. Gegenüber Teamkollegen öffnet man sich zunehmend (»self-revelation and feedback«). Insgesamt steigt die wechselseitige Toleranz und Akzeptanz. Rollen und Aufgaben werden verteilt, und die Teammitglieder entwickeln den aufrichtigen Wunsch, einen produktiven Beitrag zu leisten. Die *Teamführung* sollte hier *kooperativ-bürokratisch* vorgehen, d. h. die Rolle eines Koordinators übernehmen, der gemeinsames Arbeiten ermöglicht, Ziele definiert, Aufgaben verteilt, Zuständigkeiten klärt, Leitlinien der Kommunikation erstellt und punktuelle Leistungskontrollen durchführt. Es gilt, sowohl Über- als auch Unterverantwortung zu vermeiden, d. h. die Lasten sind gleichmäßig aufzuteilen.

- *Performing* (Kooperation: Arbeits-, Leistungs- und Verschmelzungsphase): Erst in dieser Phase verfügt die Gruppe über eine voll funktionsfähige Rollen- und Einflussstruktur. Aufgabenverteilung und Arbeitsorganisation sind effizient geregelt. Lösungsorientiertes Arbeiten in Richtung auf das Teamziel wird möglich (»emergence of solutions«). Symptome sind das wechselseitige Gefühl der Sicherheit und des Akzeptiertwerdens sowie ein vertraulicher Umgang. Die *Teamführung* kann sich hier mehr und mehr zurücknehmen und *agiert eher kooperativ*, als *Coach und Förderer* des Teams. Entsprechend gibt sie Verantwortung an einzelne Teammitglieder ab, gewährt ausreichend Handlungsspielraum, unterstützt das Team durch Ressourcen, Feedback und strukturierende Hilfe und vermeidet übertrieben penible Kontrollen. »Nur in dem Maße, in dem die Reife der Gruppe ansteigt, darf sich Autorität zurückziehen« (Schwarz 2015, S. 356), ansonsten droht Chaos.
- *Adjourning* (Bilanzierung: Besinnungs- und Veränderungsphase): In der Auflösungsphase trennt sich die Gruppe. Die Mitglieder nehmen voneinander Abschied. Diese fünfte Entwicklungsstufe wurde erst zwölf Jahre nach dem ursprünglich konzipierten Modell hinzugefügt. Hierzu analysierte Tuckman zusammen mit einer Doktorandin die in der Zwischenzeit zum Thema Gruppenentwicklung veröffentlichten konzeptionellen und empirischen Studien (vgl. Tuckman/Jensen 1977, S. 420 ff.). Ergänzend entdeckten einige Studien eine weitere eigenständige Phase: die Beendigung (»termination«, »separation«). In vielen Projektteams zeigt sich diese Phase in Gestalt eines Lessons-Learned-Workshops, in dem die Zusammenarbeit, die Ergebnisse und sonstige Eindrücke reflektiert, zu vermeidende Fehler für die Zukunft dokumentiert und bewahrenswerte Best Practices identifiziert werden. Die *Teamführung* agiert hier *wiederum kooperativ*, als *Beziehungsmanager*. Sie gibt dem Abschied genügend Raum, feiert mit dem Team den Erfolg, bedankt sich bei jedem Teammitglied, dokumentiert Erfahrungen und bereitet die Mitglieder auf künftige Formen der Zusammenarbeit vor.

Die Kenntnis der zuvor erörterten Teamkognitionen, Teamemotionen und Teamhierarchien sollte das Verständnis der Phasen erheblich erleichtern. Die sich dynamisch verändernden Denk-, Gefühls- und Einflussmuster verweisen aber zugleich darauf, dass eine wohlgeordnete und sequentielle Abfolge der Phasen eher unwahrscheinlich ist; die Phasen gehen fließend ineinander über. Es kann überdies zu Rückentwicklungen kommen, ein Team kann in einer Phase stecken bleiben – und selbst in der Performing-Phase können immer wieder stürmische Episoden auftreten (vgl. Stahl 2012, S. 77 ff.). Dennoch lässt sich an der Zufriedenheit der Mitglieder und den sichtbaren Resultaten ablesen, ob es ein Team in den Lern- und Leistungsmodus geschafft hat.

3.5.2 Das Modell von Gersick

Connie Gersick konnte in ihrem empirisch überprüften **Modell des unterbrochenen Gleichgewichts (punctuated equilibrium)** einen etwas anderen, stärker auf die Aufgabenerfüllung bezogenen Entwicklungszyklus nachweisen. Demnach bilden sich in einem Team schon in einem sehr frühen Stadium der Zusammenarbeit bestimmte Arbeitsverfahren und Handlungsroutinen heraus (was der Normierung bei Tuckman entspricht). An diesen kooperativen Verhaltensmustern wird im Anschluss in einer längeren Phase der Trägheit (»inertia«) vergleichsweise unreflektiert festgehalten (vgl. Gersick 1988, S. 17, 32 ff.). Ihre Festlegung erfolgt in einer kurzen Explorationsphase ganz zu Beginn der Teamarbeit (z. B. in einem Kick-off-Meeting). Die Vorgehensweisen leiten sich aus der Klärung der Aufgabensituation und der Bestimmung von Kernzielen ab. Diese bilden dann den festen Rahmen der Zusammenarbeit in der folgenden Arbeitsphase.

Die einmal eingeschlagenen Handlungspfade und die festgelegten (Zwischen-)Ziele werden erst dann wieder aktiv hinterfragt, wenn sich das Team der knapper werdenden Zeit bewusst wird, einzuhaltende Fristen also immer näher rücken. Meist entspricht dies in etwa der **»Halbzeit« der Zusammenarbeit**. In dieser Phase macht sich eine gewisse Unruhe breit. Ein Gefühl der Dringlichkeit greift um sich – die Zeit rennt uns davon! Lösungsansätze, die sich bis dahin als nicht überzeugend erwiesen haben, werden nun revidiert oder verworfen, Zielfestlegungen überdacht und gegebenenfalls angepasst. Die Halbzeit ist damit ein Schlüsselmoment für Teamreflexivität und wirksame Teaminterventionen (► Kap. 2.2.1).

Die Bereitschaft der Teammitglieder für erforderliche Verhaltensänderungen ist in dieser kritischen Phase besonders ausgeprägt. Hier öffnet sich das Team also wieder gegenüber äußeren Umwelteinflüssen, nachdem es sich zuvor durch Standardisierung seines Verhaltensrepertoires geschlossen hat. Erfahrungen werden im Anschluss effektiver genutzt, die Vollendung des Projekts wird sichtbar vorangetrieben. Je nachdem, wie erfolgreich ein Team bis zur Halbzeit war, kann die zweite Phase aber auch in Resignation münden. Wie im Profisport ist die Halbzeitpause damit ein **Gabelungspunkt** – eine Wende zum Guten oder in eine sich beschleunigende Abwärtsspirale. Abbildung 44 fasst dieses Grundmodell zusammen.

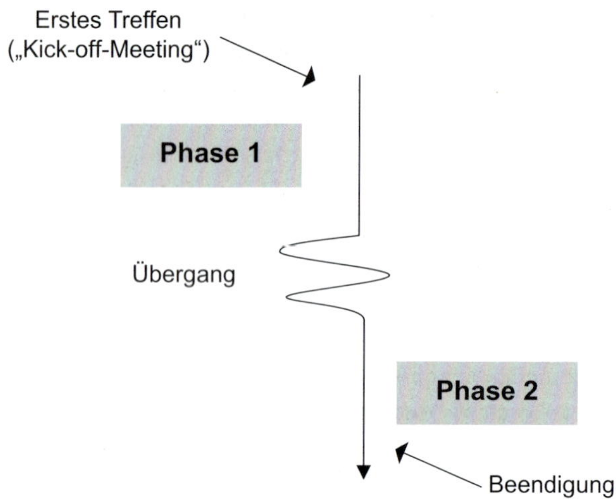

Abb. 44: Das Teamentwicklungsmodell von Gersick

3.5.3 Das Modell von Rickards und Moger

Das Modell von Rickards und Moger nimmt ausdrücklich Bezug auf die Phasen von Tuckman. Anhand von Beobachtungen in studentischen Unternehmensplanspielgruppen und zusammen mit Ergebnissen aus einer dreijährigen Studie, in der 30 Innovationsteams eines britischen Großunternehmens untersucht wurden, gelangen die Autoren zu einer erhellenden Erweiterung des Modells. Demzufolge besteht die **Gefahr, dass Teams häufig in zwei Phasen steckenbleiben** (vgl. Rickards/Moger 2000, S. 277 ff.):

- *Verharren in der Storming-Phase*: Das Team kann während des gesamten Bestehens keinen angemessenen Kohäsionsgrad und keine effizienten Formen und Normen der Zusammenarbeit entwickeln. Ihm gelingt es nicht, die *Verhaltensbarriere* zu überwinden, worunter sämtliche intra- und interpersonellen Widerstände gegenüber der Teamentwicklung und der Teamarbeit verstanden werden. Intrapersonelle Widerstände betreffen persönliche Vorbehalte gegenüber Teamarbeit im Allgemeinen. Manch ein Mitarbeiter hat eine negative Sicht auf Teams: Er bevorzugt Einzelarbeit. Auch interpersonelle Widerstände wie Neid können einer konstruktiven Zusammenarbeit entgegenstehen.
- *Verharren in der Performing-Phase*: Das Team entwickelt trotz reibungslosen Zusammenwirkens keine außergewöhnlichen Ergebnisse. Trotz ausreichender Kompetenzen gelingt es ihm nicht, die *Leistungsbarriere* zu überwinden. Die Teammitglieder schaffen es letztlich nicht, sich von Standardlösungen wegzubewegen, und sich zu einem hochkreativen Team aufzuschwingen. So gab es unter den 30 untersuchten Innovationsteams tatsächlich nur ein Team, das mit seiner Leistung einen ausgeschriebenen Innovationspreis gewann und zugleich einen wichtigen Beitrag für die Wettbewerbsposition des Unternehmens lieferte.

Abbildung 45 fasst die Erkenntnisse von Rickards und Moger zusammen. Sie sind insofern interessant, als sie auch nochmals auf den Exploitation-Exploration-Aspekt verweisen. Es kann demnach einer Gruppe durchaus gelingen, zu einer funktionsfähigen Einheit zu werden, die effizient zusammenarbeitet und Merkmale eines Teams aufweist, also über einen hohen Zusammenhalt verfügt. Das heißt aber noch lange nicht, dass diese Einheit besonders erfolgreich ist und zu wirklich kreativen Lösungen gelangt. Damit aus einem Team ein Hochleistungsteam wird, braucht es mehr als nur reibungsloses Funktionieren. Hierzu müssen im Sinne der Exploration neue Ansätze erkundet und ausprobiert werden. Ohne das Eingehen von Risiken geht dies nicht. Erst dann steigt die Wahrscheinlichkeit außergewöhnlicher Leistungen.

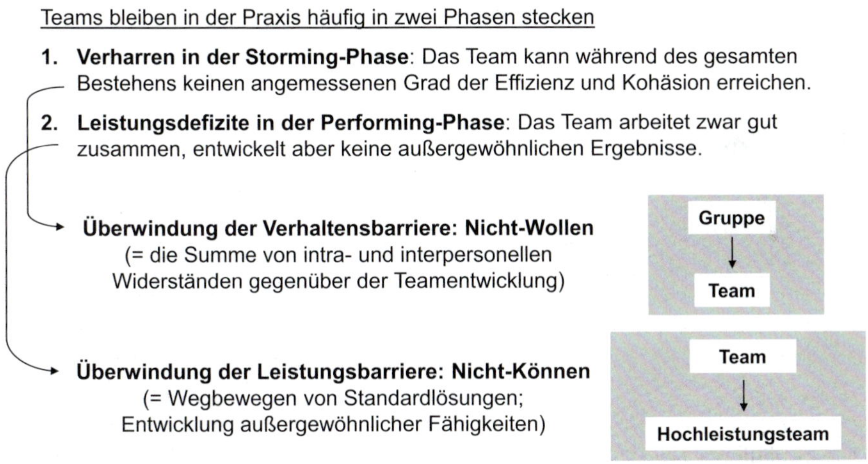

Abb. 45: Das Modell von Rickards und Moger

Im Falle der **Verhaltensbarriere** befindet sich das Team in einer nicht endenwollenden, unproduktiven Konfliktschleife oder im Dauerzustand allgemeiner Lustlosigkeit. Im Falle der **Leistungsbarriere** fehlt es dem Team an zündenden Ideen und produktiver Spannung. Das Team ist in sich abgekapselt und nicht bereit, sich gegenüber neuen Lösungswegen zu öffnen.

Kapitel 4

There is no »I« in team but there is in win.
(Michael Jordan)

Mit einer Hand lässt sich kein Knoten knüpfen.
(Mongolisches Sprichwort)

Resümee

Die Verfasser hören bei Vorträgen oder Workshops manchmal: Bitte verdichten Sie die wesentlichen Erkenntnisse Ihres Buchs auf eine mundgerechte Weise! Was sind die »Essentials«, die wir unseren Mitarbeitern weitergeben können? Gern. Herausgekommen sind dabei die in der Infobox aufgeführten »Zehn Gebote der Teamarbeit«. Diese Gebote verkürzen und vereinfachen zwar vieles; dennoch werden sie einige Denkanstöße liefern können.

Infobox »Die zehn Gebote der Teamarbeit«

1. Gebot: Dem Teamwahn widerstehen! Soviel Einzelarbeit wie möglich, so viel Teamarbeit wie nötig!

Nach Edward Lawler sind Teams die »Ferraris der Arbeitsorganisation«. Sie können Hochleistung hervorbringen, benötigen dazu aber eine intensive und teure Wartung. Entsprechend vorsichtig sollte ein Unternehmen damit sein, unreflektiert Teams einzusetzen: längst nicht alle Arbeitsaufgaben sind »teamfähig«! Einzelarbeit behält in vielen Bereichen ihren Stellenwert, weist weniger Konflikte auf, ist leichter kontrollierbar und wirkt für den Einzelnen auch oft motivierender. Teamarbeit hingegen kann überfordern und einen »kollaborativen Overload« auslösen (vgl. Cross/Rebele/Grant 2016; Gillies 2016). Es ist immer auch Zeit für Abstimmungen, die Beantwortung von Anfragen und die Lösung zwischenmenschlicher Probleme einzuplanen. Aus Sicht des Mitarbeiters können Teams damit zu einer Hauptquelle für Burnout werden (vgl. Mortensen/Gardner 2017).

2. Gebot: Ein Team ist, was ein Team aus sich macht!

Jedes Team muss es lernen, qualitativ gut zu streiten. »Nicht jene, die streiten, sind zu fürchten, sondern jene, die ausweichen« (Marie von Ebner-Eschenbach). Hierzu ist ein entsprechendes Vertrauensklima erforderlich. Eine lernorientierte Streitkultur zu entwickeln ist nicht einfach und muss immer wieder neu erarbeitet werden.

3. Gebot: Die Säge schärfen! Den Ausgleich zwischen Handlung und Reflexion schaffen!

Nur ein Team, das regelmäßig reflektiert, d. h. Ziele, Prozesse, Strategien und sich selbst in Frage stellt, kann sich weiterentwickeln. Jedem sichtbaren Ergebnis sind zahlreiche Lernprozesse vorgelagert. Zwischen Handlung und Reflexion ist daher eine Synthese zu schaffen. Auch wenn den externen Abnehmer der Lernaspekt wenig interessiert: für das Team ist er zentral. Der Kunde möchte am Ende nur ein gutes Produkt in Händen halten, das Team jedoch muss den Weg zu diesem guten Produkt finden.

4. Gebot: Emotionale Intelligenz: Weich ist hart!

Ohne emotionale Intelligenz kann es kein echtes Teamwork geben, denn was nützen fachliche Genies, die sich zwischenmenschlich nicht abstimmen können? Zahlenfixierung und reine Sachorientierung greifen also in Teams zu kurz. »Soft Skills wie zum Beispiel Empathie oder die Fähigkeit zuzuhören, sind die schwierigsten und damit härtesten Kompetenzen überhaupt« (Kets de Vries 2016, S. 32).

5. Gebot: Das Leben ist ein Tanz – alles eine Frage der »Balanz«!

Teams müssen Spannungen auflösen und widersprüchliche Anforderungen erfüllen. Der Umgang mit Paradoxien und die Austarierung gegensätzlicher Pole ist ein zentraler Aspekt erfolgreicher Teamführung. Es ist immer wieder die richtige Dosis zu finden, das rechte Maß auszuloten. Die wichtigsten Spannungslinien, zwischen denen ein Ausgleich geschaffen werden muss, sind:

- Wir-Gefühl, Teamgeist ↔ Entpersönlichung, Ich-Aufgabe
- Gesunder Sportsgeist und Wettbewerb ↔ Sich gegenseitig zerfleischender Leistungsdruck
- Normkonformität als Funktionsbedingung ↔ Nonkonformität als Kreativitätsbedingung
- Übertriebene Harmonie und Konfliktvermeidung ↔ Offene Feindseligkeit und Konflikteskalation
- Planung, Kontrolle und Disziplin (Management) ↔ Improvisation, Selbststeuerung und kreativer Freiraum (Emergenz)
- Offizielle Führungsstruktur ↔ Informelle Einflussstruktur.

6. Gebot: Die richtige Mischung macht's!

Die Mischung betrifft den Know-how-Mix, den Persönlichkeitsmix und den Rollenmix. Ein Team braucht kompetente Mitarbeiter, doch müssen sich diese Mitarbeiter auch zwischenmenschlich aufeinander einlassen, um zielorientiert zusammenwirken zu können. Hierzu gehört ebenso die Übernahme von gruppenrelevanten Rollenhandlungen, die nicht im Aufgabenprofil festgeschrieben sind (z. B. den sozialen Kitt herstellen, das Team antreiben oder auch für die richtige Prise Humor sorgen).

7. Gebot: Über den Tellerrand blicken!

»Die Realität lässt sich zwar ignorieren, nicht ignorieren lassen sich jedoch die Konsequenzen der ignorierten Realität« (Ayn Rand). Ein Team, das das Umfeld außer acht lässt (z. B. die Produkte der Konkurrenz) mag zwar eine technisch saubere Lösung zustande bringen, doch kann diese trotzdem am Markt scheitern. Wie eine Radaranlage hat ein Team also immer wieder das Umfeld nach relevanten Veränderungen abzutasten.

8. Gebot: Den Blick fürs Detail und den Blick fürs Ganze entwickeln!

Hier geht es einerseits um Achtsamkeit, die Zoomfunktion, die Suche nach Kleinigkeiten in der Froschperspektive, andererseits um den Panoramablick durch das Weitwinkelobjektiv, die Vogelperspektive, von der aus größere Zusammenhänge wahrgenommen werden. Der evangelische Theologe Jörg Zink (1922-2016) hat diesen Gedanken zur Überschrift seiner Erinnerungen gewählt: »Sieh nach den Sternen, gib acht auf die Gassen«.

9. Gebot: Nicht selbstzufrieden werden!

Der größte Feind des zukünftigen Erfolgs ist der gegenwärtige Erfolg: »Ich habe die Erfahrung gemacht, dass das Erreichen einer Deutschen Meisterschaft viel einfacher ist, als die Verteidigung eines Titels. Auch wenn der zweite Titel nie so schön war wie der erste, er ist immer viel härter erkauft« (Kortmann 2016, S. 21). Ein Team darf sich also nicht auf vergangenen Lorbeeren ausruhen, Selbstgefälligkeit verbietet sich. Jede neue Aufgabe ist eine Herausforderung, an der sich ein Team wiederum zu beweisen hat.

10. Gebot: Es gibt weder das ideale Team noch die ideale Teampersönlichkeit!

Man kann es nicht genug betonen: Ein optimales Team gibt es nicht, weder im Allgemeinen noch im Besonderen. Jede apriorische Betrachtungsweise greift zu kurz. Notwendig ist allerdings ein Basiskonsens über gemeinsame Regeln und Werte! Nur dann ist Vielfalt beherrschbar. Andernfalls entstehen Subgruppen und es droht ein Auseinanderbrechen des Kollektivs. Echte Teams sind Gemeinschaften, die mit- und füreinander, nicht neben- oder gar gegeneinander arbeiten.

Man kann nach der Lektüre unseres Buches nun auch die Frage beantworten, weshalb in der Realität so viele Teamprojekte scheitern. Dies erklärt sich schlichtweg aus der Vielzahl der zu beherrschenden Erfolgsfaktoren – sowie gleichzeitig auch durch die nahezu unüberschaubare Menge der potentiellen Stolpersteine. Ein Kollektiv zum Erfolg zu führen ist dementsprechend herausfordernd. Noch schwieriger ist es nur, einen andauernden Teamerfolg zu erreichen, den »Sieg« sozusagen zu konservieren.

Der legendäre amerikanische Football-Trainer *Vince Lombardi* (1913-1970) hat seine Erfahrungen mit unserem Thema auf eine Weise ausgedrückt, die viele der zuvor erörterten Aspekte zusammenführt. Er meinte: »Zunächst muss man den Leuten die Grundbegriffe beibringen (…) Ein Spieler muss die Grundregeln des Spiels beherrschen und muss wissen, was er an seinem Platz in der Mannschaft zu tun hat. Als nächstes muss man ihm Disziplin beibringen. Die Männer müssen als Mannschaft spielen, nicht als ein Haufen von Individualisten. Für Primadonnen ist da kein Platz (…) Aber es hat schon viele Trainer mit guten Mannschaften gegeben, die die Grundregeln beherrschen und genügend Disziplin haben, die aber trotzdem nicht gewinnen. Damit kommen wir zum dritten Faktor: Leute, die in einer Mannschaft zusammenspielen, müssen einander mögen. Sie müssen sich wirklich schätzen. Jeder Spieler muss an seinen Nebenmann denken und sich sagen: Wenn ich den Mann nicht decke, dann bricht sich der Max die Knochen. Ich muss meine Sache gut machen, damit er seine Aufgabe erfüllen kann. Was den Unterschied zwischen Mittelmaß und Spitze ausmacht (…), ist die Sympathie, die diese Burschen füreinander empfinden. Die meisten Leute nennen es Teamgeist. Wenn die Spieler diese echte Zuneigung füreinander empfinden, dann kann man sicher sein, dass man eine siegreiche Mannschaft hat« (Lombardi, zitiert in Iacocca 1986, S. 85).

Literaturverzeichnis

Aerni, F. (2003): Lehrbuch der Menschenkenntnis. Einführung in die Huter'sche Psychophysiognomik und Kallisophie, 3. Aufl., Zürich.

Aguinis, H./Gottfredson, R.K./Joo, H. (2012): Delivering effective performance feedback: the strength-based approach, Business Horizons, 55 (2), S. 105-111.

Akgün, A.E./Lynn, G.S. (2002): Antecedents and consequences of team stability on new product development performance, in: Journal of Engineering and Technology Management, 19 (3), S. 263-286.

Alioth, A. (1995): Selbststeuerungskonzepte, in: Kieser, A./Reber, G./Wunderer, R. (Hrsg.): Handwörterbuch der Führung, 2. Aufl., Stuttgart, Sp. 1894-1902.

Allen, N.J./O'Neill, T. (2015): The trajectory of emergence of shared group-level constructs, in: Small Group Research, 46 (3), S. 352-390.

Allen, T.J./Henn, G. (2007): The organization and architecture of innovation. Managing the flow of technology, Amsterdam.

Amann, A. (2004): Gruppendynamik als reflexive Vergemeinschaftung, in: Antons, K. et al. (Hrsg.): Gruppenprozesse verstehen. Gruppendynamische Forschung und Praxis, 2. Aufl., S. 28-39.

Ameln, F. von (2014): Mensch und Organisation. Morenos Werk aus der Sicht der Organisations- und Führungsforschung, in: Zeitschrift für Psychodrama und Soziometrie, 13 (1), Supplement, S. 199-223.

Amerio, R. (2000): Iota Unum. Eine Studie über die Veränderungen in der katholischen Kirche im 20. Jahrhundert, Ruppichteroth.

Ancona, D./Bresman, H. (2007): X-Teams. How to build teams that lead, innovate, and succeed, Boston.

Ancona, D.G./Caldwell, D.F. (1988): Beyond task and maintenance. Defining external functions in groups, in: Group & Organization Studies, 13 (4), S. 468-494.

Ancona, D.G./Caldwell, D.F. (1992): Bridging the boundary: external activity and performance in organizational teams, in: Administrative Science Quarterly, 37 (4), S. 634-665.

Andrews, F.M./Farris, G.F. (1972): Time pressure and performance of scientists and engineers: a five-year panel study, in: Organizational Behavior and Human Performance, 8 (2), S. 185-200.

Ant, M./Nimmerfroh, M.-C./Reinhard, C. (2014): Effiziente Kommunikation. Theorie und Praxis am Beispiel »Die 12 Geschworenen«, Wiesbaden.

Antoni, C.H. (2000): Teamarbeit gestalten. Grundlagen, Analysen, Lösungen, Weinheim.

Antoni, C.H. (2014): Gruppenorientierte Interventionstechniken, in: Schuler, H./Moser, K. (Hrsg.): Lehrbuch Organisationspsychologie, 5. Aufl., Bern, S. 263-314.

Antons, K. (2004): Teamfähigkeit: Die Gruppe als Lernort und Lernmethode. Das Beispiel der Gruppenleiterfortbildung der Sektion Gruppendynamik, in: Velmerig, C.O./Schattenhofer, K./Schrapper, C. (Hrsg.): Teamarbeit. Konzepte und Erfahrungen – eine gruppendynamische Zwischenbilanz, Weinheim, S. 59-73.

Antons, K. (2011): Praxis der Gruppendynamik. Übungen und Techniken, 9. Aufl., Göttingen.

Antons, K. (2015): Die dunkle Seite von Gruppen, in: Edding, C./Schattenhofer, K. (Hrsg.): Handbuch Alles über Gruppen. Theorie, Anwendung, Praxis, 2. Aufl., Weinheim, S. 322-357.

Argote, L. (2013): Organizational learning. Creating, retaining and transferring knowledge, 2. Aufl., New York.

Argyris, C. (1991): Teaching smart people how to learn, in: Harvard Business Review, 69 (3), S. 99-109.

Argyris, C./Schön, D.A. (2006): Die lernende Organisation. Grundlagen, Methode, Praxis, 3. Aufl., Stuttgart.

Aritzeta, A./Swailes, S./Senior, B. (2007): Belbin's team role model: development, validity and applications for team building, in: Journal of Management Studies, 44 (1), S. 96-118.

Aron, E.N. (2017): Sind Sie hochsensibel? Wie Sie Ihre Empfindsamkeit erkennen, verstehen und nutzen, 11. Aufl., München.

Asch, S.E. (1961): Effects of group pressure upon the modification and distortion of judgments, in: Henle, M. (Hrsg.): Documents of gestalt psychology, Berkeley, S. 222-236.

Assländer, F./Grün, A. (2007): Spirituell führen mit Benedikt und der Bibel, 2. Aufl., Münsterschwarzach.

Aßmann, M. (2012): Stressbewältigung durch Achtsamkeit. Eine Einführung, in: Zimmermann, M./Spitz, C./Schmidt, S. (Hrsg.): Achtsamkeit. Ein buddhistisches Konzept erobert die Wissenschaft – mit einem Beitrag S. H. des Dalai Lama, Bern, S. 59-70.

Au, C. von/Seidel, A. (2017): Achtsamkeit als grundlegende Führungskompetenz, in: Au, C. von (Hrsg.): Eigenschaften und Kompetenzen von Führungspersönlichkeiten. Achtsamkeit, Selbstreflexion, Soft Skills und Kompetenzsysteme, Wiesbaden, S. 1-26.

Auer-Rizzi, W. (1998): Entscheidungsprozesse in Gruppen. Kognitive und soziale Verzerrungstendenzen, Wiesbaden.

Avolio, B.J. (1999): Full leadership development. Building the vital forces in organizations, Thousand Oaks.

Baberowski, J. (2017): Räume der Gewalt, 4. Aufl., Frankfurt am Main.

Baer, M./Frese, M. (2003): Innovation is not enough: climates for initiative and psychological safety, process innovations, and firm performance, in: Journal of Organizational Behavior, 24 (1), S. 45-68.

Baird, L./Henderson, J.C./Watts, S. (1997): Learning from action: an analysis of the Center for Army Lessons Learned (CALL), in: Human Resource Management, 36 (4), S. 385-395.

Bales, R.F. (2012): Social interaction systems. Theory and measurement, New Brunswick.

Bales, R.F./Slater, P.E. (1969): Role differentiation in small decision making groups, in: Gibb, C. (Hrsg.): Leadership, Harmondsworth, S. 255-276.

Balz, H.-J./Spieß, E. (2009): Kooperation in sozialen Organisationen. Grundlagen und Instrumente der Teamarbeit. Ein Lehrbuch, Stuttgart.

Bandler, R./Grinder, J. (2000): Reframing. Ein ökologischer Ansatz in der Psychotherapie (NLP), 7. Aufl., Paderborn.

Barrick, M.R./Mount, M.K. (1991): The big five personality dimensions and job performance: a meta-analysis, in: Personnel Psychology, 44 (1), S. 1-26.

Barrick, M.R. et al. (1998): Relating member ability and personality to work-team processes and team effectiveness, in: Journal of Applied Psychology, 83 (3), S. 377-391.

Barsade, S.G. (2002): The ripple effect: emotional contagion and its influence on group behavior, in: Administrative Science Quarterly, 47 (4), S. 644-675.

Barsade, S.G./Gibson, D.E. (1998): Group emotion: a view from top and bottom, in: Research on managing groups and teams, 1, S. 81-102.

Bartel, C.A./Saavedra, R. (2000): The collective construction of work group moods, in: Administrative Science Quarterly, 45 (2), S. 197-231.

Basadur, M. (1994): Managing the creative process in organizations, in: Runco, M.A. (Hrsg.): Problem finding, problem solving, and creativity, Norwood, S. 237-268.

Bass, B.M. (2008): The Bass handbook of leadership. Theory, research, and managerial application, 4. Aufl., New York.

Batenburg, R./Walbeek, W. van/in der Maur, W. (2013): Belbin role diversity and team performance: is there a relationship? In: Journal of Management Development, 32 (8), S. 901-913.

Bauer, R. (2006): Gescheiterte Innovationen. Fehlschläge und technologischer Wandel, Frankfurt am Main.

Bauer-Jelinek, C. (2007): Die geheimen Spielregeln der Macht und die Illusionen der Gutmenschen, Salzburg.

Baumann, M./Gordalla, C. (2014): Gruppenarbeit. Methoden – Techniken – Anwendungen, Kontanz.

Becerra-Fernandez, I. (2000): Facilitating the online search of experts at NASA using expert seeker people-finder, in: http://citeseerx.ist.psu.edu/viewdoc/download?doi=10.1.1.21.7756&rep=rep1&type=pdf (Stand: 09.09.2017).

Becker, F. (2016): Teamarbeit, Teampsychologie, Teamentwicklung. So führen Sie Teams! Berlin.

Becker, H. (2006): Phänomen Toyota, Berlin.

Bedwell, W.L. et al. (2012): Collaboration at work: an integrative multilevel conceptualization, in: Human Resource Management Review, 22 (2), S. 128-145.

Belbin, R.M. (2001): Team roles at work, Oxford.

Belbin, R.M. (2010): Management teams. Why they succeed or fail, 3. Aufl., London.

Bell, B.S./Kozlowski, S.W.J. (2011): Collective failure: the emergence, consequences, and management of errors in teams, in: Hofmann, D.A./Frese, M. (Hrsg.): Errors in organizations, New York, S. 113-141.

Bender, S. (2015): Teamentwicklung. Der effektive Weg zum »Wir«, 3. Aufl., München.

Bennis, W./Biederman, P.W. (1998): Geniale Teams. Das Geheimnis kreativer Zusammenarbeit, Frankfurt am Main, New York.

Berke, J. (2010): Unsichtbarer Krieg, in: WirtschaftsWoche, 25/2010, S. 44-50.

Bilgram, V. et al. (2013): Eine Allianz gegen Flecken, in: Harvard Business Manager, 35 (3), S. 62-68.

Bjelland, O.M./Wood, R.C. (2008): An inside view of IBM's ›Innovation Jam‹, in: MIT Sloan Management Review, 50 (1), S. 32-40.

Blake, R.R./Mouton, J.S. (1990): Verhaltenspsychologie im Betrieb. Der Schlüssel zur Spitzenleistung, 3. Aufl., Düsseldorf.

Blanchard, K./Carew, D./Parisi-Carew, E. (2015): Der Minuten-Manager schult Hochleistungsteams, 4. Aufl., Reinbek.

Bledow, R./Frese, M./Mueller, V. (2011): Ambidextrous leadership for innovation: the influence of culture, in: Advances in Global Leadership, 6, S. 41-49.

Bledow, R./Rosing, K./Frese, M. (2013): A dynamic perspective on affect and creativity, in: Academy of Management Journal, 56 (2), S. 432-450.

Blickensderfer, E./Cannon-Bowers, J.A./Salas, E. (1998): Cross-training and team performance, in: Cannon-Bowers, J.A./Salas, E. (Hrsg.): Making decisions under stress. Implications for individual and team training, Washington, S. 299-311.

Blum, D. (2010): Die Entdeckung der Mutterliebe. Die legendären Affenexperimente des Harry Harlow, Weinheim.

Bokhorst, J.A.C./Slomp, J. (2007): Design and operation of a cross-trained workforce, in: Nembhard, D.A. (Hrsg.): Workforce cross training, Boca Raton, S. 3-63.

Bonfadelli, H. (2004): Medienwirkungsforschung I. Grundlagen und theoretische Perspektiven, 3. Aufl., Konstanz.

Bornewasser, M./Bläsing, D./Frenzel, S. (2015): Diversität als Erfolgsfaktor für Innovationen, in: Bornewasser, M./Schlick, C.M./Bouncken, R.B. (Hrsg.): Teamkonstellation und betriebliche Innovationsprozesse, Wiesbaden, S. 139-177.

Bornewasser, M./Schlick, C.M./Bouncken, R.B. (Hrsg.) (2015): Teamkonstellation und betriebliche Innovationsprozesse, Wiesbaden.

Bourdieu, P. (1983): Ökonomisches Kapital, kulturelles Kapital, soziales Kapital, in: Kreckel, R. (Hrsg.): Soziale Ungleichheiten, Göttingen, S. 183-198.

Bourdieu, P. (1987): Die feinen Unterschiede. Kritik der gesellschaftlichen Urteilskraft, Frankfurt am Main.

Branden, N. (2010): Die 6 Säulen des Selbstwertgefühls. Erfolgreich und zufrieden durch ein starkes Selbst, 10. Aufl., München.

Brandstätter, H./Brodbeck, F.C. (2004): Problemlösen und Entscheiden in Gruppen, in: Schuler, H. (Hrsg.): Organisationspsychologie – Gruppe und Organisation, Göttingen, S. 383-443.

Bresinsky, M./Detje, F./Littschwager, M. (2012): Militär: Handeln in komplexen Problemlagen, in: Badke-Schaub, P./Hofinger, G./Lauche, K. (Hrsg.): Human Factors. Psychologie sicheren Handelns in Risikobranchen, 2. Aufl., Berlin, S. 263-274.

Breuer, C./Hüffmeier, J./Hertel, G. (2016): Does trust matter more in virtual teams? A meta-analysis of trust and team effectiveness considering virtuality and documentation as moderators, in: Journal of Applied Psychology, 101 (8), S. 1151-1177.

Brockhoff, K./Hauschildt, J. (1993): Schnittstellen-Management – Koordination ohne Hierarchie, in: Zeitschrift Führung + Organisation, 62 (6), S. 396-403.

Brown, T.E. (2004): Skunk works: a sign of failure, a sign of hope? In: Brown, T./Ulijn, J. (Hrsg.): Innovation, entrepreneurship and culture, Cheltenham, Northampton, S. 130-146.

Bruch, H./Kunze, F./Böhm, S. (2010): Generationen erfolgreich führen. Konzepte und Praxiserfahrungen zum Management des demographischen Wandels, Wiesbaden.

Brückner, F./Ameln, F. von (2016): Agilität, in: Gruppe.Interaktion.Organisation (GIO) – Zeitschrift für angewandte Organisationspsychologie, 47 (4), S. 383-386.

Brunner, D.J. et al. (2009): Wellsprings of creation: how perturbation sustains exploration in mature organizations, Harvard Business School, Working Paper Nr. 09-011.

Buber, R. (2007): Denke-Laut-Protokolle, in: Buber, R./Holzmüller, H.H. (Hrsg.): Qualitative Marktforschung. Konzepte – Methoden – Analysen, 2. Aufl., Wiesbaden, S. 555-568.

Buchhorn, E. (2012): Keine Gnade für Faulenzer, in: manager magazin, 11/2014, S. 92-97.

Buchinger, K. (2004): Gruppenarbeit und Teamarbeit in Organisationen. Ideologie und Realität, in: Velmerig, C.O./Schattenhofer, K./Schrapper, C. (Hrsg.): Teamarbeit. Konzepte und Erfahrungen – eine gruppendynamische Zwischenbilanz, Weinheim, S. 210-264.

Buchinger, K. (2008): Teamarbeit und der Nutzen der Gruppendynamik für heutige Organisationen, in: Heintel, P (Hrsg.): betrifft: TEAM. Dynamische Prozesse in Gruppen, 2. Aufl., Wiesbaden, S. 92-125.

Buck, H./Witzgall, E. (2012): Mitarbeiterqualifizierung in der Montage, in: Lotter, B./Wiendahl, H.-P. (Hrsg.): Montage in der industriellen Produktion. Ein Handbuch für die Praxis, 2. Aufl., Berlin, S. 397-418.

Buckingham, M./Clifton, D. (2016): Entdecken Sie Ihre Stärken jetzt! Das Gallup-Prinzip für individuelle Entwicklung und erfolgreiche Führung, 5. Aufl., Frankfurt am Main.

Buer, F. (2014): Morenos Beitrag zu Organisationsberatung, Supervision und Coaching, in: Zeitschrift für Psychodrama und Soziometrie, 13 (1), Supplement, S. 241-255.

Burgelman, R.A./Christensen, C.M./Wheelwright, S.C. (2009): Strategic management of technology and innovation, 5. Aufl., Boston.

Burns, T./Stalker, G.M. (1995): The Management of innovation, 3. Aufl., Oxford.

Busch, M.W. (2006): Bedeutung und Gestaltung von Situation Awareness in virtuellen Teams, in: Bouncken, R.B. (Hrsg.): Interkulturelle Kooperation, Berlin, S. 197-211.

Busch, M.W. (2008): Kompetenzsteuerung in Arbeits- und Innovationsteams. Eine gestaltungsorientierte Analyse, Wiesbaden.

Busch, M.W. (2010): Flexibilisierung hochqualifizierter Mitarbeiter durch den Aufbau von T-Shaped Skills, in: WiSt – Wirtschaftswissenschaftliches Studium, 39 (8), S. 399-401.

Busch, M.W. (2011): Serviceorientierung in Teams – effiziente Kooperationsprozesse durch internes Marketing, in: Keuper, F./Mehl, R. (Hrsg.): Customer Management. Berlin, S. 333-362.

Busch, M.W. (2015): Management und Dynamik teambezogener Lernprozesse, München.

Busch, M.W. (2017): Teaming – Die Neuzusammenstellung von Teams als Motor des betrieblichen Innovationsmanagements, in: Müller, D. (Hrsg.): Controlling für kleine und mittlere Unternehmen, 2. Aufl., Berlin, S. 311-341.

Busch, M.W./Hobus, B. (2012): Kreativ und umsetzungsstark. Ambidextrie in Teams, in: Zeitschrift Führung + Organisation, 81 (1), S. 29-37.

Busch, M.W./Lorenz, M. (2009): Zusammenstellung von Projektteams – Mitarbeiter beteiligen und Wissen erfolgreich nutzen, in: Personalführung, 42 (7), S. 54-59.

Busch, M.W./Lorenz, M. (2010): Rezept für Teamerfolg – Mitarbeiter stellen Teams selbst zusammen, in: IO New Management, 79 (1-2), S. 42-45.

Busch, M.W./Oelsnitz, D. von der (2016): Emergente Teamphänomene – Warum sich Erfolge eines Teams nicht einfach kopieren lassen, in: Gruppe.Interaktion.Organisation (GIO) – Zeitschrift für angewandte Organisationspsychologie, 47 (4), S. 345-355.

Butterfield, L.D. et al. (2005): Fifty Years of the Critical Incident Technique: 1954-2004 and beyond, in: Qualitative Research, 5 (4), S. 475-497.

Cannon-Bowers, J.A. et al. (1995): Defining competencies and establishing team training requirements, in: Guzzo, R.A./Salas, E. (Hrsg.): Team effectiveness and decision making in organizations, San Francisco, S. 333-380.

Carless, S.A./DePaola, C. (2000): The measurement of cohesion in work teams, in: Small Group Research, 31 (1), S. 71-88.

Carmeli, A./Gittell, J.H. (2009): High-quality relationships, psychological safety, and learning from failures in work organizations, in: Journal of Organizational Behavior, 30 (6), S. 709-729.

Carron, A.V./Brawley, L.R. (2000): Cohesion. Conceptual and measurement issues, in: Small Group Research, 31 (1), S. 89-106.

Carton, A.M./Cummings, J.N. (2012): A theory of subgroups in work teams, in: Academy of Management Review, 37 (3), S. 441-470.

Casey, D. (2011): David Casey on the role of the set adviser, in: Pedler, M. (Hrsg.): Action learning in practice, 4. Aufl., Farnham, S. 55-70.

Cattell, R.B./Saunders, D.R./Stice, G.F. (1953): The dimensions of syntality in small groups, in: Human Relations, 6, S. 331-356.

Child, J. (2013): Mary Parker Follett, in: Witzel, M./Warner, M. (Hrsg.): The Oxford handbook of management theorists, Oxford, S. 74-93.

Chin, W.W. et al. (1999): Perceived cohesion in small groups. Adapting and testing the perceived cohesion scale in a small-group setting, in: Small Group Research, 30 (6), S. 751-766.

Choi, J.N. (2002): External activities and team effectiveness. Review and theoretical development, in: Small Group Research, 33 (2), S. 181-208.

Christensen, C.M. (2003): The innovator's dilemma. The revolutionary book that will change the way you do business, New York.

Clark, H.H./Brennan, S.E. (1991): Grounding in communication, in: Resnick, L.B./Levine, J.M./Teasley, S.D. (Hrsg.): Perspectives on socially shared cognition, Washington, S. 127-149.

Cohen, D.J./Alonso, A. (2013): Virtual teams. The how to's of making »being virtually there« successful, in: Salas, E. et al. (Hrsg.): Developing and enhancing teamwork in organizations. Evidence-based best practices and guidelines, San Francisco, S. 239-267.

Collison, C./Parcell, G. (2004): Learning to fly. Practical knowledge management from leading and learning organizations, 2. Aufl., Chichester.

Comelli, G. (2003): Anlässe und Ziele von Teamentwicklungsprozessen, in: Stumpf, S./Thomas, A. (Hrsg.): Teamarbeit und Teamentwicklung, Göttingen, S. 169-189.

Comelli, G. (2005): Feedbackprozesse bei Teamentwicklung, in: Jöns, I./Bungard, W. (Hrsg.): Feedbackinstrumente im Unternehmen. Grundlagen, Gestaltungshinweise, Erfahrungsberichte, Wiesbaden, S. 45-73.

Cox, J.F./Pearce, C.L./Perry, M.L. (2003): Toward a model of shared leadership and distributed influence in the innovation process. How shared leadership can enhance new product development team dynamics and effectiveness, in: Pearce, C.L./Conger, J.A. (Hrsg.): Shared leadership. Reframing the hows and whys of leadership, Thousand Oaks, S. 48-76.

Cronin, M.A./Weingart, L.R./Todorova, G. (2011): Dynamics in groups: are we there yet? In: The Academy of Management Annals, 5 (1), S. 571-612.

Cross, R.L./Rebele, R./Grant, A. (2016): Collaborative overload. Too much teamwork exhausts employees and saps productivity. Here's how to avoid it, in: Harvard Business Review 94 (1-2), S. 74-79.

Csar, M. (2017): Holacracy, in: Gruppe.Interaktion.Organisation (GIO) – Zeitschrift für angewandte Organisationspsychologie, 48 (2), S. 155-158.

Currey, M. (2014): Musenküsse. Für mein kreatives Pensum gehe ich unter die Dusche, Zürich.

Daft, R.L./Lengel, R.H. (1984): Information richness: a new approach to managerial behavior and organization design, in: Staw, B.M./Cummings, L.L. (Hrsg.): Research in Organizational Behavior, 6, Greenwich, S. 191-233.

Dahrendorf, R. (1992): Der moderne soziale Konflikt, Stuttgart.

Dahrendorf, R. (2010): Homo Sociologicus. Ein Versuch zur Geschichte, Bedeutung und Kritik der sozialen Rolle, 17. Aufl., Wiesbaden.

Dane, E. (2011): Paying attention to mindfulness and its effects on task performance in the workplace, in: Journal of Management, 37 (4), S. 997-1018.

DeChurch, L.A./Mesmer-Magnus, J.R. (2010): The cognitive underpinnings of effective teamwork: a meta-analysis, in: Journal of Applied Psychology, 95 (1), S. 32-53.

Decuyper, S./Dochy, F./Bossche, P. van den (2010): Grasping the dynamic complexity of team learning: an integrative model for effective team learning in organisations, in: Educational Research Review, 5 (2), S. 111-133.

Dick, R. van/West, M.A. (2013): Teamwork, Teamdiagnose, Teamentwicklung, 2. Aufl., 2013.

Dierendonck, D. van/Groen, R. (2011): Belbin revisited: a multitrait-multimethod investigation of a team role instrument, in: European Journal of Work and Organizational Psychology, 20 (3), S. 345-366.

Dineen, B.R./Noe, R.A. (2003): The impact of team fluidity and its implications for human resource management research and practice, in: Research in Personnel and Human Resources Management, 22, S. 1-37.

Dollase, R. (2011): Die Grundlagen der Soziometrie – früher und heute, in: Zeitschrift für Psychodrama und Soziometrie, 10 (2), S. 175-190.

Dombrowski, U./Ebentreich, D. (2015): Einleitung, in: Dombrowski, U. (Hrsg.): Lean Development. Aktueller Stand und zukünftige Entwicklungen, Berlin, S. 1-19.

Donnenberg, O. (1999): Action Learning taucht auf, in: Donnenberg, O. (Hrsg.): Action Learning. Ein Handbuch, Stuttgart, S. 44-87.

Doppler, K. (2017): Change – Vom Sollen und Wollen zum Handeln, in: personal manager, 2/2017, S. 30-32.

Döring, N. (2003): Sozialpsychologie des Internet. Die Bedeutung des Internet für Kommunikationsprozesse, Identitäten, soziale Beziehungen und Gruppen, 2. Aufl., Göttingen.

Dörner, D. (1987): Problemlösen als Informationsverarbeitung, 3. Aufl., Stuttgart.

Døving, E./Martín-Rubio, I. (2013): Managing team learning in a Spanish commercial bank, in: The Journal of Workplace Learning, 25 (5), S. 281-295.

Drach-Zahavy, A./Somech, A. (2010): From an intrateam to an interteam perspective of effectiveness: the role of interdependence and boundary activities, in: Small Group Research, 41 (2), S. 143-174.

Driskell, T. et al. (2017): Team roles: a review and integration, in: Small Group Research, 48 (4), S. 482-511.

Drotz, E./Poksinska, B. (2014): Lean in healthcare from employees' perspectives, in: Journal of Health Organisation & Management, 28 (2), S. 177-195.

Drucker, P.F. (1999): Management im 21. Jahrhundert, 2. Aufl., München.

Drucker, P.F. (2009): Die Kunst, sich selbst zu managen, in: Harvard Business Manager, 31 (11), S. 38-50.

Drucker, P.F. (2014): The Effective Executive. Effektivität und Handlungsfähigkeit in der Führungsrolle gewinnen, München.

Duhigg, C. (2016): What Google learned form its quest to build the perfect team, in: https://www.nytimes.com/2016/02/28/magazine/what-google-learned-from-its-quest-to-build-the-perfect-team.html?smid=pl-share (Stand: 02.08.2017).

Dumaine, B. (1994): The trouble with teams, in: http://archive.fortune.com/magazines/fortune/fortune_archive/1994/09/05/79697/index.htm (Stand: 31.07.2017).

Durso, F.T./Gronlund, S.D. (1999): Situation awareness, in: Durso, F.T. et al. (Hrsg.): Handbook of applied cognition, Chichester, S. 283-314.

Dutton, K. (2013): Psychopathen. Was man von Heiligen, Anwälten und Serienmördern lernen kann, 5. Aufl., München.

Earley, P.C./Gardner, H.K. (2005): Internal dynamics and cultural intelligence in multinational teams, in: Shapiro, D.L./Glinow, M.A. von/Cheng, J.L.C. (Hrsg.): Managing multinational teams: global perspectives (Advances in international management, Bd. 18), S. 3-31.

Ebentreich, D./Möhring, U./Schimmelpfennig, F. (2015): Mitarbeiterorientierung und zielorientierte Führung, in: Dombrowski, U. (Hrsg.): Lean Development. Aktueller Stand und zukünftige Entwicklungen, Berlin, S. 75-92.

Eberhardt, D. (2013): Die Faszination der Gruppe und des Teams, in: Eberhardt, D. (Hrsg.): Together is better? Die Magie der Teamarbeit entschlüsseln, Berlin, S. 1-19.

Eberhardt, D. (2016): Generationen zusammen führen. Mit Millennials, Generation X und Babyboomern die Arbeitswelt gestalten, Freiburg.

Eckhoff, J./Thomsen, K./Winkler, B. (2016): Die Band ist größer als man selbst. Ein Gespräch mit Jens Eckhoff von der Band «Wir sind Helden» und Bandcoach Kai Thomsen, in: OrganisationsEntwicklung, 35 (1), S. 74-79.

Edding, C./Schattenhofer, K. (2015a): Einführung in die Teamarbeit, 2. Aufl., Heidelberg.

Edding, C./Schattenhofer, K. (Hrsg.) (2015b): Handbuch Alles über Gruppen. Theorie, Anwendung, Praxis, 2. Aufl., Weinheim.

Edmondson, A.C. (2012): Teaming. How organizations learn, innovate, and compete in the knowledge economy, San Francisco.

Edmondson, A.C./Nembhard, I.M. (2009): Product development and learning in project teams: the challenges are the benefits, in: The Journal of Product Innovation Management, 26 (2), S. 123-138.

Edmondson, A.C./Dillon, J.R./Roloff, K.S. (2008): Three perspectives on team learning. Outcome improvement, task mastery, and group process, in: The Academy of Management Annals, 1, S. 269-314.

Ellis, S./Davidi, I. (2005): After-event reviews: drawing lessons from successful and failed experience, in: Journal of Applied Psychology, 90 (5), S. 857-871.

Ellis, S./Mendel, R./Nir, M. (2006): Learning from successful and failed experience: the moderating role of kind of after-event review, in: Journal of Applied Psychology, 91 (3), S. 669-680.

Endsley, M.R. (1995): Toward a theory of situation awareness in dynamic systems, in: Human Factors, 37 (1), S. 32-64.

Endsley, M.R. (2000): Theoretical underpinnings of situation awareness: a critical review, in: Endsley, M.R./Garland, D.J. (Hrsg.): Situation Awareness. analysis and measurement, Mahwah, S. 3-32.

Endsley, M.R./Bolté, B./Jones, D.G. (2003): Designing for situation awareness. An approach to user-centered design, London.

Eppler, M.J./Burkhard, R.A. (2007): Visual representations in knowledge management: framework and cases, in: Journal of Knowledge Management, 11 (4), S. 112-122.

Erb, H.-P./Bohner, G. (2002): Sozialer Einfluss durch Mehrheiten und Minderheiten, in: Frey, D./ Irle, M. (Hrsg.): Theorien der Sozialpsychologie, Band II, Gruppen-, Interaktions- und Lerntheorien, 2. Aufl., Bern, S. 47-61.

Ericsson, K.A./Charness, N. (1994): Expert performance – its structure and acquisition, in: American Psychologist, 49 (8), S. 725-747.

Ericsson, K.A./Prietula, M./Cokely, E.T. (2007): The making of an expert, in: Harvard Business Review 85 (7-8), S. 114-121.

Esser, J.K. (1998): Alive and well after 25 years: a review of groupthink research, in: Organizational Behavior and Human Decision Processes, 73 (2-3), S. 116-141.

Eysenck, H.J. (1995): Genius. The Natural History of Creativity, New York.

Farh, J.-L./Lee, C./Farh, C.I.C. (2010): Task conflict and team creativity: a question of how much and when, in: Journal of Applied Psychology, 95 (6), S. 1173-1180.

Farrington-Darby, T./Wilson, J.R. (2006): The nature of expertise – a review, in: Applied Ergonomics, 37 (1), S. 17-32.

Felberbauer, C. (2017): Rangdynamik in Teams, Masterarbeit, Fachhochschule Wiener Neustadt, Wiener Neustadt.

Fells, M.J. (2000): Fayol stands the test of time, in: Journal of Management History, 6 (8), S. 345-360.

Fengbin, W./Hong, J. (2009): Innovation paradox and ambidextrous organization: a case study on development teams of air conditioner in Haier, in: Frontiers of Business Research in China, 3 (2), S. 271-300.

Fengler, J./Sanz, A. (Hrsg.) (2011): Ausgebrannte Teams. Burnout-Prävention und Salutogenese, Stuttgart.

Ferguson, A. (2016): Leading. Was mich das Leben und meine Jahre bei Manchester United gelehrt haben, Kulmbach.

Ferriani, S./Corrado, R./Boschetti, C. (2005): Organizational learning under organizational impermanence: collaborative ties in film project firms, in: Journal of Management and Governance, 9 (3), S. 257-285.

Ferriss, T. (2017): Tools der Titanen. Die Taktiken, Routinen und Gewohnheiten der Weltklasse-Performer, Ikonen und Milliardäre, München.

Fiedler, M. (2014): Auf Droge. Das US-Militär verordnet traumatisierten Soldaten maßlose Tablettenkuren. Die Geschichte eines stolzen Marines, der inzwischen oft vergisst, die Zähne zu putzen, in: Süddeutsche Zeitung Magazin, Heft 50, http://sz-magazin.sueddeutsche.de/texte/anzeigen/42522/1/1 (Stand: 17.07.2017).

Fischer, T.M. (1993): Sicherung unternehmerischer Wettbewerbsvorteile durch Prozess- und Schnittstellen-Management, in: Zeitschrift Führung + Organisation, 62 (5), S. 312-318.

Fischer, B./Boynton, A. (2005): Wenn Virtuose zusammenarbeiten, in: Harvard Business Manager, 27 (11), S. 76-87.

Fischer, L./Wiswede, G. (2009): Grundlagen der Sozialpsychologie, 3. Aufl., München.

Fisher, R./Ury, W./Patton, B. (2013): Das Harvard-Konzept. Der Klassiker der Verhandlungstechnik, 24. Aufl., Frankfurt am Main.

Florida, R. (2004): The rise of the creative class. And how it's transforming work, leisure, community and everyday life, New York.

Folkestad, J./Gonzalez, R. (2010): Teamwork for innovation: a content analysis of the highly read and highly cited literature on innovation, in: Advances in Developing Human Resources, 12 (1), S. 115-136.

Foucault, M. (2005): Analytik der Macht, Frankfurt am Main.

Frank, H./Mitterer, G. (2009): Opportunity Recognition – State of the Art und Forschungsperspektiven, in: Zeitschrift für Betriebswirtschaft, 79 (3), S. 367-406.

Frei, F. et al. (1996): Die kompetente Organisation. Qualifizierende Arbeitsgestaltung – die europäische Alternative, 2. Aufl., Zürich.

Freimuth, J./Hauck, O./Asbahr, T. (2002): Struktur und Dynamik organisatorischen Erfahrungswissens. Dargestellt am Beispiel der Einführung von Gruppenarbeit in einer Automobilmontage, in: Zeitschrift für Personalforschung, 16 (1), S. 5-38.

Freud, S. (2017): Massenpsychologie und Ich-Analyse, 6. Aufl., Hamburg.

Friedberg, E. (1992): Zur Politologie von Organisationen, in: Küpper, W./Ortmann, G. (Hrsg.): Mikropolitik. Rationalität, Macht und Spiele in Organisationen, 2. Aufl., Opladen, S. 39-52.

Funke, J. (2003): Problemlösendes Denken, Stuttgart.

Gabelica, C. et al. (2012): Feedback, a powerful lever in teams: a review, in: Educational Research Review, 7 (2), S. 123-144.

Gardner, H. (2008): Intelligenzen. Die Vielfalt des menschlichen Geistes, 3. Aufl., Stuttgart.

Garvin, D.A./Edmondson, A.C./Gino, F. (2008): Is yours a learning organization? In: Harvard Business Review, 86 (3), S. 109-116.

Gatt, S./Libicky, S./Stockert, M. (2006): Sicher lernen Outdoors. Standards bei Outdoor-Trainings – basierend auf Erkenntnissen aus Unfallanalysen, Augsburg.

Gebert, D. (2004): Innovation durch Teamarbeit. Eine kritische Bestandsaufnahme, Stuttgart.

Gebert, D./Kearney, E. (2011): Ambidextre Führung. Eine andere Sichtweise, in: Zeitschrift für Arbeits- und Organisationspsychologie, 55 (2), S. 74-87.

Gellert, M./Nowak, C. (2010): Teamarbeit, Teamentwicklung, Teamberatung. Ein Praxisbuch für die Arbeit in und mit Teams, 4. Aufl., Meezen.

Gemünden, H.G./Salomo, S. (2005): Der Einfluss der Projektautonomie auf den Projekterfolg, in: Amelingmeyer, J./Harland, P.E. (Hrsg.): Technologiemanagement & Marketing. Herausforderungen eines integrierten Innovationsmanagements, Wiesbaden, S. 63-82.

George, J.M. (2011): Dual tuning: a minimum condition for understanding affect in organizations? In: Organizational Psychology Review, 1 (2), S. 147-164.

George, J.M./King, E.B. (2007): Potential pitfalls of affect convergence in teams: functions and dysfunctions of group affective tone, in: Research on managing groups and teams, 10, S. 97-123.

Gerhardt, A. (2014): Bürowelt: Effizienz durch Architektur. Der Mensch und sein Wohlbefinden im gestalteten Arbeitsplatzumfeld, Lengerich.

Gersick, C.J.G. (1988): Time and transition in work teams: toward a new model of group development, in: Academy of Management Journal, 31(1), S. 9-41.

Geschka, H./Zirm, A. (2011): Kreativitätstechniken, in: Albers, S./Gassmann, O. (Hrsg.): Handbuch Technologie- und Innovationsmanagement, 2. Aufl., Wiesbaden, S. 279-302.

Gibson, C.B./Cohen, S.G. (Hrsg.) (2003): Virtual teams that work. Creating conditions for virtual team effectiveness, San Francisco.

Gibson, C./Vermeulen, F. (2003): A healthy divide: subgroups as a stimulus for team learning behavior, in: Administrative Science Quarterly, 48 (2), S. 202-239.

Gillies, C. (2016): Konzentrationskiller Kollaboration. Der Fluch der Zusammenarbeit, in: managerSeminare, Heft 218, S. 54-59.

Ginnett, R.C. (1990): Airline cockpit crew, in: Hackman, J.R. (Hrsg.): Groups that work (and those that don't). Creating conditions for effective teamwork, San Francisco, Oxford, S. 427-448.

Gladstein, D.L. (1984): Groups in context: a model of task group effectiveness, in: Administrative Science Quarterly, 29 (4), S. 499-517.

Gloger, B. (2016): Scrum. Produkte zuverlässig und schnell entwickeln, 5. Aufl., München.

Goleman, D. (1998): What makes a leader? In: Harvard Business Review, 76 (6), S. 82-91.

Goleman, D. (2000): EQ^2. Der Erfolgsquotient, München.

Goleman, D. (2007): Emotionale Intelligenz, 19. Aufl., München.

Gorlick, R. (2009): Nur das Ergebnis zählt, in: Harvard Business Manager, 31 (11), S. 12-15.

Graen, G.B./Uhl-Bien, M. (1995): Relationship-based approach to leadership: development of leader-member exchange (LMX) theory of leadership over 25 years: applying a multi-level multi-domain perspective, in: The Leadership Quarterly, 6 (2), S. 219-247.

Grant, A. (2013): Geben und Nehmen. Erfolgreich sein zum Vorteil aller, München.

Grant, A./Rebele, R. (2017): Verhindern Sie den Burn-Out! In: Harvard Business Manager, 39 (5), S. 22-31.

Gratton, L./Erickson, T.J. (2008): Wie gute Teams funktionieren, in: Harvard Business Manager, 30 (1), S. 24-38.

Greve, J./Schnabel, A. (2011): Einleitung, in: Greve, J./Schnabel, A. (Hrsg.): Emergenz. Zur Analyse und Erklärung komplexer Strukturen, Berlin, S. 7-33.

Grossman, R./Friedman, S.B./Kalra, S. (2017): Teamwork processes and emergent states, in: Salas, E./Rico, R./Passmore, J. (Hrsg.): The Wiley Blackwell handbook of the psychology of team working and collaborative processes, Chichester, S. 245-269.

Grün, A. (2008): Der Himmel beginnt in dir. Das Wissen der Wüstenväter für heute, Freiburg im Breisgau.

Gruen, A. (2006): Verratene Liebe – Falsche Götter, München.

Gutenberg, E. (1983): Grundlagen der Betriebswirtschaftslehre. Erster Band: Die Produktion, 24. Aufl., Berlin.

Güttel, W./Konlechner, S.W. (2011): Die Replikation organisationaler Routinen: Replikationsstrategien zwischen Templates und Prinzipien, in: Oelsnitz, D. von der / Güttel, W. (Hrsg.): Jahrbuch Strategisches Kompetenz-Management, Bd. 5: Kooperationsorientierte Kompetenzen, München, S. 1-27.

Güttel, W./Konlechner, S.W. (2017): Ambidextrie als Ansatz zur Balancierung von Effizienz und Innovativität in Organisationen, in: Güttel, W. (Hrsg.): Erfolgreich in turbulenten Zeiten, Augsburg, S. 187-216.

Hab, G./Wagner, R. (2013): Projektmanagement in der Automobilindustrie: Effizientes Management von Fahrzeugprojekten entlang der Wertschöpfungskette, 4. Aufl., Wiesbaden.

Hackman, J. (2005): Rethinking team leadership or team leaders are not music directors, in: Messick, D.M./Kramer, R.M. (Hrsg.): The psychology of leadership, Mahwah, S. 115-142.

Hackman, J. (2009): Warum Teams nicht funktionieren, in: Harvard Business Manager, 31 (7), S. 92-98.

Hackman, J. (2012): From causes to conditions in group research, in: Journal of Organizational Behavior, 33 (3), S. 428-444.

Hagemann, V./Kluge, A./Ritzmann, S. (2011): High Responsibility Teams – Eine systematische Analyse von Teamarbeitskontexten für einen effektiven Kompetenzerwerb, in: Journal Psychologie des Alltagshandelns, 4 (1), S. 22-42.

Hamel, G./Breen, B. (2008): Das Ende des Managements. Unternehmensführung im 21. Jahrhundert, Berlin.

Hammar Chiriac, E. (2008): A scheme for understanding group processes in problem based learning, Higher Education, 55 (5), S. 505-518.

Hammedi, W./Riel, A. van/Sasovova, Z. (2011): Antecedents and consequences of reflexivity in new product idea screening, in: The Journal of Product Innovation Management, 28 (5), S. 662-679.

Hammer, M./Champy, J. (1996): Business Reengineering. Die Radikalkur für das Unternehmen, 6. Aufl., Frankfurt am Main.

Handy, C. (1995): Trust and the virtual organization, in: Harvard Business Review, 73 (3), S. 40-50.

Harrison, D.A./Price, K.H./Bell, M.P. (1998): Beyond relational demography: time and the effects of surface- and deep-level diversity on work group cohesion, in: Academy of Management Journal, 41 (1), S. 96-107.

Hasel, V.F. (2008): Das Experiment vor Abu Ghraib, in: http://www.tagesspiegel.de/weltspiegel/psychologie-das-experiment-vor-abu-ghraib/1285722.html (Stand: 15.09.2017).

Haug, C.V. (2016): Erfolgreich im Team. Praxisnahe Anregungen für effizientes Teamcoaching und Projektarbeit, 5. Aufl., München.

Hauschildt, J./Salomo, S. (2011): Innovationsmanagement, 5. Aufl., München.

Hayek, F.A. von (2003): Recht, Gesetz und Freiheit. Eine Neufassung der liberalen Grundsätze der Gerechtigkeit und der politischen Ökonomie, Tübingen.

Hecking, C. (2013): Wie sich deutscher Mittelstand vor Industriespionage schützt, in: http://www.spiegel.de/wirtschaft/unternehmen/spionage-deutsche-industrie-soll-sich-besser-schuetzen-a-912066.html (Stand: 12.09.2017).

Heen, S./Stone, D. (2014): Aus Feedback lernen, in: Harvard Business Manager, 36 (3), S. 20-29.

Helle, H.J./Schliemann, E. (1969): Soziometrie als Hilfsmittel des Organisators, in: Jacob, H. (Hrsg.): Rationelle Personalführung. Schriften zur Unternehmensführung, Wiesbaden, S. 69-81.

Heinemann, F. (2007): Organisation von Projekten zur Neuproduktentwicklung. Ein fähigkeitsbasierter Ansatz, Wiesbaden.

Henderson, R.M./Clark, K.B. (1990): Architectural innovation: the reconfiguration of existing product technologies and the failure of established firms, in: Administrative Science Quarterly, 35 (1), S. 9-30.

Hengstschläger, M. (2012): Die Durchschnittsfalle. Gene – Talente – Chancen, Salzburg.

Hennlein, S./Jöns, I. (2016): Entwicklung durch Feedback, in: Jöns, I. (Hrsg.): Erfolgreiche Gruppenarbeit. Konzepte, Instrumente, Erfahrungen, 2. Aufl., Wiesbaden, S. 147-161.

Hensel, U. (2016): Unterschätzte Mitarbeiter – Starke Sensible, in: managerSeminare, Heft 219, S. 68-73.

Hertel, G./Hüffmeier, J. (2014): Teamarbeit: Wirkmechanismen und Rahmenbedingungen, in: Schuler, H./Moser, K. (Hrsg.): Lehrbuch Organisationspsychologie, 5. Aufl., Bern, S. 219-262.

Hertel, G./Orlikowski, B. (2012): Projektmanagement in ortsverteilten »virtuellen« Teams, in: Wastian, M./Braumandl, I./Rosenstiel, L. von (Hrsg.): Angewandte Psychologie für das Projektmanagement. Ein Praxisbuch für die erfolgreiche Projektleitung, Heidelberg, S. 327-346.

Hertel, G./Geister, S./Konradt, U. (2005): Managing virtual teams: a review of current empirical research, in: Human Resource Management Review, 15 (1), S. 69-95.

Hill, W./Fehlbaum, R./Ulrich, P. (1994): Organisationslehre 1. Ziele, Instrumente und Bedingungen der Organisation sozialer Systeme, 5. Aufl., Bern.

Hochschild, A.R. (2006): Das gekaufte Herz. Die Kommerzialisierung der Gefühle, Frankfurt am Main.

Hock, D. (2008): Die chaordische Organisation. Vom Gründer der VISA-Card, Stuttgart.

Hofert, S./Visbal, T. (2015): Die Teambibel. Das Praxisbuch für erfolgreiche Teamarbeit, Offenbach.

Hoffman, R.R./Lintern, G. (2006): Eliciting and representing the knowledge of experts, in: Ericsson, K.A. et al. (Hrsg.): The Cambridge handbook of expertise and expert performance, Cambridge, S. 203-222.

Hofstätter, P.R. (1957): Gruppendynamik. Kritik der Massenpsychologie, Hamburg.

Hofstede, G./Hofstede, G.J. (2011): Lokales Denken, globales Handeln. Interkulturelle Zusammenarbeit und globales Management, 5. Aufl., München.

Högl, M. (1998): Teamarbeit in innovativen Projekten. Einflussgrößen und Wirkungen, Wiesbaden.

Högl, M./Gemünden, H.G. (Hrsg.) (2005): Management von Teams. Theoretische Konzepte und empirische Befunde, 3. Aufl., Wiesbaden.

Högl, M./Parboteeah, K.P. (2006): Team reflexivity in innovative projects, in: Research & Development Management, 36 (2), S. 113-125.

Holzknecht, S. (2006): August-Wilhelm Scheer – Der Virtuose, in: private wealth. Vermögen, Wohlstand & Werte, online magazin, 03/2006, S. 16-22.

Homburg, C. (2012): Marketingmanagement. Strategie – Instrumente – Umsetzung – Unternehmensführung, 4. Aufl., Wiesbaden.

Honigstein, R. (2016): Gewinnen wie Jürgen Klopp, in: The Red Bulletin, 5/2016, S. 46-51.

Hoop, R. de (2012): Macht Musik. So spielt Ihr Team zusammen, statt nur Lärm zu produzieren, Offenbach.

Hoop, R. de (2014): Spitzenteams der Zukunft. So spielen Virtuosen zusammen, Offenbach.

Howard, P.J./Howard, J.M. (2002): Führen mit dem Big-Five-Persönlichkeitsmodell. Das Instrument für optimale Zusammenarbeit, Frankfurt am Main.

Howell, J.M. (1988): Two faces of charisma: socialized and personalized leadership in organizations, in: Conger, J.A./Kanungo, R.N. (Hrsg.): Charismatic leadership. The elusive factor in organizational effectiveness, San Francisco, S. 213-236.

Huckman, R./Staats, B. (2014): Die Vorteile eingespielter Teams, in: Harvard Business Manager, 36 (1), S. 6-9.

Hülsheger, U.R./Anderson, N./Salgado, J.F. (2009): Team-level predictors of innovation at work: a comprehensive meta-analysis spanning three decades of research, in: Journal of Applied Psychology, 94 (5), S. 1128-1145.

Hülsheger, U.R. et al. (2013): Benefits of mindfulness at work: the role of mindfulness in emotion regulation, emotional exhaustion, and job satisfaction, in: Journal of Applied Psychology, 98 (2), S. 310-325.

Hüther, G. (2014): Was sind wir und was wir sein könnten. Ein neurobiologischer Mutmacher, 6. Aufl., Frankfurt am Main.

Iacocca, L. (1986): Iacocca. Eine amerikanische Karriere, 13. Aufl., Düsseldorf.

Iansiti, M. (1993): Real world R&D: jumping the product generation gap, in: Harvard Business Review, 71 (3), S. 138-147.

Ilgen, D. et al. (2005): Teams in organizations: from input-process-output models to IMOI models, in: Annual Review of Psychology, 56, S. 517-543.

Imai, M. (1997): Gemba Kaizen®. Permanente Qualitätsverbesserung, Zeitersparnis und Kostensenkung am Arbeitsplatz, München.

Isaacson, W. (2011): Steve Jobs. Die autorisierte Biografie des Apple-Gründers, München.

Jäckel, M. (2011): Medienwirkungen. Ein Studienbuch zur Einführung, 5. Aufl., Wiesbaden.

Jakoby, W. (2013): Projektmanagement für Ingenieure. Ein praxisnahes Lehrbuch für den systematischen Projekterfolg, 2. Aufl., Wiesbaden.

Janis, I.L. (1982): Groupthink, 2. Aufl., Wadsworth.

Janssen, O./Huang, X. (2008): Us and me: team identification and individual differentiation as complementary drivers of team members' citizenship and creative behaviors, in: Journal of Management, 34 (1), S. 69-88.

Jehn, K.A. (1995): A multimethod examination of the benefits and detriments of intragroup conflict, in: Administrative Science Quarterly, 40 (2), S. 256-282.

Jehn, K.A. et al. (2008): The effects of conflict types, dimensions, and emergent states on group outcomes, in: Group Decision and Negotiation, 17 (6), S. 465-495.

Jenewein, W./Heidbrink, M. (2008): High-Performance-Teams. Die fünf Erfolgsprinzipien für Führung und Zusammenarbeit, Stuttgart.

Jenewein, W./Morhart, F. (2006): Sieben Manöver zum Teamerfolg, in: Harvard Business Manager, 28 (7), S. 48-62.

Jenner, T. (2001): Escalating Commitment bei der Markteinführung von Innovationen im Konsumgüterbereich, in: Zeitschrift für Betriebswirtschaft, 71 (2), S. 143-160.

Jeske, T./Hasenau, K./Schlick, C.M. (2013): Flexible Arbeitsgestaltung und Lernprozesse in der Montage, in: Bornewasser, M./Zülch, G. (Hrsg.): Arbeitszeit – Zeitarbeit. Flexibilisierung der Arbeit als Antwort auf die Globalisierung, Wiesbaden, S. 345-360.

Jöns, I. (2005): Feedbackprozesse in Organisationen: Psychologische Grundmodelle und Forschungsbefunde, in: Jöns, I./Bungard, W. (Hrsg.): Feedbackinstrumente im Unternehmen. Grundlagen, Gestaltungshinweise, Erfahrungsberichte, 2005, S. 29-44.

Jöns, I. (Hrsg.) (2016): Erfolgreiche Gruppenarbeit. Konzepte, Instrumente, Erfahrungen, 2. Aufl., Wiesbaden.

Joshi, A./Pandey, N./Han, G. (2009): Bracketing team boundary spanning: an examination of task-based, team-level, and contextual antecedents, in: Journal of Organizational Behavior, 30 (6), S. 731-759.

Jumpertz, S. (2016): Führung in flachen Hierarchien. Erfolgsfaktor EQ, in: managerSeminare, Heft 220, S. 18-27.

Jung, D.I./Sosik, J.J. (2002): Transformational leadership in work groups. The Role of empowerment, cohesiveness, and collective-efficacy on perceived group performance, in: Small Group Research, 33 (3), S. 313-336.

Jungmann, F./Wegge, J. (2016): Führung von altersgemischten Arbeitsgruppen, in: Felfe, J./Dick, R. van (Hrsg.): Handbuch Mitarbeiterführung. Wirtschaftspsychologisches Praxiswissen für Fach- und Führungskräfte, Berlin, S. 199-212.

Jürgens, T. (2015): Fußballtrainer Ernst Happel. Grantler, Lebemann, Genie, in: http://www.spiegel.de/sport/fussball/ernst-happel-trainerikone-waere-90-jahre-alt-geworden-a-1061748.html (Stand: 19.09.2017).

Jürgens, U./Krzywdzinski, M. (2016): Neue Arbeitswelten. Wie sich die Arbeitsrealität in den Automobilwerken der BRIC-Länder verändert, Frankfurt am Main.

Kahn, W.A. (1990): Psychological conditions of personal engagement and disengagement at work, in: Academy of Management Journal, 33 (4), S. 692-724.

Kanning, U.P. (2010): Von Schädeldeutern und anderen Scharlatanen. Unseriöse Methoden der Psychodiagnostik, Lengerich.

Kanning, U.P./Rustige, J. (2012): Vieles ist plausibel, weniges wirklich wichtig. Der Stellenwert von Feedback-Regeln aus empirischer Sicht, in: Personalführung, 45 (5), S. 24-31.

Katila, R.A./Ahuja, G. (2002): Something old, something new: a longitudinal study of search behavior and new product introduction, in: Academy of Management Journal, 45 (6), S. 1183-1194.

Katz, N. et al. (2005): The network perspective of small groups. Theory and research, in: Poole, M.S./Hollingshead, A.B. (Hrsg.): Theories of small groups. Interdisciplinary perspectives, Thousand Oaks, London, New Delhi, S. 277-312.

Katzenbach, J.R./Smith, D.K. (1998): Teams. Der Schlüssel zur Hochleistungsorganisation, München.

Kauffeld, S. (2001): Teamdiagnose, Göttingen.

Kauffeld, S. (2007): Jammern oder Lösungsexploration? Eine sequenzanalytische Betrachtung des Interaktionsprozesses in betrieblichen Gruppen bei der Bewältigung von Optimierungsaufgaben, in: Zeitschrift für Arbeits- und Organisationspsychologie, 51 (2), S. 55-67.

Kauffeld, S./Lehmann-Willenbrock, N. (2012): Meetings matter: effects of team meetings on team and organizational success, in: Small Group Research, 43 (2), S. 130-158.

Kauffeld, S./Handke, L./Straube, J. (2016): Verteilt und doch verbunden: Virtuelle Teamarbeit, in: Gruppe.Interaktion.Organisation (GIO) – Zeitschrift für angewandte Organisationspsychologie, 47 (1), S. 43-51.

Kauffeld, S./Sauer, N./Handke, L. (2017): Shared leadership, in: Gruppe.Interaktion.Organisation (GIO) – Zeitschrift für angewandte Organisationspsychologie, 48 (3), S. 235-238..

Kelly, J.R./Barsade, S.G. (2001): Mood and emotions in small groups and work teams, in: Organizational Behavior and Human Decision Processes, 86 (1), S. 99-130.

Kelly, E.L./Conley, J.J. (1987): Personality and compatibility: a prospective analysis of marital stability and marital satisfaction, in: Journal of Personality and Social Psychology, 52(1), S. 27-40.

Keltner, D. (2016): Macht ist ein Geschenk, in: Psychologie heute, 43 (11), S. 70-74.

Kessler, D.O./Cheng, A./Mullan, P.C. (2015): Debriefing in the emergency department after clinical events: a practical guide, in: Annals of Emergency Medicine, 65 (6), S. 690-698.

Kets de Vries, M. (2016): Führung ist Teamsport. Interview mit Führungsforscher Manfred Kets de Vries, in: managerSeminare, Heft 215, S. 30-37.

Kieser, A. (1996): Moden & Mythen des Organisierens, in: Die Betriebswirtschaft, 56 (1), S. 21-39.

Kieser, A./Walgenbach, P. (2003): Organisation, 4. Aufl., Stuttgart.

Klein, G. (2003): Natürliche Entscheidungsprozesse. Über die »Quellen der Macht«, die unsere Entscheidungen lenken, Paderborn.

Klimecki, R.G./Gmür, M. (2001): Personalmanagement. Strategien – Erfolgsbeiträge – Entwicklungsperspektiven, 2. Aufl., Stuttgart.

Kluger, A.N./DeNisi, A. (1996): The effects of feedback interventions on performance: a historical review, a meta-analysis, and a preliminary feedback intervention theory, in: Psychological Bulletin, 119 (2), S. 254-284.

Kneisel, E. (2015). Teamreflexion und mentale Teammodelle. Der Einfluss von Teamreflexionsprozessen auf die Entwicklung mentaler Aufgabenmodelle und die Teamleistung in studentischen Projektteams, Chemnitz, in: http://nbn-resolving.de/urn:nbn:de:bsz:ch1-qucosa-189940 (Stand: 04.08.2017).

Kocher, M.G./Schudy, S./Spantig, L. (2017): I lie? We lie! Why? Experimental evidence on a dishonesty shift in groups, in: Management Science, im Erscheinen, https://doi.org/10.1287/mnsc.2017.2800.

König, O. (1998): Macht in Gruppen. Gruppendynamische Prozesse und Interventionen, 2. Aufl., München.

König, O. (2004): Gruppenprozesse verstehen: Qualitativer Ansatz und Mikroanalyse, in: Antons, K. et al. (Hrsg.): Gruppenprozesse verstehen. Gruppendynamische Forschung und Praxis, 2. Aufl., S. 11-26.

König, O./Schattenhofer, K. (2016): Einführung in die Gruppendynamik, 8. Aufl., Heidelberg.

Königswieser, R. (2008): Reflexion als Sprungbrett, in: Heintel, P (Hrsg.): betrifft: TEAM. Dynamische Prozesse in Gruppen, 2. Aufl., Wiesbaden, S. 69-80.

Königswieser, R./Exner, A. (1999): Systemische Intervention. Architekturen und Designs für Berater und Veränderungsmanager, 4. Aufl., Stuttgart.

Koppetsch, C. (2013): Die Wiederkehr der Konformität. Streifzüge durch die gefährdete Mitte, Frankfurt am Main.

Kordova, S.K./Frank, M. (2014): The t-shape dilemma in the industrial engineering and management, in: Journal of Industrial Engineering and Management, 7 (5), S. 1076-1096.

Korsgaard, M.A. et al. (2008): A multilevel view of intragroup conflict, in: Journal of Management, 34 (6), S. 1222-1252.

Kortmann, O. (2016): Kommunikation ist das Schmiermittel. Ein Gespräch mit Olaf Kortmann zu High Performance Teams im Profisport, in: OrganisationsEntwicklung, 35 (1), S. 19-23.

Kotter, J.P. (2011): Leading Change. Wie Sie Ihr Unternehmen in acht Schritten erfolgreich verändern, München.

Kozlowski, S.W.J. (2015): Advancing research on team process dynamics: theoretical, methodological, and measurement considerations, in: Organizational Psychology Review, 5 (4), S. 270-299.

Kozlowski, S.W.J./Chao, G.T. (2012): The dynamics of emergence: cognition and cohesion in work teams, in: Managerial and Decision Economics, 33 (5), S. 335-354.

Kozlowski, S.W.J./Klein, K.J. (2000): A multilevel approach to theory and research in organizations. Contextual, temporal, and emergent processes, in: Klein, K.J./Kozlowski, S.W.J. (Hrsg.): Multilevel theory, research, and methods in organizations. Foundations, extensions, and new directions, San Francisco, S. 3-90.

Kozlowski, S.W.J. et al. (2013): Advancing multilevel research design: capturing the dynamics of emergence, in: Organizational Research Methods, 16 (4), S. 581-615.

Kretschmer, E. (1955): Körperbau und Charakter. Untersuchungen zum Konstitutionsproblem und zur Lehre von den Temperamenten, 21. und 22. Aufl., Berlin.

Kriz, W.C./Nöbauer, B. (2008): Teamkompetenz. Konzepte, Trainingsmethoden, Praxis, 4. Aufl., Göttingen.

Krüger, R.T. (2011): Die Gruppe als sich selbst organisierendes System. Konsequenzen für die psychodramatische Arbeit mit Gruppen, in: Zeitschrift für Psychodrama und Soziometrie, 10 (2), S. 191-207.

Krüger, W. (2009): Das 3W-Modell: Bezugsrahmen für das Wandlungsmanagement, in: Krüger, W. (Hrsg.): Excellence in Change. Wege zur strategischen Erneuerung, 4. Aufl., Wiesbaden, S. 19-44.

Kuhn, T.S. (1967): Die Struktur wissenschaftlicher Revolutionen, Frankfurt am Main.

Kuntz, F. (2007): Der Weg zum Irak-Krieg. Groupthink und die Entscheidungsprozesse der Bush-Regierung, Wiesbaden.

Küppers, G./Krohn, W. (1992): Selbstorganisation. Zum Stand einer Theorie in den Wissenschaften, in: Krohn, W./Küppers, G. (Hrsg.): Emergenz: Die Entstehung von Ordnung, Organisation und Bedeutung, Frankfurt am Main, S. 7-26.

Kutschker, M./Schmid, S. (2011): Internationales Management, 7. Aufl., München.

Lackner, M. (2014): Talent-Management spezial. Hochbegabte, Forscher und Künstler erfolgreich führen, 2. Aufl., Wiesbaden.

Laloux, F. (2015): Reinventing Organizations. Ein Leitfaden zur Gestaltung sinnstiftender Formen der Zusammenarbeit, München.

Larsen, R.J./Diener, E. (1992): Promises and problems with the circumplex model of emotion, in: Clark, M.S. (Hrsg.): Review of Personality and Social Psychology, 13, Newbury Park, S. 25-59.

Larson, J.R./Christensen, C. (1993): Groups as problem-solving units: towards a new meaning of social cognition, in: British Journal of Social Psychology, 32 (1), S. 5-30.

Lashinsky, A. (2012): Inside Apple. Das Erfolgsgeheimnis des wertvollsten, innovativsten und verschwiegensten Unternehmens der Welt, Weinheim.

Le Bon, G. (1982): Psychologie der Massen, 15. Aufl., Stuttgart.

Lee-Kelley, L./Blackman, D. (2005): In addition to shared goals: the impact of mental models on team innovation and learning, in: International Journal of Innovation and Learning, 2 (1), S. 11-25.

Lehmann-Willenbrock, N. et al. (2011): Verbal interaction sequences and group mood: exploring the role of team planning communication, in: Small Group Research, 42 (6), S. 639-668.

Leonard, D. (1998): Wellsprings of knowledge. Building and sustaining the sources of innovation, Boston.

Leonard, D./Swap, W. (2005): Deep smarts. How to cultivate and transfer enduring business wisdom, Boston.

Leonard-Barton, D. (1992): Core capabilities and core rigidities: a paradox in managing new product development, in: Strategic Management Journal, 13, S. 111-125.

LePine, J.A./Van Dyne, L. (1998): Predicting voice behavior in work groups, in: Journal of Applied Psychology, 83 (6), S. 853-868.

Leymann, H. (2009): Mobbing: Psychoterror am Arbeitsplatz und wie man sich dagegen wehren kann, 14. Aufl., Reinbek.

Liebl, F. (2005): Technologie-Frühaufklärung, in: Albers, S./Gassmann, O. (Hrsg.): Handbuch Technologie- und Innovationsmanagement. Strategie – Umsetzung – Controlling, Wiesbaden, S. 119-136.

Liker, J.R. (2007): Der Toyota Weg. 14 Managementprinzipien des weltweit erfolgreichsten Automobilkonzerns, 2. Aufl., München.

Liker, J.R./Meier, D.P. (2007): Praxisbuch. Der Toyota Weg. Für jedes Unternehmen, München.

Likert, R. (1967): The human organization: its management and value, New York.

Likert, R. (1972): Neue Ansätze der Unternehmensführung, Bern, Stuttgart.

Lindemann, U. et al. (2012): Know-how-Schutz im Wettbewerb. Gegen Produktpiraterie und unerwünschten Wissenstransfer, Berlin.

Lindsley, D.H./Brass, D. J./Thomas, J.B. (1995): Efficacy-performance spirals: a multilevel perspective, in: Academy of Management Review, 20 (3), S. 645-678.

Link, K. (2016): Paradoxe Führung. Eine Sowohl-als-auch-Perspektive in der Organisation verankern, in: Zeitschrift Führung + Organisation, 85 (5), S. 342-347.

Lippmann, E./Angstmann, A. (2013): Kreativität und Kreativitätstechniken, in: Steiger, T./ Lippmann, E. (Hrsg.): Handbuch Angewandte Psychologie für Führungskräfte. Führungskompetenz und Führungswissen, 4. Aufl., Berlin, S. 376-397.

London, M. (2003): Job feedback: giving, seeking, and using feedback for performance improvement, 2. Aufl., Mahwah.

Lord, R.G. et al. (2017): Leadership in applied psychology: three waves of theory and research, in: Journal of Applied Psychology, 102 (3), S. 434-451.

Lott, A.J./Lott, B.E. (1965): Group cohesiveness as interpersonal attraction: a review of relationships with antecedents and consequent variables, in: Psychological Bulletin, 64 (4), S. 259-309.

Löw, J. (2012): Joachim Löw »So will ich es haben«, in: ZEITmagazin 23/2012, http://www.zeit.¬de/2012/23/Fussball-Bundestrainer-Loew (Stand: 11.08.2017).

Lück, H.E./Antons, K./Stützle-Hebel, M. (2015): Glossar feldtheoretischer Begriffe, in: Antons, K./ Stützle-Hebel, M. (Hrsg.): Feldkräfte im Hier und Jetzt. Antworten von Lewins Feldtheorie auf aktuelle Fragestellungen in Führung, Beratung und Therapie, Heidelberg, S. 333-342.

Ludeman, K./Erlandson, E. (2004): Coaching the alpha male, in: Harvard Business Review, 82 (5), S. 58-67.

Luhmann, N. (1996): Soziale Systeme. Grundriss einer allgemeinen Theorie, 6. Aufl., Frankfurt am Main.

Luhmann, N. (1999): Funktionen und Folgen formaler Organisation, 5. Aufl., Berlin.

Luhmann, N. (2014): Vertrauen. Ein Mechanismus der Reduktion sozialer Komplexität, 5. Aufl., Konstanz.

Malik, F. (2006): Führen Leisten Leben. Wirksames Management für eine neue Zeit, Frankfurt am Main, New York.

Maltby, J./Day, L./Macaskill, A. (2001): Differentielle Psychologie, Persönlichkeit und Intelligenz, 2. Aufl., München.

Manz, C.C./Sims, H.P. (1995): Führung in selbststeuernden Gruppen, in: Kieser, A./Reber, G./ Wunderer, R. (Hrsg.): Handwörterbuch der Führung, 2. Aufl., Stuttgart, Sp. 1873-1894.

March, J.G. (1991): Exploration and exploitation in organizational learning, in: Organization Science, 2 (1), S. 71-87.

Marks, M.A./Mathieu, J.E./Zaccaro, S.J. (2001): A temporally based framework and taxonomy of team processes, in: Academy of Management Review, 26 (3), S. 356-376.

Marrone, J.A. (2010): Team boundary spanning: a multilevel review of past research and proposals for the future, in: Journal of Management, 36 (4), S. 911-940.

Martens, J.U. (2009): Einstellungen erkennen, beeinflussen und nachhaltig verändern. Von der Kunst, das Leben aktiv zu gestalten, Stuttgart.

Martens, J.-U./Kuhl, J. (2013): Die Kunst der Selbstmotivierung. Neue Erkenntnisse der Motivationsforschung praktisch nutzen, 5. Aufl., Stuttgart.

Martins, L.L./Gilson, L.L./Maynard, M.T. (2004): Virtual teams: what do we know and where do we go from here, in: Journal of Management, 30 (6), S. 805-835.

Mathieu, J.E. et al. (2000): The influence of shared mental models on team process and performance, in: Journal of Applied Psychology, 85 (2), S. 273-283.

Mathieu, J.E. et al. (2014): A review and integration of team composition models: moving toward a dynamic and temporal framework, in: Journal of Management, 40 (1), S. 130-160.

Mattes, J. (2014): Formalisation and flexibilisation in organisations – dynamic and selective approaches in corporate innovation processes, in: European Management Journal, 32 (3), S. 475-486.

Maw, J.A./Sleezer, C.M. (1995): Multiskilling. The quiet revolution in healthcare education and training, in: Journal of Health Occupations Education, 10 (1), S. 39-53.

McCarthy, A./Garavan, T.N. (2008): Team learning and metacognition: a neglected area of HRD research and practice, in: Advances in Developing Human Resources, 10 (4), S. 509-524.

McClelland, D.C. (1987): Human motivation, Cambridge.

McComb, S.A. (2008): Shared mental models and their convergence, in: Letsky, M.P et al. (Hrsg.): Macrocognition in teams. Theories and methodologies, Aldershot, S. 35-50.

McGrath, J. (1984): Groups: interaction and performance, Englewood Cliffs.

Meinhardt, G. (2017): Fußballspieler haben normalerweise immer Angst, in: https://www.welt.¬de/sport/fussball/champions-league/article163649772/Fussballspieler-haben-normalerweise-¬immer-Angst.html (Stand: 05.09.2017).

Messner, R. (2014): Über Leben, 2. Aufl., München.

Messner, R. (2017): Das Zurückkommen ist wie eine Wiedergeburt, in: Psychologie heute, 44 (1), S. 40-44.

Meyer, B. (2017): Team diversity, in: Salas, E./Rico, R./Passmore, J. (Hrsg.): The Wiley Blackwell handbook of the psychology of team working and collaborative processes, Chichester, S. 151-175.

Meyer, J.-U. (2014): Das Edison-Prinzip. Der genial einfache Weg zu erfolgreichen Ideen, 2. Aufl., Frankfurt am Main.

Meynhardt, T./Osterchrist, R./Mercker, B.-U. (2011): Werkzeugkiste 26: Action Learning (AL), in: OrganisationsEntwicklung, 30 (1), S. 84-87.

Mikl-Horke, G. (2007): Industrie- und Arbeitssoziologie, 6. Aufl., München.

Milgram, S. (2005): Einige Bedingungen von Gehorsam und Ungehorsam gegenüber Autoritäten, in: Neubacher, F./Walter, M. (Hrsg.): Sozialpsychologische Experimente in der Kriminologie, 2. Aufl., Münster 2005, S. 15-42.

Mintzberg, H. (1992): Die Mintzberg-Struktur, Landsberg am Lech.

Mintzberg, H./McHugh, A. (1985): Strategy formation in an adhocracy, in: Administrative Science Quarterly, 30 (2), S. 160-197.

Miron-Spektor, E./Erez, M./Naveh, E. (2011): The effect of conformist and attentive-to-detail members on team innovation: reconciling the innovation paradox, in: Academy of Management Journal, 54 (4), S. 740-760.

Mistele, P. (2007): Faktoren des verlässlichen Handelns. Leistungspotenziale von Organisationen in Hochrisikoumwelten, Wiesbaden.

Mistele, P. (2008): Teamarbeit und Führung in Hochleistungssystemen, in: Buerschaper, C./Starke, S. (Hrsg.): Führung und Teamarbeit in kritischen Situationen, Frankfurt, S. 20-40.

Mohrman, S.A./Cohen, SG./Mohrman, A.M. (1995): Designing team-based organizations. New forms for knowledge work, San Francisco.

Moreno, J.L. (1978). Who shall survive? Foundations of sociometry, group psychotherapy and sociodrama, 3. Aufl., Beacon.

Moreno, J.L. (1996): Die Grundlagen der Soziometrie. Wege zur Neuordnung der Gesellschaft (Unveränderter Nachdruck der 3. Aufl.), Wiesbaden.

Morgan, G. (2008): Bilder der Organisation, 4. Aufl., Stuttgart.

Morgeson, F.P./DeRue, D.S./Karam, E.P. (2010): Leadership in teams: a functional approach to understanding leadership structures and processes, in: Journal of Management, 36 (1), S. 5-39.

Morris, M. (2001): Genius at work. A conversation with Mark Morris, in: Harvard Business Review, 79 (9), S. 63-68.

Morris, M./Moore, P. (2000): The lessons we (don't) learn: counterfactual thinking and organizational accountability after a close call, in: Administrative Science Quarterly, 45 (4), S. 737-765.

Mortensen, M./Gardner, H.K. (2017): The overcommitted organization. Why it's hard to share people across multiple teams – and what to do about it, in: Harvard Business Review, 95 (9-10), S. 58-65.

Moser, K.S./Schaffner, D./Heinle, M. (2005): Entwicklung und Validierung einer bereichsspezifischen Skala zur Erfassung arbeitsbezogener kollektiver Wirksamkeitserwartungen, in: Zeitschrift für Arbeits- und Organisationspsychologie, 49 (2), S. 85-91.

Mühlemeyer, P./Ripp, S. (2013): Kreativitätstechniken als Innovationsinstrument, in: Schmeisser, W. et al. (Hrsg.): Handbuch Innovationsmanagement, Konstanz, München, S. 229-254.

Mullen, B./Copper, C. (1994): The relations between group cohesiveness and performance, in: Psychological Bulletin, 115 (2), S. 210-227.

Müller, T. (2004): Bestie Mensch. Tarnung – Lüge – Strategie, 6. Aufl., Salzburg.

Müller-Wolf, H.-M. (2007): Trainingsmaterialien zum Kommunikations- und Verhaltenstraining, in: Fittkau, B./Müller-Wolf, H.-M./Schulz von Thun, F. (Hrsg.): Kommunizieren lernen (und umlernen). Trainingskonzeptionen und Erfahrungen, 8. Aufl., Aachen-Hahn, S. 335-395.

Nachtwey, O. (2016): Die Abstiegsgesellschaft. Über das Aufbegehren in der regressiven Moderne, Berlin.

Neininger, A./Kauffeld, S. (2009): Reflexion als Schlüssel zur Weiterentwicklung von Gruppenarbeit, in: Kauffeld, S./Grote, S./Frieling, E. (Hrsg.): Handbuch Kompetenzentwicklung, Stuttgart, S. 233-255.

Nemeth, C.J. (1992): Minority dissent as a stimulant to group performance, in: Worchel, S./Wood, W./Simpson, J.A. (Hrsg.): Group process and productivity, Newbury Park, S. 95-111.

Nemeth, C./Brown, K./Rogers, J. (2001): Devil's advocate versus authentic dissent: Stimulating quantity and quality, in: European Journal of Social Psychology, 31 (6), S. 707-720.

Neuberger, O. (1995): Führungstheorien – Rollentheorie, in: Kieser, A./Reber, G./Wunderer, R. (Hrsg.): Handwörterbuch der Führung, 2. Aufl., Stuttgart, Sp. 979-993.

Neuberger, O. (2002): Führen und führen lassen, 6. Aufl., Stuttgart.

Neuweg, G.H. (2004): Könnerschaft und implizites Wissen – Zur lehr-lerntheoretischen Bedeutung der Erkenntnis- und Wissenstheorie Michael Polanyis, 3. Aufl., Münster.

Neumann, R./Kozlik, J. (2017): Emotionsausdruck und emotionale Ansteckung, in: Bierhoff, H.-W./Frey, D. (Hrsg.): Kommunikation, Interaktion und soziale Gruppenprozesse, Göttingen, S. 163-189.

Nickisch, C. (2017): Sagen Sie: Nein, in: Harvard Business Manager, 39 (5), S. 32-35.

Nijstad, B.A. (2013): Performance, in: Levine, J.M. (Hrsg.): Group processes, New York, S. 193-213.

Noelle-Neumann, E. (2001): Die Schweigespirale. Öffentliche Meinung – unsere soziale Haut, 6. Aufl., München.

Nonaka, I./Takeuchi, H. (2012): Die Organisation des Wissens. Wie japanische Unternehmen eine brachliegende Ressource nutzbar machen, 2. Aufl., Frankfurt am Main, New York.

North, K. (2016): Wissensorientierte Unternehmensführung, 6. Aufl., Wiesbaden.

North, K./Güldenberg, S. (2008): Produktive Wissensarbeit(er). Antworten auf die Management-Herausforderungen des 21. Jahrhunderts, Wiesbaden.

Odiorne, G.S. (1984): Strategic management of human resources. San Francisco.

Oelsnitz, D. von der (2006): Kulturelle Heterogenität – Leitlinien der Teamführung im interkulturellen Kontext, in: Zeitschrift für Management, 1 (2), S. 142-166.

Oelsnitz, D. von der (2009): Die innovative Organisation. Eine gestaltungsorientierte Einführung, 2. Aufl., Stuttgart.

Oelsnitz, D. von der (2011): Produkt- und Timingstrategien am Beispiel der Walt Disney Company, in: Zentes, J./Swoboda, B./Morschett, D. (Hrsg.): Fallstudien zum Internationalen Management. Grundlagen – Praxiserfahrungen – Perspektiven, 4. Aufl., Wiesbaden, S. 573-588.

Oelsnitz, D. von der (2014): Die frustrierende Organisation: Ungeschicktes Job Design und forcierte Entfremdung, in: Oelsnitz, D. von der/Schirmer, F./Wüstner, K. (Hrsg.): Die auszehrende Organisation, Wiesbaden, S. 89-112.

Oelsnitz, D. von der (2017a): Einführung in die systemische Personalführung, 2. Aufl., Heidelberg.

Oelsnitz, D. von der (2017b): Gig-Economy: Befreiung oder Prekariat? In: Neue Zürcher Zeitung vom 2. November 2017, Nr. 255, S. 16.

Oelsnitz, D. von der/Busch, M.W. (2006a): Teamlernen durch After Action Review, in: Personalführung, 39 (2), S. 54-62.

Oelsnitz, D. von der/Busch, M.W. (2006b): Social Loafing – Leistungsminderung in Teams, in: Personalführung, 39 (9), S. 64-75.

Oelsnitz, D. von der/Busch, M.W. (2008a): Die Bedeutung transaktiver Gedächtnissysteme für die Informationsproduktion in Teams, in: Zeitschrift für Betriebswirtschaft, 78 (4), S. 367-396.

Oelsnitz, D. von der/Busch, M.W. (2008b): Können Unternehmen von der US Army lernen? Offene, hierarchiefreie Lernkultur mit Vorbildcharakter, in: Neue Zürcher Zeitung, Nr. 229, 01.10.2008, S. 9.

Oelsnitz, D. von der/Busch, M.W. (2009a): Teamformung und Teameffizienz in der Filmproduktion, in: Hülsmann, M./Grapp, J. (Hrsg.): Strategisches Management für Film- und Fernsehproduktionen. Herausforderungen, Optionen, Kompetenzen, München, S. 485-501.

Oelsnitz, D. von der/Busch, M.W. (2009b): Teamlernen: Ansatzpunkte und Erfolgsvoraussetzungen, in: Hünerberg, R./Mann, A. (Hrsg.): Ganzheitliche Unternehmensführung in dynamischen Märkten. Festschrift für Univ.-Prof. Dr. Armin Töpfer, Wiesbaden, S. 249-271.

Oelsnitz, D. von der/Busch, M.W. (2014): Team – Toll, Ein Anderer Macht's! Die Wahrheit über Teamarbeit, 2. Aufl., Zürich.

Oelsnitz, D. von der/Eickhölter, J. (2014): Intrapreneurship – Mitarbeiter als Erfolgsfaktor der Innovation, in: Burr, W. (Hrsg.): Innovation. Theorien, Konzepte und Methoden der Innovationsforschung, Stuttgart, S. 288-319.

Oertel, R./Antoni, C.H. (2013): Wann und wie lernen Teams? Ein integriertes Modell des Teamlernens mit Berücksichtigung zeitlich-situativer Einflussfaktoren, in: Zeitschrift für Arbeits- und Organisationspsychologie, 57 (3), S. 132-144.

Offenbeek, M. van (2001): Processes and outcomes of team learning, in: European Journal of Work and Organizational Psychology, 10 (3), S. 303-317.

Olivella, J./Cuatrecasas, L./Gavilan, N. (2008): Work organisation practices for lean production, in: Journal of Manufacturing Technology Management, 19 (7), S. 798-811.

Olson, J.S. et al. (2002): The (currently) unique advantages of collocated Work, in: Hinds, P./ Kiesler, S. (Hrsg.): Distributed work, Cambridge, London, S. 113-135.

Olsson, P. (2011): Erkenne dein Talent. Was wir von Spitzensportlern und Topmanagern lernen können, Hamburg.

O'Neill, T.A./McLarnon, M.J.W. (2017): Optimizing team conflict dynamics for high performance teamwork, in: Human Resource Management Review, http://dx.doi.org/10.1016/j.hrmr.2017.06.002, im Erscheinen.

O'Reilly, C.A./Tushman, M.L. (2016): Lead and disrupt. How to solve the innovator's dilemma, Stanford.

Orlikowski, B. (2002). Management virtueller Teams. Der Einfluss der Führung auf den Erfolg, Wiesbaden.

O.V. (2005): Anne Sopie Mutter über Leistung, in: Süddeutsche Zeitung, 15./16.10.2005, Nr. 238, S. VIII.

O.V. (2011): Raum für Veränderungen. Im Profiraum für die Praxis trainieren, in: autogramm 12/2011, http://autogramm.volkswagen.de/12_11/volkswagenweg/volkswagenweg_01.html (Stand: 23.03.2017).

O.V. (2014a). »Wow, das macht Spaß!« Spiegel-Gespräch. Der US-Informatiker Alex Pentland liest die Gesetze menschlichen Miteinanders aus Datenströmen. Dies könne helfen, sagt er, eine bessere Gesellschaft zu schaffen, in: Der Spiegel, 12/2014, S. 100-104.

O.V. (2014b): »Bittere Pillen und süße Drops«. Der renommierte Kommunikationsforscher Friedemann Schulz von Thun über fehlerhafte Feedbackmodelle, den Wert von Konflikten und einen souveränen Umgang mit der eigenen Persönlichkeit, in: Harvard Business Manager, 36 (3), S. 34-39.

O.V. (2016): Manager der mächtigen Manager. Fredmund Malik erklärt den Managern das Managen, in: Der Kurier, 23.07.2016, https://kurier.at/wirtschaft/karriere/manager-der-maechtigen-manager/211.729.000 (Stand: 27.03.2017).

O.V. (2017): re:Work. Guide: Understand team effectiveness, in: https://rework.withgoogle.com/guides/understanding-team-effectiveness/steps/introduction/ (Stand: 02.08.2017)

Palmer, H. (2000): Das Enneagramm. Sich selbst und andere verstehen lernen, München.

Park, G./DeShon, R.P. (2010): A multilevel model of minority opinion expression and team decision-making effectiveness, in: Journal of Applied Psychology, 95 (5), S. 824-833.

Paulsen, H.F.K./Kauffeld, S. (2016): Ansteckungsprozesse in Gruppen: Die Rolle von geteilten Gefühlen für Gruppenprozesse und -ergebnisse, in: Gruppe.Interaktion.Organisation (GIO) – Zeitschrift für angewandte Organisationspsychologie, 47 (4), S. 357-364.

Patzak, G./Rattay, G. (2014): Projektmanagement. Leitfaden zum Management von Projekten, Projektportfolios, Programmen und projektorientierten Unternehmen, 6. Aufl., Wien.

Pawlowsky, P./Mistele, P. (Hrsg.) (2008): Hochleistungsmanagement. Leistungspotenziale in Organisationen gezielt fördern, Wiesbaden.

Pawlowsky, P./Mistele, P./Geithner, S. (2005): Hochleistung unter Lebensgefahr, in: Harvard Business Manager, 27 (11), S. 50-58.

Pearce, C.L./Conger, J.A. (2003): All those years ago. The historical underpinnings of shared leadership, in: Pearce, C.L./Conger, J.A. (Hrsg.): Shared leadership. Reframing the hows and whys of leadership, Thousand Oaks, S. 1-18.

Pedler, M. (1999): Eine Begegnung mit Reginald Revans, in: Donnenberg, O. (Hrsg.): Action Learning. Ein Handbuch, Stuttgart, S. 16-27.

Pedler, M./Burgoyne, J. (2008): Action Learning, in: Reason, P./Bradbury, H. (Hrsg.): The SAGE handbook of action research. Participative inquiry and practice, 2. Aufl., Los Angeles, S. 319-332.

Pentland, A. (2012): Kommunikation ist der Schlüssel, in: Harvard Business Manager, 34 (5), S. 36-48.

Pfeffer, J. (2017): »Die Menschen leben gern in einer Fantasiewelt«, Interview mit Stanford-Professor Jeffrey Pfeffer, in: Harvard Business Manager, 39 (6), S. 52-57.

Piecha, A. et al. (2012): Geteilte Führung in Arbeitsgruppen – ein Modell für die Zukunft? In: Grote, S. (Hrsg.): Die Zukunft der Führung, Berlin, S. 557-572.

Picot, A./Dietl, H./Franck, E. (2005): Organisation, 4. Aufl., Stuttgart.

Pollany, W. (1983): Sozialstrukturen in Sportspielmannschaften. Dargestellt am Beispiel männlicher Handballmannschaften, Dissertation, Universität Wien.

Pollany, W. (2016): Mentalcoaching. Angewandte Psychologie im Coaching, 2. Aufl., Bad Vöslau.

Popper, K.R. (1995): Alles Leben ist Problemlösen. Über Erkenntnis, Geschichte und Politik, 5. Aufl., München.

Popper, K.R. (2003): Die offene Gesellschaft und ihre Feinde, Band II, Falsche Propheten: Hegel, Marx und die Folgen, 8. Aufl., Tübingen.

Portner, J. (2010): Besser verhandeln. Das Trainingsbuch, Offenbach.

Posner, J./Russell, J.A./Peterson, B.S. (2005): The circumplex model of affect: an integrative approach to affective neuroscience, cognitive development, and psychopathology, in: Development and Psychopathology, 17 (3), S. 715-734.

Probst, G. (1992): Selbstorganisation, in: Frese, E. (Hrsg.): Handwörterbuch der Organisation, 3. Aufl., Stuttgart, Sp. 2255-2269.

Pullig, K.-K. (2000): Analyse von Entscheidungsprozessen in Konferenzen, in: Matiaske, W./ Mellewigt, T./Stein, F.A. (Hrsg.): Empirische Organisations- und Entscheidungsforschung, Heidelberg, S. 190-211.

Purps-Pardigol, S. (2015): Führen mit Hirn. Mitarbeiter begeistern und Unternehmenserfolg steigern, Frankfurt am Main.

Rahn, H.-J. (2010): Erfolgreiche Teamführung, 6. Aufl., Hamburg.

Rammsayer, T./Weber, H. (2016): Differentielle Psychologie – Persönlichkeitstheorien, 2. Aufl., Göttingen.

Randel, J.M./Pugh, H.L./Reed, S.K. (1996): Differences in expert and novice situation awareness in naturalistic decision making, in: International Journal of Human–Computer Studies, 45 (5), S. 579-597.

Ready, D.A./Conger, J.A./Hill, L.A. (2010): Are you a high potential? In: Harvard Business Review, 88 (6), S. 78-84.

Rechtien, W. (2007): Angewandte Gruppendynamik. Ein Lehrbuch für Studierende und Praktiker, 4. Aufl., Weinheim.

Rennung, M./Göritz, A.S. (2017): Die Wirkung organisationaler Rituale – Eine qualitative Interviewstudie, in: Gruppe.Interaktion.Organisation (GIO) – Zeitschrift für angewandte Organisationspsychologie, 48 (4), S. 327-338.

Revans, R.W. (1983): Action learning. Its terms and character, in: Management Decision, 21 (1), S. 39-50.

Revans, R.W. (1999): Action Learning: Wesen und Voraussetzungen, in: Donnenberg, O. (Hrsg.): Action Learning. Ein Handbuch, Stuttgart 1999, S. 28-43.

Rhee, S.-Y. (2007): Group emotions and group outcomes: the role of group member interactions, in: Research on managing groups and teams, 10, S. 65-95.

Rich, B.R./Janos, L. (1994): Skunk works. A personal memoir of my years at Lockheed, New York, Boston, London.

Rickards, T./Moger, S. (2000): Creative leadership processes in project team development: an alternative to Tuckman's stage model, in: British Journal of Management, 11 (4), S. 273-283.

Rickards, T./Moger, S. (2010): Creativity and leadership in companies: the manchester business school experience, in: Harland, P.E./Schwarz-Geschka, M. (Hrsg.): Immer eine Idee voraus. Wie innovative Unternehmen Kreativität systematisch nutzen, Lichtenberg, S. 309-320.

Riesman, D. (1977): Die einsame Masse, Hamburg.

Rifkin, J. (2010): Die empathische Zivilisation. Wege zu einem globalen Bewusstsein, Frankfurt am Main.

Rindermann, H. (2009): Emotionale-Kompetenz-Fragebogen. Einschätzung emotionaler Kompetenzen und emotionaler Intelligenz aus Selbst- und Fremdsicht, Göttingen.

Rindova, V.P./Kotha, S. (2001): Continuous »morphing«: competing through dynamic capabilities, form, and function, in: Academy of Management Journal, 44 (6), S. 1263-1280.

Roberson, Q./Ryan, A.M./Ragins, B.R. (2017): The evolution and future of diversity at work, in: Journal of Applied Psychology, 102 (3), S. 483-499.

Robertson, B.J. (2016): Holacracy. Ein revolutionäres Management-System für eine volatile Welt, München.

Rohr, R./Ebert, A. (2013): Das Enneagramm. Die 9 Gesichter der Seele, 48. Aufl., München.

Römer, J. (2013): Bewertungssystem. Yahoo-Chefin Mayer knöpft sich »Minderleister« vor, in: http://www.spiegel.de/karriere/berufsleben/internetkonzern-yahoo-mayer-veraergert-mit¬arbeiter-a-933051.html (Stand: 09.08.2017).

Ron, N./Lipshitz, R./Popper, M. (2006): How organizations learn: post-flight reviews in an F-16 fighter sqadron, in: Organization Studies, 27 (8), S. 1069-1089.

Rosa, H. (2017): Resonanz. Eine Soziologie der Weltbeziehung, 6. Aufl., Berlin.

Rosenbach, M./Stark, H. (2015): Der NSA Komplex. Edward Snowden und der Weg in die totale Überwachung, München.

Rosenberg, M.B. (2013): Gewaltfreie Kommunikation. Eine Sprache des Lebens, 11. Aufl., Paderborn.

Rosenkranz, H. (2001): Von der Familie zur Gruppe zum Team. Familien- und gruppendynamische Modelle zur Teamentwicklung, 4. Aufl., Paderborn.

Rosenthal, E. (1997): Social networks and team performance, in: Team Performance Management, 3 (4), S. 288-294.

Rosing, K./Frese, M./Bausch, A. (2011): Explaining the heterogeneity of the leadership-innovation relationship: ambidextrous leadership, in: The Leadership Quarterly, 22 (5), S. 956-974.

Rost, K./Hölzle, K./Gemünden, H.-G. (2007): Promotors or champions? Pros and cons of role specialization for economic process, in: Schmalenbach Business Review, 59 (4), S. 340-363.

Rother, M. (2009): Die Kata des Weltmarktführers. Toyotas Erfolgsmethoden, Frankfurt am Main, New York.

Röttgers, K. (1975): Kritik und Praxis. Zur Geschichte des Kritikbegriffs von Kant bis Marx, Berlin.

Rouse, W.B./Morris, N.M. (1986): On looking into the black box: prospects and limits in the search for mental models, in: Psychological Bulletin, 100 (3), S. 349-363.

Russell, B. (2001): Macht, Hamburg.

Salas, E./Cannon-Bowers, J.A. (1997): Methods, tools, and strategies for team training, in: Quiñones, M.A./Ehrenstein, A. (Hrsg.): Training for a rapidly changing workplace, Washington, S. 249-279.

Salas, E./Sims, D.E./Burke, C.S. (2005): Is there a »big five« in teamwork? In: Small Group Research, 36 (5), S. 555-599.

Salas, E./Wilson, K.A./Edens, E. (Hrsg.) (2016): Crew resource management. Critical essays, New York.

Sandberg, S. (2017): Akzeptieren Sie den Schmerz, in: Harvard Business Manager, 39 (6), S. 96-103.

Sander, U. (2008): Die Theorie der Schweigespirale, in: Sander, U./Gross, F. von/Hugger, K.-U. (Hrsg.): Handbuch Medienpädagogik, Wiesbaden, S. 278-281.

Santer, H. (2008): Die Gruppe als intermediärer Raum. Kreativität und Sinnerfahrung im Spannungsfeld zwischen Individuum und System, in: Heintel, P (Hrsg.): betrifft: TEAM. Dynamische Prozesse in Gruppen, 2. Aufl., Wiesbaden, S. 159-182.

Saß, H. et al. (2003) (Hrsg.): Diagnostisches und Statistisches Manual Psychischer Störungen – Textrevision – DSM-IV-TR, Göttingen.

Sauer, S. et al. (2011): Mindful Leadership: Sind achtsame Führungskräfte leistungsfähigere Führungskräfte? In: Gruppendynamik & Organisationsberatung, 42 (4), S. 339-349.

Savelsbergh, C./Storm, P. (2012): Team learning in projects: theory and practice. Which intervention strategies and conditions stimulate team learning, Newtown Square.

Sawyer, T.L./Deering, S. (2013): Adaptation of the US Army's after-action review for simulation debriefing in healthcare, in: Simulation in Healthcare, 8 (6), S. 388-397.

Sawyer, T. et al. (2016): More than one way to debrief. A critical review of healthcare simulation debriefing methods, in: Simulation in Healthcare, 11 (3), S. 209-217.

Schacht, M. (2014): Aktueller denn je ... Morenos Werk aus entwicklungspsychologischer Sicht, in: Zeitschrift für Psychodrama und Soziometrie, 13 (1), Supplement, S. 137-149.

Schamel, E. (2010): Das betriebswirtschaftliche Praktikum als Instrument zur Personalauswahl, Wiesbaden.

Schelten, A. (2005): Grundlagen der Arbeitspädagogik, 4. Aufl., Stuttgart.

Scherr, F. (2013): Jakob Levy Moreno im Flüchtlingslager Mitterndorf a. d. Fischa – eine Spurensuche, in: Zeitschrift für Psychodrama und Soziometrie, 12 (1), Supplement, S. 3-126.

Schiffer, M. (2008): Arno Gruen. Jenseits des Wahnsinns der Normalität, Stuttgart.

Schilling, M.A./Hill, C.W.L. (1998): Managing the new product development process: strategic imperatives, in: IEEE Engineering Management Review, 26 (4), S. 55-68.

Schindler, R. (2016): Das lebendige Gefüge der Gruppe. Ausgewählte Schriften. Herausgegeben und eingeleitet von Christina Spaller et al., Gießen.

Schippers, M. (2012): Why team reflexivity works, in: Rotterdam School of Management Insight, 4/2012, S. 18-19.

Schippers, M.C./Den Hartog, D.N./Koopman, P.L. (2007): Reflexivity in teams: a measure and correlates, in: Applied Psychology: An International Review, 56 (2), S. 189-211.

Schippers, M.C./West, M.A./Dawson, J.F. (2015): Team reflexivity and innovation: the moderating role of team context, in: Journal of Management, 41 (3), S. 769-788.

Schippers, M.C. et al. (2008): The role of transformational leadership in enhancing team reflexivity, in: Human Relations, 61 (11), S. 1593-1616.

Schlechtriemen, T. (2013: Morenos Soziogramme. Wie soziale Gruppenstrukturen grafisch dargestellt und analysiert werden können, in: Stadler, C. (Hrsg.): Soziometrie. Messung, Darstellung, Analyse und Intervention in sozialen Beziehungen, Wiesbaden, S. 101-120.

Schmalt, H.-D./Sokolowski, K./Langens, T. (2000): Das Multi-Motiv-Gitter für Anschluss, Leistung und Macht (MMG), Frankfurt am Main.

Schmitz, M. (2015): Teamcoaching. Grundlagen, Anleitungen, Fallbeispiele, Weinheim.

Schneid, M. et al. (2014): Der Einfluss der Teamdiversität auf die Teamleistung. Eine Metaanalyse, in: Die Betriebswirtschaft, 74 (3), S. 183-210.

Scholz, C./Schmitt, A. (2011): Hochleistung braucht Dissonanz. Was Teams vom 5-Sekunden-Modell der Deutschen Kammerphilharmonie Bremen lernen können, Weinheim.

Scholz, C./Stein, V. (2005): Identitätsbildung in Internationalen Virtuellen Teams (IVTs), in: Scholz, C. (Hrsg.): Identitätsbildung: Implikationen für globale Unternehmen und Regionen, München, S. 87-103.

Schreyögg, G. (2008): Organisation. Grundlagen moderner Organisationsgestaltung, 5. Aufl., Wiesbaden.

Schreyögg, G./Noss, C. (2000): Von der Episode zum fortwährenden Prozess – Wege jenseits der Gleichgewichtslogik im Organisatorischen Wandel, in: Schreyögg, G./Conrad, P. (Hrsg.): Organisatorischer Wandel und Transformation, Managementforschung, 10, Wiesbaden, S. 33-62.

Schuler, H./Prochaska, M. (2001): Leistungsmotivationsinventar. Dimensionen berufsbezogener Leistungsorientierung, Göttingen.

Schulz von Thun, F. (2011): Miteinander reden: 1. Störungen und Klärungen. Allgemeine Psychologie der Kommunikation, Sonderausgabe, Reinbek bei Hamburg.

Schulz von Thun, F. (2014): Jeder kann nur nach seiner Art führen, in: managerSeminare, Heft 199, S. 46-51.

Thomas, A. (2009): Mitarbeiterführung in interkulturellen Arbeitsgruppen, in: Rosenstiel, L. von/Regnet, E./Domsch, M.E. (Hrsg.): Führung von Mitarbeitern, Stuttgart, S. 466-483.

Thompson, J.D. (1967): Organizations in action, New York.

Tjosvold, D./Yu, Z./Hui, C. (2004): Team learning from mistakes: the contribution of cooperative goals and problem solving, in: Journal of Management Studies, 41 (7), S. 1223-1245.

Tuckman, B.W. (1965): Developmental sequence in small groups, in: Psychological Bulletin, 63 (6), S. 384-399.

Tuckman, B.W./Jensen, M.A.C. (1977): Stages of small-group development revisited, in: Group & Organization Studies, 2 (4), S. 419-427.

Tushman, M. (2015): The challenges of ambidextrous leadership. An interview with Michael Tushman, in: Research-Technology Management, 58 (3), S. 16-20.

Tyler, T.R./Blader, S.L. (2001): Identity and cooperative behavior in groups, in: Group Processes & Intergroup Relations, 4 (3), S. 207-226.

Uitdewilligen, S./Waller, M.J./Zijlstra, F.R.H. (2010): Team cognition and adaptability in dynamic settings: a review of pertinent work, in: Hodgkinson, G.P./Ford, J.K. (Hrsg.): International Review of Industrial and Organizational Psychology, Bd. 25, Chichester, S. 293-353.

Ulrich, D./Kerr, S./Ashkenas, R. (2002): The GE work-out. How to implement GE's revolutionary method for busting bureaucracy and attacking organizational problems – fast, New York.

Urban, F.Y. (2008): Emotionen und Führung. Theoretische Grundlagen, empirische Befunde und praktische Konsequenzen, Wiesbaden.

US Army Combined Arms Center (2011): Leader's guide to after-action reviews (AAR), Fort Leavenworth, http://pagebaldwin.com/fa57/docs/Leader_Guide_to_After_Action_Reviews_¬SEP2011.pdf (Stand: 13.07.2017).

Vashdi, D.R. (2013): Teams in public administration: a field study of team feedback and effectiveness in the Israeli public healthcare system, in: International Public Management Journal, 16 (2), S. 275-306.

Vegt, G.S. van der/Bunderson, J.S. (2005): Learning and performance in multidisciplinary teams: the importance of collective team identification, in: Academy of Management Journal, 48 (3), S. 532-547.

Villado, A.J./Arthur, W. (2013): The comparative effect of subjective and objective after-action reviews on team performance on a complex task, in: Journal of Applied Psychology, 98 (3), S. 514-528.

Wagenknecht, S. (2016): Reichtum ohne Gier. Wie wir uns vor dem Kapitalismus retten, Frankfurt am Main, New York.

Wasserman, S./Faust, K. (1994): Social network analysis: methods and applications, Cambridge.

Watkins, M.D. (2016): Schweres Erbe, in: Harvard Business Manager, 38 (7), S. 22-31.

Watson, D./Clark, L. A./Tellegen, A. (1988). Development and validation of brief measures of positive and negative affect: the PANAS scales, in: Journal of Personality and Social Psychology, 54 (6), S. 1063-1070.

Watzka, K. (2008): Entscheidungsfalle »Groupthink«. Das süße Gift der Harmonie, in: Personalführung, 41 (12), S. 58-63.

Watzlawick, P./Beavin, J.H./Jackson, D.D. (2011): Menschliche Kommunikation. Formen, Störungen, Paradoxien, 12. Aufl., Bern.

Weber, M. (1972): Wirtschaft und Gesellschaft, 5. Aufl., Tübingen.

Wegge, J. (2004): Führung von Arbeitsgruppen, Göttingen.

Wegge, J. et al. (2011): Altersgemischte Teamarbeit kann erfolgreich sein. Empfehlungen für eine ausgewogene betriebliche Altersstruktur, in: Sozialrecht + Praxis, 21 (7), S. 433-442.

Wegner, D.M. (1987): Transactive memory: a contemporary analysis of the group mind, in: Mullen, B./Goethals, G.R. (Hrsg.): Theories of group behavior, New York, S. 185-208.

Wehrlin, U. (2014): Positive Leadership. Wettbewerbsvorteile durch positive Führung, 2. Aufl., Göttingen.

Weibler, J. (2016): Personalführung, 3. Aufl., München.

Weick, K. (1995): Der Prozess des Organisierens, 6. Aufl., Frankfurt am Main.

Weick, K. (1998): Improvisation as a mindset for organizational analysis, in: Organization Science, 9 (5), S. 543-555.

Weick, K.E./Roberts, K.H. (1993): Collective mind in organizations: heedful interrelating on flight decks, in: Administrative Science Quarterly, 38 (3), S. 357-381.

Weinert, A.B. (1998): Organisationspsychologie, 4. Aufl., Weinheim.

Weinkauf, K. et al. (2005): Zusammenarbeit zwischen organisatorischen Gruppen, in: Journal für Betriebswirtschaft, 55 (2), S. 85-111.

Weiss, H.M. (2002): Conceptual and empirical foundations for the study of affect at work, in: Lord, R.G./Klimoski, R.J./Kanfer, R. (Hrsg.): Emotions in the workplace. Understanding the structure and role of emotions in organizational behavior, San Francisco, S. 20-63.

Weiss, D.J./Shanteau, J. (2003): Empirical assessment of expertise, in: Human Factors, 45 (1), S. 103-116.

Weiß, M./Högl, M. (2016): Innovation unter Einschränkungen. Kein zwangsläufiger Widerspruch, in: Zeitschrift Führung + Organisation, 85 (1), S. 20-24.

Weiß, E./Strubl, C./Goschy, W. (2015): Lean Management. Grundlagen der Führung und Organisation lernender Unternehmen, 3. Aufl., Berlin.

Welch, J./Welch, S. (2005): Winning. Das ist Management, Frankfurt am Main, New York.

Wellhöfer, P.R. (2007): Gruppendynamik und soziales Lernen. Theorie und Praxis der Arbeit mit Gruppen, 3. Aufl., Stuttgart.

Wenger, E.C./Snyder, W.M. (2000): Communities of practice: the organizational frontier, in: Harvard Business Review, 78 (1), S. 139-145.

Werther, S. (2016): Shared Leadership, in: Au, C. von (Hrsg.): Wirksame und nachhaltige Führungsansätze. System, Beziehung, Haltung und Individualität, Wiesbaden, S. 171-187.

West, M. (2000): Reflexivity, revolution, and innovation in work teams, in: Advances in Interdisciplinary Studies of Work Teams, 5, S. 1-29.

West, M. (2012): Effective teamwork. Practical lessons from organizational research, 3. Aufl., Chichester.

Whalen, R.J. (2010): In defense of after action reviews: the art and science of small unit coping, in: Military Review, 90 (2), S. 68-76.

Whyte, G. (1998): Recasting Janis's groupthink model: the key role of collective efficacy in decision fiascoes, in: Organizational Behavior and Human Decision Processes, 73 (2-3), S. 185-209.

Whyte, W.H. (2002): The organization man, Philadelphia.

Willershausen, F./Kamp, M./Kuhn, T. (2010): Die Cyber-Söldner, in: WirtschaftsWoche, 25/2010, S. 68-72.

Winsborough, D./Chamorro-Premuzic, T. (2017): Great teams are about personalities, not just skills, in: https://hbr.org/2017/01/great-teams-are-about-personalities-not-just-skills (Stand: 12.08.2017).

Wiswede, G. (1992): Gruppen und Gruppenstrukturen, in: Frese, E. (Hrsg.): Handwörterbuch der Organisation, 3. Aufl., Stuttgart 1992, Sp. 735-754.

Woerkom, M. van/Engen, M.L. van (2009): Learning from conflicts? The relations between task and relationship conflicts, team learning and team performance, in: European Journal of Work and Organizational Psychology, 18 (4), S. 381-404.

Wohlers, C./Hertel, G. (2017): Choosing where to work at work – towards a theoretical model of benefits and risks of activity-based flexible offices, in: Ergonomics, 60 (4), S. 467-486.

Wolfson, M.A./Mathieu, J.E. (2017): Team composition, in: Salas, E./Rico, R./Passmore, J. (Hrsg.): The Wiley Blackwell handbook of the psychology of team working and collaborative processes, Chichester, S. 129-149.

Woywode, M./Beck, N. (2014): Evolutionstheoretische Ansätze in der Organisationslehre – Die Population Ecology-Theorie, in: Kieser, A./Ebers, M. (Hrsg.): Organisationstheorien, 7. Aufl., Stuttgart, S. 256-294.

Wunderer, R. (2009): Führung und Zusammenarbeit. Eine unternehmerische Führungslehre, 8. Aufl., Köln.

Wurst, K./Högl, M. (2001): Führungsaktivitäten in Teams: Ein theoretischer Ansatz zur Konzeptualisierung, in: Gemünden, H.G./Högl, M. (Hrsg.): Management von Teams, 2. Aufl., Wiesbaden, S. 157-185.

Yan, A./Louis, M.R. (1999): The migration of organizational functions to the work unit level: buffering, spanning, and bringing up boundaries, in: Human Relations, 52 (1), S. 25-47.

Yoo, Y./Kanawattanachai, P. (2001): Developments of transactive memory systems and collective mind in virtual teams, in: The International Journal of Organizational Analysis, 9 (2), S. 187-208.

Yukl, G. (2009): Leading organizational learning: reflections on theory and research, in: The Leadership Quarterly, 20 (1), S. 49-53.

Zaccaro, S.J. et al. (1995): Collective efficacy, in: Maddux, J.E. (Hrsg.): Self-efficacy, adaptation, and adjustment: theory, research, and application, New York, S. 305-327.

Zaccaro, S.J./Rittman, A.L./Marks, M.A. (2001): Team leadership, in: The Leadership Quarterly, 12 (4), S. 451-483.

Zacher, H./Rosing, K. (2015): Ambidextrous leadership and team innovation, in: Leadership & Organization Development Journal, 36 (1), S. 54-68.

Zak, P.J. (2017): Wie Vertrauen die Leistung steigert, in: Harvard Business Manager, 39 (5), S. 72-79.

Zaleznik, A. (2009): The leadership gap, in: Pugh, D.S./Mayle, D. (Hrsg.): Change Management, Band 1, Los Angeles, S. 74-91.

Ziegler, A. (2008): Hochbegabung, München.

Zimbardo, P.G./Gerrig, R.J. (2008): Psychologie, 18. Aufl., München.

Zimmermann, M./Spitz, C./Schmidt, S. (2012) (Hrsg.): Achtsamkeit. Ein buddhistisches Konzept erobert die Wissenschaft – mit einem Beitrag S. H. des Dalai Lama, Bern.

Zweig, S. (1930): Joseph Fouché. Bildnis eines politischen Menschen, Leipzig.

Stichwortverzeichnis

N

P

R

S

T

U

V

W

Z